Forschung für die Praxis
Universität Leipzig
Institut für Massivbau und Baustofftechnologie

G. Marzahn
Vorgespanntes Trockenmauerwerk

Forschung für die Praxis

Herausgegeben von
Prof. Dr.-Ing. Dr.-Ing. e.h. Gert König
Universität Leipzig
Institut für Massivbau und Baustofftechnologie

Die Reihe „Forschung für die Praxis" stellt Beiträge und Arbeiten der Bauingenieure und Architekten an der Universität Leipzig vor. Diese Forschungsarbeiten und Dissertationen liefern Bausteine für ein vertieftes Grundlagenwissen aus allen Bereichen des aktuellen Baugeschehens, und sie stellen aussichtsreiche Neuentwicklungen vor.

Die Reihe wendet sich an interessierte Ingenieure aus Forschung und Baupraxis, für die das Hintergrundwissen zu Vorschriften, Richtlinien und Neuentwicklungen zum Handwerkszeug gehört.

Vorgespanntes Trockenmauerwerk

Trag- und Verformungsverhalten

Von Dr.-Ing. Gero Marzahn
Universität Leipzig

B.G.Teubner Stuttgart · Leipzig · Wiesbaden

Dr.-Ing. Gero Marzahn

Geboren 1967 in Hennigsdorf. Von 1989 bis 1994 Studium des Konstruktiven Ingenieurbaus an der Technischen Hochschule Leipzig. Von 1992 bis 1995 Mitarbeit im Ingenieur- und Architekturbüro Findeisen und Partner, Leipzig. Mitarbeiter von Prof. Dr.-Ing. e.h. Gert König am Institut für Massivbau und Baustofftechnologie der Universität Leipzig von 1995 bis 2000. Seit 2000 Mitarbeiter im Ingenieurbüro König und Heunisch, Frankfurt am Main, Berlin und Leipzig und einjähriger Forschungsaufenthalt am Department of Civil, Environmental und Architectural Engineering der University of Colorado at Boulder, USA.

Die Arbeit „Untersuchung zum Trag- und Verformungsverhalten von vorgespanntem Trockenmauerwerk" ist eine von der Wirtschaftswissenschaftlichen Fakultät der Universität Leipzig genehmigte Dissertation zur Erlangung des akademischen Grades Doktor-Ingenieur (Dr.-Ing.). Die Gutachten wurden vorgelegt von Prof. Dr.-Ing. Dr.-Ing. e.h. Gert König, Prof. Dr.-Ing. Rolf Thiele und Prof. Dr.-Ing. Walther Mann. Die Vereidigung fand am 25. 04. 2000 statt.

Der Autor bedankt sich bei Herrn Florian Ebert für die Bereitstellung des Titelfotos.

Der Titel dieser Dissertation lautet:

Untersuchungen zum Trag- und Verformungsverhalten von vorgespanntem Trockenmauerwerk

Die Deutsche Bibliothek – CIP-Einheitsaufnahme
Ein Titeldatensatz für diese Publikation ist bei
Der Deutschen Bibliothek erhältlich.

1. Auflage Oktober 2000

www.teubner.de

Umschlaggestaltung: Peter Pfitz, Stuttgart, nach einer Idee von Christoph Nahm

ISBN 978-3-519-05060-5   ISBN 978-3-322-90535-2 (eBook)
DOI 10.1007/ 978-3-322-90535-2

Vorwort

Die vorliegende Arbeit zum Thema "Trockenmauerwerk" entstand während meiner Tätigkeit als wissenschaftlicher Mitarbeiter am Institut für Massivbau und Baustofftechnologie der Universität Leipzig.

Herrn Prof. Dr.-Ing. Dr.-Ing. e.h. Gert König danke ich besonders für die vielfältigen Anregungen und Ratschläge sowie seine stete Diskussionsbereitschaft.

Den Herren Professoren Dr.-Ing. Rolf Thiele und Dr.-Ing. Walther Mann danke ich für ihre Anregungen und die Übernahme der Korreferate.

Bedanken möchte ich mich bei meinen ehemaligen Kollegen, insbesondere bei den Herren Dipl.-Ing. Alexander Sint, Dipl.-Ing. Robert Krumbach und Dipl.-Ing. Hans-Alexander Biegholdt für die Durchsicht der Arbeit.

Dank gilt auch den Kollegen der Materialforschungs- und Prüfungsanstalt für das Bauwesen Leipzig e.V. für die Unterstützung in der experimentellen Arbeit.

Selbstverständlich wäre die vorliegende Arbeit nicht ohne studentische Hilfe möglich gewesen. Aus dem Kreis der studentischen Mitarbeiter möchte ich besonders den Herren Florian Ebert, Florian Schröter und Kai-Uwe Kretzschmar für die gute Zusammenarbeit und stete Hilfsbereitschaft danken.

Auch bei meinen Eltern möchte ich mich für ihre Unterstützung, die sie mir all die Jahre zuteil werden ließen, bedanken.

Besonderer Dank gilt meiner Frau Katja für die Korrekturlesung des Manuskripts. Sie und meine Tochter Dorothea haben mit Verständnis und Geduld zum Gelingen der Arbeit beigetragen.

Die vorliegende Arbeit wurde mit Mitteln der Deutschen Forschungsgemeinschaft (DFG) im Rahmen des Forschungsvorhabens "Kreislaufgerechtes Bauen mit mineralischen Werkstoffen - Untersuchung von Wandsystemen aus vorgespanntem Trockenmauerwerk" gefördert.

Leipzig, April 2000   Gero Marzahn

Inhalt

1 Einführung

1.1 Allgemeines

In jüngster Zeit werden verstärkt Anstrengungen unternommen, eine im konstruktiven Ingenieurbau fast vergessene Bauweise wiederzubeleben. Obwohl das Trockenmauerwerk zu den ersten Baustoffen der Menschheit gehörte, fristete es in Deutschland in den vergangenen Jahrzehnten und Jahrhunderten ein Schattendasein und ist aus heutiger Sicht fast nur noch durch wunderschöne Antikbauten oder als grobe Natursteinmauern in der Gartenarchitektur bekannt. Vereinzelt nur sind moderne Anwendungsfälle mit künstlichen Mauersteinen bekannt.

Für den Einsatz von Trockenmauerwerk sprechen nicht unwesentliche wirtschaftliche Gründe, aber auch die Nachhaltigkeit des Baugeschehens rückt immer mehr in das Bewußtsein der Bevölkerung. Unter der Nachhaltigkeit des Bauens ist vor allem zu sehen, wie die Bauteile und Baustoffe mit einem minimalen Anteil an Baureststoffen auf einfachem Wege qualitativ hochwertig zurückgewonnen werden können. Dieses Recycling-Prinzip wird von der Industrie seit Jahren praktiziert, im Bauwesen sind erste Anstrengungen zur Schaffung von Baustoff-Kreisläufen erkennbar. Eine umweltgerecht und gesamtökologisch ausgerichtete Bautätigkeit ist eng verbunden mit der Gestaltung von Baustoff-Kreisläufen. Das bedeutet, daß der Recyclinggedanke vornehmlich auf eine mehrmalige Wiederverwendbarkeit von mineralischen Rohstoffen und die daraus entstandenen Bauteile ohne Qualitätsverlust konzentriert werden muß. Beim Entwurf eines Bauwerkes ist es daher unumgänglich, die Rückbaufähigkeit und die Recyclingfähigkeit der verwendeten Stoffe und Bauteile zu kennen und zukünftig zu gewährleisten.

Die im Bereich Hochbau eingesetzten Konstruktionen erlauben derzeit nur in Ausnahmefällen eine Rückführung der verwendeten Baustoffe in den Kreislauf und damit eine Optimierung des Stoffeinsatzes. Es müssen daher Ansätze untersucht werden, die ein kreislaufgerechtes Bauen auch im Hochbau ermöglichen. Der Bereich der Außen- und Innenwand bietet sehr gute Möglichkeiten der Weiterentwicklung, die nicht nur im Sinne der Verbesserung der bauphysikalischen Eigenschaften und der Wirtschaftlichkeit, sondern auch auf eine mehrmalige Wiederverwendung der Materialien ausgerichtet sein sollten. Wandkonstruktionen bestehen vor allem im Wohnungsbau aus Mauerwerk, das in diesem Bereich zu den am häufigsten verwendeten Materialien gezählt werden kann. Laut neuesten Erhebungen lag der Anteil der im Jahre 1997 genehmigten Wohngebäude, die aus Mauerwerk errichtet wurden, bei 82,4 %. Hinsichtlich des umbauten Raumes betrug der Anteil an Mauerwerkbauten über 85 % [J1].

Das Mauerwerk ist ein Verbundwerkstoff aus Stein und Mörtel. Außenwände und Innenwände bestehen meist neben dem Mauerwerk aus einer ein- oder beidseitigen Putzschicht und sind im Fall der Außenwand manchmal mit einer zusätzlichen Wärmedämmung versehen. Zusammen mit Außen- und Innenputz ergibt sich eine Konstruktion, die eine Rückführung der Baustoffe in den Stoffkreislauf, also die Wiederverwendung der Steine bei neuen Wandkonstruktionen, teilweise nur mit erheblichem Aufwand möglich macht. Die Rückführung der Baustoffe könnte erleichtert werden, wenn bei der Konstruktion der Wand auf Mörtel in den Fugen verzichtet werden kann.

1.2   Die Entwicklung von Trockenmauerwerk

Trockenmauerwerk ist sicher die älteste Mauerwerkart überhaupt. Bereits im 3. Jahrtausend v. Chr. bildete sich im Süden Mesopotamiens die erste Hochkultur mit mauerumwehrten Städten aus, die für die Bautätigkeit zwei Entwicklungsrichtungen für alle späteren Kulturen vorgab. Während Wohn- und Vorratsgebäude aus einfachen Materialien, vorwiegend Holz, hergestellt wurden, verwendete man für Monumentalbauten bereits handwerklich bearbeitete Natursteine. Die Bearbeitung der Natursteinblöcke erforderte viel Erfahrung und Fachwissen. Mit Ausnahme von Mesopotamien, wo aufgrund des Mangels an Natursteinen schon bald die Ziegelbauweise Einzug hielt, verwendete man den Naturstein als Baustoff in anderen Kulturen sehr viel länger. Vor allem die Griechen entwickelten eine Hochkunst in der Monumentalarchitektur [W13]. Charakteristisch sind die Mauern aus handbehauenen gewaltigen Steinen, die ohne Mörtel vermauert wurden. Die höchste Form der griechischen Hausteintechnik war das Quadermauerwerk, für welches rechteckig behauene Quadersteine gleicher Schichthöhe mit genauem Fugenschluß ohne Mörtel im Läufer- und Binderverband versetzt wurden. In der Mitte der horizontalen Fuge waren meist Aussparungen für Metallklammern oder Holzdübel vorgesehen, die nach dem Verklammern mit Blei vergossen wurden. Die Stabilität der Mauer im Bau- wie auch im Endzustand ergab sich aus der Reibung in den Lagerfugen, den fugenübergreifenden und bleivergossenen Klammern und scherfesten Dübeln.

Die römische Kultur trat erst viel später im Altertum in Erscheinung. Lange vor dem Römischen Reich waren andere große Kulturen am Mittelmeer ansässig. Die griechische Architektur stand bereits in voller Blüte, als Rom noch ein unbedeutender Territorialstaat war. Daher konnte die römische Kultur und vor allem die römische Baukunst von den Griechen profitieren und auf deren Erkenntnissen und Erfahrungen aufbauen. Unter den Römern wurde die Baukunst allerdings zur Hochform, von der wir noch heute lernen können. Wie in anderen Kulturen auch bestanden die Wohngebäude aus Holz oder Stampflehm. Für Großbauten, wie Stadtmauern, verwendeten sie Natursteine. Von den Griechen übernahmen sie das fugenebene, mörtellose Quadermauerwerk "opus quadratum", was von der Fugenausrichtung ihrem Schönheitsempfinden sehr entsprach. Ein beeindruckendes und noch heute existierendes Bauwerk dieser Zeit ist der Pont du Gard bei Nimes in Südfrankreich (Bild 1.1).

a)   Gesamtansicht   b)   Blick auf die Arkaden des Mittelge-
                                                        schosses

Bild 1.1:   Pont du Gard - Aquädukt aus Trockenmauerwerk

Der Pont du Gard wurde als eine riesige "Wasserbrücke" für die sich rasch entwickelnde Stadt Nimes im Jahre 19 v. Chr. unter dem römischen Kaiser Augustus gebaut. Die Brücke ist Teil einer über 50 km langen Wasserleitung nach Nimes und war das höchste je von den Römern gebaute Aquädukt. Es ist 49 m hoch und weist eine Länge von ca. 350 m auf. Die oberste von drei Arkaden diente der Wasserleitung und förderte täglich 125000 m^3 Wasser nach Nimes. Das mittlere Geschoß besteht aus 11 Arkaden, die jeweils 20 m Höhe und 4 m Breite messen. Die Vorsprünge wurden erst im 18. Jahrhundert bei einer Umgestaltung der unteren Etagen zum Verkehrsweg angebracht, um Auflagerungen von Gerüsten zu ermöglichen. Das unterste Geschoß besteht aus 6 Arkaden mit einer Breite von je 6 m und einer Höhe von 22 m und wurde auf hartem Fels gegründet. Die Besonderheit beim Pont du Gard ist, daß es sich hierbei um reines Trockenmauerwerk handelt, deren Natursteinquader auch nicht durch Metallklammern oder Holzdübel gehalten sind.

Auch in Deutschland setzten die Römer Zeichen im Trockenmauerwerkbau. So besteht die "Porta Nigra", das schwarze Tor in Trier, ebenfalls aus Trockenmauerwerk (Bild 1.2). Ende des 2. Jahrhunderts wurde es als Wehrtor errichtet und weist eine Höhe von fast 30 m auf. Die Natursteinquader sind eisenverklammert und bestehen aus hellgrauem Sandstein, der im Laufe der Zeit durch Witterungseinflüsse dunkelte.

Mit der Entwicklung des wasserfesten Mörtels "opus caementicum" nahm die Bautätigkeit einen ungeahnten Aufschwung. Infolge des hohen Bauaufkommens verzichteten die Römer zusehens auf gleichhohe Schichten und ließen Blocksteine unterschiedlicher Höhe zu, später verwendeten sie unbehauene Bruchsteine mit "Beton"-Hinterfüllung. Auch setzte sich der gebrannte Ziegel zusehens durch, nur mußte er wegen der größeren Maßungenauigkeit stets mit einer Mörtelschicht verlegt werden.

a) Landseite

b) Stadtseite

Bild 1.2:   Porta Nigra in Trier

Der Arbeitsaufwand für sorgfältig bearbeitete Stoß- und Lagerfugen, das Einfügen und Vergießen der Klammern und Dübel sowie der enorme Materialaufwand ließen die Baukunst des Trockenmauerwerkbaus sehr bald vergessen und man wendete sich dem vermörtelten Mauerwerk zu.

Die Leistungsfähigkeit und Robustheit von Trockenmauerwerk beweisen nicht nur antike Bauwerke. Auch Beispiele neueren Datums, wie z.B. der Schmidtschool in Waddingxveen/Niederlande, zeugen von der Attraktivität dieser Bauweise (Bild 1.3).

Bild 1.3:   Schmidtschool in Waddingxveen/Niederlande
            (nach [L1])

Das eingeschossige Gebäude steht auf einem dreieckigen Grundfläche und weist im Inneren einen viertelkreisförmigen Gemeinschaftsraum von 7 m Gebäudehöhe auf (nach [L1]). Die Entwicklung in der Fertigungstechnologie bei der Mauersteinherstellung gestattet, heute künstliche Steine herzustellen, die sehr enge

Toleranzgrenzen einhalten und besonders geringe Abweichungen vom Soll-Höhenmaß gewähren.

Entweder ermöglichen es die Produktion selbst (Porenbeton-, Beton- und Kalksand-Plansteine) oder nachgeschaltete Arbeitsgänge (geschliffene Planziegel), daß die Mauersteine eine planebene und planparallele Lagerfläche aufweisen. Mit diesen sehr maßgenauen Mauersteinen wird es möglich, ein konstruktives Mauerwerk aus künstlichen Steinen im Verband ohne Mörtel in den Stoß- und Lagerfugen herzustellen.

1.3 Problemstellung und Zielsetzung der Arbeit

Bisher gibt es nur wenig Erfahrungen in der Anwendung von Trockenmauerwerk in Deutschland, auch existieren keine normativen Regelungen. Das Deutsche Institut für Bautechnik (DIBt) erteilte bisher Einzelzulassungen für Trockenmauerwerk aus Porenbetonsteinen [H4, H3], Hohlblock- und Vollblocksteinen aus Leichtbeton mit porigen Zuschlägen (Bims, Blähton) [K13] und Kalksandsteinen [K1].

Aufgrund mangelnder Erfahrung und wissenschaftlich fundierter Kenntnisse ist die Bauweise noch sehr eingeschränkt. So darf Trockenmauerwerk bisher nur für tragende Wände von Geschoßbauten bis zu drei Vollgeschossen und Keller bzw. zwei Vollgeschossen mit Keller- und Dachgeschoß eingesetzt werden. Die Gebäudehöhe darf 10 m nicht übersteigen. Die Geschoßhöhen sind auf 2,75 m und die Spannweite aufliegender Geschoßdecken mit 6 m begrenzt. Die Wände müssen zur Sicherung einer ausreichenden Steifigkeit in ihrer ganzen Länge kontinuierlich durch Decken belastet sein. Die Geschoßdecken sollen wesentliche Funktionen in der Gebäudeaussteifung wahrnehmen und müssen daher als steife Scheiben ausgebildet werden, wobei Ersatzmaßnahmen dafür (z.B. Ringbalken) nicht zulässig sind. Wegen der fehlenden Auflast darf Brüstungsmauerwerk nur bis zu einer Öffnungsbreite von 1,25 m ausgeführt werden.

Auch wird das Trockenmauerwerk bezüglich seines Versagens, der Steifigkeit, der Dichtigkeit der mörtellosen Fugen und einer vermeintlich stärker ausgeprägten Rißanfälligkeit von aufgebrachten Putzschichten immer mit einer gewissen Skepsis betrachtet, was auf das unzureichende Wissen über die tatsächlichen Trag- und Verformungseigenschaften von Trockenmauerwerk zurückzuführen ist.

Daher ist es Ziel dieser Arbeit, wesentliche Grundlagen zum Trag- und Verformungsverhalten von Trockenmauerwerk zu erarbeiten, um das Zusammenwirken der trocken geschichteten Mauersteine bis zum Erreichen der Bruchlast unter verschiedenen Belastungsarten zu erfassen, um daraus erste Bemessungsansätze ableiten zu können. Von besonderer Bedeutung ist dabei das Druck-, Schub- und Biegetragverhalten von Trockenmauerwerk, welches die üblichen Beanspruchungszustände erfassen dürfte.

2 Konzeption und Entwicklungsstand von Trockenmauerwerk

2.1 Arten von Trockenmauerwerk

2.1.1 Allgemeines

Trockenmauerwerk kann auf sehr unterschiedliche Weise erstellt werden. Grundsätzlich ist zu unterscheiden, ob es sich um ein reines Trockenmauerwerk handelt, oder ob das Mauerwerk nur als Schalung für eine spätere Betonfüllung dient. Während das betongefüllte Trockenmauerwerk oft in Japan und den USA Anwendung findet, weil so ausgeführte Wände sich sehr gut bewehren lassen, was insbesondere in seismisch beanspruchten Gegenden von Bedeutung ist, wird das Trockenmauerwerk in Europa eher wie traditionelles Mauerwerk gesehen und behandelt.

Bezüglich der Verlegetechnik ist auszuführen, daß die Mauersteine trocken im Verband gesteckt oder geschichtet werden, wobei unterschiedliche Verlege- und Zentrierhilfen zum Einsatz kommen können.

Ein Überblick über den derzeitigen Entwicklungsstand wurde von *Glitza* [G6, G7] gegeben.

2.1.2 Schalungsmauerwerk in Trockenbauweise

Für die Erstellung von Trockenmauerwerk bieten einige Hersteller Mauersteine an, die ein Nut- und Federsystem nicht nur an den Kopfflächen, sondern auch in den Lagerflächen aufweisen. Auf diese Weise kann eine teilweise oder vollständige Verzahnung zwischen den Mauersteinschichten erfolgen. Das Aufeinanderstecken der Mauersteine dient gleichzeitig einer Erhöhung der Stabilität im Bauzustand und einer Selbstzentrierung der Mauersteine.

Sind die verwendeten Mauersteine hohl, eröffnen sie die Möglichkeit, die Hohlräume mit Beton zu vergießen und auch zu bewehren. In diesen Fällen ist die Funktion des Trockenmauerwerks nur auf den Bauzustand beschränkt, weil nach dem Erhärten der Betonfüllung alle weiteren mechanischen Beanspruchungen vom Beton übernommen werden [K2]. Die Wände können sowohl in vertikaler (engl.: reinforced and grouted masonry) als auch in horizontaler Richtung (engl.: surface bonded masonry) bewehrt werden, wobei die Bewehrung in der Betonfüllung angeordnet wird. Auf diese Weise kann das Mauerwerk gegenüber einer Zug-, Biege- und Schubbeanspruchung gestärkt werden, aber vor allem dient die Bewehrung einer Steigerung des ansonsten recht spröde versagenden Mauerwerks. Die Bewehrung ist vertikal und horizontal in Mörtel bzw. Beton gebettet, um einerseits den Verbund zum umgebenen Mauerwerk und andererseits den Korrosionsschutz der Bewehrung sicherzustellen. In neuerer Zeit werden auch verstärkt dünne Bewehrungselemente in Form alkaliresistenter Glasfasermatten an die Außenseiten des Mauerwerks geklebt oder faserverstärkte Putze angebracht.

In Nordamerika findet sich eine große Anzahl unterschiedlicher Systeme aus Betonhohlblocksteinen, die in Form und Größe differieren, aber von der Grundidee her ähnlich aufgebaut sind. Ein weitverbreitetes, teilverzahntes Hohlblocksystem stellt das Whelan-Hatzinikolas-Drexel (WHD-Block) System dar, welches erst 1985 auf den Markt kam. Die Hohlblocksteine werden stirnseitig durch ein schwalbenschwanzförmiges Nut-Feder-System miteinander verzahnt (Bild 2.1). Eine Bewehrungsführung in lot- und waagerechter Richtung wird durch spezielle knock-out Öffnungen gewährleistet. Ähnliche Möglichkeiten bieten der Barlock Interlocking Block oder der Vorgänger des WHD Blockes der Whelan Interlokking Block.

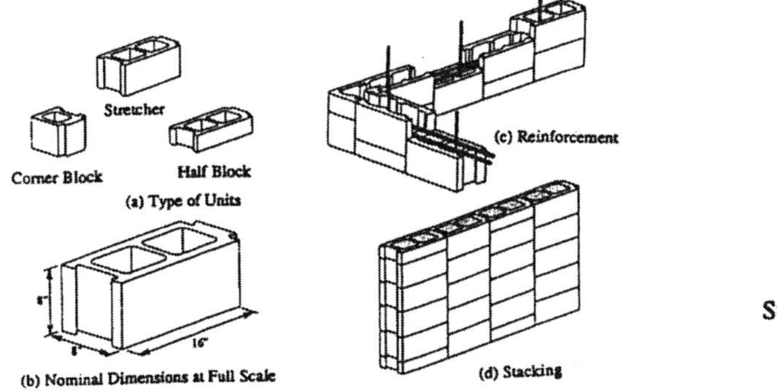

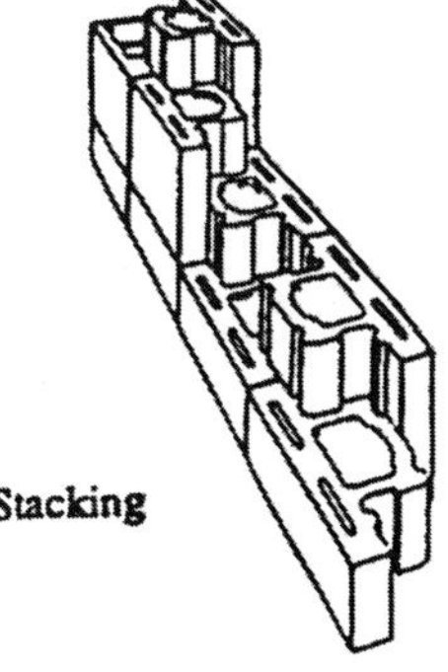

Bild 2.1: WHD-Block System für teilverzahntes Trockenmauerwerk

Bild 2.2: Sparlock Masonry System für vollverzahntes Mauerwerk

Ein typisches Trockenmauerwerk mit einer Steinverzahnung in vertikaler und horizontaler Richtung stellt das Sparlock System aus Kanada dar (Bild 2.2). Beim Sparlock System werden die unregelmäßigen Maursteine wechselseitig in die Wand eingebaut, wodurch die besondere Verbindung entsteht.

Generell kann das Schalungsmauerwerk mit versetzten Lagerfugen (engl.: stakking bond) oder mit gleichmäßig horizontaler Ausrichtung der Fugen (engl.: running bond) errichtet werden (siehe auch Bild 2.1). Die erste Form setzt voraus, daß halbhohe Maursteine angeboten und eingebaut werden können, was in der Regel möglich ist. Für detailliertere und weitergehende Systembeschreibungen wird auf [K2] verwiesen.

2.1.3 Trockenmauerwerk

Reines Trockenmauerwerk im Sinne eines traditionellen Mauerwerks aber ohne Mörtelfugen ist vorrangig in Europa zu finden. Kennzeichnend für Trockenmauerwerk ist, daß es im Gegensatz zum Schalungsmauerwerk nicht nur die raumabschließende Funktion, sondern auch statische Funktionen übernehmen muß. In Tabelle 2.1 wurde der gegenwärtige Stand der Entwicklung und Anwendung in Europa zusammengetragen.

Tabelle 2.1: Trockenmauerwerksysteme in Europa

Land	Steinart; Ausbildung der Stoß- und Lagerfuge
Deutschland	Leichtbetonsteine aus Naturbims; Stoßfugenverzahnung, planebene und planparallele Ausführung der Lagerflächen (KLB-Trockenmauerwerk) [K13]
	Porenbetonsteine; Stoßfugenverzahnung, planebene und planparallele Ausführung der Lagerflächen (Hebel Trockenmauerwerk) [H4]
	Porenbetonsteine; glatte Stirnseiten, planebene und planparallele Ausführung der Lagerflächen, Kunststoffprofile in Stoß- und Lagerfugen (Hebel Tasta Trockenbausystem) [H3]
	Kalksandsteine; glatte Stirnseiten, Lagerflächen mit ein- und austretenden kegelstumpfförmigen Noppen (Trockenmauerwerk aus Kalksandsteinen) [K1]
Niederlande	Porenbetonsteine; glatte Stirnseiten, planebene und planparallele Ausführung der Lagerflächen, Plastikscheiben in Stoß- und Lagerfugen (Tasta-System), oft in Verbindung mit wandaußenliegender Glasfaserbewehrung [G6]
Schweden	Porenbetonsteine; glatte Stoßfugenseiten, planebene und planparallele Ausführung der Lagerflächen, Plastikscheiben in Stoß- und Lagerfugen ähnlich dem Tasta-System (nach [K2])
Österreich	Hochlochziegel; Stoßfugenverzahnung, planebene und planparallele Ausführung der Lagerflächen, Substitution des Lagerfugenmörtels durch kompressible Holzwolleleichtbauplatten (Heraklith) [L1]
	Hochlochziegel; Stoßfugenverzahnung, planebene und planparallele Ausführung der Lagerflächen, Ersatz des Lagerfugenmörtels durch kompressible Platten, die über die Wanddicke hinausragen und somit Befestigungsmöglichkeiten bieten (Helton) [B13]
Tschechien	Betonsteine; glatte Stirnseiten, Lagerfugen mit kegelstumpfförmigen Noppen (System Dominant) [K2]
Frankreich	Raumhohe Verbundziegelelemente; kalibrierte Stirnseiten mit Nut und Feder (System BMI) [F4]
Schweiz	V-förmige Betonformsteine (Eskoo-Florwand) [F1]
Großbritannien	Betonformsteine; glatte Stirnseiten, planebene und planparallele Ausführung der Lagerflächen, Verzahnung durch Fiberglas-Dübel in der Lagerfläche (Keystone)
	Betonzellblöcke; glatte Stirnseiten, planebene und planparallele Ausführung der Lagerflächen (Wimblock) [L6]

Ähnliche Entwicklungen wurden auch in Australien vorangetrieben (Baker System) oder in Südafrika (Crofts-System), die allesamt durch Patente geschützt sind (nach [K2]). In Kanada wird oftmals das Sparfill System angewandt, über welches *Gazzola/Drysdale* [G4] berichten. Dieses System arbeitet mit Leichtbetonsteinen, ähnlich dem KLB-System in Deutschland, und wird in der Regel durch angeklebte Glasfasermatten bewehrt. Auch in Saudi Arabien findet glasfaserbewehrtes Trockenmauerwerk aus Leichtbetonsteinen als Ausfachungsmaterial in der Schottenbauweise Anwendung [W9].

2.2 Vor- und Nachteile von Trockenmauerwerk

Die Vor- und Nachteile mit der Anwendung von Trockenmauerwerk sind im wesentlichen immer im Vergleich zum vermörtelten Mauerwerk zu sehen.

2.2.1 Vorteile

Ein wesentlicher Aspekt, der für den Einsatz von Trockenmauerwerk spricht, ist seine große Wirtschaftlichkeit. So ergibt sich aus dem System selbst, daß keine Kosten für Mörtel und für die Bereitstellung des Mörtels anfallen.

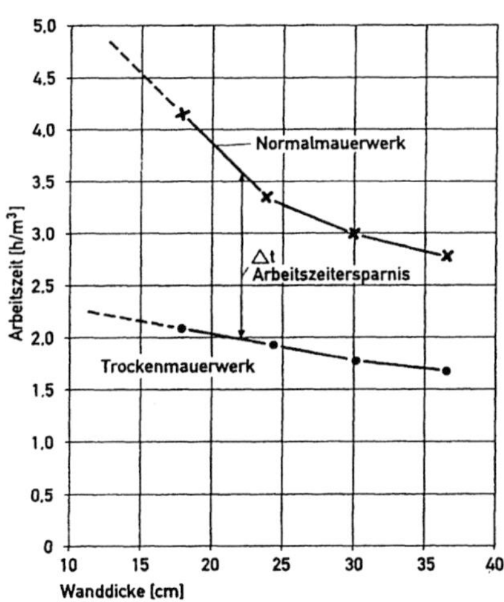

Bild 2.3:   Verarbeitungszeiten von Leichtbetonsteinen bei Mauerwerk in vermörtelter (Normalmauerwerk) und unvermörtelter Ausführung [L1]

Auch spricht die kürzere Arbeitszeit für den Einsatz von Trockenmauerwerk. Die Mauersteine können mit Hand, also ohne spezielle Arbeitsgeräte oder Maschinen, verlegt und gerichtet werden. Dabei ist das Abnehmen und Wiederaufsetzen problemlos möglich. Der Verlauf der Arbeitszeitkurven zeigt, daß im Vergleich zu normalem, in den Stoß- und Lagerfugen voll vermörteltem Außenwand-Mauerwerk ca. 1,5 Std./m^3 Arbeitszeit eingespart werden, was den Erstellungspreis leicht um ca. 20 bis 30 % mindert. Gegenüber Normalmauerwerk ohne Stoßfugen-, aber mit Lagerfugenvermörtelung beträgt der Zeitvorteil immerhin noch 1,3 Std./m^3 [W11]. *Langer* [L1] rechnet bei Innenwänden sogar mit einem Zeitvorteil von 2 bis 3 Std./m^3.

Durch den wegfallenden Mörtel ist es weiterhin möglich, Trockenmauerwerk auch bei Frost herzustellen, wenn die erste Steinlage bereits liegt. Hier kann Trockenmauerwerk zukünftig einen Beitrag zur Verstetigung der Bauleistungen in den Wintermonaten leisten. Die Zeit, den Mörtel aufzutragen, entfällt. Im Vergleich zu vermörteltem Mauerwerk ergeben sich nach [L1] erhebliche Arbeitszeitverkürzungen, wie das Bild 2.3 zeigt. Auch wird durch den Wegfall des Mörtels viel weniger Baufeuchtigkeit eingetragen. Folglich sinkt das Risiko von Bauschäden, die ihre Ursachen in erhöhter Baufeuchtigkeit haben. Beispielsweise ist die Schwindrißgefahr von Wänden weniger stark ausgeprägt.

Die Praxis mit Trockenmauerwerk hat gezeigt, daß im Gegensatz zu einer frisch vermörtelten Wand Trockenmauerwerkwände während des Errichtens eine beachtlich höhere Stabilität aufweisen, da die Steine nicht wie bei herkömmlichem Mauerwerk im Mörtel schwimmen [W10, W11]. Dies gilt insbesondere dann, wenn das Trockenmauerwerk in den Fugen verzahnt ist.

Nach [W12] führte die Verwendung sehr maßhaltiger Mauersteine wegen der geringen Unebenheiten in der Wandoberfläche zu minimalen Putzdicken, so daß sich auf diese Weise beträchtliche Einsparungen beim Innen- und Außenputz erzielen ließen.

Insgesamt weist Trockenmauerwerk eine verhältnismäßig hohe Rationalisierung im Mauerwerkbau auf, was sich auch darin äußert, daß der Anteil der Facharbeit verringert werden kann und zu Einsparungen bei den Lohnkosten führt. Nicht zuletzt seien die Anforderungen an leicht rückbaufähige Konstruktionen erwähnt, die sich aus der Umsetzung einer Kreislaufwirtschaft mit mineralischen Baustoffen ergeben und von Trockenmauerwerk in vorbildlicher Weise erfüllt werden.

2.2.2 Nachteile

Weniger sind dem Trockenmauerwerk Nachteile als vielmehr Besonderheiten nachzusagen, die bei der Planung und Errichtung beachtet werden müssen.

Durch den Wegfall einer Mörtelfuge ergeben sich bezüglich der Maßhaltigkeit sowie der Planparallelität und Planebenheit der Lagerflächen der Steine sehr hohe Anforderungen, die im allgemeinen von den heute verfügbaren Plansteinen erfüllt werden. Dennoch sollte auf eine weitere Reduzierung der Maßtoleranzen, insbesondere in der Steinhöhe, hingearbeitet werden.

Da Trockenmauerwerk keine Verbundfestigkeit in den Lagerfugen aufweist, ist zur Gewährleistung einer ausreichenden Standsicherheit, insbesondere gegenüber einer Zug-, Schub- und Biegebeanspruchung, eine permanente Auflast aus den Geschoßdecken oder in anderer Form erforderlich. Hier kann sich der Einsatz von Vorspannung als günstig erweisen. Im Bauzustand kann unter Umständen eine zusätzliche Abstützung gegenüber Wind oder dergleichen notwendig werden.

Für die Planung von Trockenmauerwerkkonstruktionen ist die vergleichsweise größere Verformung unter einer Druckbeanspruchung zu beachten, insbesondere wenn in einem Geschoß sowohl Trockenmauerwerk als auch vermörteltes Mauerwerk tragend eingesetzt werden. Für aufliegende Geschoßdecken ist in diesen Fällen mit zusätzlichen Zwängungen zu rechnen.

3 Vorgespanntes Trockenmauerwerk

3.1 Vorteile einer Vorspannung im Trockenmauerwerkbau

Die Schwäche von Trockenmauerwerk besteht in seiner nicht vorhandenen Zugfestigkeit senkrecht zur Lagerfuge sowie der fehlenden Verbundfestigkeit in der Lagerfuge. Treten Beanspruchungsfälle derart auf, daß Biegezugspannungen senkrecht zur Lagerfuge generiert werden, so reißt das Mauerwerk auf. Im Falle einer Schubbeanspruchung kann es zu einem Gleiten in der Lagerfuge kommen, wenn die Reibung überwunden wird.

Der Zweck der Vorspannung besteht folglich darin, im Mauerwerk nachträglich gezielt Druckspannungen zu erzeugen, um einerseits auftretende Zugspannungen zu überdrücken und dadurch klaffende Fugen zu schließen und andererseits in der Fuge Reibungswiderstände zwischen den Steinlagerflächen zu wecken, die es ermöglichen, Schubspannungen aufzunehmen und weiterzuleiten. Generell unterscheiden sich die Wirkungsweisen und Anforderungen der Vorspannung nicht zwischen vermörteltem Mauerwerk und Trockenmauerwerk, so daß auf die gesammelten Erfahrungen bei der Vorspannung von Mauerwerk mit Mörtelfugen, wenngleich auch nur in Einzelfällen, zurückgegriffen werden kann. Ein ähnlicher Effekt wie bei einer Vorspannung würde eintreten, wenn die Druckspannungserhöhung durch andere Maßnahmen, z.B. Erhöhung des Wandeigengewichts, erzeugt wird, was aber schon im Hinblick auf einen möglichst hohen Wärmedämmwiderstand von Mauerwerk sehr ungünstig wäre.

Der Eintrag von Vorspannkräften kann auch genutzt werden, um den Kraftfluß und die Lastabtragung im Mauerwerk gezielt zu beeinflussen, indem z.B. die Bogen-Zugband- oder Scheibentragwirkung aktiviert werden soll, was insbesondere für biegebeanspruchte Bauteile von Bedeutung ist.

Eine Zugkraftaufnahme durch schlaffe Bewehrung ist beim Trockenmauerwerk nur möglich, wenn an den Wandaußenseiten faserbewehrte Putze oder textile Bewehrungsmatten aufgeklebt werden. Diese erhöhen jedoch nur unwesentlich den Schubwiderstand, so daß der Eintrag einer vertikalen Vorspannung geeignet ist, die Gebrauchs- als auch die Tragfähigkeit von Trockenmauerwerk bei beliebiger Beanspruchung zu sichern bzw. zu verbessern. Dennoch muß betont werden, daß bisher nur vereinzelt Erfahrungen mit vorgespanntem Mauerwerk gesammelt werden konnten, weil die Herstellung vergleichsweise kompliziert ist und die Anwendung bisher auf Einzelfälle beschränkt blieb.

3.2   Arten von Vorspannung im Mauerwerkbau

Grundsätzlich wird beim Mauerwerk die Richtung der Vorspannung unterschieden: senkrecht oder parallel zur Lagerfuge. Während die horizontale Spannkraftführung vornehmlich bei Sanierungen eingesetzt wird, wenn z.B. vertikale oder schräge Risse geschlossen werden sollen, muß aus konstruktiven Gesichtspunkten heraus die Vorspannung im Trockenmauerwerk vornehmlich vertikal ausgerichtet sein. Dadurch überlagern sich die Vorspannungen mit den Normalspannungen aus Eigengewicht und Nutzlasten und es ist eine positive Beeinflussung der Ausmittigkeit der Lastableitung möglich. Vorzugweise ist eine mittige Vorspannung, die über die Wanddicke gleichmäßig verteilte Druckspannungen erzeugt, anzustreben. Dadurch kann allgemein die Standsicherheit von Mauerwerk mit geringer Auflast verbessert werden. Nur in Fällen einer permanenten Lastexzentrizität, z.B. durch starke Erddrücke bei Wänden im Kellerbereich, erscheint eine exzentrische Spanngliedführung durch den zugbeanspruchten Querschnittsteil vorteilhaft. Hohe Druckspannungsspitzen am gedrückten Querschnittsrand können dadurch abgebaut werden, wodurch sich eine gleichmäßigere Spannungsverteilung einstellt.

Die Vorspannung kann mit und ohne Verbund zum umgebenden Mauerwerk eingeleitet werden. Der Vorteil einer Vorspannung mit Verbund, welcher nur durch nachträgliches Injizieren mit Einpreßmörtel erreicht werden kann, ergibt sich einerseits aus den vergleichsweise geringen Endverankerungskräften bei gleicher Beanspruchung und andererseits aus einer verbesserten Mitwirkung des Mauerwerks bei der Lastableitung. Auf diese Weise wird das Mauerwerk zu einem verbesserten Rißverhalten gezwungen, was bedeutet, daß sich viele Lagerfugen nur leicht öffnen anstelle einer größeren Klaffung einer einzelnen Fuge. Außerdem wird durch den Einpreßmörtel auf einfache Weise der Korrosionsschutz von stählernen Spanngliedern dauerhaft gewährleistet. Nachteilig wirkt sich aus, daß ein Nachspannen oder auch ein Entspannen nicht möglich sind.

Eine Vorspannung ohne Verbund erlaubt ein Nachspannen, Entspannen und sogar einen Austausch von Spanngliedern über den gesamten Lebenszyklus des Gebäudes. Weil die Spannstahlspannungen auch nach dem Öffnen einer Fuge nur geringfügig anwachsen, ergibt sich im Vergleich zur vorgespannten Wand mit Verbund ein etwas schlechteres Trag- und Rißverhalten. Auch muß der Korrosionsschutz des Spannstahls durch besondere Maßnahmen sichergestellt werden. Wegen der Rückbaubarkeit von Trockenmauerwerkkonstruktionen erweist sich die Vorspannung ohne Verbund als die günstigere Variante, die sich allgemein beim Neubau von vorgespanntem Mauerwerk durchgesetzt hat [P9]. Nicht zuletzt auch deshalb, weil durch den werkseitigen Korrosionsschutz der Spannglieder der Arbeitsaufwand auf den Baustellen wesentlich verringert werden konnte.

3.3   Wahl und Anordnung der Spannglieder

Es gibt eine größere Anzahl zugelassener Spannstähle und Spannverfahren aus dem Spannbetonbau, die auch für das Vorspannen von Mauerwerk geeignet sind. Neben Stabspanngliedern mit aufgerolltem Gewinde eigenen sich besonders Einzeldrähte und Litzen. Infolge der höheren Streckgrenze kleinerer Durchmesser können sehr große Dehnwege erreicht werden, die wegen der zu erwartenden Mauerwerkverformung notwendig sind. Je höher die Stahlspannung gewählt wird, desto geringer sind die prozentualen Verluste an Vorspannkraft infolge plastischer Verformung des Mauerwerks. Auch können Drähte und Litzen in beliebiger Länge geliefert und vor Ort gekürzt werden.

Während in Großbritannien vorwiegend Spannstäbe zum Einsatz kommen [G14, R4], basiert das von der Firma VSL-Losinger in der Schweiz entwickelte Vorspannsystem auf Monolitzen [G3, P9]. Das Bild 3.1 zeigt den Aufbau des Spanngliedes und der Spanngliedverankerung.

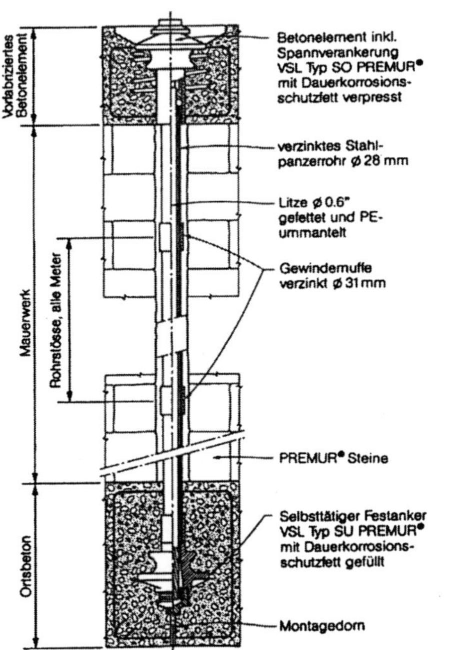

a) Vorspannsystem VSL-Losinger (schematisch)

b) Detail Spannverankerung am Wandkopf

c) Detail Fußpunktverankerung und Hüllrohr

Bild 3.1:   Vorgespanntes Mauerwerk - Vorspannsystem VSL-Losinger [G3, P9]

Als Festanker wird ein selbsttätiger Anker in das Fundament oder die Geschoßdecke einbetoniert. Hierauf wird ein Hüllrohr aus verzinktem Stahlpanzerblech oder auch aus Kunststoff in Schüssen zu je 1 m Länge aufgesetzt. Die Hüllrohre sind beliebig ablängbar und können mittels Gewindemuffen zusammengeschraubt werden. Über die kurzen Hüllrohre lassen sich die Mauersteine "auffädeln" oder, sofern sie eine seitliche Öffnung aufweisen, seitlich ansetzen. Der obere Spannanker wird beim Betonieren der raumabschließenden Geschoßdecke eingegossen oder in einem Betonfertigteil auf die Wandkrone aufgesetzt. Als Spannglieder dienen Monolitzen hoher Stahlgüte (St 1570/1770) mit einer werkseitigen Fettummantelung innerhalb eines PE-Schutzmantels, die nach Fertigstellung der Wand durch die Spannanker und Hüllrohre hindurch in die Festanker eingeschoben werden und sich dort selbsttätig verankern. Nach dem Einbau der Litzen kann die Vorspannung mittels hydraulischer Pressen vom Wandkopf aus aufgebracht werden. Die Hüllrohre dienen nur der Führung und Wandstabilität im Bauzustand und bleiben unverpreßt.

Während Spannglieder aus Stahl meist angewendet werden, sind alternative Materialien wie Kohlenstoffasern, Aramidfasern, Glasfasern, Borfasern oder Whiskers denkbar, scheitern aber noch an zu hohen Beschaffungskosten [B8].

Die Spannglieder können innerhalb und außerhalb des Querschnitts geführt werden. Liegen sie außerhalb des Bauteils, sind für eine mittige Kraftverteilung Spannglieder beidseitig der Wand erforderlich. Von Vorteil ist, daß die Stäbe zugänglich bleiben, visuell kontrolliert und auch nachgespannt werden können. Neben einer geraden Spanngliedführung sind auch gekrümmte oder polygonartig geknickte Verläufe möglich, bei denen die Umlenkkräfte auf das Mauerwerk abgesetzt werden. Meist sind außenliegende Spannglieder aus ästhetischen, aber vor allem brandschutztechnischen Gründen nicht erwünscht [H1].

Zentrisch im Querschnitt geführte Spannglieder haben sich aufgrund ihrer günstigen Wirkung auf das Tragverhalten von Mauerwerk durchgesetzt. Wenn die Mauersteine entsprechend gestaltet wurden, ergeben sich beim Aufmauern im Verband automatisch über die gesamte Wandhöhe reichende vertikale Spannkanäle. Eine zentrische Vorspannung im Wandquerschnitt hat zudem den Vorteil, daß auch bei Wechselbeanspruchung senkrecht zur Wand, z.B. Windsog und -druck, die Vorspannkraft stets einen stabilitätserhaltenden Einfluß hat.

Durch die Druckausbreitung hinter den Ankerplatten erfaßt die Vorspannung einen mehr oder weniger ausgedehnten Bereich des Bauteils. Je nach Größe der erforderlichen Vorspannung und der einleitbaren Vorspannkraft je Spannglied ergibt sich unter Beachtung der Festigkeit des Mauerwerks der zu wählende Abstand der Spannglieder. Bei der Bestimmung der Vorspannkräfte und der Stababstände sind insbesondere Spaltzugkräfte zu beachten, die zu Rissen im Mauerwerk führen können. Diese Spaltzugkräfte haben ihre Ursache in der geneigten Druckspannungsausbreitung bis ein angenähert gleichmäßiger Druckspannungsverlauf parallel zur Vorspannrichtung erreicht ist. Im vermörtelten Mauerwerk können die Spaltzugkräfte durch Lagerfugenbewehrung aufgenommen werden, was im Trockenmauerwerkbau nicht möglich ist. Bei stärkerer Beanspruchung kann eine wandaußenseitig angebrachte Faserbewehrung erforderlich werden.

Nach Untersuchungen an der ETH Zürich [P9] behindern zu große Vorspannungen die Verformungsfähigkeit von Mauerwerkswänden, so daß sie eine Begrenzung der Vorspannung auf 25 % der Mauerwerkdruckfestigkeit empfehlen. Für Vorspannkräfte unterhalb dieser Grenze war eine genügend große Rotationsfähigkeit beobachtet worden.

3.4 Verankerung der Spannglieder

Die Vorspannkräfte werden über Verankerungen, vorzugsweise vertikal, aber auch geneigt oder horizontal, auf das Trockenmauerwerk abgesetzt. Um den Arbeitsaufwand einzuschränken, besteht Interesse, unter kleinen Verankerungskörpern hohe Teilflächenpressungen auszunutzen. Die konzentriert eingeleiteten Druckkräfte breiten sich im Mauerwerk aus und erzeugen Spaltzugspannungen quer zur Kraftrichtung. Wegen der geringeren Festigkeit sind im Mauerwerkbau größere Verankerungselemente als im Spannbetonbau erforderlich. Aus mechanischer Sicht erweist es sich als sinnvoll, höherfeste Verankerungselemente, beispielsweise aus Betonformteilen, zu nutzen. Die Fertigteile müssen sich dem Mauersteinraster anpassen und für den auftretenden Spaltzug entsprechend bewehrt werden. Außerdem müssen die Formteile so groß sein, daß die Druckspannungen nur in zulässiger Größe an das Mauerwerk weitergeleitet werden.

Die Verankerung der Spannglieder auf den Verankerungskörpern richtet sich nach der jeweiligen Zulassung des Spannverfahrens. In der Regel wird, da nicht sehr hohe Spannkräfte zum Einsatz kommen, eine Gewindeverankerung bei den Stabstählen oder eine Keilverankerung bei Litzen und Drähten zum Einsatz gelangen.

3.5 Korrosionsschutz der Spannglieder

Sind die Spannkanäle mit einem Einpreßmörtel injiziert worden, ergibt sich ein dauerhafter Korrosionsschutz infolge der Passivierung des Stahls durch das alkalische Milieu des Mörtels. Einzubauende Abstandhalter müssen dafür sorgen, daß der Spannstahl vollflächig mit Mörtel umhüllt ist.

Verbundlos einzubauende Spannglieder werden in der Regel mit einem geprüften werkseitigen Korrosionsschutz versehen. Dieser besteht im allgemeinen aus einer Dauerkorrosionsschutzpaste, in welche die Spannstähle eingebettet sind. Als äußerer mechanischer Schutz wird meist ein extrudierter Kunststoffmantel aufgespritzt. Dieses Korrosionsschutzsystem hat sich sehr bewährt. Nur an den Stellen, wo der werkseitige Korrosionsschutz durchtrennt wird, beispielsweise an den Verankerungspunkten, können sich Problemstellen ergeben. Inzwischen sind viele Anstrengungen seitens der Vorspannindustrie unternommen worden, um hier dauerhafte Korrosionsschutzlösungen anzubieten.

4 Materialparameter der verwendeten Mauersteine, Mörtel und Spannglieder

4.1 Allgemeines

Für die Untersuchung des Verbundbaustoffes Mauerwerk ist die Kenntnis der Eigenschaften der Komponenten Mauerstein und Mörtel sowie des Zusammenwirkens der Werkstoffeigenschaften im Mauerwerk notwendig. Die Bestimmung der charakteristischen Materialparameter erfolgt dabei durch Versuche, die zumeist aus Gründen der Vergleichbarkeit und Reproduzierbarkeit der Ergebnisse durch Normen geregelt sind. Aus Kostengründen werden in der Praxis die Versuche meist auf eine einachsige Beanspruchung beschränkt.

Neben den deutschen Normen existieren in Deutschland parallel oder zusätzlich geltende europäische Richtlinien, so daß oftmals die erforderlichen Kenndaten auf beiden Wegen ermittelt werden konnten. Soweit keine Prüfvorschriften oder -richtlinien vorlagen, sind die erforderlichen Materialprüfungen entsprechend der Beanspruchung im Mauerwerkverband angepaßt worden. Wenn Ergebnisse aus der Literatur zitiert werden, so werden im wesentlichen die Angaben auf Kalksandstein und Porenbeton beschränkt. Im Sinne einer breiteren Ausrichtung werden, sofern unterschiedlich, deutsche und europäische Bezeichnungen parallel genannt. Weil die Eigenschaften der Mauersteine im Vergleich zu anderen Baustoffen bisher wenig einheitlich beschrieben werden, wird im folgenden versucht, diese Thematik differenzierter zu behandeln.

Zum Teil sind neben den Einzel- und Mittelwerten auch untere Fraktilwerte der Festigkeit angegeben worden. Die Ermittlung der 5 %-Fraktilwerte beruht auf der Baye'schen Methode, bei der ausgehend von der Student-t-Verteilung mit n-1 Freiheitsgraden aus n Versuchen sowohl eine Streuung beim Mittelwert als auch bei der Standardabweichung berücksichtigt wird. Sie wird im Eurocode 1 [AA14] angegeben:

$$X_k = m_x\left(1 - k_n \cdot V_x\right) \qquad \text{mit}: \ k_n = t_{n-1}\sqrt{1 + \frac{1}{n}} \tag{4.1}$$

Hierbei bedeuten:
X_k charakteristischer Wert einer Eigenschaftsgröße X,
m_x Mittelwert von X,
k_n Faktor zur Erfassung statistischer Unsicherheiten,
V_x Variationskoeffizient von X,
n Anzahl der Versuche.

Anstelle der Auswertung des Faktors k_n können vorbereitete Werte einer dort angegebenen Tabelle entnommen werden.

Im Vordergrund der Tragfähigkeitsuntersuchungen am Trockenmauerwerk standen das Druck- und Schubtragverhalten sowie das Biegetragverhalten parallel und senkrecht zur Lagerfuge. Ausgehend von den besonderen Anforderungen hinsichtlich der Maßhaltigkeit und Planebenheit der Lagerflächen wurden in die Untersuchungen deshalb nur Mauersteine in Plansteinqualität mit möglichst hoher Praxisrelevanz in unterschiedlicher Festigkeit und Rohdichte ausgewählt.

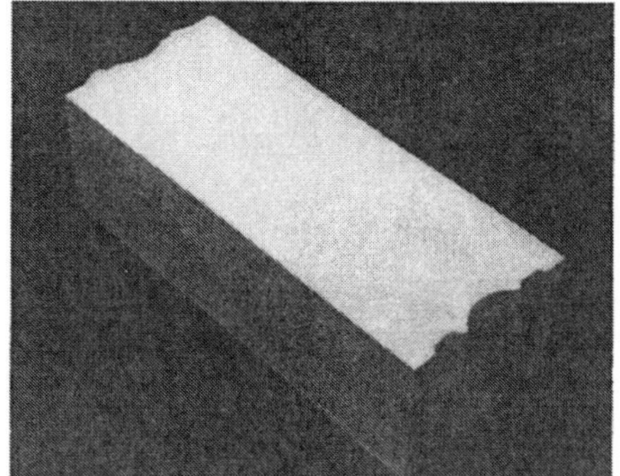

Kalksand-Planblock
(KS 12/2,0, KS 20/2,0 jeweils Vollstein)

Porenbeton-Planblock
(PPW 2/0,4, PPW 4/0,6 jeweils Vollstein)

Bild 4.1: Verwendete Mauersteine

In die Untersuchungen sind deshalb Kalksand-Planblöcke der Festigkeitsklasse 12 und 20 (KS 12, KS 20) und Porenbeton-Planblöcke der Festigkeitsklasse 2 und 4 (PPW 2, PPW 4) einbezogen worden, die mit einer Höhentoleranz von maximal ±1 mm eine enge Maßtoleranz gewähren und zudem von der Oberflächengestaltung sehr planeben hergestellt werden (Bild 4.1). In beiden Fällen handelte es sich um Vollsteine. Durch eine besondere Herstelltechnologie weisen die Porenbetonsteine einen erhöhten Wärmedurchlaßwiderstand auf, so daß sie die Zusatzkennung "W" tragen.

Um einen Vergleich zum bekannten vermörtelten Mauerwerk zu ermöglichen, wurden für die Druckprüfungen sowohl Prüfkörper aus Trockenmauerwerk als auch Dünnbettmauerwerk getestet. Für das Dünnbettmauerwerk kam ein handelsüblicher Werk-Trockenmörtel zum Einsatz, dessen wesentlichsten Eigenschaften beschrieben werden.

Zur Verbesserung des Schub- und Biegetragverhaltens kann das Trockenmauerwerk vorgespannt werden. Je nach Versuchsaufbau wurde die Vorspannung durch externe Spannvorrichtungen oder durch zentrisch im Mauerwerk geführte Spannglieder gewährleistet. Für die innen liegenden Spannglieder kamen hochfeste Gewindestangen M16 der Güte 10.9 zum Einsatz.

4.2 Eigenschaften der Mauersteine

4.2.1 Maße, Rohdichte, Druckfestigkeit

Entsprechend den jeweiligen Steinnormen sind die Normprüfungen der Größe und Maße, der Rohdichte und der Druckfestigkeit an einzelnen Mauersteinen durchgeführt worden. Zusätzlich wurde die Zylinderdruckfestigkeit der Mauersteine bestimmt. Die Prüfung der Elastizitätsmoduln erfolgte in Analogie zum Beton an Zylindern mit einem Verhältnis von Höhe zu Durchmesser von 2,0.

4.2.1.1 Größe und Maße

Die Prüfung der Größe und der Maße der Kalksandsteine und der Porenbetonsteine erfolgte an jeweils 6 Steinen nach DIN 106-1 [AA1] bzw. DIN 4165 [AA4] sowie nach der Entwurfsfassung der europäischen Norm DIN EN 772-16 [AA10]. Die deutschen und europäischen Normen unterscheiden sich im wesentlichen durch die Meßstellen. Während die deutschen Normen für Länge, Breite und Höhe eines Steines jeweils vom arithmetischen Mittel von zwei senkrecht zueinander ausgeführten Messungen ausgehen, bezieht sich die europäische Norm auf jeweils drei Messungen in der Mitte und an den Kanten jedes Probekörpers (Bild 4.2). Durch die hohe Maßhaltigkeit der Steine unterscheiden sich die Werte beider Meßverfahren nur unwesentlich, weshalb bei der Angabe der Maße in Tabelle 4.1 auf eine Differenzierung verzichtet wird.

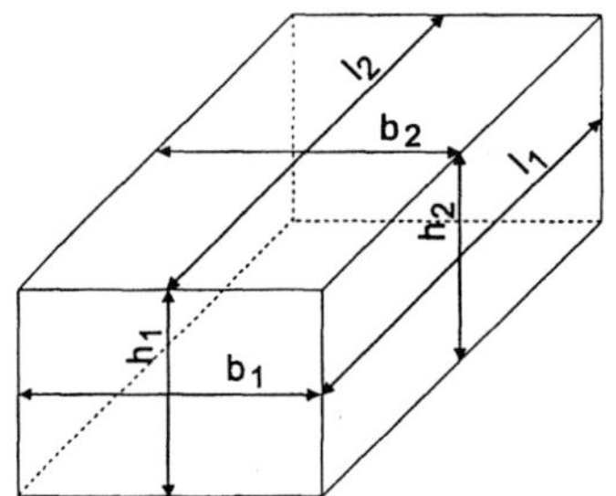

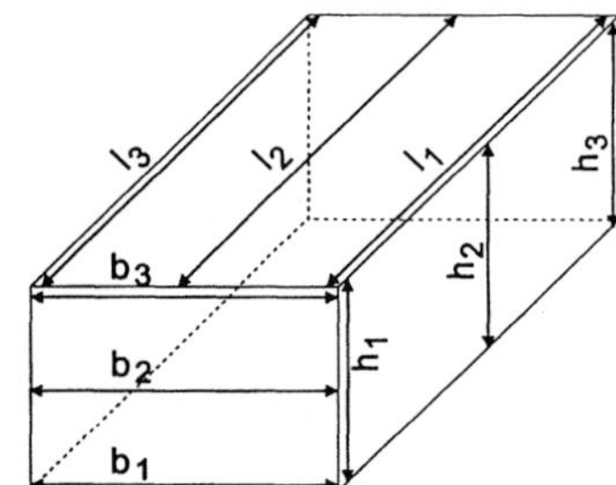

a) DIN 106-1/1980 bzw. DIN 4165/1986   b) DIN EN 772-16/1992 (Entwurf)

Bild 4.2: Bestimmung der Größe und Maße

Die Anforderungen der Maßhaltigkeit nach Norm werden von allen Steinsorten eingehalten. Die Mauersteine können dem Format 16 DF zugeordnet werden.

4.2.1.2 Rohdichte

Die Stein-Rohdichte gibt nach DIN 106-1 [AA1] bzw. DIN 4165 [AA4] das Verhältnis der auf das Bruttovolumen eines Mauersteins bezogenen Trockenmasse an. Dabei handelt es sich um eine für Vergleichszwecke sehr gut geeignete Trockenrohdichte. Das Bruttovolumen errechnet sich aus den zuvor ermittelten Maßen ohne Berücksichtigung von Grifföffnungen, die Trockenmasse erhält man durch Wägung eines bei 105°C bis zu Massenkonstanz getrockneten Steins. Die Norm DIN EN 772-13 [AA9] beschreibt einen ähnlichen Weg, gibt jedoch in Abhängigkeit der Berücksichtigung von Steinlochungen zwei Rohdichten an: Netto-Trockenrohdichte und Brutto-Trockenrohdichte. Bei den in Leipzig untersuchten Steinsorten handelte es sich in allen Fällen um Vollsteine, so daß hauptsächlich die Brutto-Trockenrohdichten von Interesse waren. Geprüft wurden jeweils 6 einzelne Steine.

Die Norm-Anforderungen an die Stein-Rohdichte wurden von den Kalksandsteinen und vom Porenbeton PPW 4 insgesamt erfüllt, der PPW 2 überschritt die zulässige Rohdichte seiner Rohdichteklasse um ca. 12 % (siehe Tabelle 4.1).

4.2.1.3 Normierte Druckfestigkeit

Die Steindruckfestigkeit ist die maßgebende Einflußgröße auf die Größe der Mauerwerkdruckfestigkeit.

Entsprechend den deutschen Normen DIN 106-1 und DIN 4165 erfolgte die Druckprüfung an 6 ganzen Steinen senkrecht zur Lagerfläche der Mauersteine. Ein Abgleich oder Abschleifen der Druckflächen der Mauersteine war wegen der allgemein guten Oberflächenbeschaffenheit nicht erforderlich. Weil, wie in [O2, S10] gezeigt werden konnte, sich bei bindemittelgebundenen Steinen der Feuchtigkeitsgehalt stärker auf die Größe der Druckfestigkeit auswirkt, schreiben deutsche und auch schweizerische Normen vor, die Druckfestigkeitsprüfung an lufttrockenen Steinen vorzunehmen, wobei der zulässige Feuchtigkeitsgehalt in Deutschland mit 2 bis 4 M.-% für Kalksandstein und 5 bis 15 M.-% für Porenbetonstein näher präzisiert ist. Der lufttrockene Zustand der Mauersteine ist derjenige, welcher sich in einer späteren Mauerwerkwand am wahrscheinlichsten einstellt. Deshalb wurden für die Normprüfung die Feuchtigkeitsgehalte der Steine zum Prüfzeitpunkt auf die zulässigen Bereiche der jeweiligen Steinnorm eingestellt (KS: 2 bis 4 M.-%, PPW: 9 bis 13 M.-%).

Entsprechend den verschiedenen Steinhöhen sind die Ergebnisse mit unterschiedlichen Formfaktoren f bzw. δ beaufschlagt worden, um den Einfluß der Prüfkörpergeometrie auf das Druckfestigkeitsergebnis pauschal erfassen zu können. Zahlreiche Untersuchungen beschäftigten sich mit den Form- und Gestalteinflüssen auf die Druckfestigkeit und kamen zum Ergebnis, daß die Steinhöhe und damit die Prüfkörperschlankheit als wesentlichster Parameter eingeht [K3, K7, S4, S21]. Bezogen auf das Basisformat 2 DF ergeben sich nach deutschen Normen für die untersuchten Mauersteine Formfaktoren f zwischen 1,0 und 1,2.

Die Druckprüfung erfolgte kraftgeregelt in einer Universaldruckprüfmaschine bis zum Bruch des Mauersteins. Abweichend von den Prüfvorgaben mußte aus maschinentechnischen Gründen die Prüfgeschwindigkeit bei den Kalksandsteinen auf

$0{,}25$ N/mm^2 je Sekunde halbiert werden, bei den Porenbetonsteinen entsprach sie den Vorgaben. Die Ergebnisse sind in Tabelle 4.1 aufgeführt.

Tabelle 4.1: Maße, Rohdichte, Druckfestigkeit und Elastizitätsmodul der verwendeten Mauersteine

Mauersteinart			Kalksandstein		Porenbetonstein	
Kennwerte			KS 20	KS 12	PPW 4[1]	PPW 2
1	2	3	4	5	6	7
Maße und Größe						
Länge	l_{st}		498,8	498,2	500,2 / 598,0	598,3
Breite	b_{st}	mm	240,0	239,8	239,9 / 240,0	239,5
Höhe	h_{st}		237,7	248,0	199,0 / 199,2	199,6
Stein-Rohdichte						
Brutto-Trockenrohdichte	ρ_d	kg/dm^3	1,857	1,864	0,544	0,450
Normierte Druckfestigkeit (mit Formfaktor)						
DIN 106, DIN 4165 Formfaktor	f	--	1,2	1,2	1,1	1,0
Wertebereich Mittelwert	$\beta_{D,st}$	N/mm^2	25,18...27,34 25,90	18,16...22,48 20,91	3,95...4,42 4,11	2,97...3,49 3,21
DIN EN 772 Formfaktor	δ	--	1,18	1,20	1,11	1,11
Wertebereich Mittelwert	f_b	N/mm^2	24,76...26,88 25,47	18,16...22,48 20,91	3,95...4,42 4,11	3,27...3,84 3,53
Druckfestigkeit in Steinlängsrichtung (ohne Formfaktor)						
Wertebereich Mittel	$f_{b,l}$	N/mm^2	-- --	9,36...11,18 10,27	3,20...3,49 3,17	1,76...1,77 1,77
Verhältniswert $\alpha = f_{bl}/f_b$ Wertebereich Mittel	α	--	-- --	0,45...0,54 0,49	0,81...0,85 0,77	0,54...0,55 0,55
Elastizitätsmodul bei Druckbeanspruchung (Ermittlung analog DIN 1048)						
Druck-E-Modul	E_b	N/mm^2	10088	9908	1938	1516

1) Während der Arbeiten zum Forschungsprogramm wurden vom Hersteller die Steinabmessungen verändert, so daß zwei Formate mit den Nennmaßen geprüft wurden: 50x20x24 und 60x20x24.

Die Bestimmung der normierten Steindruckfestigkeit erfolgte zusätzlich nach der europäischen Norm DIN EN 772-1 [AA7]. Über Formfaktoren δ aus dem Anhang A der Norm oder aus dem Eurocode 6 [AA15] erfolgt eine differenziertere Normierung. Eine Umrechnung des Feuchtigkeitszustandes erübrigte sich, da lufttrockene Mauersteine verwendet wurden. Während die Formfaktoren der deutschen Normen nur von der Steinhöhe abhängig sind, ergibt sich die Abhängigkeit des europäischen Korrekturfaktors aus der Steinhöhe und der Steinbreite. Dennoch weichen die europäischen Formfaktoren δ nur marginal von denen der deutschen Normen f ab, so daß genügend genau gilt $\beta_{D,st} = f_b$. Werden andere Festigkeitswerte auf die Steindruckfestigkeit bezogen, so wird aus Gründen der Einheitlichkeit stets f_b eingesetzt.

Zur Unterstützung nachfolgender Versuchsreihen, bei denen Mauersteine mit definierten Schädigungen in der Lagerfläche verwendet werden sollten, sind jeweils drei lufttrockene Steine mit denselben Schädigungen ebenfalls einer Druckfestigkeitsprüfung nach europäischen Vorschriften unterzogen worden, um dadurch Rückschlüsse hinsichtlich des Einflusses der Lagerfugenausbildung auf die Mauerwerkdruckfestigkeit ziehen zu können.

Tabelle 4.2: Druckfestigkeit der Mauersteine in Abhängigkeit von der Ausbildung der Lagerfläche

Mauerstein		Druckfestigkeit		Druckfestigkeits-verhältnis
1	2	3	4	5
Stein	Lagerflächen-ausbildung	Wertebereich $f_{b,i}$ N/mm^2	Mittelwert f_{bm} N/mm^2	$f_{bm}/f_{b,oB}$ [3] --
KS 20	oB	25,18...27,34	25,90	1,00
	PLS	24,04...24,45	24,29	0,94
	RL	26,35...26,87	26,66	1,03
	RQ	25,21...27,39	25,98	1,01
	RLQ	24,32...25,84	24,97	0,96
	Boh	24,75...25,47 [1] 25,59...26,28 [2]	25,07 [1] 25,89 [2]	0,97 1,00
PPW 4	oB	3,95...4,42	4,11	1,00
	PLS	3,77...4,21	3,96	0,96
	RL	3,82...3,99	3,91	0,95
	RQ	3,83...4,13	3,99	0,97
	RLQ	3,63...4,66	4,28	1,04
	Boh	3,51...4,50 [1] 3,63...4,66 [2]	4,14 [1] 4,28 [2]	1,01 1,04

1) Bruttowerte bezogen auf die Bruttolagerfläche entsprechend den äußeren Abmessungen
2) Nettowerte bezogen auf die Nettolagerfläche unter Berücksichtigung der Flächenminderung
3) Verhältnis der Mittelwerte

Diese Schädigungen betrafen zum einen eingeschnittene Rillen in Steinlängsrichtung (RL), Rillen in Richtung der Steinbreite (RQ), Rillen kreuzweise in beiden Richtungen (RLQ), aber auch Steine mit plangeschliffener Lagerfläche (PLS), Steine ohne jegliche Bearbeitung (oB) und Steine, die an den Stirnseiten und mittig je eine 50 mm große, durchgehende Bohrung aufwiesen (Boh). Die Prüfung erfolgte analog zur Ermittlung der Normdruckfestigkeit der Mauersteine. Ein Abgleich der Lagerflächen war nicht notwendig. Für die Mauersteine mit Bohrung wurde der Flächenverlust in der Auswertung als Nettowert berücksichtigt. Die Ergebnisse der Mauersteine ohne Bearbeitung entsprechen denen in Tabelle 4.1, sind aber aus Gründen der Anschaulichkeit zusammen mit den Ergebnissen der bearbeiteten Mauersteine in Tabelle 4.2 nochmals aufgeführt. Aus Kostengründen wurden die zusätzlichen Druckversuche auf den KS 20 und PPW 4 beschränkt.

Die Festigkeiten der unterschiedlich bearbeiteten Mauersteine liegen dicht beieinander und lassen keinen eindeutigen Trend erkennen, inwieweit sich die Qualität der Lagerfläche der Mauersteine auf die Druckfestigkeit auswirkt.

4.2.1.4 Druckfestigkeit in Steinlängsrichtung

Die Druckfestigkeit der Mauersteine in Steinlängsrichtung ist für parallel zur Lagerfuge auf Biegung beanspruchtes Mauerwerk von Bedeutung, weil die Steine in der Biegedruckzone in Richtung der Steinlängsachse auf Druck beansprucht werden. Dabei kann ein Druckversagen des Steins zum Biegezugbruch des beanspruchten Mauerwerks führen.

Zur Prüfung der Steinlängsdruckfestigkeit sind die Kopfseiten der Steine mit einem hochfesten Zementmörtel abgeglichen worden, nachdem vorhandene Nute und Grifföffnungen bereits einige Tage vorher mit demselben Mörtel verfüllt wurden. Die Druckprüfung erfolgte an jeweils 3 einzelnen, lufttrockenen Steinen in einer Universaldruckprüfmaschine mit einer Belastungsgeschwindigkeit von 0,05 bis 0,5 N/mm^2 je Sekunde entsprechend den Vorgaben für die Normdruckprüfung.

Die ermittelten Druckfestigkeiten in Steinlängsrichtung $f_{b,l}$ sind in Tabelle 4.1 enthalten. Im allgemeinen ist es sinnvoll, $f_{b,l}$ auf die nach Norm ermittelte Druckfestigkeit f_b zu beziehen und als Verhältniswerte $f_{b,l}/f_b$ anzugeben. Bei der Normdruckfestigkeit wurde der Formfaktor berücksichtigt. Die ermittelten Werte der Steinlängsdruckfestigkeit stimmen gut mit den Angaben von *Schubert* [S13] und *Glitza* [G5] überein und sind offenbar materialabhängig. Im Vorgriff auf die Zylinderdruckversuche zeigte sich bei vergleichbarer Prüfkörperschlankheit von h/d ≈ 2 das Verhältnis von Steinlängsdruck- zur einaxialen Zylinderdruckfestigkeit als ein vom Steinmaterial unabhängiger Wert von ca. 0,80.

Die Werte für die Druckfestigkeit in Steinlängsrichtung sind relativ hoch, liegen aber, unterhalb der Steindruckfestigkeit nach Norm. Da keine Untersuchungen hinsichtlich eines Formeinflusses zwischen Steinlängsdruckfestigkeit und normierter Steindruckfestigkeit bekannt sind, wurde auf die Ermittlung dieser Faktoren verzichtet.

Die geringere Größe der Steinlängsdruckfestigkeit ist durch die größere Schlankheit in Steinlängsrichtung, aber vor allem durch die im Herstellprozeß erzeugten gerichteten Materialinhomogenitäten, z.B. Einfluß der Treibrichtung beim Porenbeton oder Preßrichtung beim Kalksandstein, begründet. Der Materialeinfluß wird als der entscheidende angesehen, denn obwohl bei den Zylinderdruckversuchen als auch bei den Druckversuchen in Steinlängsrichtung annähernd gleiche Prüfkörperschlankheiten vorlagen, unterscheiden sich die Ergebnisse deutlich. Als Hinweis gilt, daß die Belastung einmal in Treib- bzw. Preßrichtung und das andere Mal senkrecht dazu aufgebracht wurde.

In [W4] wird für die Längsdruckfestigkeit ein Umrechnungsfaktor von 1,5 angegeben, mit dem die Ergebnisse pauschal auf die Schlankheit von Höhe zu Dicke h/d = 1,0 korrigiert werden können. Dieser Wert korrespondiert mit den gefundenen Werten (Reziprokwerte $1/\alpha$) nur in grober Näherung.

4.2.2 Vollständige Spannungs-Dehnungsbeziehung, einaxiale Druckfestigkeit, Elastizitätsmodul, Querdehnzahl

Die Festigkeit eines Materials ist die wesentlichste Voraussetzung zur Erlangung einer gewissen Tragfähigkeit. Ein belastetes Bauteil unterliegt Formänderungen, die ihrerseits Einfluß auf die Tragfähigkeit haben. Zwischen Festigkeit und Verformung besteht folglich ein enger Zusammenhang, der im folgenden für die in den Versuchen verwendeten Mauersteine unter einer Druckbeanspruchung untersucht werden soll.

4.2.2.1 Vollständige Spannungs-Dehnungsbeziehung

Bisher sind wenige Untersuchungen zur Erkundung des Spannungs-Dehnungsverhaltens von Mauersteinen bekannt. Die veröffentlichten Materialkennlinien erlauben zudem meistens nur eine quantitative Aussage für den ansteigenden Ast der Spannungs-Dehnungslinie, weil die Versuche in der Regel kraftgesteuert mit einer konstanten Spannungszunahme durchgeführt wurden. Bei den aussagekräftigeren, weggeregelten Versuchen geht man indes von einer konstanten Dehngeschwindigkeit aus. Im Bereich niedriger Spannungen reagiert das Steinmaterial annähernd elastisch, so daß sich im ansteigenden Ast kein Festigkeitsunterschied bei konstanter Spannungs- oder Dehnungsgeschwindigkeit ergibt, weil Spannung und Dehnung linear miteinander verknüpft sind:

$$\sigma = E \cdot \varepsilon$$

$$\frac{d\sigma}{dt} = E \cdot \frac{d\varepsilon}{dt} \qquad \rightarrow \qquad \dot{\sigma} = E \cdot \dot{\varepsilon} \qquad\qquad (4.2)$$

In Bruchnähe bewirkt die Viskoelastizität des Materials unter einer Druckbeanspruchung eine mehr oder weniger starke Spannungsumlagerung und damit ein Abflachen der Kurve. Um die Spannungsgeschwindigkeit konstant zu halten, müßte die Dehngeschwindigkeit anwachsen und bei Erreichen der Materialfestigkeit f_c unendlich groß sein:

$$\dot{\sigma} = \text{const}$$

$$\left(\frac{d\sigma}{d\varepsilon}\right) = \frac{\dot{\sigma}}{\dot{\varepsilon}} = \frac{\text{const}}{\dot{\varepsilon} \to \infty} = 0 \qquad (4.3)$$

Maschinentechnisch ist diese Forderung streng gesehen nicht umsetzbar, aber dennoch kann in Versuchen beobachtet werden, daß die Dehnungsgeschwindigkeit in Bruchnähe etwas zunimmt, so daß wegen der schnelleren Lasteinleitung letztlich etwas höhere Bruchlasten bei insgesamt kleineren Verformungen gemessen werden (Bild 4.3).

Wird hingegen der Versuch dehnungsgesteuert, d.h. die Dehnungsgeschwindigkeit konstant gehalten, so wird die Gleichung bei Höchstspannung erfüllt:

$$\dot{\varepsilon} = \text{const}$$

$$\left(\frac{d\sigma}{d\varepsilon}\right) = \frac{\dot{\sigma}}{\dot{\varepsilon}} = \frac{0}{\text{const}} = 0 \qquad (4.4)$$

Vollständige Spannungs-Dehnungsdiagramme mit Maximum und abfallendem Ast können nur mit Dehnungssteuerung gewonnen werden (Bild 4.3). Zudem muß die Prüfmaschine eine genügend große Steifigkeit und eine sehr schnelle Maschinensteuerung aufweisen, damit die in der Prüfmaschine gespeicherte Energie betragsmäßig gering bleibt und die Maschine nach Überschreiten der Höchstlast des Prüfkörpers schnell genug entlasten kann. In den vorliegenden Untersuchungen wurde eine sehr steife Prüfmaschine eingesetzt, so daß die Messung im teilweise steilen Entlastungsast von der Prüfmaschine unbeeinflußt sein dürfte.

Die Überprüfung des Bruchverhaltens von Mauersteinen ohne den Einfluß einer Querdehnungsbehinderung an den Druckplatten ist - sofern überhaupt - nur an schlanken Probekörpern möglich, da eine Querdehnungsbehinderung das Bruchverhalten stark beeinflußt. Die Verwendung von Gleitschichten, schlaffen Druckplatten oder Stahlbürsten kann die Endflächenreibung nicht völlig ausschließen und nur eine Annäherung an das reale Bruchverhalten ermöglichen. Aus diesem Grund erfolgten die Druckversuche an schlanken Zylindern, die aus den Mauersteinen in Richtung der Steinhöhe mit einem Durchmesser von 100 mm herausgeschnitten und die Endflächen planeben geschliffen wurden, so daß die Zylinder eine Endhöhe von 200 mm aufwiesen. In einem klimatisierten Raum (20°C, 55 % relative Luftfeuchte) lagerten sie so lange, bis sich eine Ausgleichsfeuchte beim Kalksandstein und Porenbeton von 1 bis 2 M.-% bzw. 4 bis 8 M.-% einstellte. Die Prüfung erfolgte an jeweils 3 Zylindern mit einer weggeregelten zentrischen Druckbelastung.

Die Steuerung der Maschine erfolgte derart, daß Quer- und Längsverformung des Zylinders aufgezeichnet wurden und die konstante Verformungsgeschwindigkeit (Kolbenvorschubgeschwindigkeit) in Anpassung an die Längsverformung maximal 0,001 mm je Sekunde betrug.

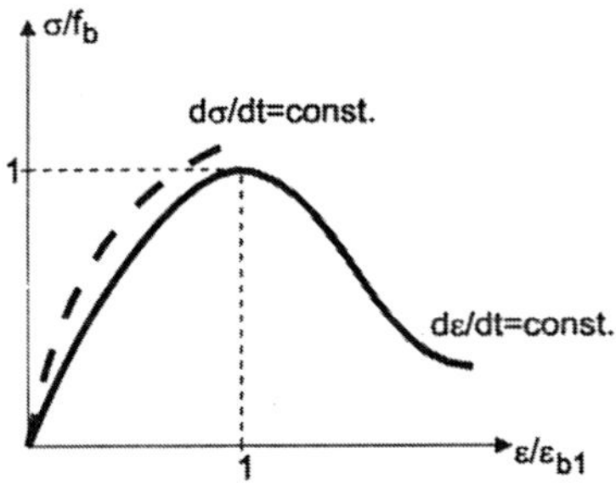

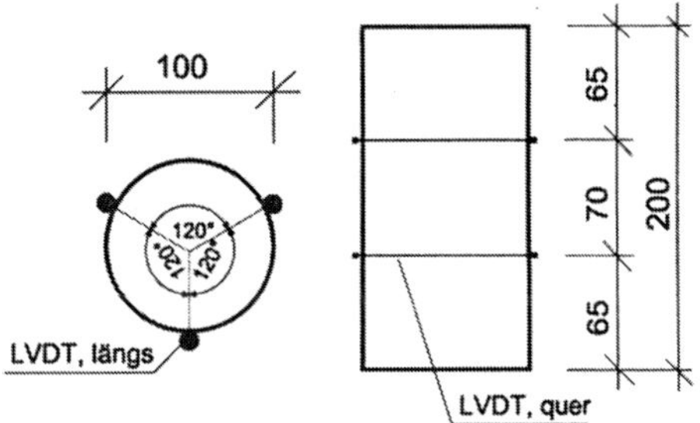

Bild 4.3: Verlauf von Spannungs-Dehnungs-linien im Druckversuch bei kraft- und weggeregelter Versuchsdurchführung (schematisch)

Bild 4.4: Anordnung der induktiven Wegaufnehmer für Quer- und Längsverformungsmessung am Zylinder

Erst mit überproportional zunehmender Querverformung im Bruchlastbereich schaltete die Maschine automatisch auf eine Querwegsteuerung um, so daß mit verringerter Verformungsgeschwindigkeit (0,0007 mm je Sekunde) der Maximalbereich und der abfallende Ast stabil durchfahren werden konnten. Die Längsverformung wurde über drei induktive Wegaufnehmer, die in einem Winkel von 120° über den Kreisumfang zwischen den Lastplatten angeordnet waren, und die Querverformung über zwei Manschetten mit induktiver Wegaufzeichnung in den Drittelspunkten der Zylinderhöhe gemessen (Bilder 4.4, 4.5a und 4.5b).

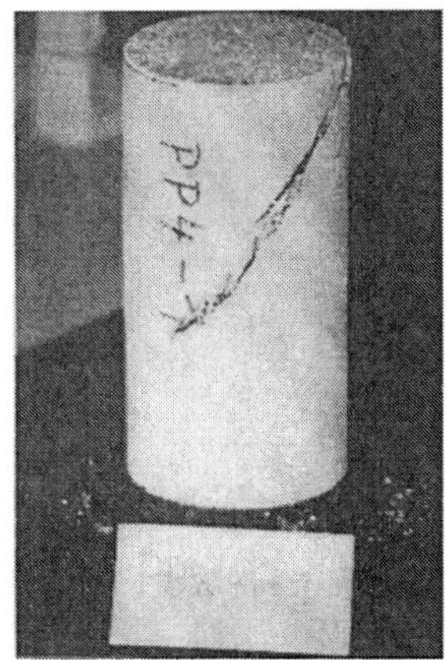

a) Versuchsaufbau   b) Detail Manschette   c) Typisches Bruchbild

Bild 4.5: Ermittlung der vollständigen Spannungs-Dehnungslinie von Mauersteinen,

Die aufgetretenen Spannungen und Dehnungen sind in einem Spannungs-Dehnungsdiagramm gegeneinander aufgetragen worden. Wesentliche Kenndaten des Materialverhaltens, wie z.B. Höchstspannung max σ_D (Materialfestigkeit max $\sigma_D = \beta_{D,Zyl} = f_{b,cyl}$) und zugehörige Längsstauchung ε_{b1} im Scheitelpunkt sowie beliebige Spannungs-Dehnungspaare im Bereich des abfallenden Astes der σ-ε-Linie, konnten abgelesen werden (Tabelle 4.3).

Beeinflußt wird die Stauchung bei Höchstlast, wie auch die gesamte Kurvenneigung, durch die Stauchungsgeschwindigkeit. Wie schon *Rüsch* für Beton angab [R10], ist bei sehr langsamer Belastung davon auszugehen, daß das Kriechen des Materials einen merklichen Einfluß ausübt. Obwohl der Einfluß in den vorliegenden Versuchen zweifellos vorhanden war (Abnahme des E-Moduls, Anwachsen der Stauchung unter Höchstlast) soll er hier wegen der Geringfügigkeit nicht weiter verfolgt werden. Durch die langsame Steigerung der Belastung konnte ein schlagartiger Bruch der Zylinder vermieden und der abfallende Ast stabil durchfahren werden. Das Versagen wurde, ähnlich dem Verhalten von schlanken Betonzylindern, meist durch einen Scherbruch ausgelöst. Als Bruchfläche bildeten sich eine oder zwei Gleitebenen unter einem Winkel von 30 bis 45° zur Druckbeanspruchung (Bild 4.5c) aus.

Während die Bruchebene beim Porenbeton relativ glatt war, verlief sie beim Kalksandstein um die Zuschlagkörner herum und bildete eine typische Rißverzahnung. Die Risse gingen nicht durch die Zuschläge hindurch.

Die Arbeitslinien von Kalksandstein (KS 20, KS 12) und Porenbetonstein (PPW 4, PPW 2) sind im Bild 4.6 aufgetragen. Unabhängig von der Steinsorte läßt sich grundsätzlich festhalten, daß sowohl beim Porenbeton als auch beim Kalksandstein bei höherer Festigkeit der Anstieg der Arbeitslinie steiler und die Krümmung der Spannungs-Dehnungslinie geringer war. Weiterhin wurde mit zunehmender Festigkeit der abfallende Ast steiler und der Krümmungsradius im Scheitel der Kurve geringer.

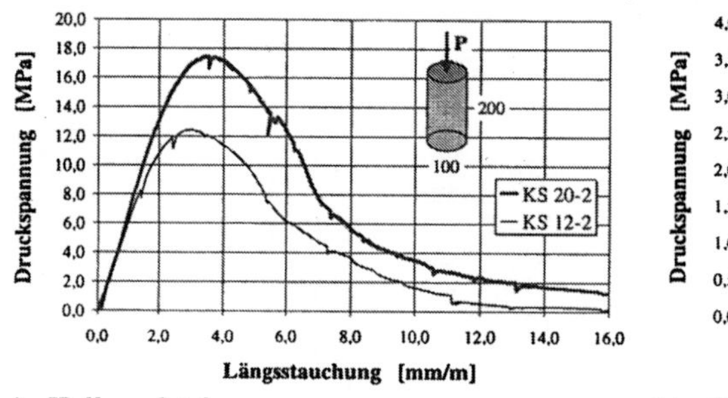

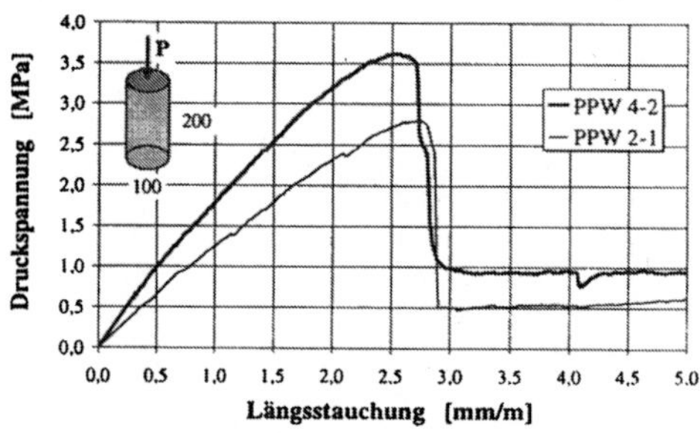

a) Kalksandstein   b) Porenbetonstein

Bild 4.6: Vollständige Spannungs-Dehnungslinien von Mauersteinen
        a) Kalksandstein KS 20 und KS 12, b) Porenbetonstein PPW 4 und PPW 2

Folglich wuchs der E-Modul des Mauersteins mit der Druckfestigkeit. Energieverzehrende Risse, die unmittelbaren Einfluß auf die Krümmung der Arbeitslinie haben, traten bei höherfesten Steinen erst bei höheren Prozentsätzen der Höchstlast ein. Darauf gründete sich auch die Beobachtung einer zunehmenden Versprödung mit wachsender Festigkeit. Dagegen unterscheiden sich die Formen der Arbeitslinien zwischen den Mauersteinen deutlich. Die σ-ε-Linien der Kalksandsteine weisen schon im ansteigenden Ast insgesamt größere Krümmungen auf als die der Porenbetonsteine und erreichen dadurch eine größere Völligkeit. Besonders bei Höchstlast ist der Krümmungsradius der Arbeitslinien von Kalksandstein deutlich größer. Während der Kalksandstein eher ein duktiles Verhalten zeigt, verbunden mit größeren Verformungen und stetigem Lastabfall im Nachbruchbereich, reagiert der Porenbeton etwas spröder. Plastische Verformungsanteile spielen beim Porenbeton nur eine untergeordnete Rolle.

Tabelle 4.3: Kennwerte der vollständigen Spannungs-Dehnungslinien von Mauersteinen Mauerstein; Trockenrohdichte ρ_d; Feuchtigkeitsgehalt zum Prüfzeitpunkt h_m; Zylinderdruckfestigkeit $\beta_{D,Zyl} = f_{b,cyl}$; Variationskoeffizient V; 5 %-Fraktile der Zylinderdruckfestigkeit $\beta_{D,Zyl;0,05} = f_{b,cyl;0,05}$; Längsstauchung unter Höchstspannung ε_{b1}; Stauchung bei 85 % der Höchstspannung im Nachbruchbereich; ausgewählte Stauchung im Nachbruchbereich ε_{b2}; Verhältnis der mittleren Spannung bei ε_{b2} zum Mittelwert der Zylinderdruckfestigkeit $\sigma_m(\varepsilon_{b2})/f_{b,cyl}$; Völligkeitsgrad α_0; Querdehnung unter Höchstspannung $\varepsilon_{b1,q}$

Stein	ρ_d	h_m	$\beta_{D,Zyl}=$ $f_{b,cyl}$	V	$\beta_{D,Zyl;0,05}=$ $f_{b,cyl;0,05}$	ε_{b1}	$\varepsilon_{0,85}$	$\dfrac{\sigma_m(\varepsilon_{b2})^{3)}}{f_{b,cylm}}$ mit $\varepsilon_{b2}>\varepsilon_{b1}$	α_0	$\varepsilon_{b1,q}$
	kg/dm^3	M.-%	N/mm^2	%	N/mm^2	‰	‰	--	--	‰
1	2	3	4	5	6	7	8	9	10	11
KS 20 min	1,877		16,78			3,19	5,04	e_{b2}=3,5 ‰ 0,996	0,59	0,13
max	1,886	2	17,46			3,47	5,11	e_{b2}=4,0 ‰ 0,968	0,65	0,37
Mittel	1,882		17,10	2,0	15,95	3,37	5,08		0,62	0,25
KS 12 min	1,856		12,44			2,81	4,34	e_{b2}=3,5 ‰ 0,969	0,60	0,24
max	1,870	1	13,12			3,39	5,42	e_{b2}=4,0 ‰ 0,926	0,66	0,40
Mittel	1,863		12,78	2,67	11,63	3,07	4,73		0,63	0,32
PPW 4 min	0,569		3,56			2,55	2,72	e_{b2}=2,7 ‰ 0,972[2)]	0,51	0,20
max	0,579	5	4,38			3,23	3,39	e_{b2}=2,8 ‰ 0,650[2)]	0,58	0,26
Mittel	0,574		3,85	11,8	2,31	2,93	3,14		0,55	0,22
PPW 2 min	0,482		2,53			2,51	2,66	e_{b2}=2,7 ‰ 0,518[2)]	0,55	0,10
max	0,485	7	3,03			2,74	2,96	e_{b2}=2,8 ‰ 0,819	0,56	0,21
Mittel	0,484		2,79	9,1	1,94	2,66	2,83		0,56	0,16

1) Für statistische Auswertung nicht berücksichtigt.
2) Nur ein Wert; Stauchung bei Höchstspannung i.d.R. größer als ε_{b2}
3) Mittelwert der Spannung bei einer Stauchung von ε_{b2} auf dem abfallenden Ast bezogen auf den Mittelwert der Zylinderdruckfestigkeit.

Der abfallende Ast beim Porenbeton verläuft sehr steil, zum Teil verläuft dieser nahezu senkrecht nach unten. Bei rd. 20 % der Höchstlast flacht der Entlastungs-

ast deutlich ab und bleibt aufgrund der einsetzenden Reibung innerhalb der Scherfuge konstant.

Die Beurteilung des Tragverhaltens der Mauersteine läßt sich neben der Festigkeit
und des Verformungsvermögens sehr anschaulich durch Energiebetrachtungen
erläutern. Wesentlich ist dabei der Bezug der vom Körper aufgenommenen Energie zur Materialfestigkeit. Zum Beispiel gibt der Verlauf des Belastungsastes der
Spannungs-Dehnungsbeziehung Auskunft über die Energieaufnahme des Körpers
bis zum Erreichen der Höchstlast. Daraus lassen sich Rückschlüsse ziehen, ob die
Energie vorwiegend in elastischer Form vorliegt oder ob das Material "arbeitet",
plastische Umlagerungen vornimmt oder Risse entstehen und dabei gespeicherte
Energie verzehrt wird. Im zweitgenannten Fall ist die Wahrscheinlichkeit eines
Sprödbruches geringer, da im Bruchzustand weniger Energie schlagartig frei werden kann. Die beim Belastungsgang vom Körper aufgenommene Energie H ergibt
sich aus der Fläche unterhalb der Arbeitslinie bis zum Scheitelpunkt:

$$H = \int_{\varepsilon=0}^{\varepsilon_{b1}} \sigma(\varepsilon)\, d\varepsilon \,. \tag{4.5}$$

Wird diese Energie auf die Höchstspannung max $\sigma_D = \beta_{D,Zyl} = f_{b,cyl}$ und die zugehörige Dehnung im Scheitelpunkt ε_{b1} bezogen, so erhält man den dimensionslosen
geometrischen Völligkeitsgrad α_0 des ansteigenden Astes der σ-ε-Linie:

$$\alpha_0 = \frac{H}{\varepsilon_{b1} \cdot \max \sigma} = \frac{H}{\varepsilon_{b1} \cdot \beta_{D,Zyl}} = \frac{H}{\varepsilon_{b1} \cdot f_{b,cyl}} \,. \tag{4.6}$$

Der Völligkeitsgrad umschreibt das Verhältnis der von der Arbeitslinie eingeschlossenen Fläche zum umschließenden Rechteck und ist ein Maß für die
Krümmung des Belastungsastes der Arbeitslinie. Der Wert $\alpha_0 = 0,50$ kennzeichnet eine Gerade. Mit steigendem α_0-Wert nimmt die Kurve im Belastungsast einen stärker konkav gekrümmten Verlauf ein (Bild 4.7). Für α_0 ergaben sich Werte
von 0,51 (Porenbeton) bis 0,66 (Kalksandstein). Dies entspricht linearen bis para-
bolischen Spannungs-Dehnungslinien. Tendenziell ergibt sich eine Abnahme des
Völligkeitsgrades sowohl mit zunehmender Festigkeit als auch beim Übergang
vom Kalksandstein zu Porenbeton. Bild 4.8 gibt dazu eine Übersicht.

Die σ-ε-Linien zeigen an, daß sowohl beim Kalksandstein als auch - in weit geringerem Maße - beim Porenbeton der Zerstörungsmechanismus bereits bei geringer Materialstauchung einsetzt und kontinuierlich zunimmt, aber nur der Kalksandstein nach Überschreiten der Materialfestigkeit eine Resttragfähigkeit durch
plastische Umlagerungen gewährt. Der Bruch von Porenbeton ist dagegen durch
einen schlagartigen Verlust der Tragfähigkeit gekennzeichnet.

Mit Erreichen des Scheitelpunktes der Spannungs-Dehnungslinie ergibt sich aus
der Höchstspannung die Materialfestigkeit. Die Stauchung ε_{b1} unter der Höchstspannung gilt als ein wichtiger Kennwert zur Beschreibung von charakteristischen
Spannungs-Dehnungslinien. Während der Kalksandstein seine Materialfestigkeit

nach Überschreiten von 3 ‰ Längsstauchung erreicht, ist dies beim Porenbeton bereits vor diesem Grenzwert der Fall. Damit liegt der Kalksandstein außerhalb des für Beton bekannten Bereichs von 2 bis 3 ‰ Längsstauchung im Druckversuch.

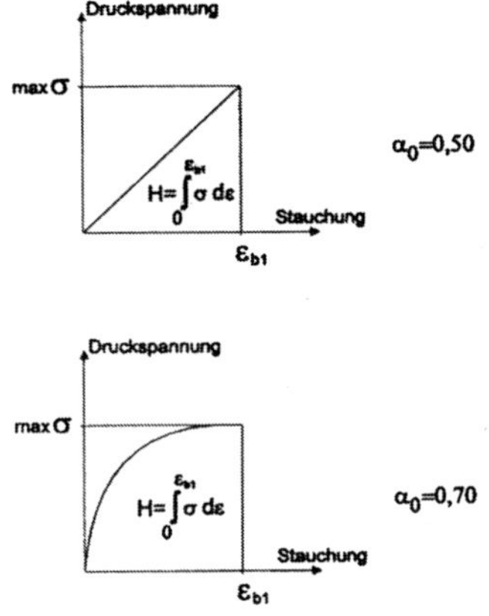

Bild 4.7: Aufgenommene Energie H und Völligkeitsgrad α_0 bei Höchstspannung (schematisch)

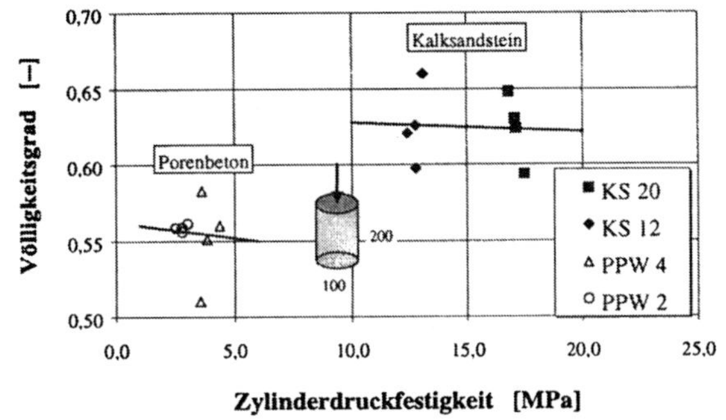

Bild 4.8: Völligkeitsgrad α_0 bei Höchstspannung in Abhängigkeit von der Zylinderdruckfestigkeit der Kalksand- und Porenbeton-Mauersteine

Die Längsstauchung bei Höchstspannung nahm mit wachsender Festigkeit zu (Bild 4.9), was nach den Erfahrungen von *König* [K9] und *Wischers* [W5] für Beton in gleicher Weise gilt. Die Intensität der Steigerung ist, wie auch schon bei der Abnahme der Völligkeit, besonders bei Porenbeton ausgeprägt. Dies dürfte darauf zurückzuführen sein, daß mit wachsender Festigkeit der größer werdende Energieeintrag weitestgehend ungeschmälert für einen elastischen Verformungszuwachs zur Verfügung steht und damit die Längsstauchung unter Höchstlast proportional vergrößert wird.

Die Entwicklung der Querdehung verläuft dagegen nicht einheitlich. Beim Porenbeton steigt die Querdehung unter Höchstlast zum Teil mit der Festigkeit an, beim Kalksandstein fällt sie (Bild 4.10). Es ist zu vermuten, daß beim Kalksandstein anfangs eine stärkere Verdichtung des Gefüges in Längsrichtung auftritt, die keine Querdehung erzeugt. *Siebel* berichtet in [S31] über ähnliche Erfahrungen von Kiessandbetonen. Wesentlichen Einfluß auf die Verformungsfähigkeit hat die Art des Stoffsystems. Beim Kalksandstein handelt es sich im Gegensatz zum weitestgehend homogenen Porenbeton um ein Zwei-Stoffsystem, dessen Spannungsverteilung und Verformungsvermögen von der Kornverteilung und der Festigkeit bzw. dem Elastizitätsmodul der Zuschläge und dem Kalkbindemittel abhängen. Aufgrund der höheren Festigkeit werden äußere Kräfte vorwiegend über das Stützgerüst der Zuschläge abgetragen.

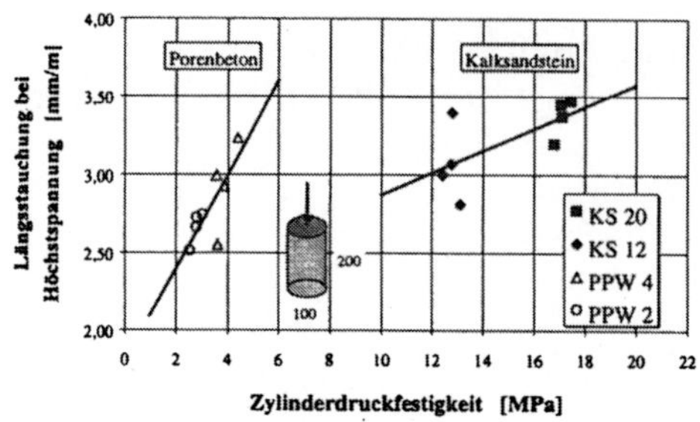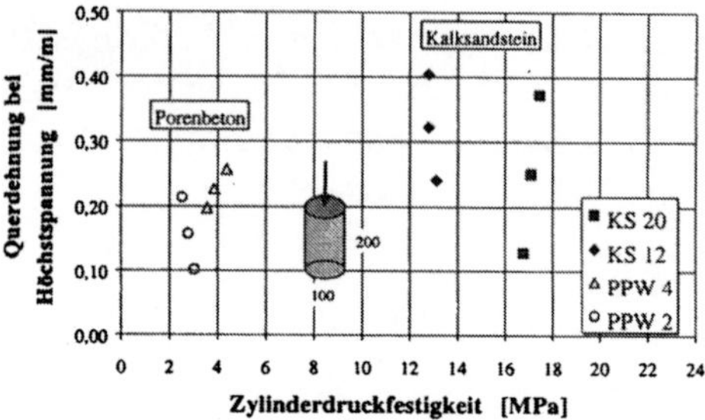

Bild 4.9: Längsstauchung bei Höchstspannung in Abhängigkeit zur Zylinderdruckfestigkeit der Mauersteine

Bild 4.10: Querdehnung bei Höchstspannung in Abhängigkeit zur Zylinderdruckfestigkeit der Mauersteine

Querverformungen und schräg gerichtete Stützkräfte bewirken Zug- und Schubkräfte, die die Calciumsilikathydratbindung (CSH-Phasen) zwischen den Zuschlagkörnern überwinden. Das bedeutet, daß bei Kalksandstein die Festigkeit durch die CSH-Phasen, die Verformung aber mehr durch die Verformungsfähigkeit der Zuschläge bestimmt wird. Hierdurch erklärt sich auch, warum die Elastizitätsmoduln von KS 20- und KS 12-Mauersteinen trotz deutlich unterschiedlicher Druckfestigkeiten annähernd gleich sind. Andere Verhältnisse liegen beim Porenbeton vor. Die Materialzusammensetzung (Kalk und Zement als Bindemittel) und die einheitliche Matrixstruktur aus gemahlenem Zuschlag und Bindemitteln führen einerseits zu einer gleichmäßigen Spannungsverteilung bei geringer Verformbarkeit und andererseits zu einer gleichmäßigeren Festigkeitsverteilung über den Querschnitt. Folglich tritt eine geringere Gefügeauflockerung ein und ε_{b1} wird insgesamt kleiner. Dadurch wird die plastische Arbeitsfähigkeit des Materials eingeschränkt und der Völligkeitsgrad fällt entsprechend klein aus.

Die Kenntnis des Verlaufes des abfallenden Astes der σ-ε-Linie ist insbesondere für die Angabe von Bruchstauchungen ε_{bu}, bei denen das Material völlig versagt, von Bedeutung. Hilfestellung für die Definition von ε_{bu} gibt ein ausgeprägter Punkt des Entlastungsastes, der Wendepunkt, ab dem der Körper eindeutige Bruchverformungen aufzeigt. Nach Untersuchungen von *Wang/Shah* [W1] lag dieser Punkt im abfallenden Ast bei Normalbeton zwischen 65 und 85 % der Höchstlast, bei Leichtbeton etwas tiefer bei 55 bis 65 % der Höchstlast. Er lag um so höher, je geringer die Druckfestigkeit war. In der Regel wird für Beton der abfallende Ast zutreffend durch die Stauchung des Prüfkörpers bei Absinken der Spannung auf 85 % der Höchstspannung beschrieben und dadurch der Wendepunkt markiert. Eine Beschränkung des abfallenden Astes auch für Mauersteine auf eine Spannung von $0{,}85 \cdot f_{b,cyl}$ ist sinnvoll, da eine weitere Materialausnutzung wegen übermäßiger Verformungen nicht mehr gerechtfertigt wäre.

Für den abfallenden Ast der σ-ε-Linie der Mauersteine war, insbesondere für Porenbeton, ein steilerer Abfall als für Normalbeton zu erwarten, weil Mauersteine sich insgesamt spröder verhalten. Aus diesem Grunde sind sowohl die Stauchungen $\varepsilon_{0,85}$ bei 85 % der Höchstlast auf dem abfallenden Ast als auch die Spannungen bei bestimmten Grenzstauchungen $\varepsilon_{b2} < \varepsilon_{0,85}$ abgelesen (Bild 4.11) und in Tabelle 4.3 angegeben worden.

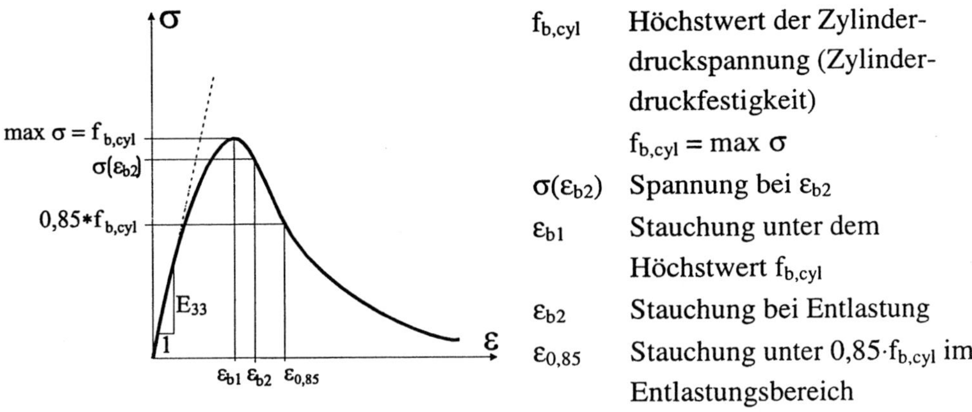

Bild 4.11: Kennwerte der vollständigen Spannungs-Dehnungslinie (schematisch)

Für Kalksandstein unterscheiden sich ε_{b1} mit etwa 3,2 mm/m und $\varepsilon_{0,85}$ mit etwa 5 mm/m sehr deutlich, während sich für Porenbeton mit ε_{b1} ca. 2,7 mm/m und $\varepsilon_{0,85}$ ca. 2,8 mm/m kaum Unterschiede ergeben. Die Verhältniswerte $\varepsilon_{0,85}/\varepsilon_{b1}$ für Kalksandstein liegen zwischen 1,542 (KS 12) und 1,506 (KS 20) und sind damit kleiner als der vom Beton bekannte Verhältniswert von 1,75. Wie beim Beton neigen höherfeste Kalksandsteine zu einer Versprödung im Bruchverhalten, was an der Abnahme des $\varepsilon_{0,85}/\varepsilon_{b1}$-Wertes gut erkennbar ist. Dagegen zeigen die σ-ε-Linien vom Porenbeton kaum Unterschiede zwischen $\varepsilon_{0,85}$ und ε_{b1}. Das Verhältnis $\varepsilon_{0,85}/\varepsilon_{b1}$ variiert zwischen 1,065 (PPW 2) und 1,074 (PPW 4). Ein Vergleich der bis zum Erreichen der Höchstspannung bzw. des Abfalls auf 85% der Höchstspannung auf dem abfallenden Ast aufgenommenen Energien $H(\varepsilon_{b1})$ und $H(\varepsilon_{0,85})$ nach Gleichung (4.5) zeigt sehr eindeutig, daß Tragreserven im Entlastungsbereich nur beim Kalksandstein vorhanden sind, beim Porenbeton kaum. Zwar steigt die Energieaufnahme beider Steinarten nach Passieren der Materialfestigkeit $H(\varepsilon_{0,85}) > H(\varepsilon_{b1})$, doch ist der Zuwachs bei Porenbeton nur marginal, während der von Kalksandstein um Größenordnungen höher liegt. In Tabelle 4.4 sind die Energieverhältnisse $H(\varepsilon_{0,85})/H(\varepsilon_{b1})$ zum Vergleich aufgetragen.

Die stärkere Energieaufnahme des Kalksandsteins wird im wesentlichen auf die Bildung innerer Oberflächen in Form von Mikrorissen zurückgeführt, die eine Art quasiplastische Verformung darstellen. Darüber hinaus bewirkt die Heterogenität des Materialgefüges, daß die im Inneren auftretenden Zugspannungsspitzen durch größere Gefügebestandteile, wie z.B. Zuschlagkörner, Poren und energieverzehrende Mikrorisse, vermindert bzw. abgebaut werden und dadurch eine Verteilung von Rissen in weniger relevante Richtungen oder ein Innehalten der Rißbildung möglich ist. Mikrorisse wirken vorwiegend lokal, so daß Spannungsumlagerungen möglich sind. Die Tragfähigkeit des Gefüges wird dadurch nicht drastisch vermindert.

Tabelle 4.4: Vergleich der vom Mauerstein-Probekörper aufgenommenen Energien im einachsigen Druckversuch

Mauerstein	Energie H bei ausgewählten Stauchungen		Verhältnis
	$H(\varepsilon_{b1})$	$H(\varepsilon_{0,85})$	$H(\varepsilon_{0,85})/H(\varepsilon_{b1})$
	J/dm^3	J/dm^3	—
1	2	3	4
KS 20 Wertebereich Mittel	34,76...37,06 35,94	61,61...63,87 63,03	1,754
KS 12 Wertebereich Mittel	23,16...25,94 24,48	39,57...49,82 43,61	1,782
PPW 4 Wertebereich Mittel	5,38...7,93 6,25	5,91...8,55 7,03	1,124
PPW 2 Wertebereich Mittel	3,55...4,67 4,16	3,91...5,40 4,66	1,121

Das relativ homogene Gefüge von Porenbeton bildet kaum Mikrorisse aus, so daß ein Versagen eines kleinen, lokalen Bereiches infolge großer Mengen freiwerdender elastisch gespeicherter Energie kettenreaktionsartig zur Überlastung weiterer Teile und damit bis zum verformungsarmen Bruch des gesamtem Systems führt. Eine weitere Energieaufnahme ist kaum möglich.

Wie das Bild 4.12 verdeutlicht, nahmen die aufgenommenen Energiemengen H proportional mit der Zylinderdruckfestigkeit der Mauersteine zu. Dabei ergaben sich für beide Mauersteinarten in etwa gleiche Steigungsverhältnisse, wenn die Energiemenge im ansteigenden Bereich bis zur Höchstlast $H(\varepsilon_{b1})$ betrachtet wird. Unterschiede ergaben sich im Nachbruchbereich wegen des unterschiedlichen Bruchverhaltens. Durch sein ausgeprägtes Arbeitsvermögen auf hohem Spannungsniveau kann der Kalksandstein im Nachbruchbereich viel Energie aufnehmen und umsetzen, so daß infolgedessen die $H(\varepsilon_{0,85})$-Werte deutlich oberhalb der $H(\varepsilon_{b1})$-Werte liegen. Dies unterstreicht sein duktiles Bruchverhalten, was ebenfalls aus den Versuchsbeobachtungen hervorging. Mit Erreichen der Materialfestigkeit war beim Porenbeton im wesentlichen der Bruchzustand markiert. Der eintretende Sprödbruch gestattete keine wesentlichen Energieaufnahmen mehr, so daß sich die aufgenommenen Energiemengen unter Höchstlast und bei 85 % der Höchstlast auf dem abfallenden Ast nur marginal unterschieden. Beiden Materialien ist dennoch gleich, daß mit wachsender Druckfestigkeit eine zunehmende Versprödung einsetzt. Deutlich wird dies, wenn der Energiezuwachs des betrachteten Nachbruchbereichs im Verhältnis zur Druckfestigkeit dargestellt wird (Bild 4.13)

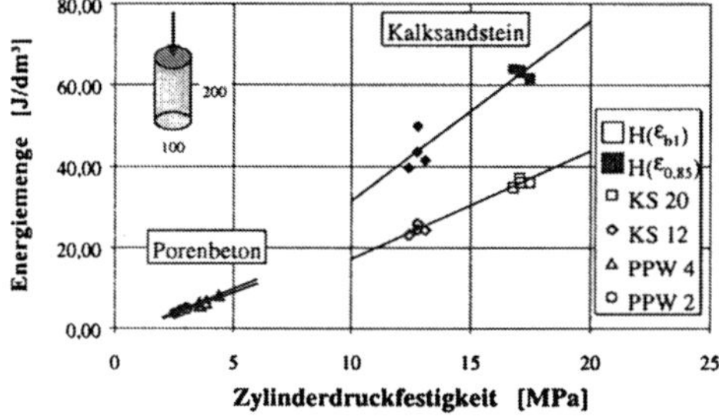

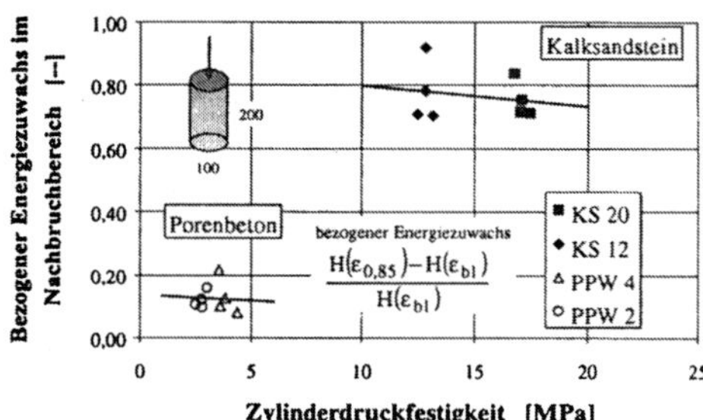

Bild 4.12: Bis zur Höchstspannung bzw. 85 % der Höchstspannung im Nachbruchbereich aufgenommene Energie H in Abhängigkeit von der Zylinderdruckfestigkeit

Bild 4.13: Bezogener Energiezuwachs im Nachbruchbereich bei 85 % der Höchstspannung in Abhängigkeit zur Zylinderdruckfestigkeit

Duktile Werkstoffe zeichnen sich dadurch aus, daß sie in der Lage sind, den relativ spitzen Kerbgrund an einer Rißspitze durch lokale plastische Verformungen auszurunden und damit hohe lokale Spannungsspitzen in eine für den Gesamtquerschnitt günstigere Spannungsverteilung zu überführen. Daher besitzen duktile Werkstoffe eine ausgeprägte Zähigkeit. Als Maß der Zähigkeit gilt dabei im allgemeinen das Verhältnis von aufgenommenen plastischen zu elastischen Energieanteilen. Durch Gleichsetzen der bis $\varepsilon_{0,85}$ auf dem abfallenden Ast aufgenommenen Energie $H(\varepsilon_{0,85})$ und einer bis zur Höchstspannung (Materialfestigkeit $f_{b,cyl}$) gespeicherten elastischen Energie $H_{el}(\varepsilon_{bl})$ ergibt sich ein Kennwert für die Zähigkeit κ:

$$\kappa = \frac{H(\varepsilon_{0,85})}{H_{el}(\varepsilon_{bl})} = \frac{H(\varepsilon_{0,85})}{\frac{1}{2} f_{b,cyl} \cdot \varepsilon_{bl}} = \frac{2 \cdot E_i \cdot H(\varepsilon_{0,85})}{f_{b,cyl}^{2}} \tag{4.7}$$

Dabei kann die elastische Energie auch durch einen ideellen E-Modul E_i beschrieben werden. Siehe dazu auch Bild 4.14. Bei einem völlig spröden Werkstoff würde der Kennwert genau 1,0 betragen.

Der angegebene Zähigkeitskennwert ist nicht zu verwechseln mit der charakteristischen Länge, einem bruchmechanischen Kennwert des Betons, weil die dort zugrunde gelegte Bruchenergie über $\varepsilon_{0,85}$ hinausgeht und zudem den Betonwiderstand gegenüber einer Zugbeanspruchung beschreibt. Der Nachteil der Energiebetrachtung bei einer Druckuntersuchung besteht darin, daß sich mehrere Bruchebenen durch Mikrorisse bilden und dadurch der Energieverzehr erhöht wird. Tendenzen sind dennoch ablesbar.

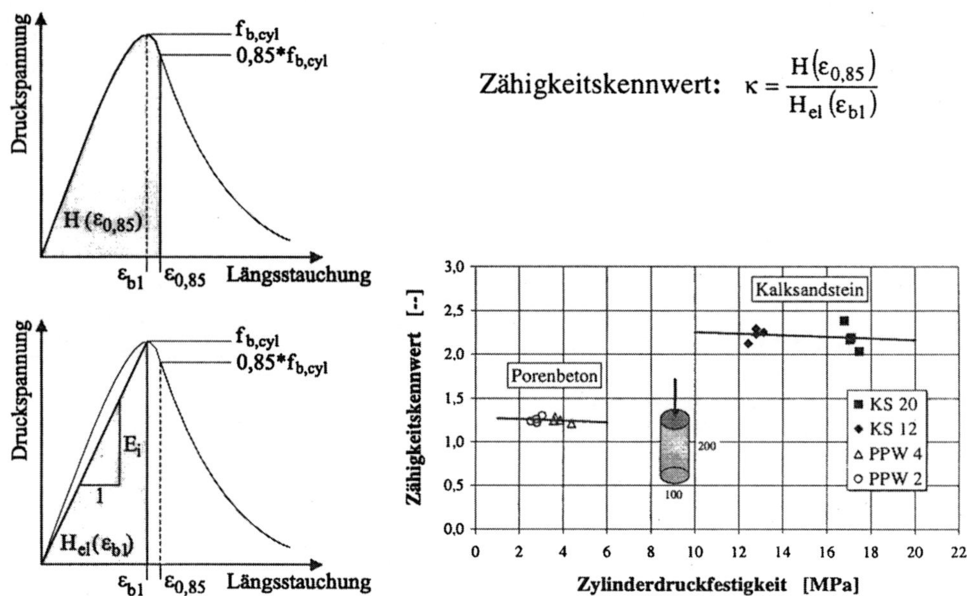

$$\text{Zähigkeitskennwert:} \quad \kappa = \frac{H(\varepsilon_{0,85})}{H_{el}(\varepsilon_{b1})}$$

Bild 4.14: Ausgewählte Energiean-
    teile einer Arbeitslinie

Bild 4.15: Zähigkeitskennwert für Mauersteine in Abhän-
    gigkeit von der Zylinderdruckfestigkeit

Nach Bild 4.15 ist die Zähigkeit eines Kalksandsteins größer als die eines Porenbetonsteins. Die ermittelten κ-Werte variieren zwischen 1,20 - 1,30 (Porenbeton)
und 2,00 - 2,40 (Kalksandstein). Bei beiden Steinmaterialien fallen die Zähig-
keitskennwerte, wenn die Druckfestigkeit größer wird. Dieses Verhalten ist beim
Porenbeton stärker als beim Kalksandstein ausgeprägt. Durch den Abfall der
κ-Werte reagieren festere Steine zunehmend empfindlicher gegenüber Rißwach-
stum. Bleibt der qualitative Verlauf der Arbeitslinien gleich, so sind Mauersteine
um so empfindlicher, also um so spröder, je kleiner der κ-Wert ist.

4.2.2.2 Einaxiale Druckfestigkeit

Festigkeiten sind im allgemeinen keine absoluten Größen. Sie sind sowohl von
der Prüfkörperform (Steinabmessungen) als auch von der Gestalt (Prismen, Würfel, Zylinder) abhängig. Diesem Umstand wurde durch die Einführung von Formfaktoren für die Umrechnung der Ergebnisse unterschiedlicher Würfel- bzw.
Mauersteingrößen und zusätzlich für den Beton durch Gestaltsfaktoren zur Umrechnung von Würfel- in Zylinderdruckfestigkeiten und umgekehrt Rechnung
getragen. Weil bei Mauersteinen die Prüfung in der Regel an ganzen oder halben
Steinen bzw. bei Tafelelementen an herausgeschnittenen Prismen erfolgt, liegen
hinsichtlich der Prüfung an Zylindern kaum Erfahrungen vor, so daß auf Gestalts-
einflüsse nicht näher eingegangen werden kann.

Hinsichtlich des Formeinflusses auf die Mauersteindruckfestigkeit führten *Kirtschig/Kasten* [K7] umfangreiche Untersuchungen durch und kamen zu der Erkenntnis, daß bei der Druckfestigkeitsprüfung unter sonst gleichen Bedingungen gedrungene Körper größere Festigkeiten als schlankere Prüfkörper zeigen. Erkenntlich ist dieses Verhalten an der abfallenden Kurve im Bild 4.16 mit wachsender Mauersteinhöhe. Die Unterschiede in der Druckfestigkeit werden maßgeblich durch die Endflächenreibung zwischen Prüfkörper und in der Regel starren Prüfplatten der Maschine und den daraus resultierenden Zwängungen verursacht. Die starren Prüfplatten bedingen einen dreiachsigen Spannungszustand, der an den Körperendflächen am stärksten ausgeprägt ist und nach dem Prinzip von *St. Venant* mit zunehmenden Abstand von den Druckflächen abklingt. In einem Abstand von den starren Lastplatten, der in etwa den jeweiligen Querschnittsseiten oder dem Durchmesser eines zylindrischen Prüfkörpers entspricht, stellt sich nach Angaben von *Schickert* [S5] und *Schleeh* [S6] ein annähernd einachsiger Spannungszustand über den Querschnitt ein. Der räumliche Spannungszustand an den Endflächen führt insbesondere bei gedrungenen Prüfkörpern zu überhöhten Druckfestigkeiten. Wegen der Fülle unterschiedlicher Steinformate mit unterschiedlichsten Höhen-Breiten-Verhältnissen sind die rein gemessenen Steindruckfestigkeiten nicht unmittelbar miteinander vergleichbar.

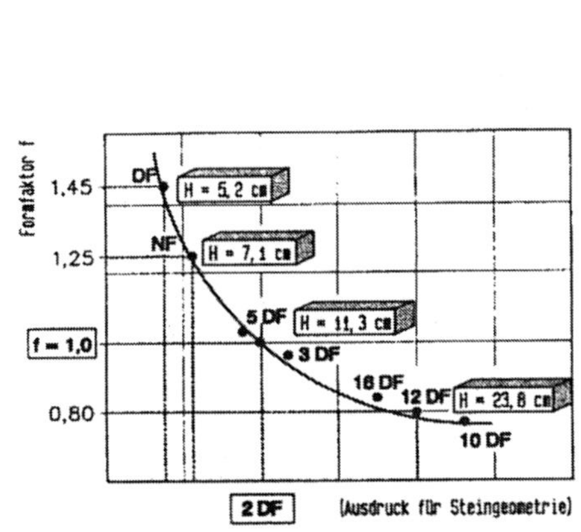

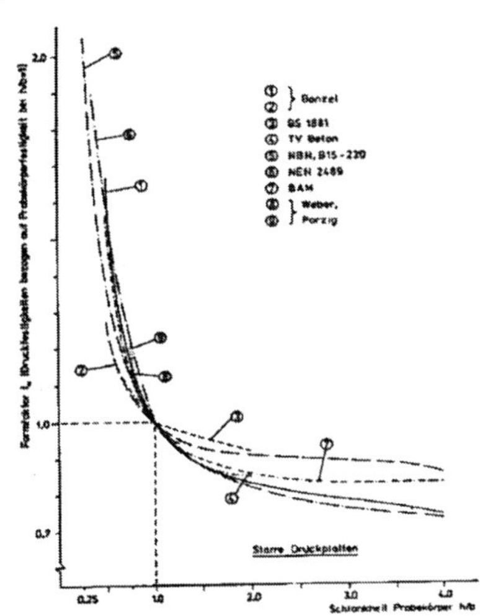

Bild 4.16: Abhängigkeit der Druckfestigkeit von den Steinabmessungen [K3]

Bild 4.17: Druckfestigkeitsverhältnisse von Betonprobekörpern unterschiedlicher Schlankheit [S4]

In den Steinnormen eingeführte Formfaktoren sollen die Druckfestigkeiten verschiedener Steingrößen vergleichbar machen. Dabei gilt die Festigkeit des Steins mit dem Format 2 DF wegen der großen Marktbedeutung als Bezugsgröße, hier beträgt der Formfaktor f = 1,0. Mit zunehmender Steinhöhe vermindert sich die meßbare Druckfestigkeit, so daß der Formfaktor ansteigt auf maximal 1,2. Hingegen müßte er sinken, wenn die Steinhöhe kleiner als 11,3 cm beträgt. Dies wird jedoch ausgeschlossen, statt dessen erfolgt die Druckprüfung an Steinen im DF- und NF-Format an zwei aufeinandergelegten oder aufgemauerten Steinhälften, so daß der Prüfkörper höher wird und gewissermaßen ebenfalls ein Bezugsformat darstellt. In der Annahme, daß die Querdehnungsbehinderung innerhalb eines Kegels mit der Mantellinienneigung von 45° auftritt, stellt die Prüfkörperschlankheit h/d = 2,0 ein Mindestmaß dar, um im Körper einen ungestörten Spannungszustand zu erreichen. Die Festigkeit, die ungestört von Prüfeinflüssen eintritt, wäre eine tatsächliche Vergleichsgröße.

Ähnliche Abhängigkeiten sind von Beton bekannt. *Schickert* stellte in [S4] Ergebnisse verschiedener Autoren und Normenauswertungen zusammen, die im Bild 4.17 wiedergegeben werden. Allgemeine Tendenz ist, daß die meßbare Druckfestigkeit unabhängig vom Material mit größer werdender Prüfkörperschlankheit abnimmt. In weitergehenden Versuchen untersuchte er Betonproben (Zylinder, Würfel, Prismen) unter Druckbelastung, deren Schlankheit h/d zwischen 0,25 und 4,0 variierte. Zudem wurde die Druckkraft sowohl über starre Druckplatten als auch über schlaffe Druckplatten ("Münchner Bürste") eingeleitet. Der Vergleich der Ergebnisse führte zu einem Materialkennwert, die "wahre" oder einaxiale Betondruckfestigkeit, die eine reine Stoffkonstante ist und sich daher sehr gut für Vergleichszwecke eignet. Es hat sich gezeigt, daß bei Verwendung von starren Druckplatten die Probekörperschlankheit den maßgebenden Einflußparameter auf die Festigkeit darstellt, während die Ergebnisse bei Verwendung von schlaffen Druckplatten fast frei von geometriebedingten Einflüssen sind.

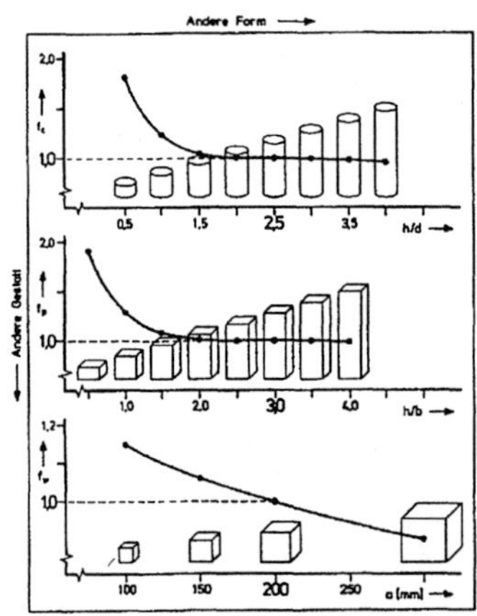

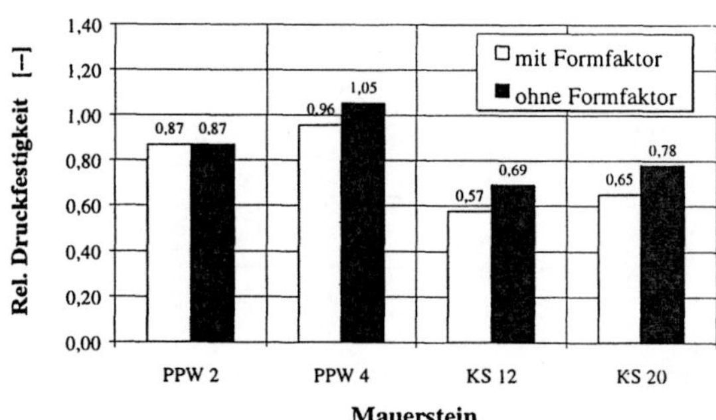

Bild 4.18: Formfaktoren der Betondruckfestigkeit in Abhängigkeit von Form und Gestalt der Probekörper [S4]

Bild 4.19: Verhältnis der Zylinderdruckfestigkeit zur Steindruckfestigkeit $f_{b,cyl}$ / f_b (ohne und mit Berücksichtigung der Formfaktoren δ nach DIN EN 772-1 [AA7])

Demzufolge ist bei schlaffen Druckplatten bereits bei einer Prüfkörperschlankheit von unter h/d = 1,0 kein Einfluß der Probekörpergeometrie vorhanden, während bei starren Prüfplatten die Körper wesentlich schlanker sein müssen. Als günstigste Prüfkörperschlankheiten empfiehlt er Werte für h/d von 2,5 bis 3,0. Allerdings darf bereits ab einer Prüfkörperschlankheit von h/b = 1,5 bis 2,0 die Verfälschung durch die starren Druckplatten vernachlässigt werden. Der Verlauf des von ihm definierten Formfaktors als Verhältniswert der gemessenen Druckfestigkeit zur einaxialen Druckfestigkeit zeigt sehr deutlich die Abhängigkeit von der Körpergeometrie (Bild 4.18) und jene Bereiche, wo dieser Einfluß kaum noch Auswirkungen hat.

Die Ermittlung der Spannungs-Dehnungsbeziehungen der Mauersteine gestattete es, die Zylinderdruckfestigkeiten abzulesen. Wie bereits genannt, wiesen die aus den Vollmauersteinen herausgebohrten Zylinder in allen Fällen eine Prüfkörperschlankheit von h/d = 2,0 auf und waren damit etwa doppelt so schlank wie die Mauersteine. Die gemessenen Zylinderdruckfestigkeiten $\beta_{D,Zyl} = f_{b,cyl}$ können insofern als einaxiale Druckfestigkeiten angesehen werden. Die Werte sind in Tabelle 4.3 wiedergegeben. Sie liegen um 10 bis 40% tiefer als die Werte der normgerecht ermittelten Steindruckfestigkeit, was vornehmlich auf die höhere Schlankheit und auf die Belastung mit konstanter Verformungsgeschwindigkeit statt konstanter Belastungsgeschwindigkeit zurückgeführt wird. Das Verhältnis der Zylinderdruckfestigkeiten zu den Steindruckfestigkeiten (inklusive Formfaktor) $f_{b,cyl}/f_b$ beträgt für KS 20 nur 0,65 und ist mit 0,57 für KS 12 noch geringer. Für den Porenbeton fallen die Verhältnisse günstiger aus: 0,96 für PPW 4 und 0,87 für PPW 2. Auffällig ist, daß das Festigkeitsverhältnis innerhalb einer Steinsorte mit kleiner werdender Steinfestigkeit auch geringer wird. Wenn anstelle der mit einem Formfaktor δ normierten Steindruckfestigkeit $f_b = \delta \cdot f_{PR}$ die einfache Prüffestigkeit f_{PR} zugrunde gelegt wird, so variiert das Festigkeitsverhältnis $f_{b,cyl}/f_{PR} = \delta \cdot f_{b,cyl}/f_b$ zwischen 0,69 bis 0,78 für Kalksandstein und 0,87 bis 1,05 für Porenbeton, wobei der höhere Wert wiederum für die Steine höherer Nennfestigkeit steht (Bild 4.19).

Morton [M15], der mittels einer räumlichen FE-Untersuchung für Kalksandvollsteine und Ziegel die Form- und Materialabhängigkeit von Steindruckfestigkeiten untersuchte, leitete aus den errechneten Festigkeiten einen Formfaktor ab, der näherungsweise zwischen 0,85 und 0,90 angenommen werden kann. Damit ergibt sich eine gute Übereinstimmung zu den Werten, die sich aus dem Vergleich mit den unnormierten Versuchswerten (ohne Formfaktor) ergeben.

4.2.2.3 Elastizitätsmodul

Das elastische Werkstoffverhalten, erkenntlich an der Linearität der σ-ε-Linie bzw. der Proportionalität zwischen Spannung und Dehnung, wird durch den E-Modul beschrieben.

Schubert/Glitza [S19] führten erstmalig eine umfassende Auswertung von eigenen und recherchierten Versuchsergebnissen über Druck-E-Modulwerte von Mauerwerk, Mauermörtel und Mauersteinen durch. Aufgrund unterschiedlicher Versuchsbedingungen war ein Vergleich nur eingeschränkt möglich, so daß lediglich überschlägige Werte für verschiedene Steinsorten angegeben werden konnten. Wie im Mauerwerkbau generell, ist unter Elastizitätsmodul der Mauersteine ein Sekantenmodul zu verstehen, der sich bei einer bestimmten Spannung (meist dem Drittelpunkt der Maximalspannung), bezogen auf die aufgetretene Gesamtverformung, nach einmaliger Belastung ergibt. Im Gegensatz zum Beton werden also bleibende und elastische Dehnungen berücksichtigt. Der E-Modul E_b und die Steindruckfestigkeit f_b sind dabei annähernd proportional zueinander:

$$E_b = c \cdot f_b . \tag{4.8}$$

Der Proportionalitätsfaktor c ist von der jeweiligen Steinart abhängig und stellt einen steinspezifischen Parameter dar:

Kalksandstein $c = 300$,
Porenbetonstein $c = 400$,
Leichtbetonstein $c = 610$,
Mauerziegel $c = 380$.

Eine durchgeführte Regressionsrechnung unterstreicht die lineare Abhängigkeit des E-Moduls E_b von der Steindruckfestigkeit f_b:

$$E_b = 1400 + 360 \cdot f_b \quad \text{in } N/mm^2 . \tag{4.9}$$

Sahlin (nach [P10]) wertete Versuche von Hilsdorf sowie aus der englischsprachigen Literatur aus und kommt zu ähnlichen Ergebnissen wie *Schubert*.

In neueren Veröffentlichungen gibt *Schubert* für Kalksandstein einen Proportionalitätsfaktor zwischen E_b und f_b von $c = 355$ an [S13].

Da keine deutschen oder europäischen Vorgaben für die Bestimmung des Längsdehnungsmoduls von Mauersteinen existieren, wurde für die vorliegenden Versuche der E-Modul der verwendeten Steine auf zwei Wegen bestimmt:

1) in Analogie zum Beton an Zylindern mit einer Höhe von 200 mm und einem Durchmesser von 100 mm entsprechend DIN 1048 [AA2] und
2) als Sekantenmodul E_{33} aus der gemessenen Spannungs-Dehnungsbeziehung an Zylindern mit einer Höhe von 200 mm und einem Durchmesser von 100 mm bei einem Drittel der Höchstspannung.

Für die E-Modul-Ermittlung nach DIN 1048 wurden 3 Zylinder mit einer Höhe von 200 mm und einem Durchmesser von 100 mm aus den Mauersteinen parallel zur Steinhöhe - also in Einbaurichtung - naß herausgebohrt, unter Normklima 20°C/65 % relative Luftfeuchte bis zum Erreichen der Ausgleichsfeuchte gelagert und anschließend einer dreimaligen zentrischen Druckbe- und Entlastung unterworfen. Die obere Prüfspannung σ_o entsprach etwa einem Drittel der zuvor festgestellten Druckfestigkeit der Zylinder, die untere Prüfspannung σ_u betrug

0,5 N/mm^2. Im dritten Belastungsgang wurden die Kräfte und zugehörigen Verformungen aufgezeichnet und die E-Moduln berechnet. Im zweitgenannten Fall konnten den gemessenen Spannungs-Dehnungslinien von drei untersuchten Zylindern pro Steinsorte direkt die Spannungs- und zugehörigen Verformungswerte vom Drittelspunkt der Bruchlast sowie vom Ursprungspunkt entnommen und daraus die E-Moduln errechnet werden (Bild 4.20).

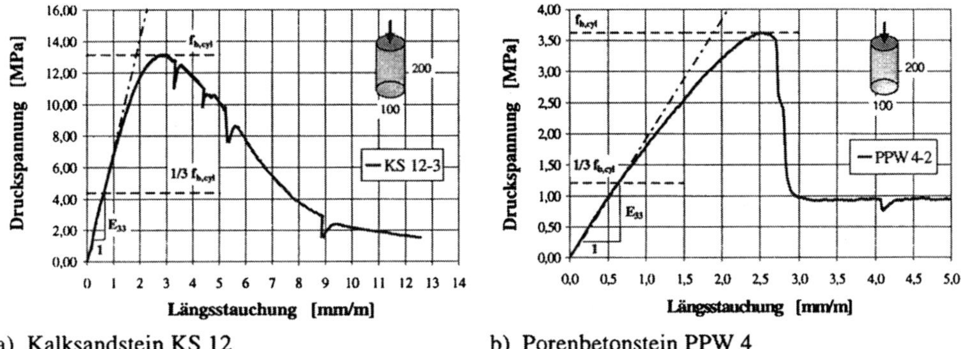

a) Kalksandstein KS 12   b) Porenbetonstein PPW 4

Bild 4.20: Ermittlung des Sekantenmoduls E_{33} aus der Spannungs-Dehnungslinie von Mauerstein-zylindern

Der errechnete E_{33}-Modul entspricht damit einem Sekantenmodul und stimmt gut mit dem realen Kurvenverlauf überein, weil alle untersuchten Mauersteine zumindest bis rd. 30 % der Höchstspannung ein nahezu lineares Verhalten zeigten. Die errechneten Werte enthält die Tabelle 4.5.

Wenn die E-Modulwerte beider Wege einander gegenübergestellt werden, zeigen sich z.T. erhebliche Unterschiede, die vorrangig auf die unterschiedlich schnelle Lasteintragung in den Versuchen sowie die unterschiedliche Versuchssteuerung (Kraft- oder Wegregelung) zurückzuführen sind. Die Belastungsgeschwindigkeit der verformungsgesteuerten Zylinderdruckversuche war notwendigerweise um ein Mehrfaches geringer, als für die kraftgesteuerte Ermittlung der Kurzzeitfestigkeit vorgeschrieben ist. Folglich ergibt sich allein hieraus ein flacherer Kurvenverlauf bzw. ein geringerer Kurvenanstieg, so daß die Materialfestigkeit häufig bei einer größeren Längsstauchung ε_{b1} erreicht wurde. Der E_{33}-Modul fiel um 10 bis 40 % geringer aus als der nach DIN 1048 bestimmte Wert E_b. Die größeren Abweichungen ergaben sich beim Kalksandstein.

In den Bildern 4.21 und 4.22 ist der Zusammenhang zwischen E-Modul und Druckfestigkeit aufgetragen. Dabei beziehen sich die Angaben im Bild 4.21 auf die Normdruckfestigkeit an ganzen Steinen, während im Bild 4.22 der Druck-E-Modul gegenüber der Zylinderdruckfestigkeit aufgetragen wurde. Es wurden jeweils beide Werte E_b und E_{33} eingetragen.

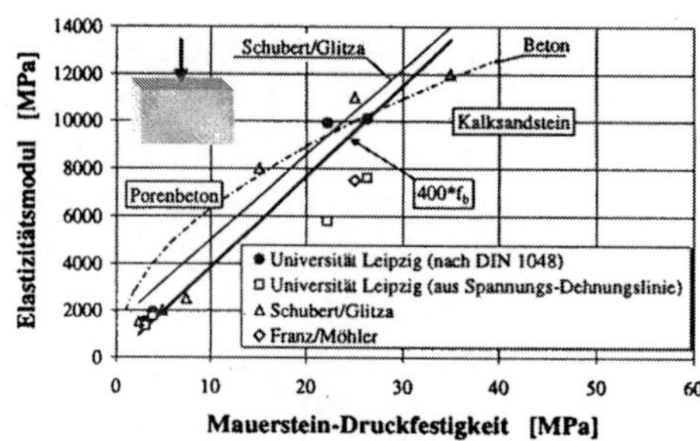

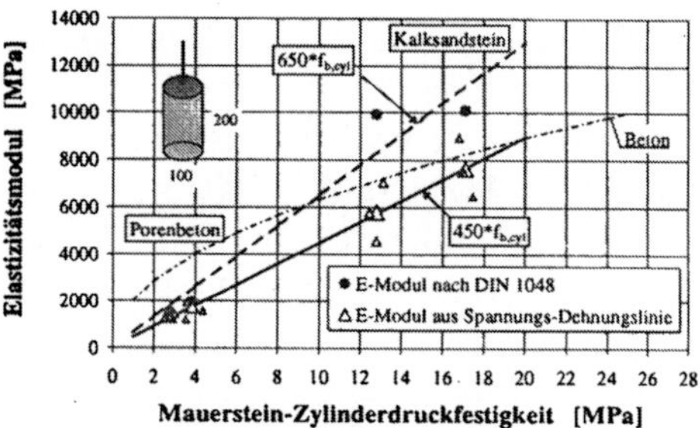

Bild 4.21: Zusammenhang zwischen Druck-E-Modul und Druckfestigkeit von Mauersteinen (unter Einbezug von Ergebnissen von *Schubert/Glitza* [S19] und *Franz/Möhler* [F3])

Bild 4.22: Zusammenhang zwischen Druck-E-Modul und Zylinderdruckfestigkeit von Mauersteinen

Die E_b-Moduln nach DIN 1048 weisen auf einen linearen Zusammenhang zur Steindruckfestigkeit f_b hin, der wie folgt wiedergegeben werden kann:

Kalksandstein: $\qquad E_b = 399 \cdot f_b$, $\qquad\qquad\qquad\qquad$ (4.10)

Porenbeton: $\qquad E_b = 396 \cdot f_b$. $\qquad\qquad\qquad\qquad$ (4.11)

Die annähernd gleichgroßen Steigungskoeffizienten gestatten eine gemeinsame Ausgleichsgerade mit der Formel:

$$E_b = 400 \cdot f_b . \qquad\qquad\qquad\qquad (4.12)$$

Hingegen lassen sich bei den E_{33}-Moduln, die den gemessenen Spannungs-Dehnungslinien entnommen wurden, keine eindeutigen Trends ausmachen, wenn die Mauerstein-Druckfestigkeit f_b, gemessen an ganzen Steinen, zugrunde gelegt wird. Offensichtlich werden die Ergebnisse stark durch einen noch unbekannten Gestalteinfluß bei der Druckprüfung zwischen Prismen- und Zylinderprüfkörper geprägt.

Die von *Schubert/Glitza* [S19] gefundene Beziehung zu E-Modulwerten aus der Literatur überschätzt die E-Modulentwicklung besonders in niedrigen Steinfestigkeitsklassen. Auch beschreibt die vom Beton bekannte Abhängigkeit, die zusätzlich nur zu einem Drittel angesetzt wurde $E = 1/3 \cdot 6000 \cdot \sqrt{\beta_D}$, nicht zuverlässig den E-Modul von Mauersteinen.

Wird als Bezugsgröße die Zylinderdruckfestigkeit $f_{b,cyl}$ eingesetzt, so ergibt sich zwischen E_{33} und $f_{b,cyl}$ eine strenge lineare Abhängigkeit, die gut daran erkennbar ist, daß alle Mittelwerte (größere Symbole) der E_{33}-Moduln aus der Spannungs-Dehnungslinie ziemlich auf einer Geraden liegen und die Einzelwerte nur leicht streuen. Kalksandstein und Porenbeton können zusammengefaßt werden:

$$E_{33} = 450 \cdot f_{b,cyl} . \qquad\qquad\qquad\qquad (4.13)$$

Beim E_b-Modul ist eine lineare Abhängigkeit zur Zylinderdruckfestigkeit weniger gegeben, kann jedoch mit dem 650-fachen der Zylinderdruckfestigkeit angedeutet werden. Insgesamt liegen nur wenige Ergebnisse vor, so daß die Formeln noch nicht als abgesichert gelten können.

Der Elastizitätsmodul in Querrichtung (Querdehnungsmodul) als Verformungskennwert der Querrichtung des Mauersteins wurde aus den gemessenen Querverformungen des Zylinders bestimmt. Generell erlauben die Meßwerte von Zylindern nur einen bedingten Rückschluß auf die Querdehnung der Steine in Richtung der Steinlänge oder -breite $\varepsilon_{q,l}$ bzw. $\varepsilon_{q,b}$, da mögliche Steinlochungen die Ergebnisse sehr verfälschen können. Die vorliegenden Untersuchungen beziehen sich jedoch auf Vollsteine und sind direkt vergleichbar.

Analog dem Längsdehnungsmodul entspricht der Querdehnungsmodul $E_{bq,l}$ bzw. $E_{bq,b}$ ebenfalls einem Sekantenmodul bei einer Druckspannung von etwa einem Drittel der Maximalspannung max σ_D senkrecht zur Lagerfuge und den zugehörigen Verformungen in Steinquerrichtung:

$$E_{bq,l} = \frac{\max \sigma_D}{3 \cdot \varepsilon_{q,l}} \quad \text{bzw.} \quad E_{bq,b} = \frac{\max \sigma_D}{3 \cdot \varepsilon_{q,b}}. \qquad \begin{matrix} (4.14a) \\ (4.14b) \end{matrix}$$

Für die Querverformung von Zylindern sind $E_{bq,l}$ und $E_{bq,b}$ identisch.

Die errechneten Querdehnungsmoduln streuen sehr stark, was vorrangig auf die Schwierigkeiten der Querwegerfassung zurückzuführen ist. Für Kalksandstein liegen die Werte zwischen 24500 und 160000 N/mm^2 und für Porenbeton zwischen 4600 und 25000 N/mm^2. Durchschnittlich entsprechen die Querdehnungsmoduln dem 5- bis 10-fachen der Längsdehnungsmoduln unter einachsigem Druck unabhängig vom Steinmaterial. Allgemeinere Angaben finden sich in [S13]. Dort werden Werte für den Querdehnungsmodul zwischen 12000 und 100000 N/mm^2 für Kalksandstein und 5600 und 25000 N/mm^2 für Porenbetonstein angegeben. Sie sind damit um ein Vielfaches größer als die zugeordneten Längsdehnungsmoduln. Diese Aussage deckt sich mit den Feststellungen von *Franz/Möhler* [F3]. In ihren Versuchen zur Ermittlung der Verformungsmoduln von Mauersteinen in Steinlängs- und Steinquerrichtung lag der Querdehnungsmodul stets höher als der Längsdehnungsmodul. Offenbar·wirkt sich eine Behinderung der Querdehnung auf die Meßwerte aus.

4.2.2.4 Querdehnzahl

Gemäß der Elastizitätstheorie ergibt sich im Druckspannungszustand die Querdehnzahl ν als Absolutwert des Quotienten aus Querdehnung ε_q und Längsstauchung ε_l:

$$v = \left| \frac{\varepsilon_q}{\varepsilon_l} \right| \tag{4.15}$$

Die Querdehnzahl ist eine Materialkonstante und ist daher für Kalksandstein und Porenbetonstein verschieden groß.

Schnackers [S8] belastete ganze Kalksandvollsteine in Längsrichtung und stellte bei Gebrauchslast eine Querdehnzahl zwischen 0,05 und 0,20, im Mittel 0,12 fest.

Stegbauer/Linse [S33] führten bei ihren Untersuchungen zu zweiachsigen Kurzzeitfestigkeiten auch einachsige Druckversuche an Leicht-, Porenbeton- und Zementstein durch und stellten dabei fest, daß die Querdehnzahl in Bereichen höherer Spannung zunimmt. Für die gängigen Mauersteinarten liegen die Festigkeiten unterhalb dieser höheren Spannungen, so daß von einem konstanten Wert für die Querdehnzahl ausgegangen werden kann. Bei Gebrauchslast ergab sich bei Porenbeton - und Leichtbetonsteinen ein Wert von 0,21.

Sell [S29] unternahm Zug- und Druckversuche an Porenbetonproben und konnte aus den gemessenen Quer- und Längsdehnungen die Querdehnzahlen und die Druck- bzw. Zug-E-Moduln errechnen. Er kommt zur Feststellung, daß die E-Moduln bei Zug- und Druckbeanspruchung gleich groß sind. Wie *Stegbauer/Linse* beobachtete *Sell* bei höheren Druckbelastungsgraden eine Zunahme der Querdehnzahl. Sie lag bei Zugbeanspruchung zwischen 0,10 und 0,14, bei Druckbeanspruchung zwischen 0,20 und 0,27. Der Zug-E-Modul hatte eine Größenordnung von im Mittel 2210 N/mm^2 und der Druck-E-Modul von 1985 N/mm^2.

Bei Druckversuchen an Würfeln mit einer Kantenlänge von 300 mm aus Porenbeton G 4 stellte *Ahner* [A1] eine Querdehnzahl von 0,13 fest.

Das Verformungsverhalten von Mauersteinen unter einer zentrischen Zugbeanspruchung wurde von *Schubert/Glitza* [S20] untersucht. Aus den gemessenen Querverformungen an Kalksandsteinen unterschiedlicher Festigkeit ermittelten sie die Querdehnzahlen und die Verformungsmoduln für unterschiedliche Ausnutzungsgrade der Zugfestigkeit. Die Werte streuten sehr stark, weil die Querverformungen wegen ihrer geringen Größe nur sehr schwer erfaßt werden konnten. Bei 25 % der Bruchlast lagen die Zug-E-Moduln zwischen 11000 und 27000 N/mm^2 und die Querdehnzahlen zwischen 0,02 und 0,12, überwiegend bei 0,05. Weitergehende Aussagen insbesondere zu anderen Mauersteinarten sind in [S26] zu finden.

Die Messungen von *Wittmann/Zaitsev* [W8] an Proben aus Normalbeton, Zementstein, Leichtbeton, Mörtel und Porenbeton, die einer hohen Dauerdrucklast unterworfen wurden, bestätigten außer für den Porenbeton ein kräftiges Ansteigen der Querdehnzahl beim Eintritt des Versagens der Körper. Beim Porenbeton blieb die Querdehnzahl bis zum Brucheintritt näherungsweise konstant und erreichte Werte zwischen 0,15 und 0,17.

Die in Leipzig durchgeführten einachsigen Zylinderdruckversuche boten die Möglichkeit, neben der Längs- auch die Querverformung aufzunehmen und daraus die Querdehnzahl bei einem Drittel der Höchstspannung ν_{33} ermitteln zu können.

Tabelle 4.5: E-Modul und Querdehnzahl von Mauersteinen unter Druck- und Zugbeanspruchung

Mauersteinart			Kalksandstein		Porenbetonstein	
Kennwert			KS 20	KS 12	PPW 4	PPW 2
1	2	3	4	5	6	7
Längsdehnungsmodul bei Druckbeanspruchung (Bestimmung nach DIN 1048)						
Wertebereich Mittel	E_b	N/mm^2	9581...10185 10088	9515...10251 9908	1912...1955 1938	1460...1612 1516
Verhältniswert[1] $\alpha_1=E_b/f_b$	α_1	--	383,5	445,6	471,5	472,3
Verhältniswert[1] $\alpha_2=E_b/f_{b,cyl}$	α_2	--	590,1	775,2	502,9	543,8
Längsdehnungsmodul bei Druckbeanspruchung (Bestimmung aus σ-ε-Linien)						
Wertebereich Mittel	E_{33}	N/mm^2	6451...8931 7612	4564...7039 5790	1544...1913 1729	1248...1419 1323
Verhältniswert[1] $\alpha_3=E_{33}/f_b$	α_3	--	289,4	260,4	420,7	412,2
Verhältniswert[1] $\alpha_4=E_{33}/f_{b,cyl}$	α_4	--	445,3	453,0	448,6	474,5
Verhältniswert[1] $\alpha_5=E_{33}/E_b$	α_5	--	0,75	0,59	0,80	0,87
Querdehnungsmodul und Querdehnzahl bei Druckbeanspruchung						
Querdehnungs- modul gemessen gem. [S13, S29]	E_{bq}	N/mm^2	24500...160000 12000...100000		4600...25000 1815...25000	
Querdehnzahl gemessen gem. [A1, S8, S33]	ν_{33}	--	0,11...0,12 0,05...0,20		0,18...0,21 0,13...0,27	
Längsdehnungsmodul und Querdehnzahl bei Zugbeanspruchung						
Zug-E-Modul gem. [S20, S29]	E_{bt}	N/mm^2	11000...27000		2210	
Querdehnzahl gem. [S20, S29, W8]	ν_{bt}	--	0,02...0,12		0,10...0,17	

1) Mittelwerte aufeinander bezogen.

Der Bestimmung der Querdehnung waren versuchstechnische Grenzen gesetzt. Aufgrund der Endflächenreibung an den Lasteinleitungsplatten ist im allgemeinen die Querdehnung nicht konstant über die gesamte Probekörperhöhe, sondern sie wird in halber Höhe durch Ausbauchungen am größten. Bei schlanken Zylindern ist die Querdehnung im mittleren Bereich praktisch nicht beeinflußt, so daß sie dort am genauesten zu messen ist. Aus Gründen der Versuchssteuerung war diese Meßanordnung nicht möglich, so daß auf die gemittelten Meßwerte der Manschetten im mittleren Drittel der Zylinderhöhe verwiesen wird. Die errechneten v_{33}-Werte gelten deshalb nur als Orientierung.

Eine Zusammenfassung von Literaturergebnissen und eigenen, gemessenen Werten erfolgt in Tabelle 4.5. Obwohl noch keine klare Tendenz ablesbar ist, war die Querdehnzahlen von Kalksandstein im allgemeinen niedriger sind als die vom Porenbeton. Die Querdehnung nahm bis zu 30 % (Porenbeton) sowie bis zu 70 % (Kalksandstein) der Höchstlast annähernd linear zu und betrug beim Kalksandstein etwa 1/10 und bei Porenbeton etwa 1/5 der Längsstauchung. Im Bild 4.23 sind gemessene Querdehnungen für Kalksandstein und Porenbetonstein mit Bezug zur Querdehnung unter Höchstlast gegenüber der Druckspannungsentwicklung aufgetragen.

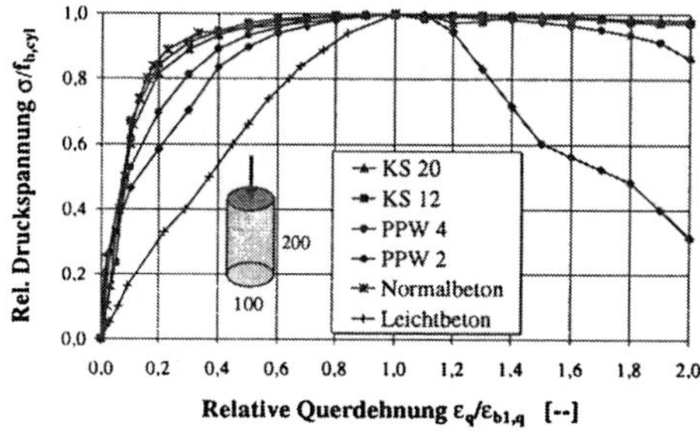

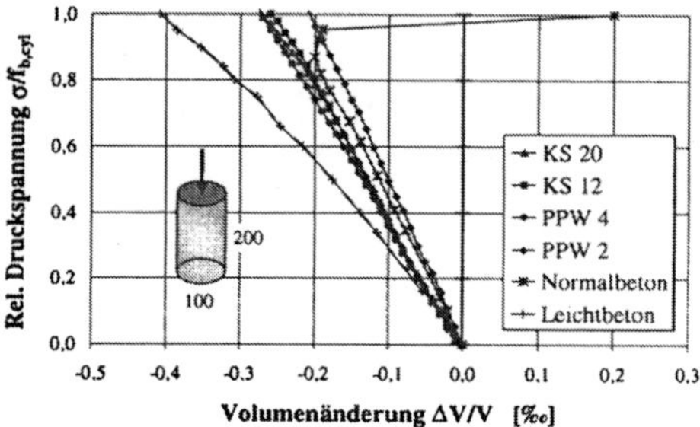

Bild 4.23: Querdehnung von Kalksandstein- und Porenbetonstein-Proben beim Zylinderdruckversuch

Bild 4.24: Volumenänderung von Kalksandstein- und Porenbetonstein-Proben beim Zylinderdruckversuch

Ein verstärkter Querdehnungszuwachs zeigte sich beim Porenbeton wenig oberhalb des Gebrauchslastniveaus. Beim Kalksandstein blieb die Querdehnung bis zu 70 % der Bruchspannung proportional, um bei höheren Lasten in zunehmendem Maße anzusteigen. Damit paßte sich der Kalksandstein dem Verhalten von Normalbeton ($z = 300$ kg/m^3, Kiessand A/B 32) an (nach [S31]), wie Messungen an Betonkörpern bestätigen [W8]. Das Verhalten der Porenbetonsteine näherte sich dagegen dem Verhalten von gefügedichten Leichtbetonen, wie die ebenfalls eingezeichnete Leichtbetonkennlinie anzeigt. Beim Leichtbeton ($z = 300$ kg/m^3, Leichtzuschlag A/B 25) bleibt gewöhnlich die Querdehnzahl bis zum Bruch annähernd konstant und die Querdehnung entwickelt sich kontinuierlich. Mit Erreichen des Bruchlastniveaus wiesen Kalksand- und Porenbetonstein eine mehr oder weniger ausgeprägte Verformungszunahme in Querrichtung auf. Folglich war die Querdehnzahl bei geringer Belastung annähernd konstant, währenddessen sie in höheren Lastniveaus übermäßig mit der Belastung anstieg. Die Steigungsrate zeigte sich materialabhängig und war beim Kalksandstein erheblich größer als beim Porenbeton. Durch die verstärkte Verformungszunahme in Querrichtung in der Nähe der Bruchlast kündigte der Kalksandstein das Versagen an, während dieser Sachverhalt beim Porenbeton nur schwach vorhanden war. Die in den Bildern 4.25 und 4.26 dargestellten Längs- und Querverformungen in Abhängigkeit zur Zylinderdruckfestigkeit der Mauersteine verdeutlichen die Wirkung der unterschiedlichen Querdehnzahlen.

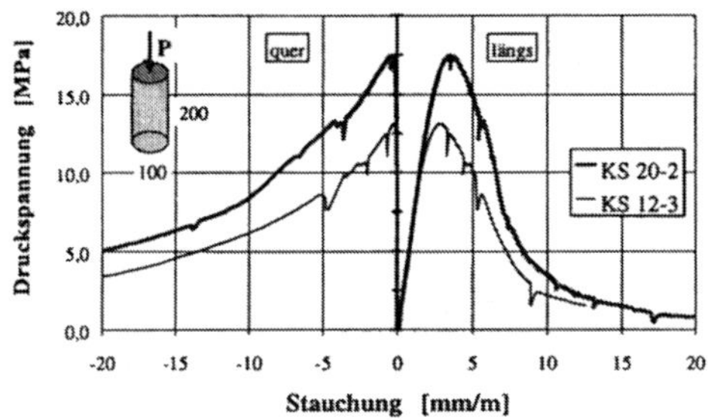

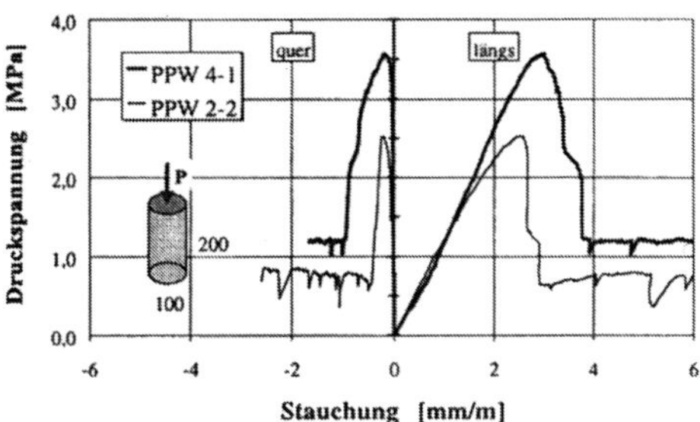

Bild 4.25: Längs- und Querverformung der Kalksandstein-Probe unter einachsiger Druckbelastung

Bild 4.26: Längs- und Querverformung der Porenbetonstein-Probe unter einachsiger Druckbelastung

In [B10] wird festgestellt, daß bei Beton die Spannungs-Querdehnungslinie mit abnehmendem Zuschlaggrößtkorn und vergrößertem Zementleimanteil zunehmend weniger gekrümmt verläuft und daraus eine geringere innere Rißbildung resultiert. Als Indiz einer inneren Rißbildung wird die Volumenänderung ΔV der Betonzylinder angesehen, die in einem bestimmten kritischen Spannungsbereich von einer Volumenverringerung (ΔV ist negativ) in eine Volumenvergrößerung (ΔV ist positiv) übergeht. Diese Tatsache ist eng verbunden mit einem starken Anwachsen der Querdehnung unmittelbar vor dem Bruch des Körpers. Das Verhalten ist bei Normalbeton mehr oder weniger deutlich ausgeprägt. Leichtbeton tendiert dagegen zu keiner Volumenänderung, weil im Bruchzustand auftretende Makrorisse in der Regel gleich zum Bruch führen ohne Vorverformungen anzuzeigen.

Zur Beurteilung des Bruchverhaltens der gewählten Mauersteine, die sich im Größtkorn, aber auch vom Bindemittelgehalt her unterscheiden, wurde die Volumenänderung $\Delta V/V$ der Mauersteinzylinder aus den gemessenen Längsstauchungen ε_l und Querdehnungen ε_q errechnet und im Bild 4.24 in Abhängigkeit zur relativen Druckspannung $\sigma/f_{b,cyl}$ dargestellt.

Die Volumenänderung ergibt sich nach der Elastizitätstheorie wie folgt, höhergradige Polynome dürfen dabei vernachlässigt werden:

$$\frac{\Delta V}{V} = 2 \cdot \varepsilon_q + \varepsilon_q^2 + \varepsilon_l + 2 \cdot \varepsilon_l \cdot \varepsilon_q + \varepsilon_l \cdot \varepsilon_q^2 \cong 2 \cdot \varepsilon_q + \varepsilon_l. \tag{4.16}$$

In allen Fällen nahm die Volumenänderung mit wachsender Druckspannung ab. Dabei war die Volumenabnahme bei Kalksandstein und Porenbeton ähnlich stark ausgeprägt. Eine Volumenzunahme, die wie bei Normalbeton zu Beginn starker Rißbildung zu erwarten wäre, konnte für beide Mauersteinmaterialien nicht beobachtet werden. Das Zylindervolumen nahm mit der Druckspannung, wie bei Leichtbeton, jedoch mit geringerer Intensität, konstant bis zur Höchstlast ab. Ein kritischer Spannungspunkt, bei dem eine verstärkte Makrorißbildung einsetzt, kann folglich nicht definiert werden. Mit genügender Genauigkeit kann die Querdehnzahl im Gebrauchslastbereich und darüber hinaus bis ca. 70 % der Bruchlast (KS-Steine) als konstant angesehen werden.

4.2.2.5 Technische Spannungs-Dehnungsbeziehungen von Mauersteinen

Die ingenieurmäßige Bemessung von Mauerwerk basiert auf einer Bemessung mit Bruchschnittgrößen und ordnet sich damit in die Traglastproblematik ein. In der Regel erfolgt die Schnittgrößenermittlung entsprechend der Elastizitätstheorie an idealisierten statischen Systemen, und die Querschnittsbemessung erfolgt unter Nutzung linearer oder nichtlinearer Werkstoffgesetze. Allgemeine Erkenntnis ist, daß der Ansatz von linearen Spannungs-Dehnungsbeziehungen oftmals deutlich auf der sicheren Seite liegt und dadurch für einige Mauerwerksarten, z.B. für Betonsteinmauerwerk, unwirtschaftlich wird. Nichtlineare Werkstoffgesetze adaptieren das reale Materialverhalten besser und erfassen die tatsächliche Spannungsverteilung im Querschnitt und dadurch auch die Steifigkeitsverteilung besser. Diese Tatsache gilt sowohl für das gesamte Mauerwerk als auch für den einzelnen Mauerstein. Ziel der nachfolgenden Untersuchungen war es deshalb, für die verwendeten Mauersteinarten zutreffende technische Spannungs-Dehnungslinien zu erarbeiten, die das charakteristische Verformungsverhalten des Steinmaterials widerspiegeln.

Eine exakte Beschreibung des Materialverhaltens ist insbesondere für nichtlineare FE-Berechnungen erforderlich. Nach jedem Belastungsschritt wird die Steifigkeit des Tragwerks anhand gewählter Werkstoffparameter und lastschrittabhängiger Systemgrößen neu bestimmt, so daß die zwischen Wandsteifigkeit, Schnittgrößenermittlung und Querschnittsbemessung wechselseitige Abhängigkeit aktuell erfaßt wird. Für eine rechnerische Modellierung erschien es sinnvoll, das reale Materialverhalten mathematisch beschreiben zu können.

Allen Tragfähigkeitsnachweisen im Mauerwerkbau nach deutschen Normen lag bisher eine lineare Spannungs-Dehnungsbeziehung zugrunde. Die Übernahme linearisierter Beziehungen würde dem Verhalten von Porenbetonsteinen gerecht werden, dem der Kalksandsteine nur bedingt. Die vorliegenden, im Versuch ermittelten Spannungs-Dehnungslinien entsprechen im Belastungsast einer Parabel mit mehr oder weniger ausgeprägter Völligkeit, so daß der Vergleich zum Beton näher liegt.

Das in den Bemessungsvorschriften für Beton normierte Parabel-Rechteck-diagramm beschreibt das Werkstoffverhalten im Belastungsast durch eine quadratische Parabel bis zu einer Dehnung von $\varepsilon_c = -2,0$ ‰, ab welcher die Betondruckfestigkeit f_c erreicht wird:

$$\sigma_b(\varepsilon_c) = f_c \cdot \left(\varepsilon_c - \frac{\varepsilon_c^2}{4} \right) \tag{4.17}$$

Mit Erreichen der Materialfestigkeit bleibt die aufnehmbare Betondruckspannung bei einer Biegebeanspruchung bis zu einer Randstauchung von maximal 3,5 ‰ konstant. Die durch die Parabel beschriebene Völligkeit des Betons ist im Vergleich mit den errechneten Völligkeitsgraden der untersuchten Mauersteine zu groß. Dies würde zu Ergebnissen führen, die nicht immer auf der sicheren Seite liegen. Vollständigerweise ist anzumerken, daß die angegebene Beziehung für die Querschnittsbemessung entwickelt wurde und nicht für die zutreffende Beschreibung des Werkstoffverhaltens. Beabsichtigt war dabei die Ermittlung der Tragkapazität eines Bauteils mit gegenüber den Mittelwerten der Werkstoffestigkeiten abgeminderten Rechenfestigkeiten. Die Festlegung der Grenzdehnung erfolgte losgelöst vom realen Werkstoffverhalten.

Eine regulierbare und dem Mauerstein angepaßte Völligkeit ergibt sich beim Ansatz von *Grzeschkowitz* [G13] und *Quast* [Q1], welcher zur Beschreibung von Spannungs-Dehnungsbeziehungen von Beton verwendet wird. Aufgrund mehrerer, frei wählbarer Parameter kann der Ansatz auf unterschiedliche Mauersteine übertragen werden [B2]. In Abhängigkeit zur aktuellen Druckstauchung ε gilt (Druckstauchung positiv einsetzen):

$0 < \varepsilon \leq \varepsilon_{b1}:$

$$\sigma = f_{b,cyl} \left[1 - \left(1 - \frac{\varepsilon}{\varepsilon_{b1}} \right)^{n_1} \right], \tag{4.18}$$

$$n_1 = \frac{E_0 \cdot \varepsilon_{b1}}{f_{b,cyl}} = \frac{1,1 \cdot E_{33}}{f_{b,cyl}} \cdot \varepsilon_{b1},$$

$\varepsilon_{b1} < \varepsilon \leq \varepsilon_{0,85}:$

$$\sigma = \frac{f_{b,cyl}}{1 + n_2 \cdot (1 - \varepsilon/\varepsilon_{b1})^2}. \tag{4.19}$$

Der Exponent n_1 steuert dabei die Völligkeit im Belastungsbereich bis zum Erreichen der Stauchung unter Höchstspannung ε_{b1}, der Faktor n_2 die Entfestigung im Nachbruchbereich. Mit $n_2 = 0$ würde die aufnehmbare Druckspannung konstant auf der Höhe der Zylinderdruckfestigkeit des Mauersteins $f_{b,cyl}$ bleiben (Bild 4.27). Der Parameter E_0 entspricht dem Tangentenursprungsmodul und kann im allgemeinen mit $E_0 = 1{,}1 \cdot E_{33}$ (Sekantenmodul E_{33} zwischen Ursprung und einem Drittel der Höchstspannung) angenommen werden [M12]. Die Gleichung (4.18) liefert identische Werte wie Gleichung (4.17), sobald $n_1 = 2{,}0$ wird.

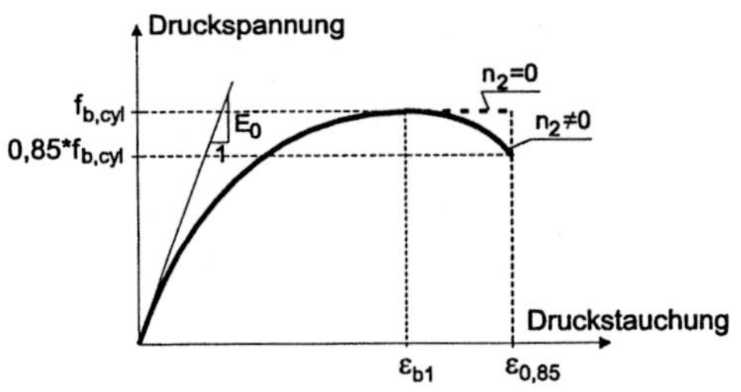

Bild 4.27: Schematische Spannungs-Dehnungslinie für Mauersteine

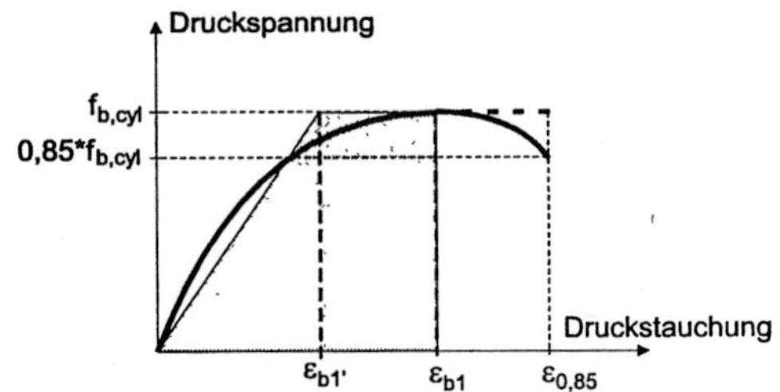

Bild 4.28: Bilineare Spannungs-Dehnungslinie für Mauersteine (nur Belastungsast dargestellt)

Die Beschränkung des abfallenden Astes auf eine Druckspannung von $\sigma = 0{,}85 \cdot f_{b,cyl}$ ist dem Betonbau entlehnt und fand auch in den Ausführungen zum Mauerwerkbau von *Backes* [B2] und *Meyer/Schubert* [M12] Anwendung. Die gemessenen Stauchungen bei 85 % der Höchstlast auf dem Entlastungsast überschreiten zum Teil deutlich die bekannten Grenzstauchungen für exzentrisch gedrückte Betonquerschnitte.

Für vereinfachte Querschnittsbemessungen ist in Anlehnung an den Betonbau ein bilineares Spannungs-Dehnungsdiagramm entwickelt worden (Bild 4.28). Die Stauchung $\varepsilon_{b1'}$ am Knickpunkt der beiden Kurvenzüge ergibt sich aus dem Gleichsetzen der Flächen unterhalb der Spannungs-Dehnungslinien und kann wie folgt beschrieben werden:

$$\varepsilon_{b1'} = \frac{2 \cdot \varepsilon_{b1}}{n_1 + 1} \, . \qquad\qquad (4.20)$$

Insgesamt ergibt sich eine gute Übereinstimmung zwischen gemessener und technischer Arbeitslinie. Durch die variable Steuerung der Krümmung des ansteigenden und gegebenenfalls des abfallenden Astes ist das Modell für beliebige Mauersteine anwendbar.

Im Bild 4.29 sind für ausgesuchte Versuche die tatsächlich gemessenen und aus dem Einzelversuch abgeleiteten technischen Spannungs-Dehnungslinien eingetragen. Die auf der Ordinate aufgetragenen Druckspannungen sind als Bezugswerte zur Zylinderdruckfestigkeit angegeben worden. Neben den bereits bekannten Kennwerten E_{33}, ε_{b1} und $f_{b,cyl}$ der einzelnen Mauersteine werden die Kurven durch weitere Parameter n_1, n_2 und gegebenenfalls $e_{b1'}$ gesteuert, die in Tabelle 4.6 angegeben sind.

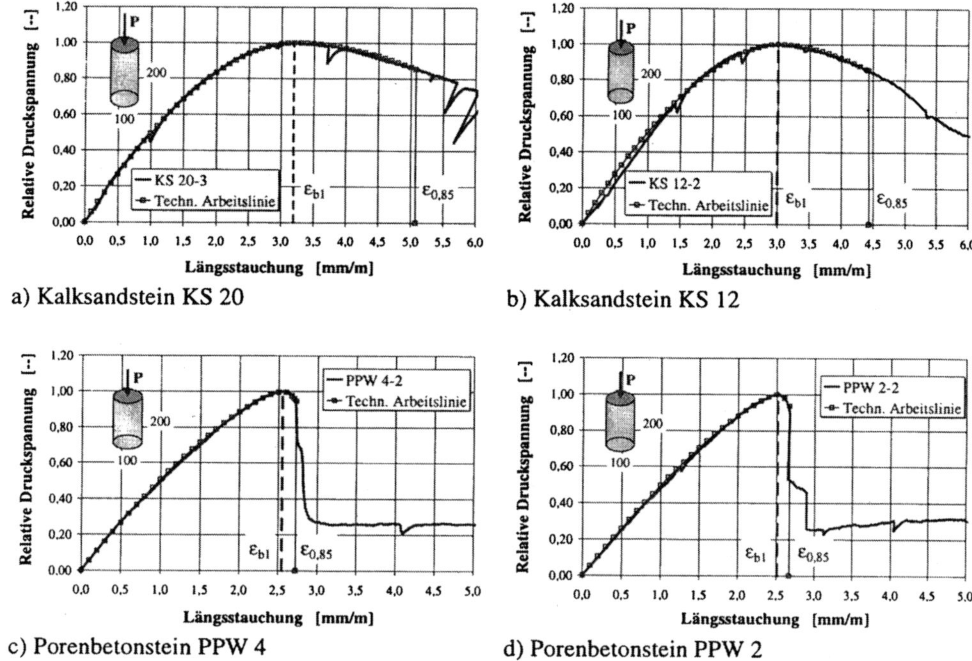

a) Kalksandstein KS 20   b) Kalksandstein KS 12

c) Porenbetonstein PPW 4   d) Porenbetonstein PPW 2

Bild 4.29: Gegenüberstellung von gemessenen und technischen Arbeitslinien der verwendeten Mauersteine

Die Kurvenparameter gestatten eine sehr gute Anpassung an die tatsächlich gemessenen Werte, so daß eine gute mathematische Materialbeschreibung hinsichtlich des Verformungsverhaltens möglich ist.

Tabelle 4.6: Steuerungsgrößen der technischen Spannungs-Dehnungslinien der Mauersteine

Mauerstein	KS 20	KS 12	PPW 4	PPW 2
1	2	3	4	5
n_1 [--] Wertebereich Mittel	1,497...1,808 1,624	1,449...1,761 1,589	1,195...1,413 1,337	1,241...1,350 1,311
n_2 [--] Wertebereich Mittel	0,7...0,9 0,8	0,7...0,9 0,8	10...20 15	10...30 20
ε_{b1}' [‰] Wertebereich Mittel	2,275...2,780 2,580	2,172...2,772 2,380	2,113...2,727 2,509	2,144...2,449 2,304

Inwiefern Vereinfachungen, wie z.B. eine Festlegung der Dehnung ε_{b1} bei Erreichen der Materialfestigkeit oder der Grenzdehnungen ε_{bu}, getroffen werden können, bedarf weitergehender Untersuchungen.

Vorstellbar ist, für Porenbeton die Grenz- und Scheiteldehnung identisch anzunehmen $\varepsilon_{bl} = \varepsilon_{bu} = -2,5\ \%o$ und nur für Kalksandstein eine Differenzierung zwischen Stauchung unter Höchstlast $\varepsilon_{bl} = 3,0\ \%o$ und der Grenzstauchung $\varepsilon_{bu} = 3,5\ \%o$ zuzulassen. Ebenfalls bedarf es weiterer Überlegungen, ob im Nachbruchbereich eine Entfestigung berücksichtigt werden soll.

4.2.3 Zugfestigkeit

Die Tragfähigkeit von Mauerwerk wird in vielen Fällen entscheidend durch die Zugfestigkeit der Mauersteine geprägt. So ist z.B. bei üblicher Druckbeanspruchung von Mauerwerkbauteilen senkrecht zur Lagerfuge die Querzugfestigkeit der Mauersteine ein ausschlaggebendes Kriterium für die Druckfestigkeit des gesamten Mauerwerks. Ebenso bei Zug-, Biegezug- und auch Schubbeanspruchung bestimmt die Steinzugfestigkeit maßgeblich den Tragwiderstand.

Die Zugfestigkeit beschreibt die vom Mauersteinmaterial bis zum Bruch aufnehmbare Zugbeanspruchung. Sie beträgt nur ein Bruchteil der vorhandenen Druckfestigkeit. Je nach Art der Beanspruchung wird zwischen Biegezugfestigkeit, zentrischer Zugfestigkeit und Spaltzugfestigkeit unterschieden. Auf die einzelnen Zugfestigkeiten und deren Ermittlung soll, da keine Normprüfverfahren vorliegen, im folgenden näher eingegangen werden. Auch werden deutsche und internationale Bezeichnung parallel verwendet.

4.2.3.1 Biegezugfestigkeit

Aus der Biegebeanspruchung von Mauerwerk parallel zu den Lagerfugen ergibt sich für die Mauersteine eine Biegebelastung senkrecht zur Steinhöhe. Die Biegezugfestigkeit der Mauersteine ist dann für die Biegetragfähigkeit des gesamten Mauerwerks von Bedeutung, wenn der Biegezugbruch im Mauerwerk durch die Steine verläuft, weil in diesen Fällen der Reibwiderstand der Fuge größer als die Biegezugkraft der Mauersteine ist.

Die Prüfung der Biegezugfestigkeit von Mauersteinen ist durch keine deutsche oder europäische Norm geregelt. Auch existieren in der Literatur darüber nur wenige Angaben. Einige Hinweise zur Biegezugfestigkeit, jedoch nur für Porenbeton- und Betonsteine, werden vom europäischen Normenentwurf DIN EN 772-6 [AA8] gegeben. RILEM [AA23] schlägt einen allgemeinen Versuchsaufbau vor, der aus drei in Steinlängsrichtung miteinander verklebten Steinen besteht (Bild 4.30) und als 3-Punkt-Biegebalken quer zur Steinhöhe h_{st} belastet wird.

Schubert berichtet in [S16] und [S12] über durchgeführte Biegezugversuche an Mauersteinen entsprechend dem Aufbau nach RILEM [AA23]. In seine Versuche wurden alle gängigen Steinmaterialien (Kalksandstein, Porenbetonstein, Ziegel, Betonsteine) einbezogen.

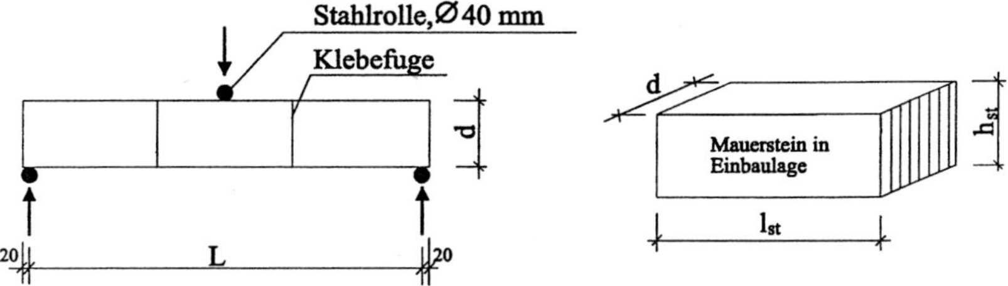

Bild 4.30: Ermittlung der Biegezugfestigkeit von Mauersteinen nach [AA23]

In vielen Fällen, insbesondere bei den Versuchen mit Kalksandstein und Ziegel, konnte beobachtet werden, daß der Biegebruch sich nahe der Klebfuge einstellte. Dabei versagte nicht der Kleber, sondern das Steinmaterial in unmittelbarer Fugennähe, was vermutlich auf Spannungsspitzen im Stein infolge des Steifigkeitssprunges zwischen Kleber und Mauerstein zurückzuführen war. Er schlußfolgerte, daß die ermittelten Bruchspannungen nicht den wahren Biegezugfestigkeiten entsprechen, verzichtete jedoch auf eine weitergehende Untersuchung. Das Verhältnis zwischen Biegezugfestigkeit $\beta_{BZ,st} = f_{bt,fl}$ und Normdruckfestigkeit des Mauersteins f_b wird von ihm mit $f_{bt,fl}/f_b = 0,05$ bis $0,16$ angegeben.

Die Biegezugversuche von *Briesemann* [B14] an Porenbetonproben orientierten sich stark am Versuchsaufbau zur Ermittlung der Biegezugfestigkeit von Beton. Aus einem Porenbetonblock wurden Prismen mit einer Breite von 10 cm, einer Höhe von 7,5 bis 15 cm und einer Länge von 69 bis 144 cm geschnitten und als mittig beanspruchter 3-Punkt-Biegebalken oder in den Drittelspunkten beanspruchter 4-Punkt Biegebalken belastet. Der Feuchtigkeitsgehalt der Prüfkörper wurde von lufttrocken bis wassergesättigt variiert. Er kommt zum Ergebnis, daß die Biegezugfestigkeit mit zunehmender Prüfkörperschlankheit L/H abnimmt (entsprechend der Elastizitätstheorie), aber auch, daß die Festigkeit der Prüfkörper bei Einleitung von zwei Einzellasten gegenüber einer mittigen Einzellastbeanspruchung geringer ausfällt. Erklärt wird diese Ursache dadurch, daß die Wahrscheinlichkeit des Zusammentreffens von Materialinhomogenitäten mit der Stelle des größten Moments bei dieser Belastung größer ist als bei einer mittigen Einzellast. Der Unterschied der Biegezugfestigkeiten zwischen beiden Belastungsarten beträgt im Mittel 12 bis 20 %. *Briesemann* empfiehlt für praktische Prüfungen die mittige Einzellastanordnung. Ein wachsender Feuchtigkeitsgehalt führt ebenso zu einer verminderten Biegezugfestigkeit (bei wassergesättigten Proben um bis zu 15% niedriger gegenüber lufttrockenen Steinen), was im Einklang mit [N1], jedoch im völligen Gegensatz zu den Erfahrungen mit Beton [B11, R8, W3] steht. Die Gegenüberstellung der Biegezugfestigkeit β_{BZ} zur Druckfestigkeit der Porenbetonprobe β_D ergibt ein Verhältnis von $\beta_{BZ}/\beta_D = 0,27$. Aufgrund der Probenhöhe entspricht die Druckfestigkeit der Proben in der Regel der Normdruckfestigkeit f_b eines Mauersteins nach DIN 4165 [AA4].

Frühere Untersuchungen an Porenbeton wurden von *Vinberg* [V1] und *Graf* [G11] vorangetrieben. Anhand der durchgeführten Versuche kann nach *Vinberg* für das Verhältnis von Biegezug- zu Druckfestigkeit von zementhaltigem Porenbeton $\beta_{BZ}/\beta_D = 0{,}22$ bis $0{,}27$ angenommen werden. *Graf* gibt einen Bereich von $\beta_{BZ}/\beta_D = 0{,}21$ bis $0{,}41$ an.

Erste systematische Untersuchungen zur Biegezugfestigkeit von Kalksandsteinen sind von *Thomas* [T1] ausgeführt worden. Bei einer Stützweite von 20 cm wurden Vollsteine, Lochsteine und Steine mit Grifföffnungen jeweils im 2 DF-Steinformat senkrecht zur Lagerfläche mit einer mittigen Schneidenlast bis zum Bruch getestet und aus den gemessenen Maximallasten die ertragbaren Biegezugspannungen $f_{bt,fl}$ errechnet. Es wurden jeweils die Bruttowerte ohne Berücksichtigung von Löchern ermittelt. Die verwendeten Biegeschlankheiten lagen zwischen 1,8 und 3,8 und erfüllten damit annähernd die Voraussetzungen der Balkentheorie. Als Bezugsgröße galt wiederum die Druckfestigkeit f_b der Mauersteine nach Norm einschließlich der Formfaktoren. Das Verhältnis von Biegezug- zu Druckfestigkeit wird von ihm mit $f_{bt,fl}/f_b = 0{,}07$ bis $0{,}11$ beschrieben. Der höhere Wert gilt für Vollsteine, der kleinere für Lochsteine.

Für die Leipziger Versuche wurde ebenfalls ein Aufbau gewählt (Bild 4.31), der sich mehr am Prüfaufbau für die Betonbiegezugfestigkeit orientierte. Der Vorschlag von [AA23] mit drei in Längsrichtung verklebten Steinen erwies sich in der praktischen Durchführung mit dem verwendeten Steinformat 16 DF als nicht handhabbar.

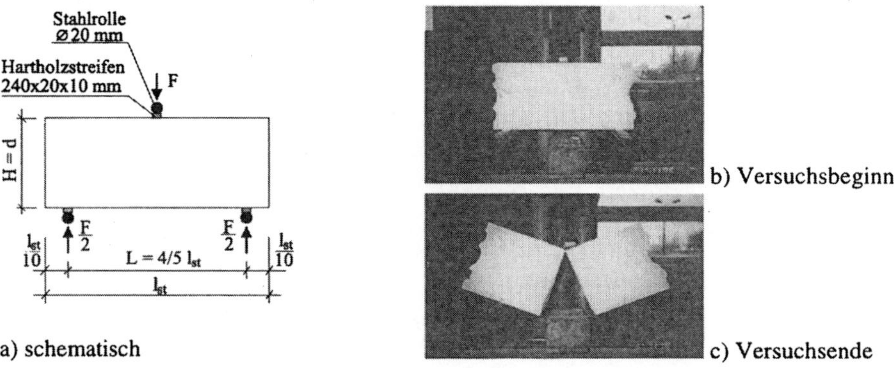

Bild 4.31: Biegezugprüfung an Mauersteinen (a: schematisch, b: vor dem Bruch, c: nach dem Bruch)

Zum anderen bestand die Gefahr, daß ein frühzeitiges Aufreißen des Steinmaterials im Fugenbereich die Ergebnisse verfälschen würde. Deshalb wurde ein einzelner Mauerstein senkrecht zur Steinhöhe h_{st} einer 3-Punkt-Biegebeanspruchung unterzogen. Der Abstand der unteren Auflagerpunkte betrug 4/5 der Steinlänge l_{st} und war damit mehrheitlich 400 mm groß. Die mittige Einzellast wurde kraftgesteuert eingetragen, so daß sich in Anlehnung an die jeweilige Steindruckprüfung

[AA1, AA4] ein Spannungszuwachs, bezogen auf die Lagerfläche, von 0,05 bis 0,10 N/mm^2 je Sekunde für die Porenbetonsteine und 0,50 N/mm^2 je Sekunde für die Kalksandsteine ergab. Alle Mauersteine - bis auf den PPW 2 - lagerten bereits 6 Wochen vor der Prüfung in einer klimatisierten Prüfhalle (20°C, 55% relative Luftfeuchte), der PPW 2 wurde direkt einer neu angelieferten Palette entnommen. Demzufolge war der Feuchtigkeitsgehalt h_m beim PPW 2 im Mittel mit 19 M.-% um ein Vielfaches größer als bei den anderen Mauersteinen, die eine Feuchtigkeit von ca. 1 bis 5 M.-% aufwiesen.

Aus den Steinabmessungen ergab sich für alle Mauersteine ein Schlankheitsverhältnis L/H = 1,67, so daß die reine Biegetheorie nach *Navier* mit linear über den Querschnitt verteilten Spannungen und Dehnungen infolge nicht mehr vernachlässigbarer Schubverformungen zu ungenau für die Berechnung der Biegespannungen ist. Aus diesem Grunde wurde mittels eines FEM-Programms (Ansys Revision 5.3) eine räumliche Nachrechnung der Versuche unter Annahme eines ideal elastischen, isotropen Materialverhaltens vorgenommen, auf dessen Grundlage ein Korrekturfaktor für die Navier'schen Biegespannungen $\sigma = M/W$ an der Zugrandfaser abgeleitet werden konnte. Mit dieser Korrelation ist es nunmehr möglich, aus den nach der klassischen Biegetheorie errechneten maximalen Biegzugspannungen max $\sigma_{BZ,st}$ die Biegezugfestigkeit des Mauersteins $\beta_{BZ,st} = f_{bt,fl}$ bzw. die Zugkraft am Zugrand $Z_{BZ,st}$ zu bestimmen. Im Bild 4.32 sind die Korrekturfaktoren über dem Schlankheitsgrad L/H des Versuchskörpers aufgetragen. Zur Vereinfachung der Bestimmung der Biegezugfestigkeit ist außerdem die Abhängigkeit des Verhältnisses der Zugkraft $Z_{BZ,st}$ zur eingetragenen mittigen Einzellast F über dem Schlankheitsgrad L/H aufgetragen.

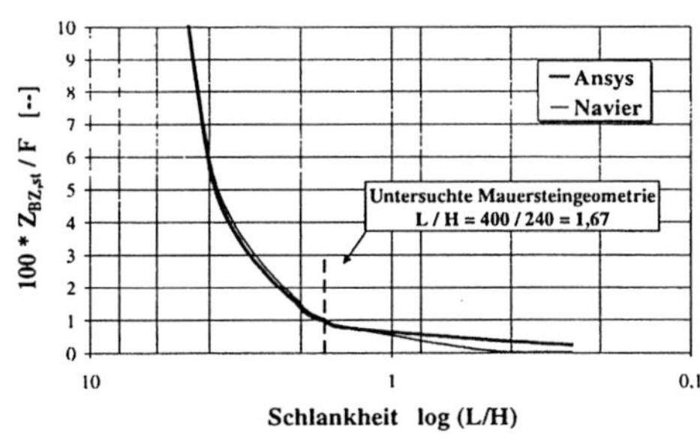

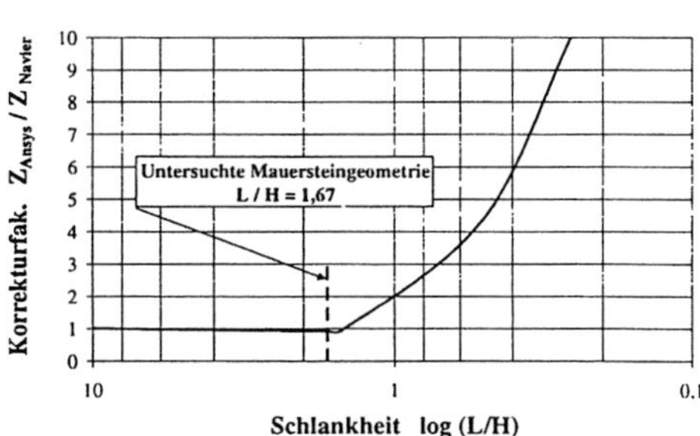

a) direkte Bestimmung   b) Korrekturfaktoren für Navier'sche Biegespannung

Bild 4.32: Diagramme zur Bestimmung der Biegezugfestigkeit von Mauersteinen

Für die untersuchten Mauersteine mit der Biegeschlankheit L/H = 1,67 ergab sich eine bezogene Zugkraft $Z_{BZ,st}/F = 0,96$ bzw. ein Korrekturwert für die Biegezugfestigkeit nach *Navier* von 0,922. Die einzelnen Ergebnisse der Biegezugprüfung sind in Tabelle 4.7 zusammengefaßt.

Tabelle 4.7: Ergebnisse der Biegezugprüfung an Mauersteinen

Mauerstein; Trockenrohdichte ρ_d; Feuchtigkeitsgehalt zum Prüfzeitpunkt h_m; Bruchlast max F; Biegezugfestigkeit $\beta_{BZ,st} = f_{bt,fl}$; Mittelwert der Biegezugfestigkeit $\beta_{BZ,stm} = f_{bt,flm}$; Variationskoeffizient V; 5 %-Fraktile der Biegezugfestigkeit $\beta_{BZ,st0,05} = f_{bt,fl;0,05}$, Verhältnis von mittlerer Biegezugfestigkeit zur Normdruckfestigkeit des Mauersteins $f_{bt,flm}/f_b$

Stein	ρ_d	h_m	max F	$\beta_{BZ,st}=f_{bt,fl}$	$\beta_{BZ,stm}=f_{bt,flm}$	V	$\beta_{BZ;0,05}=$ $f_{bt,fl;0,05}$	$f_{bt,flm}/f_b$
	kg/dm^3	M.-%	kN	N/mm^2	N/mm^2	%	N/mm^2	--
1	2	3	4	5	6	7	8	9
KS 20	1,729	1,13	54,51	2,21	2,21	--[1]	--[1]	0,084
KS 12	1,698	0,90	53,22	2,07	1,99	9,2	1,56	0,089
	1,810	0,87	51,08	1,98				
	1,822	1,23	51,51	2,03				
	1,824	0,92	28,72[2]	1,13[2]				
	1,824	0,90	43,17	1,69				
	1,805	0,70	56,90	2,18				
PPW 4[3]	0,539	7,20	21,42	1,04	0,93	10,6	0,71	0,230
	0,530	5,10	17,75	0,86				
	0,530	5,40	16,61	0,81				
	0,545	14,90	21,70	1,05				
	0,558	3,95	18,03	0,88				
	0,651	20,19	19,04	0,93				
PPW 2[3]	0,418	24,25	10,19	0,49	0,57	10,9	0,44	0,179
	0,507	29,62	11,08	0,53				
	0,503	21,20	11,30	0,55				
	0,503	18,42	12,50	0,61				
	0,503	17,34	13,75	0,66				
	0,503	18,90	12,35	0,60				

1) wurde nicht bestimmt

2) nicht in die statistische Auswertung einbezogen

3) Die Steindruckfestigkeiten für das Verhältnis $f_{bt,flm}/f_b$ wurden für je drei Wertepaare an den gleichen Steinen ermittelt.

Im Mauerwerkbau ist es üblich, die Zugfestigkeiten nicht als absolute Größen, sondern als Verhältniswert zur Druckfestigkeit anzugeben, weil der Verhältniswert Zug- zu Druckfestigkeit am aussagekräftigsten ist. Dabei ist stets zu berücksichtigen und auch anzugeben, an welchen Prüfkörpern die Kennwerte ermittelt wurden. Für Berechnungen ist es vorteilhaft und von DIN 1053-1 [AA3] auch so praktiziert, von einem Bezugswert zur Normdruckfestigkeit (einschließlich Formfaktor) auszugehen, weil die Bestimmung der Mauersteindruckfestigkeit nach Norm [AA1, AA4] sehr schnell und einfach durchgeführt werden kann. Aus diesem Grunde ist im Bild 4.33 die Biegezugfestigkeit gegenüber der Druckfestigkeit nach der jeweiligen Steinnorm aufgetragen.

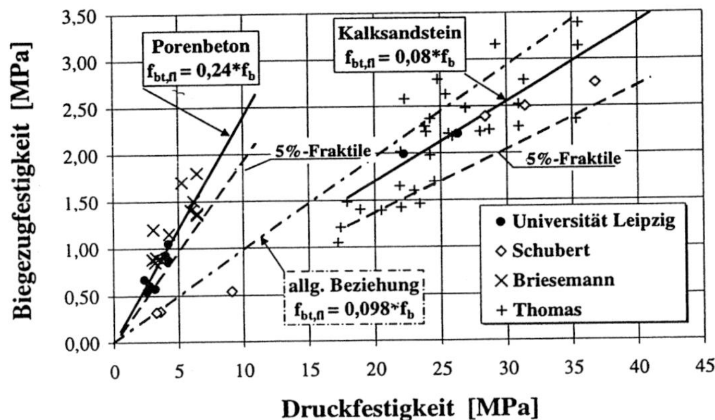

Bild 4.33: Beziehung zwischen Biegezugfestigkeit $f_{bt,fl}$ und Druckfestigkeit f_b von Kalksandstein und Porenbetonstein (unter Einbezug von Versuchsergebnissen von *Schubert* [S16], *Briesemann* [B11] und *Thomas* [T1])

Die ermittelten Ergebnisse passen sich gut in das Spektrum bisheriger Versuche ein. Der Zusammenhang zwischen Biegezug- und Druckfestigkeit der Mauersteine kann näherungsweise für jede Mauersteinart getrennt beschrieben werden:

Porenbetonstein: $f_{bt,fl} = 0{,}24 \cdot f_b$,   (4.21)

Kalksandstein: $f_{bt,fl} = 0{,}08 \cdot f_b$ (4.22)

mit: $f_{bt,fl}$ Biegezugfestigkeit, f_b normierte Steindruckfestigkeit.

Es wird deutlich, daß es problematisch ist, für verschiedene Mauersteinarten die Biegezugfestigkeit mit einer gemeinsamen Formel aus der Mauersteindruckfestigkeit ableiten zu wollen. Mittels einer allgemeinen Beziehung:

$$f_{bt,fl} = 0{,}098 \cdot f_b \, .$$ (4.23)

läßt sich die tatsächliche Biegezugfestigkeit von Porenbeton- und Kalksandstein nur unbefriedigend zusammenfassen. Die Vorgaben von DIN 1053-1 für Vollsteine gleich welchen Materials mit einem Rechenwert der Zugfestigkeit β_{Rz} von 4 % des Nennwertes der Steindruckfestigkeit $\beta_{N,st}$ (Steindruckfestigkeitsklasse): $\beta_{Rz} = 0{,}04 \cdot \beta_{N,st}$ liegen notwendigerweise auf der sicheren Seite, um ungünstige Materialeinflüsse, wie z.B. Vorschädigungen, abzudecken. Unter Beachtung, daß sowohl β_{Rz} als auch $\beta_{N,st}$ jeweils untere 5 %-Fraktilwerte darstellen und die unteren Fraktilwerte etwa 80 % der Mittelwerte betragen, bleibt dieses Verhältnis auch für die Mittelwerte bestehen. Der Eurocode 6 [AA15] gibt einen Verhältnisfaktor der Festigkeiten von 0,05 und 0,065 an.

Tatsächlich nahm die Biegezugfestigkeit nur unterproportional mit der Druckfestigkeit der Mauersteine zu, insbesondere beim Porenbetonstein (Bild 4.34). Das Verhältnis von Biegezug- zu Druckfestigkeit $f_{bt,fl}/f_b$ verschiebt sich im Rahmen der untersuchten Steindruckfestigkeiten von 0,23 auf 0,21 für Porenbeton und vor 0,089 auf 0,084 für Kalksandstein.

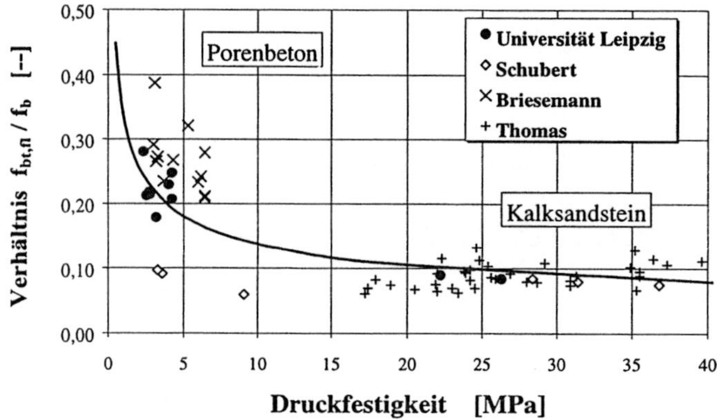

Bild 4.34: Verhältniswert Biegezug- zu Druckfestigkeit $f_{bt,fl}/f_b$ von Kalksandstein und Porenbetonstein (unter Einbezug von Versuchsergebnissen von *Schubert* [S16], *Briesemann* [B11] und *Thomas* [T1])

Wegen der unterschiedlichen Materialstruktur ist es sinnvoll, die Steinmaterialien getrennt zu betrachten, was nicht unbedingt als Nachteil für die Bemessungspraxis gelten muß. Nur so ist es möglich, die Stärken eines jeden Baustoffes gezielt zu nutzen. Die Angabe von charakteristischen Werten der Biegezugfestigkeit von Mauersteinen ist aufgrund noch zu weniger Versuchsergebnisse nicht möglich. Die Nennung der 5 %-Fraktile hat nur informativen Charakter. Zur Angabe allgemeingültiger Kennwerte sind weitere Versuche erforderlich.

4.2.3.2 Spaltzugfestigkeit

Die Spaltzugfestigkeit von Mauersteinen war in der Vergangenheit ein beliebtes Mittel, die zentrische Zugfestigkeit der Mauersteine ersatzweise zu beschreiben, weil der erforderliche Versuchsaufwand für Spaltzugversuche wesentlich geringer war als für zentrische Zugversuche. Zum anderen reagiert die Spaltzugfestigkeit weniger empfindlich auf veränderliche Feuchtigkeitsgehalte der Mauersteine als die Biegezugfestigkeit, so daß die Spaltzugfestigkeit ebenfalls ersatzweise für die Biegezugfestigkeit stand. Richtlinien oder Vorschriften zur Prüfung der Spaltzugfestigkeit an Mauersteinen existieren derzeit nicht, so daß die Prüfung oft analog zum Beton erfolgt. In der Literatur sind zahlreiche Spaltzugversuche veröffentlicht worden. Die theoretischen Grundlagen dieser Prüfmethode hat *Bonzel* in [B12] eingehend dargestellt.

Die Prüfung der Spaltzugfestigkeit von Mauersteinen orientiert sich im wesentlichen an der Prüfung der Spaltzugfestigkeit β_{SZ} von Beton [AA2, AA18], bei der liegend eingebaute Betonzylinder oder Betonwürfel auf zwei gegenüberliegenden

Mantellinien bzw. Flächen über Lastverteilungsstreifen linienförmig auf Druck belastet werden. Hierbei entsteht im Gegensatz zum zentrischen Zugversuch oder zur Biegezugprüfung ein zweiachsiger Spannungszustand mit Druckspannungen in Lastrichtung sowie quergerichteten Zugspannungen (in Lastebene eine Hauptspannung), deren Maximalwert als Spaltzugfestigkeit bezeichnet wird. Mit Erreichen der Bruchlast spaltet sich der Körper in der Belastungsebene auf. Der Bruch wird durch Überschreiten der Zugfestigkeit des Materials im Querschnittsinneren eingeleitet. Bild 4.35 zeigt die nach der Elastizitätstheorie ermittelte Spannungsverteilung, die im allgemeinen der Ermittlung der Spaltzugfestigkeit zugrunde gelegt wird und die daraus abgeleitete Formel zur Berechnung der Spaltzugfestigkeit.

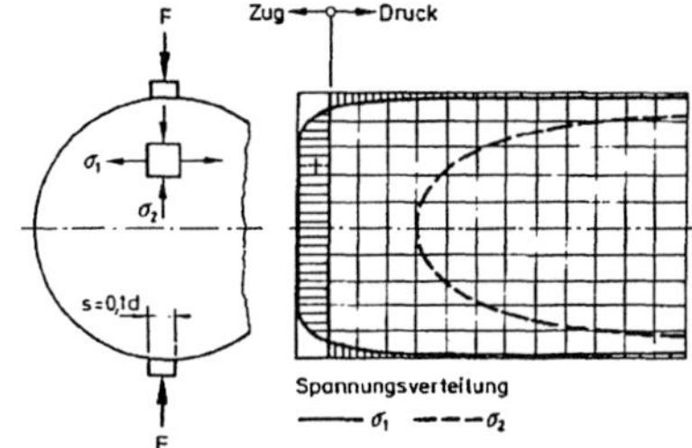

Spaltzugfestigkeit:

$$\beta_{SZ} = f_{bt,sp} = \frac{2 \cdot \max F}{\pi \cdot d \cdot l}$$

Bild 4.35: Spannungsverteilung beim Spaltzugversuch nach der Elastizitätstheorie [W3] an einem Betonzylinder in der Lastebene

Angaben über Spaltzugversuche an Porenbetonkörpern sind u.a. in der Literatur von *Sell* [S29], *Volec* [V2] und *Briesemann* [B15] zu finden. *Sell* bestimmte in München Spaltzugfestigkeiten sowohl an Zylindern als auch an Würfeln, die im Mittel nur Werte von ca. 8 % der Druckfestigkeit der Proben erreichten. Der untersuchte Porenbeton bestand aus einer Mischung aus Kalk, Zement und Sand, die Belastung erfolgte jeweils in Treibrichtung. Eine ähnliche Rezeptur verwendete *Volec*. Die Spaltzugfestigkeit von Würfeln mit 10 cm Kantenlänge betrug im Durchschnitt ebenfalls nur 8,4 % der ermittelten Druckfestigkeit. Systematische Untersuchungen zum Spaltzugversagen von Porenbeton wurden von *Briesemann* vorgenommen. Anhand von Zylindern und Würfeln konnte er nachweisen, daß die Ergebnisse von Zylindern weniger stark streuen als die von Würfeln, daß aber die Spaltzugfestigkeiten selbst gleichwertig sind. Das Verhältnis zwischen Spaltzug- und Druckfestigkeit der Proben gibt er mit $\beta_{SZ}/\beta_D = 0,08$ an, wobei ein Abfall der Spaltzugfestigkeit mit steigendem Feuchtigkeitsgehalt beobachtet werden konnte. Dabei kommt es zu einer Überlagerung von zwei Mechanismen, die gegenläufig sind: die für die Spaltzugfestigkeit günstig wirkenden Schwindeigenspannungen an der Bauteiloberfläche und einem allgemeinen Abfall der Tragfähigkeit von Porenbeton bei steigendem mittlerem Feuchtigkeitsgehalt. *Ahner* [A1] berichtet über Ergebnisse an Porenbetonwürfeln, die im Rahmen von Vorprüfungen für ein Forschungsvorhaben durchgeführt wurden. Die Prüfkörperhöhen aller vorgenannten

Versuche waren derart, daß die ermittelten Druckfestigkeiten den adäquaten Mauersteindruckfestigkeiten entsprechen.

In Anlehnung an DIN 1048 führte *Thomas* [T1] Spaltzugversuche sowohl an Kalksand-Vollstein als auch an Lochsteinen mit einer Linienlast in Richtung der Steinbreite durch. Dabei leitete er die Last unter Berücksichtigung der minimalen Randabstände jeweils am Ort der größten Querschnittsschwächung ein, bezog die Spaltzugfestigkeit $f_{bt,sp}$ dennoch auf den Bruttoquerschnitt. In Gegenüberstellung zur Normdruckfestigkeit f_b der Steine kommt er zu einem Festigkeitsverhältnis von $f_{bt,sp}/f_{bt} = 0{,}06$ bis $0{,}08$. Der höhere Werte gilt für Vollsteine.

Obwohl eine offenbar günstigere Spannungsverteilung mit zylindrischen Prüfkörpern erreicht wird, ist nach [W3] die Spaltzugfestigkeit weitestgehend unabhängig von der Form und der Größe der Prüfkörper, solange die Höhe des Prüfkörpers nicht größer als die Breite [S18] ist, was spannungsoptische Untersuchungen beweisen. Deshalb wurden von *Schubert* [S18, S20] erstmals auch Spaltzugprüfungen an ganzen Mauersteinen derart durchgeführt, daß Zugspannungen parallel zur Steinlängsachse ($\beta_{SZ(l)}$) bzw. quer dazu in Richtung Steinbreite ($\beta_{SZ(b)}$) erzeugt wurden. Ein Unterschied in der Festigkeit in Abhängigkeit von der Belastungsrichtung ergab sich zwangsläufig bei gelochten Mauersteinen, bei Vollsteinen dagegen kaum. Wurden bei Lochsteinen die Bruchlasten auf die Nettoquerschnitte (abzüglich aller Öffnungen) bezogen, so war der Unterschied zu den Ergebnissen am Vollstein marginal. Im Mittel konnte für Vollsteine ein Verhältnis von $\beta_{SZ(l)}/\beta_{SZ(b)} = 1{,}01$ bis $1{,}20$ festgestellt werden. Der höhere Wert gilt für großformatige Steine. Der Verhältniswert von Spaltzugfestigkeit in Steinlängsrichtung $\beta_{SZ(l)} = f_{bt,sp}$ zur Normdruckfestigkeit f_b der Mauersteine wird von ihm mit $0{,}062$ bis $0{,}064$ für Kalksandstein und $0{,}080$ für Porenbetonstein benannt. In neueren Veröffentlichungen gibt *Schubert* [S13] einen Verhältniswert zwischen Spaltzug- und Druckfestigkeit für Mauersteine von $f_{bt,sp}/f_b = 0{,}04$ bis $0{,}10$ für Kalksand-Vollsteine und $f_{bt,sp}/f_b = 0{,}05$ bis $0{,}14$ für Porenbetonsteine an.

Feuchtigkeitsunterschiede im Prüfkörper und daraus resultierende Eigenspannungen beeinflussen die Spaltzugfestigkeit weniger als z.B. die Biegezugfestigkeit, weil die maximalen Zugspannungen bei der Spaltzugprüfung im ungeschwächten Querschnitt auftreten und nicht wie beim Biegebalken an der äußeren Randfaser, die besonders der Austrocknung und dem Schwinden ausgesetzt ist. Zudem sind die Eigenspannungen infolge Schwinden des Prüfkörpers den Spannungen aus der Spaltzugprüfung entgegengerichtet, was eine leichte Erhöhung der Festigkeit verursachen könnte. Dennoch wird wegen der Vergleichbarkeit empfohlen, den Feuchtegehalt den Angaben für die Druckfestigkeitsprüfung in der jeweiligen Steinnorm anzupassen. Der Feuchtigkeitsgehalt der für die Versuche in Leipzig verwendeten Mauersteine lag bei 2,0 M.-% für Kalksandstein und maximal 14,2 M.-% für die Porenbetonsteine unter den empfohlenen Grenzwerten.

Nach den vorliegenden Erkenntnissen kann die Methode zur Prüfung der Spaltzugfestigkeit in gleicher Weise für gelochte, ungelochte und Mauersteine mit Grifföffnungen angewandt werden [AA18, K2]. Deshalb wurden in den Leipziger Versuchen ganze Steine in eine Druckprüfmaschine eingebaut und mittels zweier gegenüberliegender Streifenlasten bis zum Bruch belastet. Die Belastung erfolgte in der Mitte der Steinbreite d und parallel zur Steinlänge l_{st}, weil im eingebauten Zustand in einer vorgespannten Mauerwerkwand ein Spaltversagen in Wandebene - also parallel zur Steinlänge - zu erwarten war (Bild 4.36). Ein wichtiger Prüfeinfluß ergibt sich nach übereinstimmender Meinung [B11, B12, M13, S18, S28] aus der Art der Lasteinleitung. Zur Gewährleistung eines annähernd reinen Zugbruches müssen zwischen den Druckplatten und dem Probekörper Lastverteilungsstreifen verwendet werden, die eine ausreichende Festigkeit besitzen und dennoch relativ gut verformbar sind, um kleine Unebenheiten auszugleichen. Nur bei einer gleichmäßigen Lastverteilung und -einleitung kann ein annähernd reiner Zugbruch induziert werden, wie *Mitchell* in [M13] ausführt. Schmale Hartfaserplatten-, Hartfilz- oder Sperrholzstreifen mit einer Breite bis zu 1/10 der Prüfkörperhöhe und einer Dicke zwischen 3 und 10 mm haben sich als geeignet erwiesen. Für die Leipziger Versuche kam deshalb Sperrholz mit einer Breite von 15 mm (entspricht 0,06 bis 0,075·h_{st}) in einer Stärke von 5 mm zur Anwendung und entsprach damit den Vorschlägen.

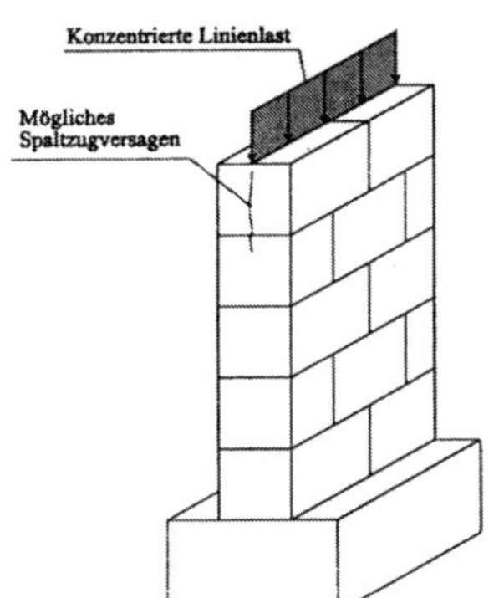

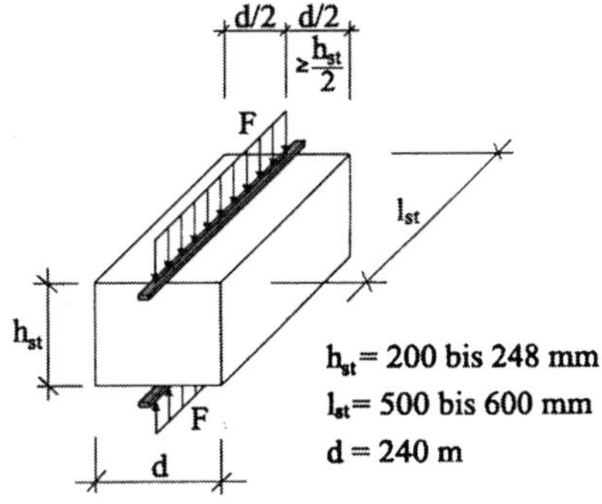

a) Konzentrierte Last durch Vorspannung   b) Spaltzugfestigkeitsprüfung an Mauersteinen

Bild 4.36: Erwartetes Bruchbild bei Angriff konzentrierter Einzellasten in Wandebene und daraus resultierende Prüfanordnung zur Ermittlung der Spaltzugfestigkeit von Mauersteinen

Die Versuche wurden kraftgeregelt durchgeführt. Die Beanspruchung erfolgte durch eine Linienlast parallel zur Steinlänge l_{st} in vorgesehener Einbaulage und senkrecht zur Treibrichtung. Der konstante Spannungszuwachs betrug 0,05 N/mm^2 je Sekunde bezogen auf die Spaltfläche, so daß der Bruch nach ca. 30 Sekunden eintrat. Aus der gemessenen Bruchlast max F läßt sich die Spaltzugfestigkeit $f_{bt,sp}$ des Steins ermitteln:

$$f_{bt,sp} = \frac{2 \cdot \max F}{\pi \cdot d \cdot l_{st}} = \frac{0{,}64 \cdot \max F}{d \cdot l_{st}} . \tag{4.24}$$

Für max F ist die gemessene Maximallast, für d die Steinbreite und für l_{st} die Steinlänge einzusetzen.

Die Versuchsergebnisse sind in Tabelle 4.8 zusammengefaßt. Zur Orientierung sind in Spalte 8 die aus den Versuchswerten errechneten 5 %-Fraktile der Spaltzugfestigkeit angegeben.

Tabelle 4.8:   Ergebnisse der Spaltzugprüfung an Mauersteinen
Mauerstein; Trockenrohdichte ρ_d; Feuchtigkeitsgehalt zum Prüfzeitpunkt h_m; Bruchlast max F; Spaltzugfestigkeit $\beta_{SZ,st} = f_{bt,sp}$; Mittelwert der Spaltzugfestigkeit $\beta_{SZ,stm} = f_{bt,spm}$; Variationskoeffizient V, 5 %-Fraktile der Spaltzugfestigkeit $\beta_{SZ,st;0,05} = f_{bt,sp;\,0,05}$, Verhältnis von mittlerer Spaltzugfestigkeit zur Normdruckfestigkeit des Mauersteins $f_{bt,spm}/f_b$

Stein	ρ_d	h_m	max F	$\beta_{SZ,st}=f_{bt,sp}$	$\beta_{SZ,stm}=f_{bt,spm}$	V	$\beta_{SZ;\,0,05}=$ $f_{bt,sp;\,0,05}$	$f_{bt,spm}/f_b$
	kg/dm³	M.-%	kN	N/mm²	N/mm²	%	N/mm²	--
1	2	3	4	5	6	7	8	9
KS 20	1,857	2,0	232,60 201,20 232,30 211,40 206,40 185,50	1,24 1,08 1,25 1,14 1,11 1,00	1,19	11,4	0,93	0,045
KS 12	1,807	2,0	180,30 173,50 185,30 81,00[1)] 99,10[1)] 91,30[1)]	0,93 0,89 0,95 0,87 1,06 0,97	0,95	7,2	0,80	0,042
PPW 4	0,539	14,2	56,70 56,00 56,50 57,10 54,50 54,80	0,37 0,35 0,36 0,37 0,35 0,35	0,33	11,1	0,26	0,086
PPW 2	0,532	14,9 14,9 14,9 4,5 4,5 4,5	15,10[1)] 15,20[1)] 15,70[1)] 15,30[1)] 15,30[1)] 15,70[1)]	0,20 0,20 0,20 0,32 0,32 0,31	0,27	23,1	0,14	0,084

1) Werte wurden an halben Steinen bestimmt.

Die eigenen Versuchswerte sind den Ergebnissen aus [A1, B15, S18, S29] gegenübergestellt worden. Die Spaltzugfestigkeit der Mauersteine nahm mit steigender

Druckfestigkeit zu, wie aus dem Bild 4.37 deutlich zu ersehen ist. Die Versuchsergebnisse beim Porenbeton liegen gut zusammen, während die Ergebnisse von
Schubert [S18] an Kalksandsteinproben z.T. erheblich über den eigenen Werten
liegen. Schubert konnte bei seinen Versuchen keine grundsätzlichen Festigkeits-
unterschiede zwischen Steinen mit und ohne Grifföffnung feststellen. Es ist jedoch zu vermuten, daß die Form und Anordnung der Grifföffnungen der von ihm
untersuchten Steine abwich von den in Leipzig geprüften Steinen und sich dadurch die Abweichungen ergeben.

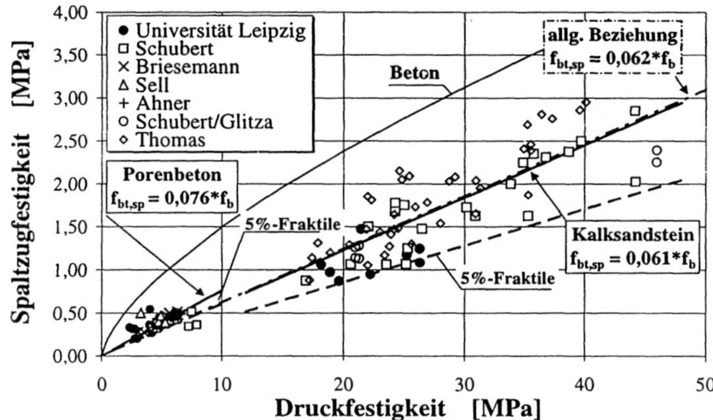

Bild 4.37: Beziehung zwischen Spaltzugfestigkeit $f_{bt,sp}$ und Druckfestigkeit f_b von Kalksandstein
und Porenbetonstein (unter Einbezug von Versuchsergebnissen von *Schubert* [S18],
Briesemann [B15], *Sell* [S29], *Ahner* [A1], *Schubert/Glitza* [S20] und *Thomas* [T1])

Die Beziehung zwischen Spaltzug- und Steindruckfestigkeit läßt sich annähernd
linear beschreiben:

Porenbetonstein: $f_{bt,sp} = 0,076 \cdot f_b$,   (4.25)

Kalksandstein: $f_{bt,sp} = 0,061 \cdot f_b$ (4.26)

mit: $f_{bt,sp}$ Spaltzugfestigkeit, f_b normierte Steindruckfestigkeit.

Hinsichtlich der Spaltzugfestigkeit existieren nur geringe Unterschiede zwischen
den beiden Steinmaterialien. Verallgemeinert kann für beide Steinarten folgende
Beziehung aufgestellt werden:

$$f_{bt,sp} = 0,062 \cdot f_b .$$ (4.27)

Die Steigungsrate der Spaltzugfestigkeit ergibt dagegen kein einheitliches Bild.
Mit wachsender Druckfestigkeit nahm beim Porenbeton die Spaltzugfestigkeit nur
unterproportional zu, d.h. das Verhältnis $f_{bt,sp}/f_b$ wird zunehmend kleiner, während
es beim Kalksandstein annähernd konstant bleibt und die angenommene Linearität
zwischen Druck- und Spaltzugfestigkeit unterstreicht. Im Bild 4.38 ist das Verhältnis von $f_{bt,sp}/f_b$ gegenüber der Steindruckfestigkeit aufgetragen.

Gegenüber Beton zeigten die untersuchten Mauersteinmaterialien Kalksandstein und Porenbeton, denen eine gewisse Verwandtschaft zum Beton zugeschrieben wird, zwei Besonderheiten. Zum einen ist der lineare Zusammenhang bei Beton nicht ausgeprägt und zum anderen verzeichnen die Mauersteine bei vergleichbarer Druckfestigkeit eine geringere Spaltzugfestigkeit (siehe auch [W3]). Auch gibt der Porenbeton-Planstein PPW 2 in Übereinstimmung mit [B15] ein Indiz dafür, daß ein Anstieg der Materialfeuchtigkeit zu einem Absinken der Spaltzugfestigkeit führt, was bei Beton in dem Maße nicht bekannt ist.

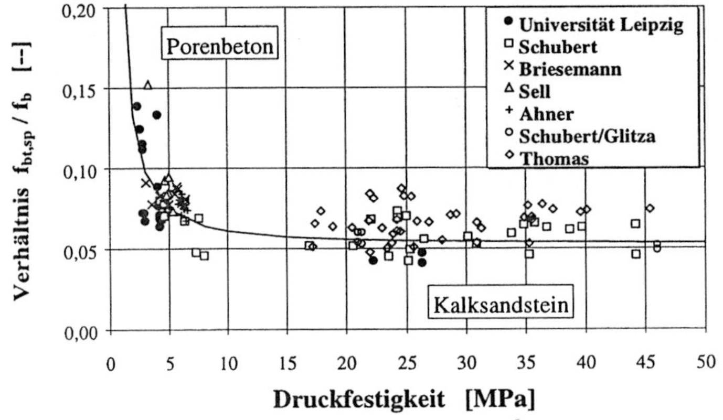

Bild 4.38: Verhältnis von Spaltzug- zu Druckfestigkeit $f_{bt,sp}/f_b$ von Kalksandstein und Porenbetonstein (unter Einbezug von Versuchsergebnissen von *Schubert* [S18], *Briesemann* [B15], *Sell* [S29], *Ahner* [A1], *Schubert/Glitza* [S20] und *Thomas* [T1])

Die Streuung der gemessenen Spaltzugfestigkeiten ist vergleichbar mit der von den gemessenen Biegezugfestigkeiten. Die größere Streuung der Werte beim PPW 2 ist im wesentlichen auf den stärkeren Feuchtigkeitsunterschied der Prüflinge zurückzuführen. Werden nur die PPW 2-Steine mit gleichem Feuchtigkeitsgehalt zusammengefaßt, ergeben sich Variationskoeffizienten zwischen 2 und 3 %. Entsprechend höher würde der untere 5 %-Fraktilwert liegen.

4.2.3.3 Zentrische Zugfestigkeit

Bei der Beanspruchung von Wänden in ihrer Ebene treten durch die Überlagerung von vertikalen und horizontalen Scheibenkräften schräg gerichtete Hauptspannungen auf. Geht man vereinfachend davon aus, daß die Scheibe homogen aufgebaut ist und somit die Fugen genauso fest wie die Mauersteine sind, kommt es folglich in erster Linie auf die Festigkeit des Mauersteinmaterials unter schräg gerichteter Druck-Zug-Beanspruchung an. Im Versuch läßt sich diese Beanspruchung allerdings schlecht simulieren, da die massiven Druckplatten der Prüfmaschine keine zwängungsfreie Lasteintragung in den Probekörper ermöglichen. Um über die

zweiaxiale Festigkeit Aussagen treffen zu können, bedarf es daher einer Klärung
der einaxialen Zug- und Druckfestigkeit.

Die Ermittlung der einaxialen Zugfestigkeit stößt auf versuchstechnische Schwierigkeiten. Kleinste Lastausmitten lassen spröde Materialien vorzeitig versagen,
weil einseitig höhere Zugspannungen einen Anriß bewirken und den darauffol-
genden Bruch schlagartig eintreten lassen. Es ist deshalb von entscheidender Bedeutung, wie die Zugkräfte in den Prüfkörper eingeleitet werden und ob die Prüfkörperform überhaupt geeignet ist, einen ungestörten Zugspannungsverlauf im
Körper zu ermöglichen. Der Bruch sollte nicht durch örtliche Spannungsspitzen
im Krafteinleitungsbereich auftreten, sondern dort erzwungen werden, wo eine
über den Querschnitt gleichmäßig verteilte Zugspannung vorhanden ist. Zweifelsfrei ist auch die Verformungs- bzw. die Belastungsgeschwindigkeit von Bedeutung auf das Ergebnis.

In der Vergangenheit angewandte Prüfverfahren basierten entweder auf einer
Lasteintragung über Formschluß, z.B. bei Mörtelprüfungen, wofür die Körper al-
lerdings eine entsprechende Geometrie aufweisen müssen oder über eingebettete
Stahlkörper.

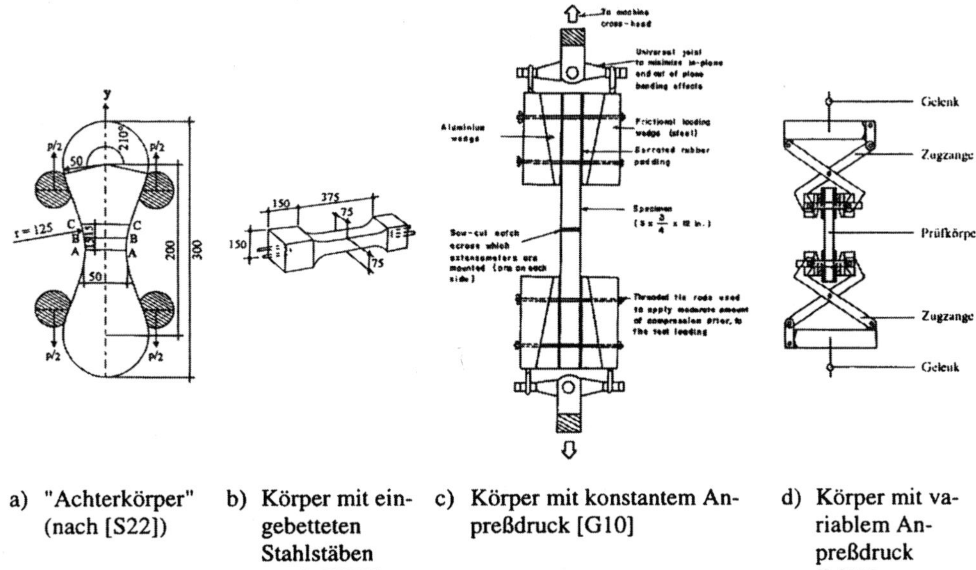

a) "Achterkörper"   b) Körper mit ein-   c) Körper mit konstantem An-   d) Körper mit va-
   (nach [S22])   gebetteten   preßdruck [G10]   riablem An-
                       Stahlstäben   preßdruck
                       (nach [S22])   [M11]

Bild 4.39: Zugprüfverfahren mit Zugkrafteinleitung über Formschluß

So wurde in Deutschland die Zementstein- und Mörtelzugfestigkeit an sogenannten "Achterkörpern" ermittelt (nach [S22]), während nach ASTM C 190 [AA16]
ähnliche "Brikettprüfkörper" Verwendung fanden (Bild 4.39a). In der Schweiz
kamen Prüfkörper mit eingebetteten Stahlstäben (Bild 4.39b) zum Einsatz (nach

[S22]). Zur Herstellung der Prüfkörper bedarf es entweder spezieller Schalungen, oder aber es müssen Stahlkörper für die Zugkrafteinleitung in die Prüfkörper eingelassen werden, was für Mauersteine schwer umsetzbar ist. Zusätzlich bestehen bei diesen Aufbauten Probleme, die Zugkraft exakt zentrisch einzuleiten. Über zentrische Zugversuche an Mörtel- und Betonprismen, bei denen die Zugkraft über seitliche Klemmbacken in den Körper eingetragen wurden, berichten *Goparlaratmann/Shah* [G10] und auch *Metzemacher* [M11]. Während beim Aufbau von *Goparlaratmann/Shah* der Anpreßdruck konstant blieb (Bild 4.39c), wuchs dieser proportional mit der Zugkraft beim Aufbau von *Metzemacher* (Bild 4.39d). Das hatte den Vorteil, daß nicht erst in Vorversuchen eine minimale Anpreßkraft ermittelt werden mußten, die ein Ausgleiten der Klemmbacken verhindern sollte. Zum anderen bestand jedoch bei wachsender Anpreßkraft die Gefahr, daß der Prüfkörper im Klemmbereich durch zu hohe Querpressungen beschädigt wird.

Für die Untersuchung von Mauersteinen (Kalksandstein und Hochlochziegel) wandten *Schubert/Glitza* [S20] erstmals ein Verfahren an, mit dem über aufgeklebte Stahlplatten an den Stirnseiten der Mauersteine die Zugkraft eingeleitet wurde. Zur Lokalisierung des Zugrisses wurde in halber Steinlänge der Querschnitt verjüngt, indem an den Längsseiten Kernbohrungen mit einem Bohrkronendurchmesser von 100 mm angebracht wurden (Bild 4.40a). Die Laststeigerung erfolgte derart, daß nach ca. 1 Minute der Bruch eintrat. Neben der Bruchkraft konnten auch die Verformungen in Längs- und Querrichtung aufgenommen werden. Zum Vergleich wurden an denselben Steinen die Spaltzug- und Druckfestigkeit bestimmt. Das Verhältnis von zentrischer Zug- zur Druckfestigkeit wird mit 0,036 bis 0,049 (im Mittel 0,04) und zur Spaltzugfestigkeit mit 0,602 bis 0,725 (im Mittel 0,65) benannt. Die Zugbruchdehnung bei Höchstspannung stellte sich bei 0,12 ‰ ein.

Sell [S29] führte Versuche an zylindrischen Porenbetonkörpern der Güte GS 35 (Hebel AG) ebenfalls mit aufgeklebten Stahlendplatten an den Stirnseiten der Zylinder (Bild 4.40b) durch. Während die Zylinder mit konstantem Querschnitt meist neben der Klebefläche brachen, weil die Querdehnungsbehinderung der Stahlplatten den Zugspannungsverlauf störte, konnte durch eine voutenförmige Verbreiterung der Lasteintragungsbereiche diese Art von Brüchen vermieden werden. Bezogen auf die Endflächen betrug die Querschnittsminderung im mittleren Bereich 30 bis 50 %. Die Länge des Bereiches mit konstant vermindertem Querschnitt entsprach dem Dreifachen des kleinsten Durchmessers. Der Zugkörper wurde durch Kalotten gelenkig gehalten, so daß eine zentrische Belastung vorausgesetzt werden konnte. Über den Umfang verteilte Dehnungsmessungen bestätigten eine gleichmäßige Dehnungsänderung an allen Seiten. Die gemessene Zugbruchdehnung variierte zwischen 0,37 und 0,41 ‰. Die ermittelten Zugfestigkeiten lagen zwischen 0,73 und 0,82 N/mm^2, was einem Verhältnis zur Zylinderdruckfestigkeit (Zylinder mit Schlankheit h/d = 2,0) von 0,14 bis 0,16 entspricht.

Briesemann [B15] erstellte eine Übersicht über in der Literatur veröffentlichte Ergebnisse von zentrischen Zugversuchen an Porenbetonproben. Die gemessene Zugfestigkeit variierte zwischen 11 bis 29 % der Druckfestigkeit β_D und kann im Mittel zu $1/6 \cdot \beta_D$ angenommen werden.

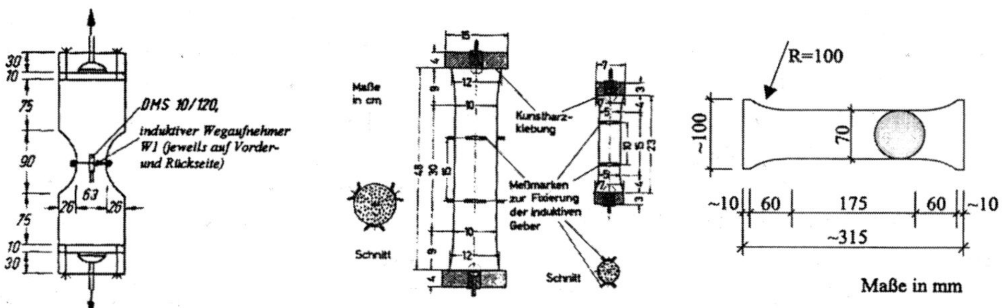

a) Zugprüfung an Mauerstei-   b) Zugprüfung an Porenbeton-   c) Zugprüfung an Porenbeton-
   nen [S20]   zylindern [S29]   zylindern [S22]

Bild 4.40: Zugprüfverfahren mit angeklebten Stahlendplatten an den Stirnseiten

Zugversuche an Porenbeton-Plansteinen der Festigkeitsklassen GP 2, GP 4, GP 6 und GP 8 wurden auch an der MPA Hannover [R1, R2, R3] durchgeführt, die zu einem Verhältniswert von Zug- zu Steindruckfestigkeit von 0,058 bis 0,075 führten. Bei den Zugprüfkörpern handelte es sich um zylindrische Proben, leider wurden die Abmessungen nicht genannt.

Neuere Versuche an Porenbetonzylindern mit aufgeklebten Stahlendplatten sind von *Schubert* vorgestellt worden [S22]. Die Zylinder hatten einen Durchmesser von 100 mm und wurden über eine Länge von 175 mm in mittlerer Prüfkörperhöhe auf einer Werkbank auf einen Durchmesser von 70 mm abgedreht (Bild 4.40c). Das Verhältnis von Länge zu Durchmesser des verjüngten Querschnittes war 2,5 und die Querschnittsabminderung betrug etwa 50 %, so daß alle Brüche außerhalb des Krafteinleitungsbereiches auftraten. Diese Versuchsanordnung gewährleistete einen Beanspruchungszustand, welcher der Vorstellung einer einaxialen Zugbeanspruchung sehr nahe kam. Zur Angabe von Festigkeitsverhältnissen wurden außerdem die zugehörigen Steindruckfestigkeiten f_b als auch die Zylinderdruckfestigkeiten $f_{bt,ax}$ an Zylindern mit konstantem Querschnitt h/d = 200/100 mm bestimmt. Aufgrund des genügend großen Schlankheitsgrades der Zylinder gilt die Zylinderdruckfestigkeit als einaxiale Druckfestigkeit. Das Verhältnis der einaxialen Zylinderfestigkeiten Zug zu Druck gibt *Schubert* mit $f_{bt,ax}/f_{b,cyl} = 0,17$ und den Bezugswert zur Normdruckfestigkeit mit $f_{bt,ax}/f_b = 0,10$ an. Wird die Abstufung entsprechend der Steinfestigkeitsklasse nach DIN 1053-1 [AA3] vorgenommen, so steigt für die Druckfestigkeitsklasse 2 der Verhältniswert auf $f_{bt,ax}/f_b = 0,18$ bzw. für die Festigkeitsklassen 4 bis 8 fällt dieser auf $f_{bt,ax}/f_b = 0,11$.

Während Versuchsergebnisse über Porenbeton in größerer Anzahl vorliegen, sind Veröffentlichungen zu Kalksandstein eher selten. *Schubert* gibt aufgrund von Literaturstudien [S13] ein gemitteltes Festigkeitsverhältnis von Zug- zu Druckfestigkeit zwischen 0,03 und 0,08 an, was im Vergleich zum Porenbeton sehr gering ist.

Erste systematische Untersuchungen zum Zugtragverhalten von Kalksandstein wurden 1976 von *Thomas* [T1] und *Kendel* [K4] unternommen, die sowohl Mauersteine (Format 2 DF) als auch den Einfluß von Herstellungsparametern (Preßdruck, Kalkgehalt, Haltezeit, Sandkörnung) beinhalteten. Dabei wurden die Mauersteine durch an den Stirnseiten angeklebte Stahlprofile zentrisch auf Zug beansprucht. Bis auf die hochfesten Steine, deren Querschnitt in halber Höhe verjüngt wurde, sind unbearbeitete Mauersteine geprüft worden. Erwartungsgemäß zeigten die Lochsteine bei gleicher Druckfestigkeit im Mittel kleinere Zugfestigkeiten als vergleichbare Vollsteine. Im Mittel betrugt die zentrische Zugfestigkeit nur etwa 5 % der Steindruckfestigkeit.

Unter Bezug auf die Ergebnisse aus der Literatur wurde in Leipzig ein Zugprüfverfahren angewandt, welches hinsichtlich Prüfbedingungen, Aussagekraft der Ergebnisse und vertretbarem Prüfaufwand geeignet erschien.

a) vor dem Versuch

b) nach dem Versuch

Bild 4.41: Zentrische Zugprüfung an Zylindern mit angeklebten Stahlplatten (hier mit gekerbter Probe)

Der Aufbau war im wesentlichen durch zylindrische Prüfkörper ohne Querschnittsverminderung und stirnseitig angeklebte, in die Zugprüfmaschine gelenkig angekoppelte Stahlplatten gekennzeichnet. Die zylindrischen Prüfkörper wurden

Mauersteinen (KS 20, KS 12, PPW 4, PPW 2) parallel zur Steinhöhe entnommen (Naßbohrung) und 4 Wochen in einem normalklimatisierten Raum bis zum Erreichen einer Prüffeuchte von 0,50 bis 2,7 M.-% gelagert. Die Zylinder hatten einen Durchmesser von 100 mm und wiesen eine Schlankheit von h/d = 1,0 bzw. h/d = 2,0 auf. Zusätzlich wurden zum Studium der Kerbempfindlichkeit in einige ausgewählte Zylinder in halber Höhe eine Kerbe von 5 mm Tiefe eingefräst.

Tabelle 4.9: Ergebnisse der zentrischen Zugfestigkeitsprüfung an Zylindern Mauerstein; Schlankheitsverhältnis des Zylinders Höhe/Durchmesser = h/d; Trockenrohdichte ρ_d; Feuchtigkeitsgehalt zum Prüfzeitpunkt h_m; Bruchlast max F; zentrische Zugfestigkeit $\beta_{Z,Zyl} = f_{bt,ax}$; Mittelwert der zentrischen Zugfestigkeit $\beta_{Z,Zylm} = f_{bt,axm}$; Variationskoeffizient V; untere 5%-Fraktile der zentrischen Zugfestigkeit $\beta_{Z,Zyl;0,05} = f_{bt,ax;\ 0,05}$, Verhältnis von mittllerer Zylinderzugfestigkeit zur Normdruckfestigkeit des Mauersteins $f_{bt,axm}/f_b$

Stein	h/d	ρ_d	h_m	max F	$\beta_{Z,Zyl}=f_{bt,ax}$	$\beta_{Z,Zylm}=$ $f_{bt,axm}$	V	$\beta_{Z,Zyl;\ 0,05}=$ $f_{bt,ax,\ 0,05}$	$f_{bt,axm}/f_b$
	--	kg/dm^3	M.-%	kN	N/mm^2	N/mm^2	%	N/mm^2	--
1	2	3	4	5	6	7	8	9	10
KS 20	1,0 1,0 1,0 1,0[1]	1,826	1,11	13,70 10,20 8,90 7,20	1,77 1,33 1,15 1,11	1,42	22,7	1,14 [2]	0,055
KS 12	1,0 1,0 1,0 1,0[1] 2,0 2,0	1,826	0,50	12,00 10,90 11,20 6,60 13,40 12,90	1,55 1,41 1,45 1,07 1,75 1,66	1,56	9,6	1,17	0,070
PPW 4	1,0 1,0 1,0 1,0[1] 2,0 2,0	0,555	0,76	6,80 7,40 6,70 2,00 8,00 7,50	0,88 0,96 0,87 0,33 1,05 0,98	0,95	7,5	0,78	0,236
PPW 2	1,0 1,0 1,0 1,0[1]	0,423	2,73	3,90 3,70 3,10 1,90	0,51 0,48 0,40 0,30	0,46	11,7	0,28	0,145

1) gekerbter Prüfkörper, Ergebnisse werden für Statistik nicht berücksichtigt
2) Wegen der großen Streuung wurde der untere 5 %-Fraktilwert zu 80 % des Mittelwertes geschätzt.

Eine Verjüngung des Querschnitts war aus technologischen Zwängen nicht realisierbar. Durch ein rechtzeitiges Prüfen nach dem Ankleben der stählernen Endplatten wurde versucht, zusätzliche Schubspannungen in der Kontaktfläche infolge behinderter Schwinddehnung sowie unterschiedlicher E-Moduln und Querkontraktionszahlen von Stein, Kleber und Stahlplatte zu minimieren. Im Bild 4.41 ist der Versuchsaufbau vor und nach dem Versuch zu sehen.

Der Zugbruch trat zumeist im mittleren Bereich des Körpers, in einigen Fällen im oberen oder unteren Bereich des Steins ein, selten jedoch in der Klebfuge. Alle ermittelten Zugfestigkeiten wurden in Tabelle 4.9 zusammengefaßt. Die Angabe des unteren 5 %-Fraktilwertes hat wegen der zu geringen Versuchsanzahl nur informativen Charakter. Sofern der Bruch im Krafteinleitungsbereich auftrat, ist die errechnete Nennzugspannung aus einem nicht näher bekannten Spannungszustand an der Krafteinleitungsstelle niedriger als die bei gleichmäßiger Spannungsverteilung. Die ermittelten Festigkeitswerte liegen somit auf der sicheren Seite.

Die Ergebnisse zeigen deutlich, daß die schlankeren Zylinder für zentrische Zugversuche besser geeignet sind, weil offenbar der Einfluß der Lasteinleitungszone zurückgedrängt und damit ein gleichmäßigerer Zugspannungsverlauf im Querschnittsinneren ermöglicht wird. Dies stimmt mit der Schlußfolgerung von *Schwartz* [S22] überein, der bei zentrischen Zugversuchen mit Betonzylindern konstanten Querschnitts und einer Schlankheit von mindestens 2,0 keinen merklichen Einfluß der Endflächen auf die Versuchsergebnisse mehr feststellen konnte.

Bei den gekerbten Körpern ergaben sich Festigkeitsabfälle bis zu 50 %, was vornehmlich auf ein sprödes Materialverhalten hinweist. Das trifft sowohl für den Kalksandstein als auch für Porenbetonstein zu.

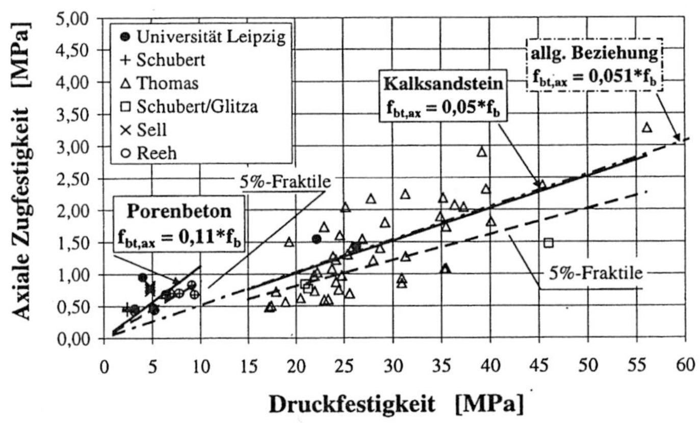

Bild 4.42: Beziehung zwischen zentrischer Zylinderzugfestigkeit $f_{bt,ax}$ und Druckfestigkeit f_b von Kalksandstein und Porenbetonstein (unter Einbezug von Versuchsergebnissen von *Schubert* [S22], *Thomas* [T1], *Schubert/Glitza* [S20], *Sell* [S29] und *Reeh* [R1])

Die ermittelten Festigkeiten der zentrischen Zugprüfung waren im allgemeinen geringer als die der Spaltzug- oder Biegezugprüfung und wiesen durchweg auch eine größere Streuung auf. Insbesondere beim höherfesten Kalksandstein (KS 20) ist die Streuung zu hoch. Siehe dazu Bild 4.42, in welchem die zentrische Zugfestigkeit gegen die Normdruckfestigkeit der Mauersteine aufgetragen wurde. Um von den absoluten Festigkeiten auf im Mauerwerkbau übliche bezogene Größenwerte zu schließen, wird gewöhnlich der Bezug zur Druckfestigkeit der Mauersteine nach Norm hergestellt. Dabei läßt sich die mittlere zentrische Zugfestigkeit $\beta_{z,Zyl} = f_{bt,ax}$ durch folgende Gleichungen getrennt nach Mauersteinart darstellen:

Porenbetonstein: $f_{bt,ax} = 0{,}11 \cdot f_b$,   (4.28)

Kalksandstein: $f_{bt,ax} = 0{,}05 \cdot f_b$ (4.29)

mit: $f_{bt,ax}$ einaxiale Zugfestigkeit, f_b normierte Steindruckfestigkeit.

Das Verhältnis Zug- zu Druckfestigkeit, wie auch das der verschiedenen Arten der Zugfestigkeit untereinander, wird von den übrigen Materialeigenschaften ebenso beeinflußt wie von den Festigkeiten selbst. Da sich die einzelnen Einflüsse auf die Druckfestigkeit und die Zugfestigkeiten teilweise unterschiedlich auswirken, streuen die Verhältniswerte in relativ weiten Grenzen (Bild 4.42). Weitere Versuche sind daher notwendig.

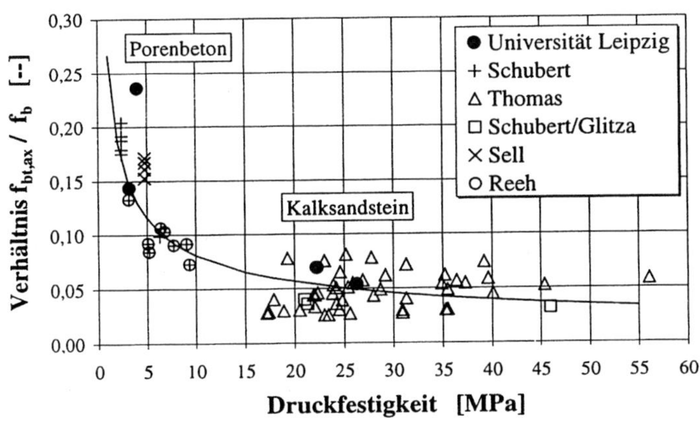

Bild 4.43: Verhältniswert von zentrischer Zylinderzug- zur Steindruckfestigkeit $f_{bt,ax}/f_b$ gegenüber normierter Steindruckfestigkeit von Kalksandstein und Porenbetonstein (unter Einbezug von Versuchsergebnissen von *Schubert* [S22], *Thomas* [T1], *Schubert/Glitza* [S20], *Sell* [S29] und *Reeh* [R1])

Eine allgemeingültige, lineare Beziehung für Kalksandstein und Porenbeton ist wegen der unterschiedlichen Beeinflussung wenig geeignet, die Zugfestigkeit beider Baustoffe zu beschreiben:

$$f_{bt,ax} = 0{,}051 \cdot f_b \;.$$ (4.30)

Die Gegenüberstellung der Normdruckfestigkeit gegen den Verhältniswert von Zug- zu Druckfestigkeit zeigt auf, daß die Zugfestigkeit, insbesondere beim Porenbetonstein, nicht in dem gleichen Maße wie die Druckfestigkeit anwächst (Bild 4.44), d.h. eine Linearität nicht gegeben ist. Günstiger ist es, die zentrische Zugfestigkeit in Relation zur Zylinderdruckfestigkeit von schlanken Zylindern zu setzen, weil es sich bei beiden Größen um einaxiale Festigkeiten handelt (Bild 4.44).

Aufgrund der Verwandtschaft von Beton, Porenbeton und Kalksandstein - sowohl vom Korngerüst als auch vom Bindemittel her - ist ein Vergleich von Zug- und Druckfestigkeiten der Materialien naheliegend und, wie die Ergebnisse zeigen, durchaus sinnvoll. Ähnliche Beziehungen ergeben sich allerdings nur dann, wenn gleichartige Prüfkörper betrachtet werden.

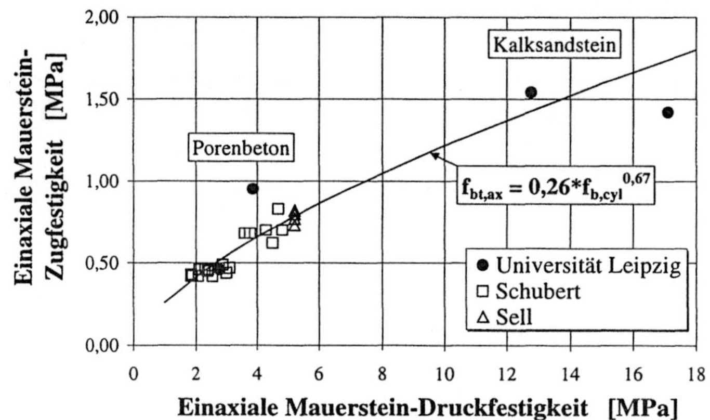

Bild 4.44: Beziehung zwischen der einaxialen Mauerstein-Zugfestigkeit $f_{bt,ax}$ und der einaxialen Mauerstein-Druckfestigkeit $f_{b,cyl}$ (unter Einbezug von Versuchsergebnissen von *Schubert* [S22] und *Sell* [S29])

Bezieht man die am Zylinder gemessenen zentrischen Zugfestigkeiten $f_{bt,ax}$ der Mauersteine auf die einaxialen Zylinderdruckfestigkeiten $f_{b,cyl}$, so ergibt sich eine Potenzbeziehung, bei der die Zylinderdruckfestigkeit wie beim Beton in einer 0,67-fachen Potenz eingeht:

$$f_{bt,ax} = 0,26 \cdot f_{b,cyl}^{0,67} \, . \tag{4.31}$$

Diese Vermutung bietet Anlaß für weitergehende Untersuchungen.

Ein weiterer vielversprechender Ansatz ist der Vergleich der Zugfestigkeiten untereinander, weil die zentrische Zugfestigkeit bisher stets durch diese Größen substituiert wurde. So ist im Bild 4.45 die Abhängigkeit von zentrischer Zugfestigkeit zu Spaltzug- bzw. Biegezugfestigkeit dargestellt, die auf Ergebnissen der Universität Leipzig (siehe vorgehende Abschnitte) und *Thomas* [T1] beruhen.

Im Vergleich zur Spaltzugfestigkeit läßt sich eine lineare Abhängigkeit folgern:

$$f_{bt,ax} = 0,72 \cdot f_{bt,sp} \, . \tag{4.32}$$

Der Model Code 90 und auch der Eurocode 2 geben dagegen eine lineare Beziehung an, in welcher die axiale Zugfestigkeit für Beton sich zu 90 % der Spaltzugfestigkeit ergibt. Für Mauersteine scheinen diese Beziehungen nicht anwendbar zu sein. Für Beton- oder Leichtbetonsteine liegen diesbezüglich keine Erkenntnisse vor.

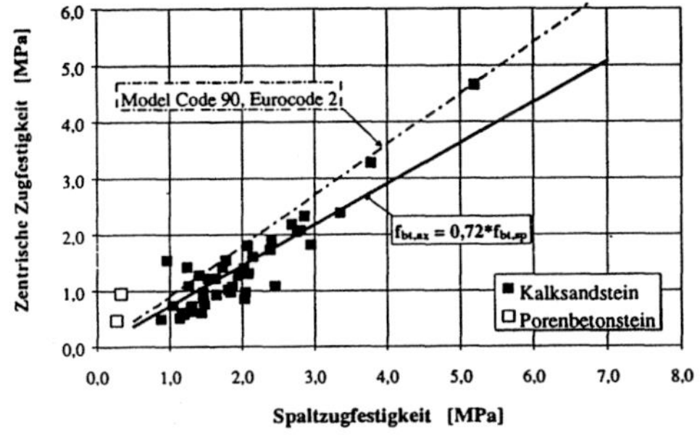

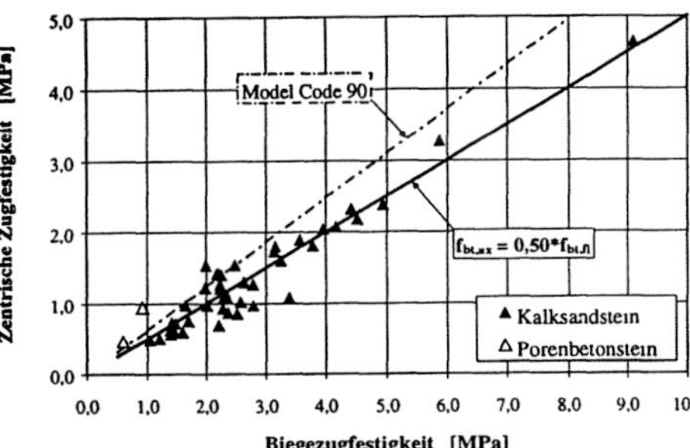

a) Beziehung zur Spaltzugfestigkeit b) Beziehung zur Biegezugfestigkeit

Bild 4.45: Beziehung zwischen der einaxialen Mauerstein-Zugfestigkeit und der am Stein ermittelten Spaltzug- bzw. Biegezugfestigkeit (unter Einbezug von Versuchsergebnissen von *Thomas* [T1])

Mittels einer linearen Korrelation zwischen einaxialer Zugfestigkeit und Biegezugfestigkeit kann folgende Beziehung aufgestellt werden:

$$f_{bt,ax} = 0{,}50 \cdot f_{bt,fl} \; . \tag{4.33}$$

Diese Abhängigkeit ist identisch mit der, die der Eurocode 2 für Beton vorgibt. Der Model Code 90 liefert höhere Werte und überschätzt die Mauersteinzugfestigkeit.

Bei allen untersuchten Festigkeiten wuchs die Zugfestigkeit der Porenbetonsteine stets stärker mit der Druckfestigkeit an als bei den Kalksandsteinen. Die im Vergleich zur Druckfestigkeit höheren Kapazitäten für eine Zugkraftaufnahme beim Porenbeton sind vorrangig in seinem homogenen Materialgefüge zu sehen. Beim Porenbeton handelt es sich um einen porigen Baustoff, dessen silikatische Zellwände selbst extrem fest sind und nur wenige, sehr feine Poren besitzen [S22]. Der Kalksandstein stellt dagegen ein silikatisch gebundenes Konglomerat dar, dessen Partikelgrößen wesentlich gröber gestuft sind und daher einen anderen, offenbar etwas ungünstigeren inneren Spannungsverlauf bewirken.

4.2.4 Mehraxiale Steinfestigkeit

Bei einer einachsigen Beanspruchung von Mauersteinen im Kurzzeitversuch brechen die Steine durch Überschreiten der Querzugfestigkeit. Wird die Querdehnung durch eine mehrachsige Beanspruchung behindert, d.h. wird Querdruck eingetragen, tritt eine Festigkeitserhöhung ein. Ein umgekehrter Fall liegt vor, wenn zusätzlich Querzug von außen wirkt. Eine mehraxiale Festigkeit ist demnach immer im Verhältnis zu den angreifenden Spannungen zu sehen und kann nur durch Versuche mit mehrachsiger Beanspruchung erkundet werden.

Versuche mit mehrachsiger Beanspruchung sind sehr aufwendig, im wesentlichen liegen nur Versuchsergebnisse mit einer zweiachsigen Beanspruchung vor. Deshalb wird für die Beschreibung der Mauersteinfestigkeit oft Bezug zum Beton genommen, dessen mehraxiale Tragfähigkeit wesentlich umfassender erforscht ist als das der Mauersteine. Hervorzuheben sind diesbezüglich die Versuche von *Kupfer* [K12].

Bild 4.46 zeigt das Verhalten von Beton bei mehrachsiger Druck- und Zugbeanspruchung. Aus der Darstellung sind die unterschiedlichen Festigkeitsgrößen bei verschiedenen Beanspruchungen und Prüfkörpern zu entnehmen. Vor allem wird verständlich, daß die mehraxiale Festigkeit kein fester Wert ist, sondern vom Spannungsverhältnis in den verschiedenen Achsrichtungen abhängt. Bezugsgrößen sind oftmals die einaxialen Festigkeiten des Materials.

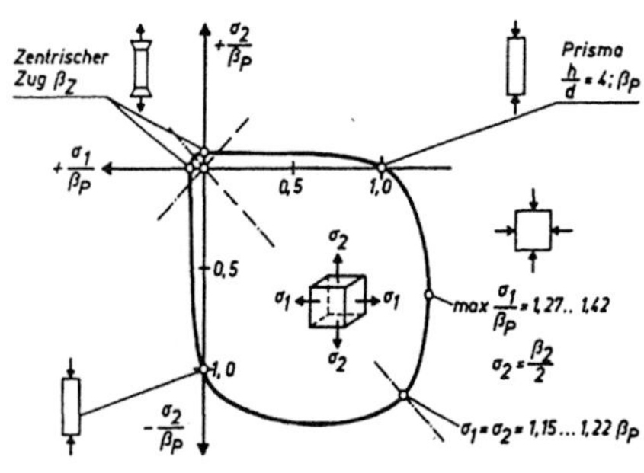

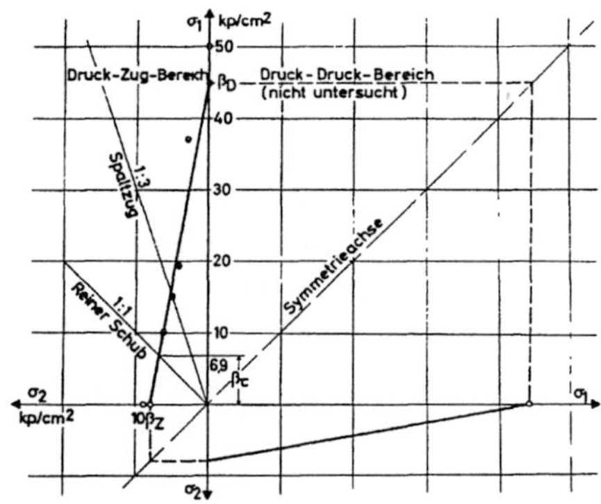

Bild 4.46: Festigkeit von Beton bei zweiachsiger Beanspruchung (nach [W4])

Bild 4.47: Zweiaxiale Festigkeit von Porenbeton [S29]

Damit entspricht jeder Punkt auf der Umhüllenden einem Festigkeitswert, der durch das Verhältnis der auf die einaxialen Festigkeiten bezogenen Spannungen σ_1 und σ_2 repräsentiert wird. Gut ist auch der starke Festigkeitsabfall bei Aufbringen einer Querzugspannung zu erkennen. Denn seitliche Druckspannungen verhindern die Ausbreitung von Mikrorissen, Zugspannungen fördern sie und mindern deshalb die Festigkeit. In der Regel bilden sich bei einer zweiachsigen Beanspruchung mit Überschreiten der Bruchlast Rißflächen aus, die parallel zur lastfreien Oberfläche verlaufen, d.h. mit der Spannungsebene zusammenfallen. Bei einer räumlichen Beanspruchung versagt das Material durch Rißbildung senkrecht zur Richtung der kleinsten Hauptspannung.

Im Mauerwerk unterliegen die Steine in der Regel einer mehrachsigen Beanspruchung. Ausgehend von der Erforschung des inneren Spannungszustandes von zentrisch belasteten Mauerwerkprismen, sind die ersten Festigkeitskurven für Mauersteine (Ziegel) aus einer Kombination aus Vertikaldruck und horizontalem Querzug von *Hilsdorf* [H8] aufgestellt worden. Er ging von der Vorstellung aus, daß die Horizontalspannungen in beiden Richtung gleich groß sind: $\sigma_x = \sigma_z$. In Abhängigkeit von der einaxialen Prismendruckfestigkeit β_e und der Steinzugfestigkeit β_z stellt die Brucheinhüllende der Ziegel eine geradlinig fallende Kurve im Druck-Zug-Bereich dar:

$$\frac{\sigma_y}{\beta_e} = 1 - \frac{\sigma_x}{\beta_z} \, . \tag{4.34}$$

Khoo/Hendry [K5] bauten auf den Erfahrungen von *Hilsdorf* auf und untersuchten das Verhalten von Ziegeln im dreiachsigen Spannungszustand. Aufgrund von versuchsbegleitenden FE-Rechnungen verfeinerten sie die Bruchkurve und überführten sie in eine Parabel dritter Ordnung:

$$\frac{\sigma_x}{\beta_z} = 0{,}9968 - 2{,}0264 \cdot \left(\frac{\sigma_y}{\beta_e}\right) + 1{,}2781 \cdot \left(\frac{\sigma_y}{\beta_e}\right)^2 - 0{,}2487 \cdot \left(\frac{\sigma_y}{\beta_e}\right)^3 \, . \tag{4.35}$$

Anhand zweiachsiger Versuche an Mauersteinen mit Verformungsmessungen leiteten *Atkinson/Noland/Abrams* [A3] eine nichtlineare Bruchabschätzung für die Mauersteine ab, die sie in ihrer Festigkeitshypothese zum Druckbruch von Mauerwerk in Anlehnung an die Arbeiten von *Hilsdorf* verwendeten:

$$\frac{\sigma_y}{\beta_e} = 1 - \left(\frac{\sigma_x}{\beta_z}\right)^{0{,}58} \, . \tag{4.36}$$

Ohler [O1] näherte die von *Atkinson/Noland/Abrams* gefundene Potenzfunktion der Bruchkurve der Mauersteine unter einer mehrachsigen Beanspruchung durch drei Geradenzüge an:

$$\frac{\sigma_y}{\beta_e} = s - t \cdot \frac{\sigma_x}{\beta_z} \, . \tag{4.37}$$

Dabei sind die Werte s und t grafisch zu ermitteln, wobei s dem Ordinatenabschnitt und t der Steigung der jeweiligen Gerade entspricht. Damit stehen s und t in Abhängigkeit zum Verhältnis von wirkender Querzugspannung zur Querzugfestigkeit des Mauersteins. Nehmen s und t den Wert 1 an, werden die Teilgeraden in die lineare Bruchkurve von *Hilsdorf* überführt.

Die Fest7igkeit und Bruchverformung von Porenbeton, Zementstein, Konstruktionsleichtbeton und Gips unter zweiachsiger Beanspruchung wurde von *Stegbauer/Linse* [S33] ermittelt. Übereinstimmend für alle untersuchten Materialien stellten sie eine Abhängigkeit der zweiaxialen Festigkeit vom Hauptspannungsverhältnis σ_1/σ_2 fest. Für den Konstruktionsleichtbeton formulierten sie eine Bruchkurve in Form einer höhergradigen Parabel:

$$\frac{\sigma_y}{\beta_e} = 1 - \left(\frac{\sigma_x}{\beta_z}\right)^4 . \tag{4.38}$$

Speziell für Porenbeton machten sie keine Angaben.

Über Versuche an Porenbetonscheiben unter einer einachsigen Druck- und Zugbeanspruchung sowie einer zweiachsigen Zug-Druck-Beanspruchung berichtet *Sell* [S29]. Mittels der Mohr'schen Bruchtheorie konnte er für den Porenbeton eine mehraxiale Festigkeit beschreiben, die in Beziehung zur wirkenden Hauptspannungskombination steht. Im Bild 4.47 sind die ermittelten zweiaxialen Festigkeiten des Porenbetons im Hauptspannungsdiagramm aufgetragen. Neben den einaxialen Festigkeiten sind auf der Linie 1 : 3 die Mittelwerte der Spaltzugfestigkeit eingetragen, weil beim Spaltzugversuch von Zylindern ein Spannungsverhältnis von Zug- zu Druckspannungen in dieser Größe festgestellt worden ist. *Sell* näherte das Bruchversagen durch eine lineare Beziehung an:

$$\sigma_1 = \frac{\beta_e}{\beta_z}\,\sigma_2 - \beta_e . \tag{4.39}$$

Mit Hilfe dieser Gleichung kann bei bekannter einaxialer Druckfestigkeit β_e und einaxialer Zugfestigkeit β_z unter der vorhandenen Zugspannung σ_2 die gerade zum Bruch führende Druckspannung σ_1 errechnet werden.

Schulenberg [S26] untersuchte die Tragfähigkeit von zentrisch gedrücktem Mauerwerk durch umfangreiche FE-Rechnungen. Dafür zerlegte er das Mauerwerkprisma in einzelne Scheiben und löste die Scheibenproblematik mit Hilfe der Airy'schen Spannungsfunktion. Verformungsunverträglichkeiten wurden mit Fourier-Reihenentwicklungen behoben. Die mehraxiale Festigkeit von Mauerstein und Mörtel berücksichtigte er durch einen Korrekturfaktor $\eta_b = f(k)$. Der Beiwert η_b reduziert die Tragfähigkeit der Mauersteine, sobald neben der Vertikaldruckbeanspruchung eine Horizontalzugkraft auftritt. *Schulenberg* stellte sogenannte Reduktionskurven auf, welche die im Stein verbleibende Druckfestigkeit in Abhängigkeit von der Horizontalkraftbeanspruchung k darstellen. Siehe dazu auch Bild 4.48. Die Reduktionskurven wurden mittels der Mohr'schen Bruchtheorie unter Hinzunahme weiterer, in der Literatur veröffentlichter Ergebnisse abgeleitet.

Es ist ersichtlich, daß die Steine, die im Verhältnis zur Druckfestigkeit günstige Querzugeigenschaften aufweisen (z.B. Porenbetonsteine), eine erheblich höhere vertikale Tragfähigkeit besitzen als solche mit ungünstigen Querzugeigenschaften (z.B. Ziegel). Ähnliche Erkenntnisse werden mittels der grafischen Auswertung der vorstehenden Gleichungen der Bruchfestigkeit von Mauersteinen (Bild 4.49) erlangt.

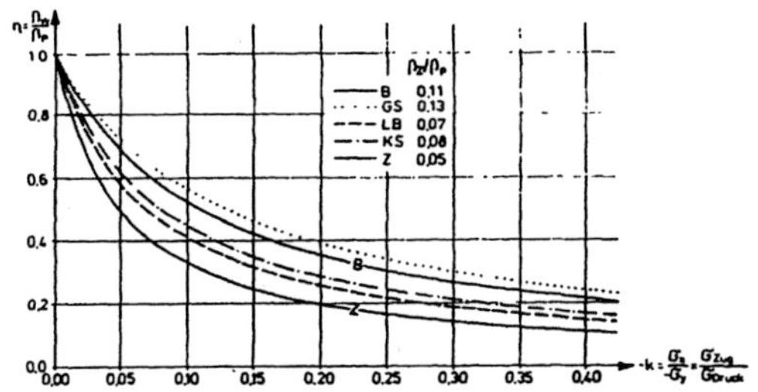

Bild 4.48: Theoretisch abgeleitete Reduktionsfaktoren η_b der Mauersteindruckfestigkeit in Abhängigkeit des Verhältnisses k von Horizontalzug- zu Vertikaldruckspannungen (nach [S26])

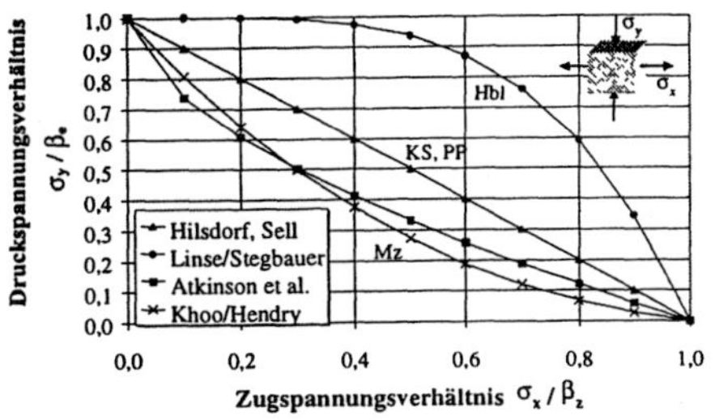

Bild 4.49: Bruchumhüllende von Hbl-, PP-, KS- und Ziegelsteinen unter einer Druck-Zug-Beanspruchung [A3, K5, H8, S29, S33]

Alle Gleichungen ergeben mit wachsender Querzugspannung jeweils fallende Kurven, die die Koordinatenachsen bei der einaxialen Druckfestigkeit β_e und der Steinzugfestigkeit β_z schneiden. Auffällig ist, daß die Leichtbetonsteine (Hbl) eine wesentlich bessere Ausnutzung der Tragfähigkeit gestatten als die Mauerziegel (Mz). Bei gleichem Zugspannungsverhältnis, z.B. $\sigma_x/\beta_z = 0{,}4$ sinkt die vertikale Tragfähigkeit beim Ziegel um 60 %, beim Leichtbeton dagegen nur um 5 % der einaxialen Druckfestigkeit. Der Leichbetonstein zeigt sich relativ widerstandfähig gegenüber zusätzlichen Querzugbeanspruchungen.

Aus den vorgenannten Ausführungen kann für die eigenen Versuche gefolgert werden, daß auftretende Querzugspannungen mehr oder minder zu einer Reduktion der Steindruckkraft führen. Näherungsweise kann dies durch die Gerade von *Hilsdorf* beschrieben werden:

$$\eta_b = \frac{\sigma_y}{f_{b,cyl}} = 1 - \frac{\sigma_x}{f_{bt,ax}}\,. \qquad\qquad \text{nach Gleichung (4.34)}$$

(Druckspannungen σ_y positiv einsetzen)

Dabei bedeuten η_b der Reduktionsfaktor der vertikalen Tragfähigkeit der Mauersteine, $f_{b,cyl}$ die einaxiale Zylinderdruckfestigkeit, $f_{bt,ax}$ die einaxiale Zylinderzugfestigkeit der Mauersteine sowie σ_y die angreifende Vertikalspannung und $\sigma_x = \sigma_z$ die generierten Querzugspannungen.

Unter der Voraussetzung, daß bei einer Steigerung der Vertikalspannung die Horizontalspannungen im Stein proportional zunehmen (Querdehnzahl ν = const.), sind für eine Bruchabschätzung der Mauersteine neben den Absolutwerten der auftretenden Spannungen vor allem die Spannungsverhältnisse $k = \sigma_x/\sigma_y$ von Bedeutung. Schließlich ergibt sich der Reduktionsfaktor der Steindruckfestigkeit zu:

$$\eta_b = \frac{1}{1+k\cdot\dfrac{f_{b,cyl}}{f_{bt,ax}}}. \tag{4.40}$$

Für eine Bruchabschätzung der Mauersteine ist demnach die Horizontalbeanspruchung k und das Verhältnis der einaxialen Festigkeiten für Zug und Druck $f_{bt,ax}/f_{b,cyl}$ maßgebend.

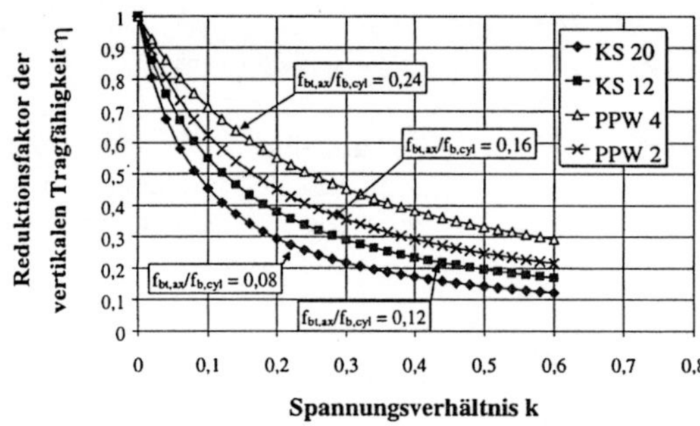

Folgende Festigkeiten liegen den Kurven im Bild 4.50 zugrunde:

KS 20: $f_{b,cyl} = 17{,}10\ \text{N/mm}^2$,
$f_{bt,ax} = 1{,}42\ \text{N/mm}^2$,

KS 12: $f_{b,cyl} = 12{,}78\ \text{N/mm}^2$,
$f_{bt,ax} = 1{,}56\ \text{N/mm}^2$,

PPW 4: $f_{b,cyl} = 3{,}85\ \text{N/mm}^2$,
$f_{bt,ax} = 0{,}95\ \text{N/mm}^2$,

PPW 2: $f_{b,cyl} = 2{,}79\ \text{N/mm}^2$,
$f_{bt,ax} = 0{,}46\ \text{N/mm}^2$.

Bild 4.50: Bruchkurven der verwendeten Mauersteine in Abhängigkeit von $k = \sigma_x/\sigma_y$ und $f_{bt,ax}/f_{b,cyl}$

Das Verhältnis der einaxialen Festigkeiten variiert naturgemäß von Steinart zu Steinart. Im Bild 4.50 sind beispielhaft für verschiedene Festigkeitsverhältnisse die Reduktionskurven der verwendeten Mauersteine aufgestellt worden.

4.2.5 Zeitabhängiges Verformungsverhalten unter Dauerlast

4.2.5.1 Kenntnisstand zum Schwinden und Kriechen von Mauersteinen

Neben den durch Kurzzeitbelastung ausgelösten Verformungen erfahren die Mauersteine und das daraus errichtete Trockenmauerwerk zeitabhängige Verformungen, die lastunabhängig und lastabhängig sein können. Zu den spannungsunabhängigen zeitlichen Verformungen zählen das Schwinden, zu den spannungsabhängigen das Kriechen. Oft kann auch eine gegenseitige Beeinflussung beobachtet werden. Die zeitabhängigen Verformungen stellen sich erst im Laufe der Zeit ein. Sie nehmen im allgemeinen mit der Dauer, jedoch mit abnehmender Intensität, zu. Dadurch beeinflussen zeitabhängige Verformungen maßgeblich den Abbau von Zwängungsspannungen (günstige Auswirkung) oder führen zu einem Abfall von Vorspannkräften bei vorgespanntem Mauerwerk (ungünstige Auswirkung). Daher können sich die zeitlichen Verformungen sowohl günstig als auch ungünstig auf das Tragverhalten und die Eigenschaften der Konstruktion auswirken.

Im Unterschied zu einer Vielzahl von Forschungsbeiträgen zum Verhalten von Beton sind Veröffentlichungen über zeitabhängige Verformungsuntersuchungen von Mauerwerk oder Mauersteinen kaum zu finden, zu Trockenmauerwerk existieren keine Angaben. In DIN 1053-1 [AA3] werden überschlägige Werte für Streubereiche und zugeordnete Rechenwerte von Schwind- und Kriechmaßen für Verformungsberechnungen für Mauerwerk mit Mörtelfugen genannt, doch lassen sich diese Werte nicht ohne weiteres auf Trockenmauerwerk oder einzelne Mauersteine übertragen. Ein Grund dieser unzulässigen Extrapolation besteht in dem nicht unerheblichen Anteil des Mörtels an den zeitabhängigen Verformungen.

Im Rahmen von Kriech- und Rückkriechuntersuchungen an verschiedenen Mauerwerkarten sind von *Schubert/Berg* [S24] zeitgleich die Verformungen an den verwendeten Mauersteinen aufgenommen worden. Ihren Messungen entsprechend, ergab sich eine deutlich niedrigere Endkriechzahl von $\phi_\infty = 1{,}60$ bis $2{,}10$ für Kalksand- und Porenbetonsteinmauerwerk als beispielsweise für Beton. Die Ursachen sind in dem sehr geringen Anteil aus der verzögert elastischen Verformung von nur 0,25 bis 0,30 (Beton: 0,40) sowie einem von den Umgebungsbedingungen abhängigen, relativ geringen Fließanteil von nur 1,20 bis 1,60 für Porenbeton- und Kalksandsteinmauerwerk zu sehen. Die Mauersteine zeigten in fast allen untersuchten Fällen kleinere Verformungen als das Mauerwerk. Konkrete Werte für die Mauersteine wurden jedoch nicht genannt.

Untersuchungen zum Schwind- und Kriechverhalten von Bims-Hohlblocksteinen und entsprechendem Mauerwerk werden von *Schnell/Schneider* (in [H7]) vorgestellt. Im Vordergrund der Untersuchungen standen der Einfluß der Steingüte, der Mörtelgüte, des Alters bei Belastungsbeginn sowie der Größe der Kriechspannung. Aufgrund des sehr langen Untersuchungszeitraumes konnten aussagekräftige Werte sowohl über das Schwinden als auch über das Kriechen und Rückkriechen von Stein und Mauerwerk abgeleitet werden. Es zeigte sich, daß die lotrechte Gesamtverformung des Mauerwerks nach 3 ½-jähriger Lagerung durchweg größer war als die der Steine. Der Verformungsunterschied betrug 20 bis 37 %. In waagerechter Richtung verformte sich das Maurerwerk bis zu 20 % mehr als die Mauersteine. Die größere Verformbarkeit des Mauerwerks wurde mit dem frühen Belastungsalter des noch recht jungen Mörtels begründet. Der Mörtel war zum Belastungsbeginn 28 Tage alt. Zwischen Zuwachsrate der lotrechten Verformungen und der Größe der Kriechspannung konnte ein direkter Zusammenhang bestätigt werden. Mit einem Anfangsfeuchtigkeitsgehalt der Mauersteine von 40 bis 50 M.-% zeigten die Mauersteine ein relativ hohes Verformungspotential. Die ermittelten Endkriechzahlen $\phi_{b,\infty}$ für die Hohlblocksteine aus Bims betrugen zwischen 1,4 bis 2,4, im Mittel 1,9. Diese Werte liegen jedoch noch unterhalb der von Normalbeton bekannten Werte.

Wittmann et al. [W8] untersuchten den Einfluß von kurzzeitigen Belastungen und Dauerlasten auf die Verformungen und den Bruchvorgang von Beton, Leichtbeton, Mörtel und Porenbeton. Die Höhe der Dauerlast war so gewählt worden, daß sich jedesmal eine zur Belastung proportionale Kriechverformung einstellte. Insgesamt ergaben sich bei den Leicht- und Porenbetonen im Vergleich zum Normalbeton wesentlich größere Kriechverformungen. Die Kriechdehnungen wurden für die Errechnung der Kriechzahlen auf die relativ großen elastischen Verformungen bezogen, so daß die Kriechzahlen wieder verhältnismäßig klein ausfielen. Aus *Wittmanns* Ergebnissen kann abgelesen werden, daß der Porenbeton sich in wesentlichen Punkten völlig anders verhält als Normalbeton. Ähnlich wie die Querdehnzahl zeigte die Kriechzahl, unabhängig von der eingetragenen Spannung, bis in die Nähe der Bruchlast eine ausgeprägte Linearität. Eine Abhängigkeit der Kriechverformung vom Alter bei Erstbelastung, wie bei Normalbeton, konnte nicht gefunden werden. Dies wäre auch sehr unwahrscheinlich, da einerseits nur ein sehr geringer Anteil an Zement als Bindemittel enthalten ist, und andererseits die Erhärtung im feuchtwarmen Klima im Autoklaven jegliche Nacherhärtung durch fortschreitende Hydratation ausschließt. Ähnlich verhält es sich beim Kalksandstein, der allerdings keinen Zementanteil am Bindemittel besitzt.

Anhaltswerte für Schwindmaße zum Abschätzen der Schwindverformungen von Mauersteinen werden vom British Standard BS 5628-3 [AA21] gegeben. So betragen die Schwindverkürzungen, bezogen auf die trockene Ausgangslänge, bei Kalksandsteinen etwa 0,1 bis 0,4 mm/m und bei Porenbetonsteinen ca. 0,4 bis 0,9 mm/m.

4.2.5.2 Grundlagen und Einflußfaktoren des Kriechens

Der Kriechvorgang wird nach gängigen Theorievorstellungen auf die Viskosität des Materials zurückgeführt und wird im Bereich der Gebrauchslasten nahezu durch das Schwinden und Kriechen der Bindemittelmatrix verursacht. Praxisübliche Normalzuschläge von Beton, wie sie auch im Kalksandstein bzw. in gemahlener Form im Porenbetonstein vorhanden sind, weisen keine nennenswerte Kriechverformung auf [R9].

Beim Beton wird den auf der inneren Oberfläche des hydratisierten Zements adsorbierten Wasserfilmen die ausschlaggebende Bedeutung beigemessen [W7, S30]. *Powers* (nach [H7]) versuchte die Eigenschaften der adsorbierten Wasserfilme mit den Methoden der Thermodynamik zu beschreiben. Ein Teil des adsorbierten Wassers ist danach in der Lage, Last aufzunehmen. Das Aufbringen einer äußeren Last vermehrt die Energie des lasttragenden Wassers. Durch Diffusion wird ein Ausgleich der Energie und damit ein Gleichgewicht zwischen tragendem und nichttragendem Wasser asymptotisch wiederhergestellt. *Powers* sieht in den Diffusionsvorgängen des adsorbierten, lasttragenden Wassers, die gleichsam einen langsamen Abbau eines gequollenen Zustandes bewirken, die Ursachen für das Kriechen des Materials. Zusätzlich soll der in den feinsten Kapillaren adsorbierte

Wasserfilm ein Gleiten der Gelpartikel unterstützen. Danach läßt sich die zeitab-hängige Verformung hydraulisch gebundener Baustoffe unter Last als Diffusions-vorgang des Gelwassers verstehen. *Bazant* [B7] baute auf der Theorie von *Powers* auf und konnte einige Mängel der Theorie beseitigen. Dennoch bleibt es offen, ob es zulässig ist, die Gesetze der Thermodynamik auf die adsorbierten Wasser-schichten im Zementgel anzuwenden.

Wittmann [W8] sieht vor allem die Wasseraufnahme bzw. -abgabe der Bindemit-telmatrix bei der Adsorption und Desorption bei relativen Luftfeuchtigkeiten oberhalb 40 % als treibende Kriechkraft. In trockeneren Klimaten sollen kristalli-nes Kriechen und Umlagerungen von Gelteilchen zur Verformung unter Dauerlast führen. *Setzer* [S30] bringt das Kriechen von Beton mit einem anfänglichem Quellen des Zementsteins in Zusammenhang. Nach seiner Theorie basiert dabei das Quellen der Bindemittelmatrix auf eine Ausdehnung und Verformung der Partikel und des gesamten Gefüges. Aus der Regression der bei verschiedenen Luftfeuchten gemessenen Kriechgeschwindigkeiten und der Gefügeausdehnung erhielt *Setzer* einen linearen Zusammenhang zwischen Kriechgeschwindigkeit und Gefügeausdehnung, der mathematisch-physikalisch bewiesen werden konnte.

Die unterschiedlichen, aus experimentellen Beobachtungen und mikrostrukturel-len Untersuchungen abgeleiteten Kriechmechanismen führten zur Formulierung verschiedener Kriechtheorien, in welchen teils widersprüchliche Auffassungen vertreten werden. Trotz aller Forschungsbemühungen gibt es nach wie vor keine Klarheit darüber, welche Mechanismen in welchem Umfang am Kriechprozeß beteiligt sind. Eine zutreffende Klärung der Zusammenhänge steht noch aus.

In Versuchen [H9] wurde eine Abnahme des Kriechens beobachtet, wenn die Bauteile größer wurden. Sank die umgebende Luftfeuchtigkeit und/oder stieg die Umgebungstemperatur konnte eine Zunahme der Kriechverformungen beobachtet werden. Dabei erhöhten steigende Temperaturen nicht nur den Endwert des Krie-chens, sondern beschleunigten auch den Kriechvorgang. Ein Anwachsen der Kriechverformungen stellte sich ein, wenn die Steifigkeit der Betonzuschläge ver-ringert wurde oder der Anteil der Zuschläge am Beton abnahm [R9].

Den vielen Versuchsveröffentlichungen zufolge stellen die Temperatur, die Bau-teilgröße, die Art der Zuschläge und des Bindemittels, die Umgebungsbedingun-gen, der Feuchtigkeitsgehalt des Materials zum Belastungszeitpunkt sowie das Belastungsalter zentrale Einflußparameter auf das Kriechen dar. Für das Kriechen der Mauersteine sind ähnliche Abhängigkeiten wie beim Beton zu erwarten. Der Einfluß des Belastungsalters wird sich allerdings nur bei den zementgebundenen Mauersteinen vordergründig auswirken, weil bei den anderen Mauersteinen keine fortschreitende Erhärtungsreaktion zu erwarten ist und die meisten Steinarten eine gleichbleibende Festigkeit unabhängig vom Alter aufweisen.

Hinsichtlich der verzögert elastischen Verformung existiert kein ähnlich umfas-sender Erkenntnisstand wie beim Kriechen insgesamt. Nach allgemeiner Auffassung wird die verzögert elastische Verformung nur wenig von den genannten Bedingungen beeinflußt. Nur hinsichtlich des Einflusses der Luftfeuchtigkeit scheint eine dem Kriechverhalten ähnliche Abhängigkeit vorzuliegen [M16].

Allgemein anerkannt ist, daß die Kriechverformungen $\varepsilon_{bc,t}$ bei einem gegebenen Alter t definiert werden als die Gesamtverformung bei Druckbelastung in diesem Alter $\varepsilon_{b,t}$ abzüglich der sofortigen Verformung beim Aufbringen der Belastung $\varepsilon_{b,t0}$ und der Schwindverformungen $\varepsilon_{bs,t}$ ab dem Zeitpunkt der Belastung bis zum gegebenen Alter t:

$$\varepsilon_{bc,t} = \varepsilon_{b,t} - \varepsilon_{b,t0} - \varepsilon_{bs,t} \cdot \tag{4.41}$$

Die während der Belastung eintretende Sofortverformung $\varepsilon_{b,t0}$ enthält neben den elastischen Anteilen ε_{el} bereits einen kleinen Beitrag aus sofort einsetzenden Kriechverformungen ε_{bl}, die jedoch im allgemeinen vernachlässigt werden können. Das Kriechen selbst besteht aus der Summe eines reversiblen und eines irreversiblen Verformungsanteils. Der reversible Anteil wird als verzögert elastische Verformung bezeichnet, weil dieser sich erst allmählich nach Lasteintrag entwickelt und auch nach erfolgter Entlastung verzögert abgebaut wird. Das Fließen stellt den bleibenden Verformungsanteil des Kriechens dar.

Die grafische Darstellung der Dehnungsanteile kann auch dem Bild 4.51 entnommen werden.

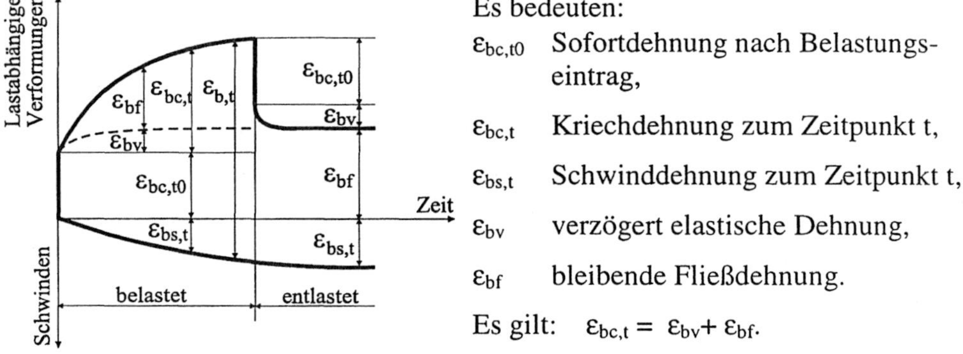

Es bedeuten:

$\varepsilon_{bc,t0}$ Sofortdehnung nach Belastungseintrag,

$\varepsilon_{bc,t}$ Kriechdehnung zum Zeitpunkt t,

$\varepsilon_{bs,t}$ Schwinddehnung zum Zeitpunkt t,

ε_{bv} verzögert elastische Dehnung,

ε_{bf} bleibende Fließdehnung.

Es gilt: $\varepsilon_{bc,t} = \varepsilon_{bv} + \varepsilon_{bf}.$

Bild 4.51: Definition des Kriechens (hier mit Mauersteinbezeichnungen)

Im allgemeinen kann bei Beton davon ausgegangen werden, daß im Gebrauchsspannungsbereich, d.h. für $\sigma < 0{,}4 \cdot f_c$ das Kriechen und die kriecherzeugende Spannung proportional sind. Diese Annahme ist nicht exakt, trifft im wesentlichen aber zu, wie unter anderem Versuche von *Roll* [nach H7] bestätigten. Bei Spannungen $\sigma > 0{,}4 \cdot f_c$ nehmen die Kriechverformungen im allgemeinen stark zu, so daß die Proportionalität aufgehoben wird. Übereinstimmend wird berichtet, daß Kriechspannungen $\sigma > 0{,}85 \cdot f_c$ überproportionale Kriechverformungen und in der

Regel Dauerstandsbrüche zur Folge haben. Ein ähnliches Verhalten ist auch für Mauersteine zu erwarten.

Wegen der linearen Beziehung zwischen kriecherzeugenden Lasten und der Kriechverformung kann die Kriechverformung zum Zeitpunkt t durch die dimensionslose Kriechzahl $\phi_{b,t}$ (engl.: creep coefficient) ausgedrückt werden, die das Verhältnis der Kriechverformungen $\varepsilon_{bc,t}$ zu den elastischen Verformungen $\varepsilon_{b,el}$ des Mauersteins angibt:

$$\phi_{b,t} = \frac{\varepsilon_{bc,t}}{\varepsilon_{b,el}}\,. \tag{4.42}$$

Der Begriff Kriechzahl ist im Prinzip unscharf gewählt, da es sich nicht um eine konstante Zahl, sondern um eine zeitabhängige Funktion handelt.

Die elastischen Verformungen $\varepsilon_{b,el}$ sind nach dem Hooke'schen Gesetz mit dem E-Modul gekoppelt. Im Gegensatz zum Beton wird beim Mauerwerk der E-Modul als Sekantenmodul bei einmaliger Belastung ermittelt. Somit enthalten die gemessenen Dehnungen sowohl elastische als auch plastische Verformungen. Dadurch werden für das Mauerwerk etwas geringere Kriechzahlen als bei Beton erwartet.

Aus Gleichung (4.43) folgt, daß die Kriechdehnung einem Vielfachen der elastischen Dehnung entspricht, wobei σ die kriecherzeugende Spannung und E_b den E-Modul des Mauersteins symbolisieren:

$$\varepsilon_{bc,t} = \phi_{b,t} \cdot \frac{\sigma}{E_b}\,. \tag{4.43}$$

Die gesamte spannungsabhängige Mauersteinverformung ergibt sich dann zu:

$$\varepsilon_{b,t} = \varepsilon_{b,el} + \varepsilon_{bc,t} = \frac{\sigma}{E_b} \cdot \left(1 + \phi_{b,t}\right). \tag{4.44}$$

Anders als bei Beton, wo die elastischen Dehnungen mit der Zeit abnehmen, weil die forschreitende Hydratation zu einem Anstieg des E-Moduls führt, ist bei den meisten Mauersteinen keine Veränderung des E-Moduls bei konstanten klimatischen Bedingungen zu erwarten. Aus diesem Grunde ist der einzusetzende E-Modul der Mauersteine altersunabhängig. *Schnell/Schneider* (in [H7]) berichten über die Abnahme des E-Moduls bei Bimshohlblocksteinen, die jedoch nicht auf das wachsende Alter, sondern auf das Austrocknen der Bimszuschläge zurückgeführt wird.

4.2.5.3 Grundlagen und Einflußfaktoren des Schwindens

Wie das Kriechen wird auch das Schwinden durch Austrocknungsvorgänge der Bindemittelmatrix verursacht. Nur in Ausnahmefällen, z.B. durch die Verwendung von Doleriten, tragen dichte Zuschläge zum Schwinden bei [R9].

Entsprechend den Ursachen wird das Schwinden bei Betonen in verschiedene Anteile aufgespalten (Trocknungsschwinden, autogenes Schwinden, plastisches Schwinden, Karbonatisierungsschwinden), die in ihrer Gesamtheit sicher nicht für alle Mauersteine zutreffend sind. Dies liegt vor allem daran, daß die meisten Mauersteine nicht aus Beton bestehen und nicht im frischen, plastischen Zustand eingebaut werden. Mauerwerk wird stets aus erhärteten Steinen aufgebaut, so daß wesentliche Schwindvorgänge der Mauersteine zum Zeitpunkt des Vermauerns längst abgeschlossen sind.

Im wesentlichen wird nur noch das Trocknungsschwinden auftreten und zu beobachten sein. Diese Verformungen beruhen auf einer Austrocknung des erhärteten Steinmaterials. In einer ersten Näherung kann angenommen werden, daß Wasserverlust und Schwinden einander proportional sind [H9]. Bei einer genaueren Betrachtung ist jedoch zu berücksichtigen, daß zuerst die größeren Kapillarporen austrocknen ohne nennenswerte Schwindverformungen auszulösen. Der eigentliche Schwindprozeß wird durch eine Austrocknung infolge von Diffusionsvorgängen begründet. Da diese nur langsam ablaufen, entwickeln sich die Schwindverformungen nur allmählich. Die oberflächennahen Bereiche stehen bereits nach einer kurzen Trocknungszeit im Gleichgewicht mit der umgebenden Luftfeuchtigkeit. Zum Querschnittsinneren bildet sich ein Feuchtegradient aus, der als Ursache von Schwindeigenspannungen angesehen wird.

Die physikalischen Vorgänge, die zum Schwinden führen, sind heute, wenn auch nicht in allen Einzelheiten, vom Grundsatz her geklärt [M16]. Im wesentlichen beruht das Schwinden auf einer Änderung der Kapillarspannungen im Porensystem. Daraus ergibt sich auch das Maß des Feuchtigkeitsverlustes als ein wichtiger Parameter für die Größe des Schwindens. Übereinstimmenden Versuchsbeobachtungen zufolge sinkt die Schwindneigung, wenn die relative Feuchtigkeit der umgebenden Luft ansteigt. Dagegen neigt der Mauerstein zu großen Schwindverformungen, wenn das Steinmaterial sehr porös ist und/oder die Steinfeuchtigkeit sehr hoch ist. Mit sinkender Kapillarporosität konnte beim Beton ein drastischer Rückgang der Schwindentwicklung beobachtet werden [M16]. Von zusätzlicher Bedeutung war der Einfluß des Zementleimgehaltes. In erster Näherung ist das Schwinden dem Zementleimgehalt proportional. Dies ist auch die wesentliche Ursache dafür, daß der Mauermörtel im Vergleich zum Beton meist höhere Schwindmaße erreicht, weil die beim Mörtel fehlende ausgewogene Kornabstufung zu größeren Hohlräumen führt, die mit Zementleim gefüllt werden müssen. Neben dem erhöhten Zementleimgehalt hat auch der erhöhte Anmachwassergehalt einen schwindvergrößernden Einfluß.

Die Körperabmessungen wirken ebenfalls auf die Schwindgeschwindigkeit ein. So schwinden dicke Bauteile meist sehr viel langsamer als dünne.

Bei wechselnder Trocken- und Feuchtlagerung ist das Schwinden nur teilweise reversibel. Deshalb sind Quellerscheinungen bei Feuchtlagerung merklich kleiner als vorangegangene Schwindverformungen.

4.2.5.4 Versuchsaufbau zur Messung der Verformung von Mauersteinen unter einer Dauerlast

Die Untersuchungen zum zeitabhängigen Verformungsverhalten von Trockenmauerwerk waren als Nebenversuche geplant, um eine erste überschlägige Berechnung von Vorspannkraftverlusten für vorgespannte Trockenmauerwerkkonstruktionen durchführen zu können. Diese Spannungsverluste mußten in den Schub- und Biegeversuchen, die an unterschiedlich hoch vorgespannten Trockenmauerwerkwänden durchgeführt werden sollten, in der Dimensionierung der Vorspannkraft Berücksichtigung finden. Deshalb waren zunächst Kenntnisse über die Einflüsse der Spannungshöhe und des Steinmaterials auf den zeitlichen Verlauf der Kriechverformungen zu erarbeiten.

Es wurde der Einfluß der Steinart, der Steingüte sowie der Größe der Dauerbelastung auf die Kriechverformungen in 2 Versuchsreihen erforscht. In der ersten Versuchsreihe wurde je ein Versuchskörper aus Mauersteinen KS 20, KS 12, PPW 4 und PPW 2 einer Dauerdruckspannung und in der zweiten Versuchsreihe je ein Körper aus KS 12- und PPW 4-Mauersteinen einer doppelt so hohen Dauerdruckspannung wie in der ersten Serie ausgesetzt.

Als Versuchskörper wurden jeweils drei gleiche Mauersteine (Kalksandsteine KS 20, KS 12 und Porenbetonsteine PPW 4, PPW 2) trocken zu kleinen Mauerwerkpfeilern aufgeschichtet und der Pfeiler mit einer hochfesten Mörtelschicht oben und unten abgeglichen. Die Steine wurden dafür zuvor auf eine Aufstandsfläche von je 20 x 24 cm trocken zugeschnitten und lagerten einzeln 2 Monate im Klimaraum bei 22°C und 55 % relativer Luftfeuchte, so daß sich in etwa ein Feuchtigkeitsgehalt von 1 bis 3 M.-% für den Kalksandstein und 3 bis 8 M.-% für den Porenbeton bis zum Einbau in die Dauerstände einstellen konnte. Mit hinreichender Genauigkeit konnte von einer gleichmäßigen Verteilung des Feuchtigkeitsgehaltes im Mauerstein ausgegangen werden. Die Dauerstände standen im gleichen Klimaraum. Die Verformungsmessung erfolgte an je zwei Seiten des Körpers als Kurzstreckenmessung (SDM) mit Dehnmeßstreifen am mittleren Stein und als Langstreckenmessung (LDM) über die gesamte Pfeilerhöhe mittels induktiver Wegaufnehmer. Je nach Steinhöhe variierte die Meßstrecke für LDM zwischen 587 mm (PPW) und 727 mm (KS). Eine Darstellung der Versuchskörper mit applizierter Meßtechnik ist im Bild 4.52 zu sehen. Die Langstreckenmessung bildete die Grundlage für die Verformungsermittlung für Trockenmauerwerk unter einer Dauerlast und wird im Kapitel 5 näher beschrieben.

Die Belastung wurde durch Gewichte über mechanische Hebel als Drucklast von 24 kN bzw. 48 kN eingetragen. Die Lasten entsprechen damit Belastungsgraden von 0,05 bis 0,10 (KS) und 0,15 bis 0,35 (PPW) bezogen auf die im Kurzzeitversuch bestimmte einaxiale Zylinderdruckfestigkeit $f_{b,cyl}$. In diesen Bereichen ist ein linearer Zusammenhang zwischen Spannung und Verformung zu erwarten. Die Kontrolle der Lasten erfolgte über Kraftmeßdosen. Die Kriechstände wurden zügig in etwa 30 s belastet. Vor und unmittelbar nach Belastung erfolgten die ersten

Längenmessungen, so daß aus den Anfangsdehnungen und den verursachenden Spannungen ein effektiver Verformungsmodul E_{ef} ermittelt werden konnte. Dieser lag meist in der Größenordnung von 85 % der gemäß DIN 1048 bestimmten Stein-E-Moduln E_b.

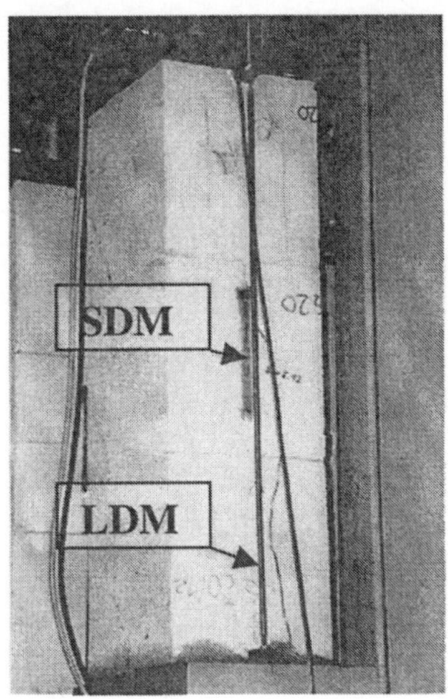

a) Dauerstände mit eingebauten Versuchs-   b) Versuchskörper mit applizierter Meßtechnik
    körpern

Bild 4.52: Versuchsaufbau zur Ermittlung der zeitabhängigen Verformungen von Mauerstein und Trockenmauerwerk unter einer Dauerlast

Für die Bestimmung der Kriechfunktion waren insbesondere die ersten Tage nach Belastungsbeginn von entscheidender Bedeutung, weil die Verformungszunahme sehr groß war. Deshalb fand innerhalb der ersten 7 Tage alle 30 Minuten eine Meßwertaufzeichnung statt, während ab dem 8. Tag alle 4 Stunden ein Meßwert abgefragt wurde. Nach jeweils 30 Tagen erfolgte der Abbruch der Kriechversuche.

Aus Mangel an geeigneten Vielstellenmeßgeräten konnten in dieser Serie nur die Kriechverformungen aufgezeichnet werden. Die erforderliche Kompensation von Schwind- und Temperaturverformungen erfolgte derart, daß über zwei Meßhalbbrücken die Verformungen infolge Temperaturänderung und Schwinden an identischen und unter gleichen Bedingungen gelagerten Vergleichskörpern erfaßt und meßtechnisch eliminiert wurden.

4.2.5.5 Versuchsergebnisse und Interpretation

Zur Ermittlung der Kriechdehnung $\varepsilon_{bc,t}$ wurde zunächst die Gesamtdehnung (ohne Schwinddehnung) der Mauersteine um die spontan elastische Dehnung bei Belastung $\varepsilon_{b,el}$ vermindert. Durch Division der Kriechverformung durch die jeweilige kriecherzeugende Spannung σ konnte die bezogene Kriechdehnung $\overline{\varepsilon}_{bc,t}$ ermittelt werden:

$$\overline{\varepsilon}_{bc,t} = \frac{\varepsilon_{bc,t}}{\sigma} . \tag{4.45}$$

Die bezogenen Dehnungen geben die Kriechdehnungen unter der Einheitsspannung von $\sigma = 1$ N/mm^2 an. Im Bereich des proportionalen Kriechens stellen sie damit einen spannungsunabhängigen Vergleichswert dar, der Grundlage für weitere Betrachtungen sein sollte. Sind die Kriechverformungen proportional den Kriechspannungen, so nehmen die Kriechdehnung und die bezogene Kriechdehnung gleichermaßen zu. Folglich unterscheiden sich die Kriechkurven bei unterschiedlich hohen Spannungen nur durch einen spannungsabhängigen, materialbezogenen Faktor, der als bezogenes Kriechmaß α_{bc} bezeichnet werden kann:

$$\alpha_{bc} = \frac{\overline{\varepsilon}_{bc,t,\sigma1}}{\overline{\varepsilon}_{bc,t,\sigma2}} = \frac{\varepsilon_{bc,t,\sigma1}}{\varepsilon_{bc,t,\sigma2}} \cdot \frac{\sigma_2}{\sigma_1} \approx const. \tag{4.46}$$

Werden die Kriechverformungen als absolute Größen gegenüber der Standzeit unter Dauerlast aufgetragen, so zeigt sich erwartungsgemäß eine Abhängigkeit zwischen der Verformung $\varepsilon_{bc,t}$ und der Kriechspannung σ (Bild 4.53). Zusätzlich beeinflußten das Steinmaterial und die Steinfestigkeit merklich die Größe der Kriechverformungen. Porenbeton wurde deutlich mehr verformt als Kalksandstein und der geringfeste PPW 2 wiederum stärker als der PPW 4. Die erreichten Kriechdehnungen sind für unterschiedliche Zeitpunkte in Tabelle 4.10 angegeben.

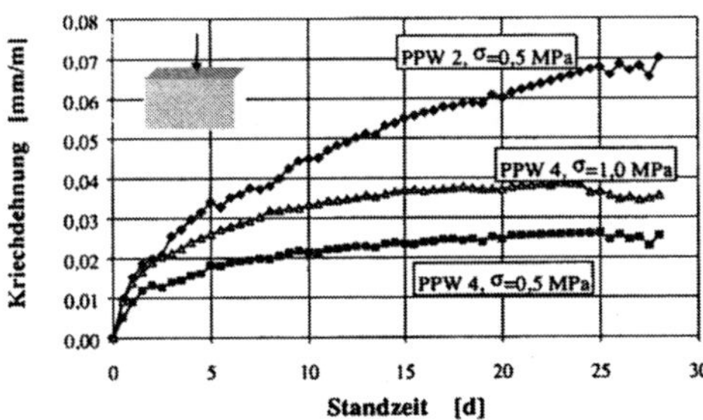

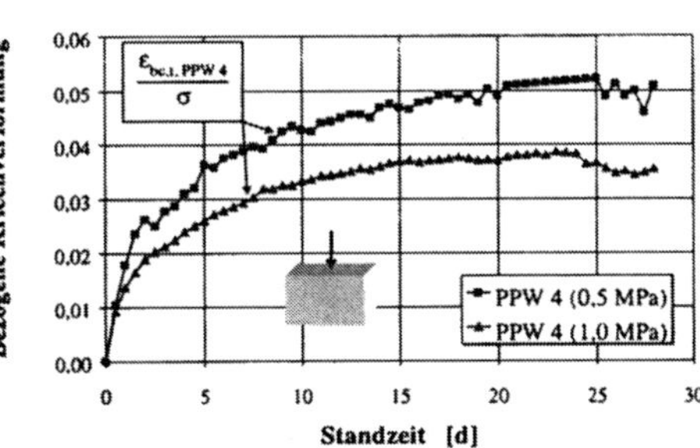

Bild 4.53: Kriechverformung $\varepsilon_{bc,t}$ von Porenbetonsteinen PPW 2 und PPW 4 bei unterschiedlich hohen Kriechspannungen in Abhängigkeit von der Zeit

Bild 4.54: Bezogene Kriechverformungen $\overline{\varepsilon}_{bc,t}$ in Abhängigkeit von der Belastungszeit (Porenbetonstein PPW 4)

Die Abhängigkeit zwischen Kriechverformung und Kriechspannung ist beim Kalksandstein und Porenbetonstein gleichermaßen ausgeprägt. Durch Vergleich der spannungsbezogenen Kriechverformungen $\overline{\varepsilon}_{bc,t}$ wird deutlich, daß die Kriechverformungen nicht in dem gleichen Maße steigen wie die Belastung. Im

Bild 4.54 sind diesbezüglich die spannungsbezogenen Kriechverformungen vom PPW 4-Stein unter einer Dauerlast von $\sigma_1 = 0,5$ N/mm^2 und $\sigma_2 = 1,0$ N/mm^2 in Abhängigkeit zur Belastungszeit dargestellt. Die spannungsbezogene Kriechkurve des stärker belasteten Porenbetonsteins verläuft um ca. 25 % unterhalb des weniger hoch belasteten Steins. Der Abstand beider Kurven bleibt - über die Zeit gesehen - angenähert konstant, so daß von einer angenäherten Proportionalität zwischen Kriechverformung und Kriechspannung bei den Porenbetonsteinen ausgegangen werden kann. Tatsächlich verringerte sich das Verhältnis von $\bar{\varepsilon}_{bc,\sigma=1,0} / \bar{\varepsilon}_{bc,\sigma=0,5}$ von 0,77 auf 0,74, was aber den Streuungen der Ergebnisse angelastet werden kann.

Weil beide Kurven auf unterschiedlichem Niveaus verlaufen, läßt dies die Schlußfolgerung zu, daß sich das bezogene Kriechmaß α_{bc} der Mauersteine mit wachsender Belastung verringert. So stellte sich ein Kriechmaßverlust für den Kalksandstein KS 12 ausgehend von ca. 0,05 bei einer Kriechspannung von $\sigma = 0,5$ N/mm^2 auf 0,02 bei $\sigma = 1,0$ N/mm^2 ein. Beim Porenbeton PPW 4 ergab sich eine Verringerung des α_{bc}-Wertes von 0,06 auf 0,04 bei einer Erhöhung der Dauerdruckspannung von 0,5 N/mm^2 auf 1,0 N/mm^2. Eine Verdopplung der Kriechspannung würde nach den vorliegenden Untersuchungen nur zu einer 1,51-fachen Verformungsvergrößerung des Mauersteins führen. Leider sind die Ergebnisse der Kalksandsteine nur bedingt aussagefähig, weil nach einer Woche eine überproportionale Verformungszunahme verzeichnet wurde, so daß sich kein Bezug für diese Steinart herstellen läßt. Vermutlich überlagerten sich ungewollte Prüfeinflüsse, die zu einer Verfälschung der Ergebnisse führten.

Aus dem Bild 4.55 geht hervor, daß das Kriechen entscheidend durch das Material und seine Festigkeit bestimmt wird. So erleidet der Porenbetonstein PPW 4 im Vergleich zum Kalksandstein KS 12 bei gleicher Kriechspannung von $\sigma = 1,0$ N/mm^2 über den betrachteten Zeitraum im Mittel eine 3,8-fache höhere Kriechverformung.

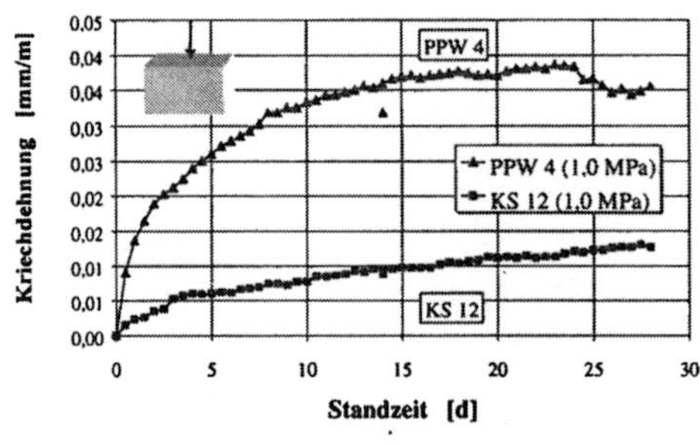

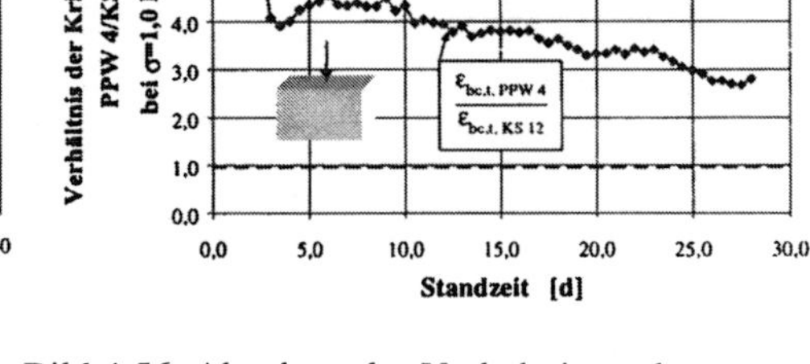

Bild 4.55: Vergleich der Kriechdehnung von Mauersteinen PPW 4 und KS 12 bei gleicher Kriechspannung von $\sigma = 1,0$ N/mm^2

Bild 4.56: Abnahme des Verhältnisses der Kriechdehnungen von PPW 4- und KS 12-Stein bei gleicher Belastung mit steigender Belastungsdauer

Der Verformungsunterschied ist nicht konstant, sondern nimmt fast linear mit der Belastungszeit ab, wie das Bild 4.56 zeigt. Zum Vergleich ist das Verhältnis der Stauchungen unter Höchstspannungen aus den Zylinderdruckversuchen eingetragen, welches weit unterhalb des Kriechdehnungsverhältnisses liegt. Es ist zu vermuten, daß bei genügend langen Standzeiten eine weitere Annäherung beider Verformungsverhältnisse stattfindet, jedoch im Gebrauchsspannungsbereich stets ein merklicher Unterschied erhalten bleiben wird. Im Gegensatz zu Beton war sowohl beim Kalksandstein als auch beim Porenbetonstein keine nennenswerte Nacherhärtung zu erwarten. Daher kann davon ausgegangen werden, daß der E-Modul und die elastischen Anfangsverformungen konstant blieben. Folglich spielte auch das Belastungsalter bei den Mauersteinen keine Rolle.

Aus den Kriechverformungen bzw. den bezogenen Kriechverformungen ließen sich die Kriechzahl $\phi_{b,t}$ ermitteln, die einem Bruchteil der elastischen Dehnung entspricht.

Bei der Berechnung der Kriechzahl $\phi_{b,t}$ nach Gleichung (4.42) wurden die im Kriechversuch ermittelten elastischen Verformungen ε_{el} eingesetzt.

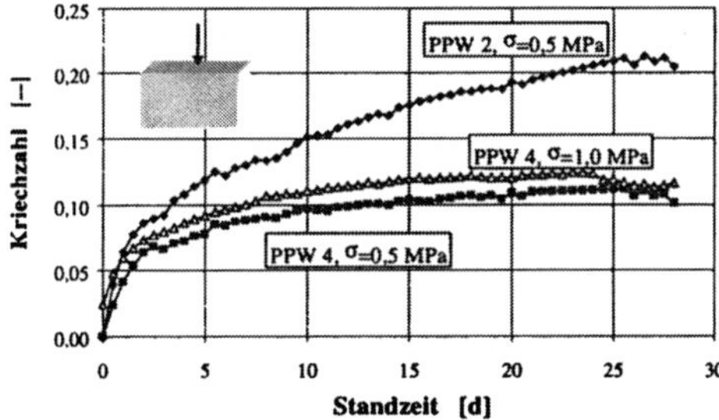

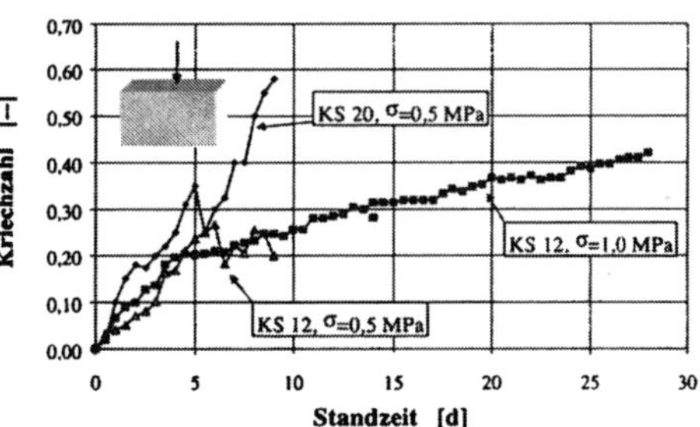

Bild 4.57: Kriechzahlen $\phi_{b,t}$ für Porenbetonsteine in Abhängigkeit von der Kriechspannung und der Belastungszeit

Bild 4.58: Kriechzahlen $\phi_{b,t}$ für Kalksandsteine in Abhängigkeit von der Kriechspannung und der Belastungszeit

Im Bild 4.57, wo die Kriechzahlen in Abhängigkeit zur Zeit aufgetragen sind, fällt auf, daß die kriechspannungsbedingten Unterschiede in den absoluten Kriechdehnungen beim PPW 4-Stein bei der Kriechzahl $\phi_{b,t}$ aufgehoben wurden. Dies ist eine Folge der mit der Kriechspannung proportional anwachsenden elastischen Verformungen. Es kann daher geschlußfolgert werden, daß die Kriechzahl im Bereich des linearen Kriechens unabhängig von der anliegenden Dauerbelastung ist. Andeutungsweise läßt sich diese Tendenz auch bei Kalksandsteinen ablesen (Bild 4.58). Die Steinfestigkeit besitzt dagegen einen Einfluß auf die Kriechzahl sowohl über die unterschiedliche Druckfestigkeit als auch über den verschieden großen E-Modul der Mauersteine, wie die Kriechzahlen für den PPW 2-Stein ausweisen. Der Porenbeton PPW 2 wird merklich stärker durch Kriechprozesse verformt.

Im allgemeinen nahm die Kriechzahl bei allen Mauersteinen mit steigender Belastungsdauer zu. Es ist erkennbar, daß die Kriechintensität, d.h. die Geschwindigkeit der Verformungszunahme, mit der Belastungsdauer deutlich abnimmt. Die Kriechzahl strebt asymptotisch einem Endwert $\phi_{b,\infty}$ zu. Etwa 3 bis 4 Wochen nach Belastungsbeginn waren ca. 80 bis 90 % der Endkriechverformung eingetreten. Mit Hilfe der von *Ross* [R7] entwickelten Hyperbelfunktionen konnte der Endwert der Kriechfunktion relativ gut abgeschätzt werden:

$$\varepsilon_{bc,t} = \frac{t}{a+b\cdot t}\,. \tag{4.47}$$

Nach Umstellen der Gleichung (4.47) waren durch lineare Regressionsrechnungen die Koeffizienten a und b bestimmbar:

$$a+b\cdot t = \frac{t}{\varepsilon_{bc,t}}\,.$$

Wurde die Belastungszeit bis ins Unendliche verfolgt ($t\to\infty$), ergab sich die maximale Kriechdehnung zu:

$$\lim_{t\to\infty}\varepsilon_{bc,t} = \frac{1}{b} = \max\varepsilon_{bc}\,. \tag{4.48}$$

Schließlich konnte durch Einsetzen der Gleichung (4.48) in Gleichung (4.44) und einigen Umformungen die Endkriechzahl $\phi_{b,\infty}$ ermittelt werden:

$$\phi_{b,\infty} = \frac{\max\varepsilon_{bc}\cdot E_b}{\sigma} - 1\,. \tag{4.49}$$

Die Endkriechzahlen der Mauersteine $\phi_{b,\infty}$ sind zusammen mit den erreichten Kriechdehnungen in Tabelle 4.10 angegeben.

Tabelle 4.10: Endkriechverformung, Kriechmaß und Endkriechzahl der untersuchten Mauersteine

Stein	Kriechspannung σ N/mm^2	Endkriechdehnung $\varepsilon_{bc,\infty}$ ‰	bez. Kriechmaß α_{bc} 10^{-3} mm^2/N	Endkriechzahl $\phi_{b,\infty}$ --
1	2	3	4	5
KS 20	0,5	--[1]	--[1]	~1,00
KS 12	0,5 1,0	--[1] 0,02	~0,05 0,02	0,60
PPW 4	0,5 1,0	0,03 0,04	0,06 0,04	0,15
PPW 2	0,5	0,10	0,20	0,25

1) keine Auswertung möglich

Wie beim Beton übt der Wassergehalt des Mauersteins bei Belastungsbeginn und ein Wasserverlust durch Schwindprozesse während der Belastung einen entscheidenden Einfluß auf die Größe der Kriechverformungen aus. Die geringen Werte für die ermittelten Kriechzahlen sind nur so erklärbar, daß die Mauersteine eine sehr geringe Eigenfeuchte besaßen und demzufolge kaum Umlagerungsprozesse stattfinden konnten. Auch hatte der Einfluß der mineralogischen Zusammensetzung der Mauersteinmaterialien und das Steingefüge eine Bedeutung für das Kriechen, wie die Unterschiede zwischen dem Verhalten der Kalksand- und Porenbetonsteine zeigten. Reifeprozesse dürften, sofern sie überhaupt auftraten, eher von untergeordneter Bedeutung sein. Beim Beton wurde ein wesentlicher Zusammenhang zwischen der Größe des Kriechens und den Bauteilabmessungen, insbesondere der luftumspülten Flächen, festgestellt. Inwiefern dieser Einfluß auch bei den Mauersteinen zu beachten ist, konnte in den Versuchen nicht geklärt werden.

Die mathematische Beschreibung des zeitlichen Verlaufs von Kriechen und Schwinden ist von großer Wichtigkeit. Grundsätzlich werden vom Funktionsverlauf Primär-, Sekundär- und Tertiärkriechen voneinander unterschieden. Während beim Primärkriechen die Kriechgeschwindigkeit stetig abnimmt, ist sie im Sekundärbereich konstant und wächst im Tertiärbereich bis der Dauerstandbruch eintritt.

Im Bereich der Gebrauchsspannungen ist vorwiegend das Primärkriechen, das einem Endwert zustrebt, von Relevanz. Es ist bisher umstritten, ob dieser Endwert noch im Primärkriechbereich liegt oder schon in das Sekundärkriechen einmündet.

Es existiert eine Fülle von Literatur, die sich dieser Thematik gewidmet hat. Häufig gelangen die Autoren auch zu einander widersprechenden Erkenntnissen. Für das Aufstellen von Funktionsgleichungen sind eine Vielzahl von Kriech- und Schwinduntersuchungen notwendig, so daß nur einige Modelle vorgestellt, jedoch keine eigenen Ansätze entwickelt werden können. Zu den bekanntesten Zeitfunktionen zur Beschreibung des Kriechverlaufs von Beton gehören die Exponentialfunktion nach *Dischinger* (nach [M16]):

$$\varepsilon_{cc}\left(t, t_0\right) = a \cdot \left[1 - e^{-b\left(t - t_0\right)}\right], \tag{4.50}$$

die Logarithmusfunktion nach *Hanson* (nach [M16]):

$$\varepsilon_{cc}\left(t, t_0\right) = a \cdot \ln\left[\left(t - t_0\right) + 1\right], \tag{4.51}$$

die Potenzfunktion von *Straub/Shank* (nach [M16]):

$$\varepsilon_{cc}\left(t, t_0\right) = a \cdot \left(t - t_0\right)^n, \tag{4.52}$$

und die bereits zitierte Hyperbelfunktion nach *Ross* [R7]:

$$\varepsilon_{cc}\left(t, t_0\right) = \frac{t - t_0}{a + b\left(t - t_0\right)}. \tag{4.53}$$

In diesen Gleichungen stellen die Größen a, b und n Konstanten dar, die durch Regressionsrechnungen zu bestimmen sind.

Der wesentlichste Unterschied zwischen den Zeitfunktionen besteht darin, daß die Funktionen von *Dischinger* und *Ross* einem Endwert zustreben, während die von *Hanson* und *Straub/Shank* einen nicht endenden Verformungszuwachs beschreiben, der nach genügend langer Zeit vernachlässigbar klein wird.

Es wurde erkannt, daß die Gleichung von *Dischinger* nur eine grobe Annäherung an das, in Versuchen beobachtete, Kriechverhalten ermöglichte. *Trost* [T4] konnte durch die Betrachtung von Zeitinkrementen mit der Dischinger-Gleichung eine wesentlich bessere Anpassung erreichen:

$$\varepsilon_{cc}\left(t, t_0\right) = \sum_{i=1}^{n} a_i \cdot \left[1 - e^{-b_i\left(t - t_0\right)}\right]. \tag{4.54}$$

Dieser Ansatz läßt sich auch aus rheologischen Modellen, denen ein Dämpfer-Feder-Modell zugrunde liegt, herleiten.

Derzeit liegen noch keine Vorhersageverfahren des zeitabhängigen Verhaltens für Mauersteine vor. Es wäre denkbar, die für Normalbeton entwickelten Verfahren so zu modifizieren, daß das Verhalten von unterschiedlichen Steinmaterialien beschrieben werden kann. Bis zu diesem Schritt besteht jedoch noch erheblicher Forschungsbedarf.

4.3   Wesentliche Eigenschaften der Mauermörtel

Für Vergleiche zwischen Trockenmauerwerk und Dünnbettmauerwerk war es erforderlich, Mauerwerkprüfkörper mit dünner Mörtelfuge herzustellen. Die Eigenschaften der verwendeten Mörtel sowohl im Frischzustand als auch im erhärteten Zustand beeinflussen das Tragverhalten von vermörteltem Mauerwerk. Aus diesem Grunde wurden wegen der Vollständigkeit die wesentlichsten Mörteleigenschaften bestimmt.

4.3.1 Herstellung

Für die Errichtung der Mauerwerkkörper im Dünnbettverfahren, sogenanntes Dünnbettmauerwerk, wurde handelsüblicher Werk-Trockenmörtel verwendet. Dabei handelte es sich um einen für jede Steinart (Kalksandstein und Porenbetonstein) abgestimmten Mörtel eines Trockenmörtelwerkes. Der Trockenmörtel wurde zunächst im Kübel trocken homogenisiert. Anschließend wurde das Wasser entsprechend der Mischungsanweisung und der Mischrezeptur zugegeben und der Mörtel mit einem praxisüblichen Handmischgerät 4 bis 5 Minuten gemischt. Die Konsistenz wurde so eingestellt, daß der Mörtel vor dem Vermauern ein Ausbreitmaß von a = (16,5 ± 0,5) cm aufwies. Dies entsprach einer plastischen Konsistenz und war der Konsistenzklasse K_M 2 zuzuordnen. Mittels einer Maurerkelle und eines Zahnspachtels wurde der Mörtel fachgerecht eingebaut.

4.3.2 Frischmörteleigenschaften

Für jede Frischmörtelmischung wurde das Ausbreitmaß und die Frischmörtelrohdichte gemäß DIN 18555 [AA6] bestimmt. Die Ergebnisse der Frischmörtelprüfungen sind in Tabelle 4.11 dargestellt.

Tabelle 4.11: Frisch- und Festmörteleigenschaften der verwendeten Mauermörtel

Mörteleigenschaft	Symbol	Einheit	Dünnbettmörtel für Mauerwerkprüfkörper aus Plansteinen verschiedener Steinsorten und Festigkeit			
			KS 20	KS 12	PPW 4	PPW 2
1	2	3	4	5	6	7
Frischmörteleigenschaften						
Ausbreitmaß	a	cm	16,8	16,8	16,5	17,1
Frischmörtel-rohdichte	ρ_{fr}	kg/m^3	1860	1860	1835	1850
Festmörteleigenschaften						
Feuchtrohdichte[1]	ρ_f	kg/m^3	1500	1502	1531	1458
Druckfestigkeit	f_m	N/mm^2	21,98	18,62	21,28	16,15
Biegezugfestigkeit	$f_{m,fl}$	N/mm^2	5,10	6,43	4,45	3,08

1) entspricht Rohdichte nach Luftlagerung

4.3.3 Festmörteleigenschaften

Für die Bestimmung der Festmörteleigenschaften wurden Mörtelprismen $4\times4\times16\,\text{cm}^3$ in Stahlschalungen hergestellt und normgerecht verdichtet. Nach 2 Tagen wurden die Prismen entschalt und weitere 5 Tage in feuchtwarmer Umgebung bei 20°C und 95 % relativer Luftfeuchtigkeit gelagert. Die restlichen 21 Tage bis zur Prüfung lagerten die Prismen in einem klimatisierten Laborraum bei 20° C und 65 % relativer Luftfeuchte. Die Eigenschaften der Festmörtel wurden durch Festmörtelprüfungen an 28 Tage alten Mörtelprismen nach Norm bestimmt. Im einzelnen sind die Druckfestigkeit, die Biegezugfestigkeit und die Rohdichte nach Luftlagerung ermittelt worden. Die Ergebnisse sind in der Tabelle 4.11 zusammengefaßt.

4.4 Wesentliche Eigenschaften des verwendeten Spannstahls

Die Tragfähigkeit des Trockenmauerwerks, insbesondere das Schub- und Biegetragverhalten, wird entscheidend durch eine Auflast senkrecht zu den Lagerfugen beeinflußt. Viele Versuche mußten demzufolge unter Vorspannung durchgeführt werden. Für die Schubversuche und auch für die Biegeversuche parallel zur Lagerfuge konnten die Vorspannkräfte über externe Spanngehänge eingeleitet werden. Für die Biegeversuche senkrecht zur Lagerfuge kam diese Art der äußeren Lasteintragung nicht zur Anwendung, weil infolge der Wandverformungen die externen Spannkräfte zusätzliche Beanspruchungen hervorgerufen hätten. Um zu vermeiden, daß die Vorspankräfte einen traglastmindernden Einfluß haben, mußten sie zentrisch im Wandquerschnitt geführt werden, damit unabhängig von der Wandverformung immer ein zentrischer Vorspannungszustand erhalten blieb.

Als Vorspannelemente kamen in den Versuchen hochfeste Gewindestäbe der Güte 10.9 zum Einsatz. Die Gütekennung ist Ausdruck der Schraubenfestigkeit. Die erste Zahl entspricht 1/100 der Nennzugfestigkeit R_m und die zweite Zahl dem 10-fachen des Verhältnisses der Nennstreckgrenze $R_{p0,2}$ zur Nennzugfestigkeit (Streckgrenzenverhältnis). Die Multiplikation beider Zahlen ergibt ein Zehntel der Nennstreckgrenze. Demnach beträgt die Nennzugfestigkeit der Gewindestangen $R_m = 1000 \text{ N/mm}^2$ und die Nennstreckgrenze $R_{p0,2} = 900 \text{ N/mm}^2$. Der Elastizitätsmodul kann mit $E = 210000 \text{ N/mm}^2$ angenommen werden. Der Durchmesser der Stäbe betrug 16 mm, so daß für eine 90 %-ige Ausnutzung der ertragbaren Zugkraft je Gewindestange maximal 111 kN aufgebracht werden konnten. Die Gewindestangen wiesen ein metrisches ISO-Gewinde (Regelgewinde) M16 auf.

Die Gewindestangen hatten den Vorteil, daß über Spannmuttern, die am Wandkopf und -fuß verankert wurden, die Vorspannkräfte sehr genau einjustiert werden konnten. Die Spannmuttern wurden von der Industrie für hochfest vorzuspannende (HV-)Verbindungen entwickelt. Sie entsprachen der Festigkeitsklasse 10 und wiesen ebenfalls ein metrisches Gewinde M16 auf. Diese Kennzahl der Festigkeitsklasse entspricht 1/100 der Mindestzugfestigkeit der Schraube, die bei Paarung mit der Mutter bis zur Mindeststreckgrenze belastet werden kann. Über Kraftmeßdosen wurden die eingetragenen Vorspannkräfte kontrolliert.

Wegen der geringen Beanspruchung der Gewindestangen wurde auf eine weitere explizite Bestimmung von Materialeigenschaften verzichtet.

5 Druckversuche an Mauerwerkkörpern

5.1 Allgemeines

Die Druckfestigkeit von Mauerwerk ist erheblich und erreicht Größenordnungen von etwa 1/4 derjenigen von Beton. Sie bildet die wichtigste Grundlage für die Bemessung von Mauerwerkwänden und -pfeilern.

Ersten Erfahrungsberichten war zu entnehmen [S15], daß Trockenmauerwerk ebenso wie vermörteltes Mauerwerk sehr gut für die Aufnahme und Weiterleitung von Druckkräften geeignet ist, die Druckfestigkeiten vergleichbar sind, sich aber größere Verformungen bei gleicher Belastung gegenüber Mauerwerk mit Mörtelfugen einstellen. Die ausgeprägtere Verformung tritt vorrangig im niederen Lastbereich ein und wird auf das anfängliche "Setzen" der Lagerfugen zurückgeführt. Darunter ist zu verstehen, daß sich wegen der fehlenden Mörtelschicht die mehr oder weniger rauhen Steinoberflächen gegeneinander drücken und dadurch angleichen müssen bis sich ein annähernd gleichmäßiger Spannungsfluß über die Lagerfuge hinweg einstellt.

Zur Klärung des Drucktragverhaltens von Trockenmauerwerk waren zunächst grundsätzliche Vergleichsuntersuchungen zwischen vermörteltem Mauerwerk und Trockenmauerwerk erforderlich. Gegenstand einer weiteren Untersuchung war der Einfluß der Beschaffenheit der Steinlagerflächen auf das Trag- und Verformungsverhalten von druckbeanspruchtem Trockenmauerwerk. Weil anzunehmen war, daß eine wiederholte Belastung zusätzliche Auswirkungen ausübt, wurden die Trockenmauerwerkkörper sowohl einer monotonen als auch einer zyklischen Druckbelastung ausgesetzt. Dabei wurden in einer Versuchsserie die Höhen der Prüfkörper und damit die Anzahl der belasteten Mauersteine und Lagerfugen variiert.

In allen Versuchsserien kamen zwei Steinsorten (Kalksandstein, Porenbetonstein) zum Einsatz. Die verwendeten Mauersteine wiesen dabei unterschiedliche Nennfestigkeiten (Steinfestigkeitsklasse 2, 4, 12, 20) auf.

Über die Versuche und deren Ergebnisse, getrennt nach Mauerwerk mit Dünnbettfugen und Trockenmauerwerk, wird im folgenden berichtet.

5.2 Dünnbettmauerwerk

Für einen Vergleich der Druckfestigkeit zwischen Trocken- und vermörteltem Mauerwerk wurde eine Testserie von kleinen Wandkörpern aus Kalksand- und Porenbeton-Plansteinen im Dünnbettverfahren hergestellt und einer zentrischen Druckprüfung unterzogen.

5.2.1 Kenntnisstand zum Drucktragverhalten von Mauerwerk mit Mörtelfugen

Vom vermörtelten Mauerwerk ist bekannt, daß dem Lagerfugenmörtel zwei Aufgaben zukommen: zum einen stellt er den Formschluß zwischen den Mauersteinschichten her, so daß der vertikale Druckspannungsverlauf uniformer gestaltet wird, und zum anderen verbindet er die Steinschichten kraftschlüssig miteinander. Bedingt durch sein weicheres Materialverhalten, insbesondere durch seinen größeren Querdehnungsmodul, zeigt der Mörtel unter Druckbeanspruchung ein ausgeprägtes Verformungsbestreben, welches jedoch durch den Verbund zum steiferen Mauerstein behindert wird. Dadurch stellt sich ein dreidimensionaler Spannungszustand ein (Bild 5.1), der bewirkt, daß der Mauerstein zusätzliche Querzugspannungen aufnehmen muß und früh zerreißt. Die Tragfähigkeit des Mörtels wird durch die Umschnürungswirkung der angrenzenden Mauersteine deutlich erhöht. Demzufolge ergibt sich eine Mauerwerkdruckfestigkeit, die oberhalb der Mörteldruckfestigkeit, aber unterhalb der Steindruckfestigkeit liegt. Die Druckfestigkeit fällt um so geringer aus, je stärker sich die Querdehnungsmoduln und vor allem die Querdehnzahlen von Mauerstein und Lagerfugenmörtel unterscheiden und je dicker die Lagerfugen sind. *Kirtschig* [K6] stellte diesbezüglich in- und ausländische Versuchsergebnisse zusammen, die den Einfluß der Lagerfugendicke auf die Mauerwerkdruckfestigkeit widerspiegeln (Bild 5.2).

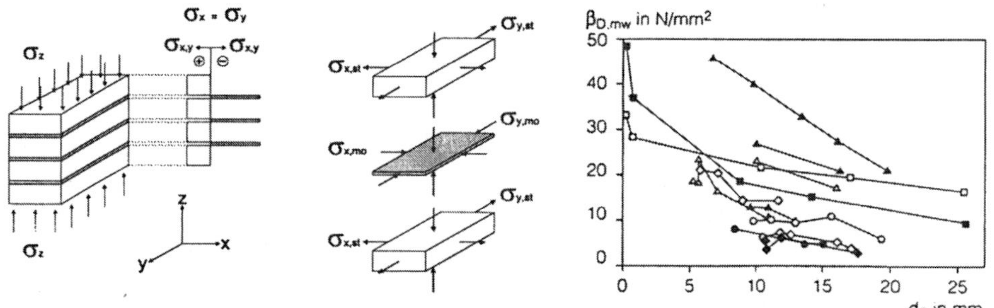

| Bild 5.1: | Innerer Spannungszustand von zentrisch gedrücktem Mauerwerk mit Mörtelfugen | Bild 5.2: | Mauerwerkdruckfestigkeit $\beta_{D,mw}$ in Abhängigkeit von der Lagerfugendicke d_F [K6] |

Je dicker die Lagerfuge, desto eher versagt das Mauerwerk auf Druck. Dünnere Fugen erhöhen die Druckfestigkeit; eine Tatsache, die beim Dünnbettmauerwerk erfolgreich genutzt wird. Zu ähnlichen Aussagen kamen auch *Francis/Horman/Jerrems* [F2] als sie Druckversuche an Ziegelwänden auswerteten.

Hilsdorf [H8] untersuchte als einer der ersten den Versagensmechanismus von Mauerwerk unter zentrischem Druck. Seine Arbeiten zum Schichtenmodell waren wegweisend für alle folgenden Arbeiten. Er konnte zeigen, daß nicht allein die Fugendicke maßgebend ist, sondern vielmehr das Verhältnis von Steinhöhe zur

Fugendicke entscheidenden Einfluß auf die Höhe der zum Versagen führenden Querzugspannungen im Stein hat.

Folglich war für das Tragverhalten von Trockenmauerwerk vorerst die Frage zu klären, ob bei völliger Vermeidung einer Mörtelfuge die Mauerwerkdruckfestigkeit weiter anwächst und in etwa die Steindruckfestigkeit erreicht.

5.2.2 Versuchsaufbau und Versuchsdurchführung

Zur Untersuchung der aufgeworfenen Fragestellung wurden Mauerwerkdruckprüfkörper nach DIN 18554-1 [AA5] (sogenannte RILEM-Körper, Bild 5.3) mit Dünnbettmörtel in den Lagerfugen hergestellt und geprüft. Dabei sind wegen ihrer Planebenheit und Maßgenauigkeit nur Plansteine bzw. -blöcke aus Kalksandstein und Porenbeton in verschiedenen Festigkeiten zum Einsatz gekommen. Zusätzlich wurden einige Prüfkörper aus Steinen aufgebaut, deren Lagerflächen mittels einer Betonschleifmaschine plangeschliffen wurden. Zur Unterscheidung erhielten die plangeschliffenen Steine die Kennung PLS (Planschliff) und die unbearbeiteten Steine die Kennung oB (ohne Bearbeitung). Die Mauersteine wiesen eine Stoßfugenverzahnung auf, so daß sie knirsch eingebaut wurden und die Stoßfuge planmäßig unvermörtelt blieb. Wegen der großen Steinabmessungen kam für den Porenbeton PPW 2 nicht ein Normprüfkörper, sondern ein Fünf-Stein-Körper nach Bild 5.3 zum Einsatz. Beide Aufbauten sind bezüglich des Versagensmechanismus prinzipiell vergleichbar.

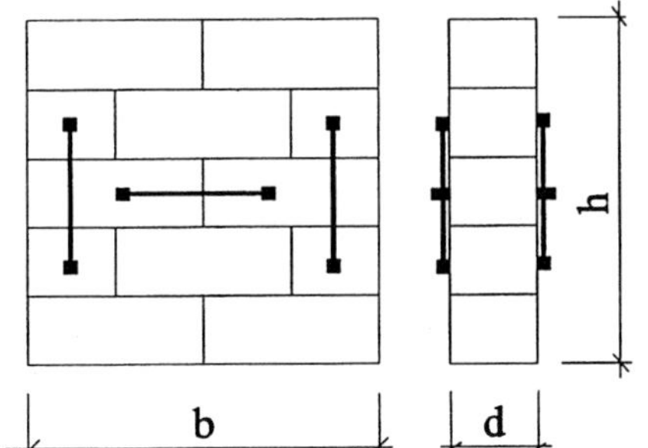
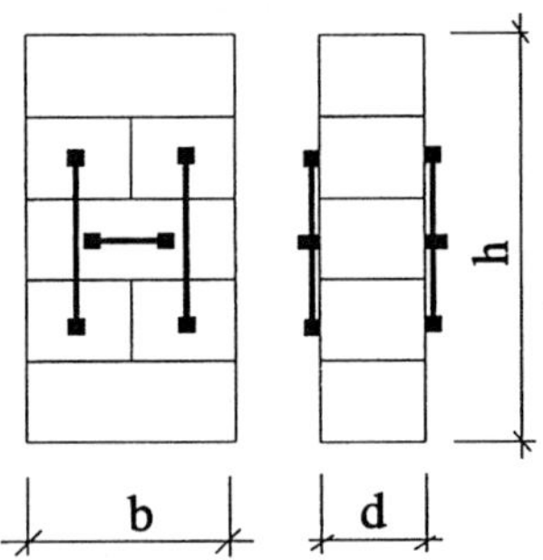

a) Prüfkörper nach DIN 18554-1   b) Fünf-Stein-Körper

Bild 5.3: Versuchskörper zur Ermittlung der Mauerwerkdruckfestigkeit

Die Steine sind nicht vorgenäßt worden und die angestrebte Fugendicke von 1 bis 2 mm wurde mittels eines Zahnspachtels kontrolliert. Die Probekörper lagerten bis zu ihrer Prüfung am 28. Tag nach ihrer Herstellung abgedeckt mit einer Folie im Prüfraum mit angenähertem Normalklima 20°C/65 % relative Luftfeuchte. Als geringe Auflast sind die frisch hergestellten Mauerwerkkörper mit einer Lage der jeweils verwendeten Steine belastet worden.

Alle Versuchskörper sind an den Druckflächen abgeglichen worden: die Unterseite indem die erste Steinlage in ein frisches Mörtelbett auf einer Stahlunterlage verlegt wurde, die Oberseite indem eine dünne Ausgleichschicht aus schnell erhärtendem, hochfestem Mörtel aufgetragen wurde. Im frischen Zustand der oberen Mörtelschicht wurden die Prüfkörper mitsamt ihren Stahlunterlagen in die Maschine eingebaut und das kalottengelagerte Maschinenoberhaupt abgesetzt.

Nach dem Abbinden der Ausgleichmörtelschicht sind die Versuche dehnungsgesteuert mit einer Verschiebung des Maschinenquerhauptes von 0,01 mm/s in einer 6000 kN-Druckprüfmaschine durchgeführt worden, so daß das Versagen nach 15 bis 20 Minuten eintrat. Die Druckstauchung des Prüfkörpers wurde mit vier induktiven Wegaufnehmern an den Ecken und die Querdehnung mittels zweier induktiver Wegaufnehmer in der Wandfläche gemessen (Bild 5.3). Aus den gemessenen Kräften und mittleren Verformungen konnten die zugeordneten Spannungen, Dehnungen sowie der Sekanten-E-Modul bei einem Drittel der Höchstspannung ermittelt werden. Zur statistischen Absicherung sind jeweils drei Einzelversuche ausgeführt worden. Bei allen Kalksandsteinen ergab sich zum Herstellzeitpunkt ein vergleichsweise niedriger Feuchtigkeitsgehalt von im Mittel 2 M.-%, bei den Porenbetonsteinen lag dieser zwischen 16 und 22 M.-%. Bis zum Prüftag sank der Feuchtigkeitsgehalt nur noch beim Porenbetonstein auf im Mittel 14 bis 18 M.-%. Die Trockenrohdichte der Mauersteine konnte im Mittel zu $1,870\,kg/dm^3$ (KS 20), $1,862\,kg/dm^3$ (KS 12), $0,546\,kg/dm^3$ (PPW 4) und $0,431\,kg/dm^3$ (PPW 2) bestimmt werden.

Die verwendeten Dünnbettmörtel wurden aus einem handelsüblichen Werktrockenmörtel hergestellt und auf ein Ausbreitmaß von 17 cm eingestellt. Sie erfüllten alle Anforderungen an Trockenrohdichte und Normdruckfestigkeit.

5.2.3 Druckfestigkeitsergebnisse

Bedingt durch die dünne Mörtelfuge wirkten sich die Mörteleigenschaften auf die Druckfestigkeit des Dünnbettmauerwerks praktisch kaum noch aus. Zudem bewirkten die organischen Zusätze im Dünnbettmörtel einen verbesserten Haftverbund, so daß die Festigkeit des Dünnbettmauerwerks im wesentlichen durch die Steinfestigkeit bestimmt wird. Der schwindende Einfluß des Fugenmörtels zeigte sich vor allem daran, daß der Körper nicht in seiner Ebene gespalten wurde, wie es für Mauerwerk mit Dickbettfugen üblich ist (Bild 5.4), sondern vielmehr ein homogener Scheibenspannungszustand dominierte. So traten die Risse vorwiegend senkrecht zur Wandebene auf. Nur vereinzelt konnten Abplatzungen parallel zur Wandebene an den Stirnseiten beobachtet werden.

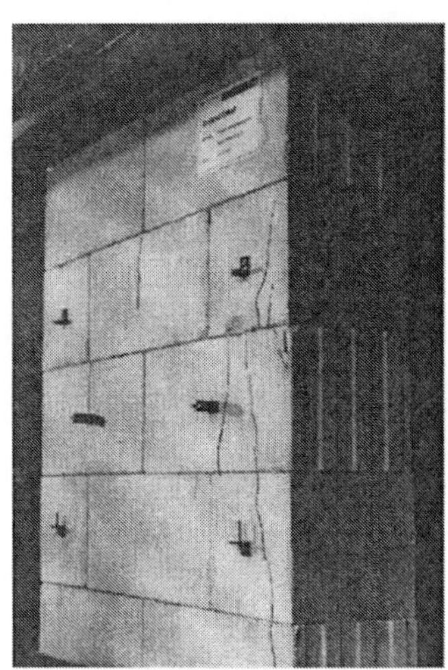

Bild 5.4: Typisches Bruchbild für zentrisch gedrücktes Dickbettmauerwerk (hier Ziegelmauerwerk Mz 20 NF/MG II)

Bild 5.5: Bruchbild von zentrisch gedrücktem Dünnbettmauerwerk (hier Kalksandsteinmauerwerk KS 20 16 DF/DM)

Der Bruchzustand trat sowohl beim Kalksand-Plansteinmauerwerk als auch beim Porenbeton-Plansteinmauerwerk meist plötzlich ein. Dabei reagierte das Mauerwerk aus Steinen höherer Festigkeit zunehmend spröder. Das Versagen war in der Regel gekennzeichnet durch vertikale Risse, ausgehend von den Stoßfugen in die darüber- und darunterliegenden fugendeckenden Steine. Die Risse vereinigten sich oftmals und begünstigten dadurch ein schollenmäßiges Abplatzen an den Stirnseiten (Bild 5.5). Die nun einsetzenden Lastumlagerungen führten an den stärker belasteten Wandabschnitten zu weiteren Rissen und leiteten schließlich das Versagen ein. Ein globales Spaltversagen wie bei Dickbettmauerwerk konnte nicht beobachtet werden.

Signifikante Unterschiede zwischen Prüfkörpern aus unbearbeiteten Steinen und plangeschliffenen Steinen waren nicht feststellbar. Die Streuung der Körper aus plangeschliffenen Steinen fällt gegenüber den unbearbeiteten Steinen etwas größer aus, was vorrangig auf eine ungleiche Steinhöhe in einer Steinschicht und damit auf eine zusätzliche Biegebeanspruchung der Steine schließen läßt.

Die erreichten Bruchlasten, Druckfestigkeiten, Dehnungen bei Höchstlast und auf die Steindruckfestigkeit (inklusive Formfaktor) bzw. Zylinderdruckfestigkeit bezogenen Bruchspannungen enthält die Tabelle 5.1. Die Angabe von unteren 5 %-Fraktilen erfolgt wegen der geringen Versuchskörperanzahl nur informativ. Die Berechnung war analog der Vorgehensweise im Kapitel 4.

Mit Hilfe empirischer Beziehungen, die in zahlreichen Forschungsarbeiten abgeleitet wurden, lassen sich die Druckfestigkeiten für das Dünnbettmauerwerk voraussagen.

Tabelle 5.1: Festigkeitskennwerte von Mauerwerk im Dünnbettverfahren (Dünnbettmauerwerk)
Mauersteinart und Lagerflächenausbildung (oB, PLS); Trockenrohdichte ρ_d; Bruchlast max F; Mauerwerkdruckfestigkeit f; Variationskoeffizient V; 5 %-Fraktile der Mauerwerkdruckfestigkeit $f_{0,05}$; Längsstauchung unter Höchstspannung ε_{ml}; Querdehnung unter Höchstspannung $\varepsilon_{ml,q}$; Völligkeitsgrad α_0; auf die Steindruckfestigkeit bezogene Bruchspannung f/f_b; auf die Zylinderdruckfestigkeit bezogene Bruchspannung $f/f_{b,cyl}$

Stein	ρ_d kg/dm³	max F kN	f N/mm²	V %	$f_{0,05}$ N/mm²	ε_{ml} ‰	$\varepsilon_{ml,q}$ ‰	α_0 --	f/f_b --	$f/f_{b,cyl}$ --
1	2	3	4	5	6	7	8	9	10	11
KS 20 oB										
min		3375,2	14,05			3,55	0,80	0,60	0,53	0,82
max		3453,3	14,38			4,01	1,97	0,63	0,54	0,84
Mittel	1,868	3401,6	14,17	1,34	13,53	3,82	1,51	0,62	0,54	0,83
PLS										
min		3259,2	13,57			3,75	1,22	0,57	0,51	0,79
max		3544,2	14,76			4,03	2,11	0,63	0,56	0,86
Mittel	1,871	3379,1	14,08	4,37	12,00	3,92	1,76	0,59	0,55	0,84
KS 12 oB										
min		2555,4	10,63			2,77	1,37	0,64	0,47	0,83
max		2733,0	11,39			3,62	1,96	0,65	0,51	0,89
Mittel	1,862	2646,4	11,01	3,44	9,74	3,20	1,72	0,65	0,50	0,86
PPW 4 oB										
min		658,2	2,74			1,76	0,47	0,51	0,68	0,71
max		674,7	2,81			1,92	0,63	0,54	0,69	0,72
Mittel	0,550	664,9	2,77	1,26	2,65	1,82	0,56	0,53	0,69	0,72
PLS										
min		622,9	2,59			1,71	0,43	0,50	0,65	0,67
max		679,1	2,83			1,80	0,93	0,57	0,70	0,73
Mittel	0,542	657,3	2,74	4,60	2,32	1,76	0,70	0,53	0,68	0,70
PPW 2 oB										
min		290,4	2,01			1,80	0,45	0,53	0,63	0,72
max		305,4	2,11			1,90	0,58	0,55	0,66	0,76
Mittel	0,431	298,0	2,07	2,53	1,89	1,85	0,53	0,54	0,65	0,75

Eine Gleichung, die auf *Mann* [M1] zurückgeht, wird seit vielen Jahren angewendet und ist Grundgleichung in der europäischen Mauerwerknorm DIN ENV 1996, Teil 1-1 [AA15]:

$$\beta_{D,mw} = a \cdot \beta_{D,st}^b \cdot \beta_{D,mö}^c \quad \text{bzw.} \tag{5.1a}$$

$$f = a \cdot f_b^{\,b} \cdot f_m^{\,c}. \tag{5.1b}$$

Der Zusammenhang zwischen Mauerwerkdruckfestigkeit $\beta_{D,mw}$, Mauersteindruckfestigkeit $\beta_{D,st}$ und Mörteldruckfestigkeit $\beta_{D,mö}$ wird mit dieser einfachen Beziehung gut und zutreffend beschrieben. Entsprechend der internationalen Schreibweise kann die Mauerwerkdruckfestigkeit auch mit f, die Steindruckfestigkeit mit f_b und die Mörteldruckfestigkeit mit f_m bezeichnet werden. Untersuchungen von *Schubert* [S13, S14] an Wänden mit einer einheitlichen Schlankheit von $\lambda = 10$ ist zu entnehmen, daß für Dünnbettmauerwerk der Exponent c den Wert Null annimmt. Damit wird die Gleichung dem schwindenden Einfluß des Fugenmörtels auf die Mauerwerkdruckfestigkeit gerecht. Der Faktor a und der Exponent b werden von ihm in Abhängigkeit der Steinsorte wie folgt angegeben:

Kalksandstein-Dünnbettmauwerk: a = 0,51...0,68 und b = 0,91...1,00
Porenbetonstein-Dünnbettmauwerk: a = 0,81...0,89 und b = 0,84

Die in Leipzig geprüften Mauerwerkkörper wiesen eine Schlankheit von $\lambda = 4,2...5,0$ auf. Der durch die kleinere Schlankheit erzielte Festigkeitszuwachs von etwa 10 % muß, um die Ergebnisse mit denen von *Schubert* vergleichen zu können, wieder abgezogen werden. Insgesamt ergibt sich eine sehr gute Übereinstimmung zwischen den experimentellen und theoretischen Werten, wenn für das Kalksand-Plansteinmauerwerk a = 0,62, b = 0,99 und für das Porenbeton-Plansteinmauerwerk a = 0,89, b = 0,84 eingesetzt werden (Bild 5.6). Der Eurocode 6 [AA15] liegt mit seinen vorausgesagten Werten unterhalb der gemessenen Mauerwerkdruckfestigkeiten insbesondere bei höheren Steinfestigkeiten.

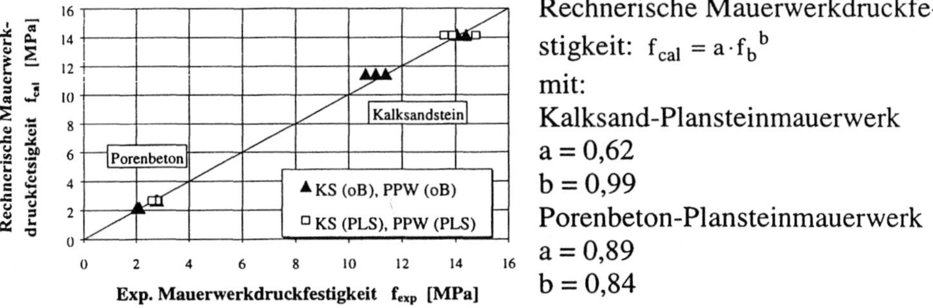

Bild 5.6:   Gegenüberstellung von theoretischen und experimentell ermittelten Mauerwerkdruckfestigkeiten für Kalksand- und Porenbeton-Plansteinmauerwerk

5.2.4 Spannungs-Dehnungsverhalten, Elastizitätsmoduln

Aus den gemessenen Lasten und zugeordneten mittleren Verformungen ließen sich die Spannungs-Dehnungslinien der Wandkörper unter einer Druckbeanspruchung senkrecht zur Lagerfuge aufbauen. Beispielhaft sind sie für das Kalksandstein- und Porenbetonsteinmauerwerk in den Bildern 5.7 und 5.8 dargestellt. Der Nachbruchbereich konnte nicht in jedem Fall aufgenommen werden, da die Wegaufnehmer, die an der Wand befestigt waren, häufig nach Überschreiten der Höchstspannung ausfielen.

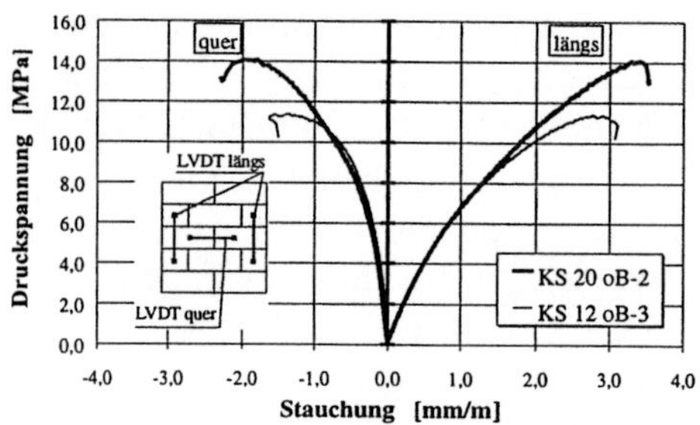

Bild 5.7: Spannungs-Dehnungslinie für Kalksand-Plansteinmauerwerk (LVDT =
induktive Wegmessung)

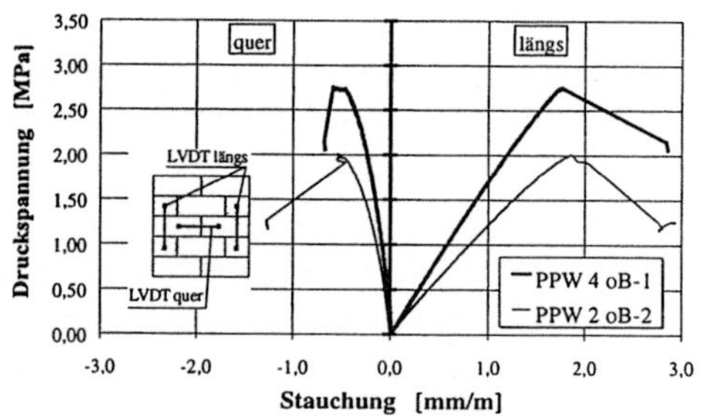

Bild 5.8: Spannungs-Dehnungslinie für Porenbeton-Plansteinmauerwerk (LVDT =
induktive Wegmessung)

Aus den Spannungs-Dehnungskurven ließen sich wichtige Materialparameter ab-leiten. So war zum einen erkennbar, daß das Porenbetonsteinmauerwerk bis zum Erreichen der Materialfestigkeit ein annähernd lineares Verhalten, hingegen das Kalksandsteinmauerwerk einen deutlichen überproportionalen Verformungszu-wachs in höheren Lastbereichen aufzeigte. Das Arbeitsvermögen der Körper ent-spricht der von den σ-ε-Kurven bis zum Scheitelpunkt umrissenen Fläche und fällt für das Kalksandsteinmauerwerk spürbar größer aus. Bezogen auf die Mate-rialfestigkeit f und die Stauchung unter Höchstlast ε_{m1} ergibt sich der dimensi-onslose geometrische Völligkeitsgrad α_0 zu:

$$\alpha_0 = \frac{1}{\varepsilon_{m1} \cdot f} \cdot \int_0^{\varepsilon_{m1}} \sigma(\varepsilon)\,d\varepsilon\,. \tag{5.2}$$

Es bedeuten: f   Mauerwerkdruckfestigkeit,

ε_{m1} Vertikalstauchung bei Höchstspannung,

σ Spannung in Abhängigkeit von der Dehnung ε.

Der Völligkeitsgrad kann mit α_0 = 0,60 bis 0,65 für Kalksand- und α_0 = 0,50 bis 0,55 für Porenbetonsteinmauerwerk angegeben werden. Dies entspricht geradlini-gen bis parabelförmigen σ-ε-Linien. Dieses Verhalten ist analog dem der Einzel-steine (siehe Kapitel 4).

Die Vertikalstauchung bei Höchstspannung lag unabhängig von der Festigkeits-klasse und der Oberflächenbeschaffenheit (oB, PLS) der Mauersteine mit ε_{m1} = 3,20...3,90‰ für das Kalksandsteinmauerwerk weit über und mit ε_{m1} = 1,72...1,92‰ für das Porenbetonsteinmauerwerk unter den Vorgaben von Eurocode 6 [AA15], der ein für alle Mauerwerkarten einheitliches nichtlineares Materialgesetz vorschlägt (Bild 5.9). Dieses Modell ist dem Betonbau entlehnt, gilt aber für Mauerwerk aufgrund einer nicht ausreichenden Anzahl von Bestätigungsversuchen als nicht abgesichert. Für verschiedene Stein-Mörtel-Kombinationen liefert es nach Erkenntnissen von *Backes* [B2] Werte, die zum Teil deutlich auf der unsicheren Seite liegen. Die vorliegenden Versuchsergebnisse bestätigen diesen Verdacht, da die gefundenen σ-ε-Linien (siehe auch Bild 5.7 und 5.8) nur in wenigen Fällen mit der Modellvorstellung (Bild 5.9) vereinbar sind.

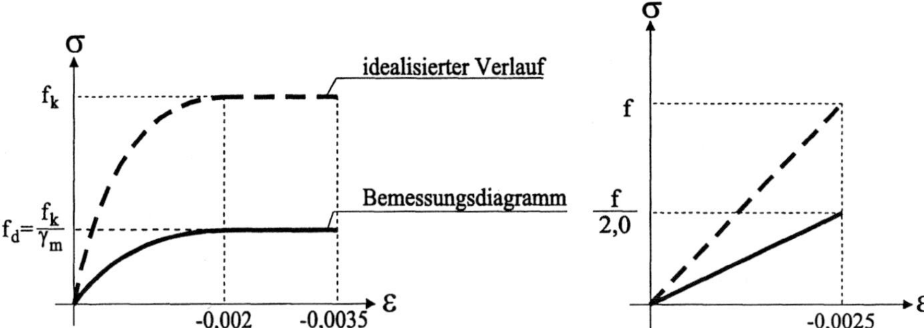

Bild 5.9: Spannungs-Dehnungsbeziehung nach Eurocode 6 [AA15]

Bild 5.10: Spannungs-Dehnungsdiagramm von Mauerwerk für Traglastberechnungen nach DIN 1053-1 [AA3]

Die deutsche Mauerwerknorm DIN 1053-1 [AA3] legt für Traglastberechnungen ein lineares Spannungs-Dehnungsdiagramm unabhängig von der Stein-Mörtel-Kombination zugrunde. Die Bruchspannung wird bei einer Stauchung von 2,5 mm/m erreicht (Bild 5.10) und es werden rein formal keine Materialplastifizierungen zugelassen. Dieser Ansatz hat sich bewährt, in vielen Fällen erhält man jedoch damit weit auf der sicheren Seite liegende und dadurch unwirtschaftliche Ergebnisse.

Anhand der vorliegenden Versuchsergebnisse zeigt sich, daß erhebliche Probleme entstehen können, wenn das zum Teil sehr unterschiedliche Verformungsverhalten der verschiedenen Mauerwerkarten nur durch eine allgemeingültige Gesetzmäßigkeit beschrieben werden soll. Differenziertere Betrachtungen zum Spannungs-Dehnungsverhalten von Mauerwerk, bei denen die verwendete Mauersteinart ein wesentliches Unterscheidungskriterium ist, sind in [M12] zu finden. Die hier gemachten Empfehlungen von *Meyer/Schubert* stimmen recht gut mit den vorliegenden Versuchsergebnissen überein.

Bei beiden Mauerwerkarten wurde der Druck-E-Modul als Sekantenmodul E_{33} zwischen Ursprung und einem Drittel der Höchstspannung ermittelt. Die Werte variieren zwischen 5040 und 8100 N/mm^2 für das Kalksandsteinmauerwerk und 1500 bis 2000 N/mm^2 für Porenbetonsteinmauerwerk. In den meisten Fällen weichen sie erheblich von den Rechenwerten von DIN 1053-1 bzw. Eurocode 6 ab, die im Mittel von dem 1000-fachen der Mauerwerkdruckfestigkeit f ausgehen. Eine bessere Übereinstimmung ergibt sich mit neueren Veröffentlichungen in [S13].

Zusätzlich konnten aus den Querdehnungen die Querdehnungsmoduln $E_{33,q}$ und die Querdehnzahl v_{33} bei 1/3 der Maximalspannung errechnet werden. Eine Zusammenstellung der E-Modul-Werte, der Querdehnungszahlen und der Dehnungsgrößen bei einem Drittel der Höchstspannung ε_{33}, $\varepsilon_{33,q}$ ist in Tabelle 5.2 gegeben.

Tabelle 5.2: Verformungskennwerte von Mauerwerk im Dünnbettverfahren
Mauersteinart und Lagerflächenausbildung (oB, PLS); Längsstauchung bei 1/3 der Höchstspannung ε_{33}; Querdehnung bei 1/3 der Höchstspannung $\varepsilon_{33,q}$; Elastizitätsmodul in Längsrichtung E_{33} (Längsdehnungsmodul); Elastizitätsmodul in Querrichtung $E_{33,q}$ (Querdehnungsmodul); Querdehnzahl v_{33}; Verhältnis zwischen Längsdehnungsmodul und Mauerwerkdruckfestigkeit E_{33}/f; Verhältnis zwischen Querdehnungsmodul und Mauerwerkdruckfestigkeit $E_{33,q}/f$

Stein	ε_{33}	$\varepsilon_{33,q}$	E_{33}	$E_{33,q}$	v_{33}	E_{33}/f	$E_{33,q}/f$
	‰	‰	N/mm^2	N/mm^2	--	--	--
1	2	3	4	5	6	7	8
KS 20 **oB**							
min	0,62	0,16	5709	28699	0,263	406	2040
max	0,82	0,16	7537	28699	0,263	536	2040
Mittel	0,74	0,16[1]	6463	28699[1]	0,263	456	2040[1]
PLS							
min	0,74	0,11	5039	25436	0,121	371	1723
max	0,89	0,17	6636	41482	0,261	449	3055
Mittel	0,84	0,16	5617	31295	0,191	398	2240
KS 12 **oB**							
min	0,47	0,09	6240	19650	0,184	566	1783
max	0,59	0,19	8114	44096	0,318	712	3871
Mittel	0,52	0,13	7093	32373	0,236	643	2931
PPW 4 **oB**							
min	0,48	0,07	1513	6712	0,134	539	2447
max	0,61	0,14	1887	12885	0,281	688	4675
Mittel	0,54	0,10	1710	9568	0,194	618	3455
PLS							
min	0,44	0,06	1603	6199	0,136	567	5900
max	0,58	0,15	2111	15298	0,258	757	6577
Mittel	0,52	0,11	1774	10748	0,211	648	6238
PPW 2 **oB**							
min	0,52	0,08	1261	6158	0,151	627	2974
max	0,53	0,11	1339	8333	0,214	637	4141
Mittel	0,53	0,10	1307	7211	0,184	632	3496

1) nur ein Wert auswertbar

Werden die Elastizitätsmoduln für jede Steinart getrennt gegenüber der Mauerwerkdruckfestigkeit aufgetragen (Bild 5.11), so ergibt sich eine befriedigende lineare Beziehung nur beim Porenbetonsteinmauerwerk. Die Werte vom Kalksandsteinmauerwerk streuen sehr stark und lassen nur eine bedingte Auswertung zu.

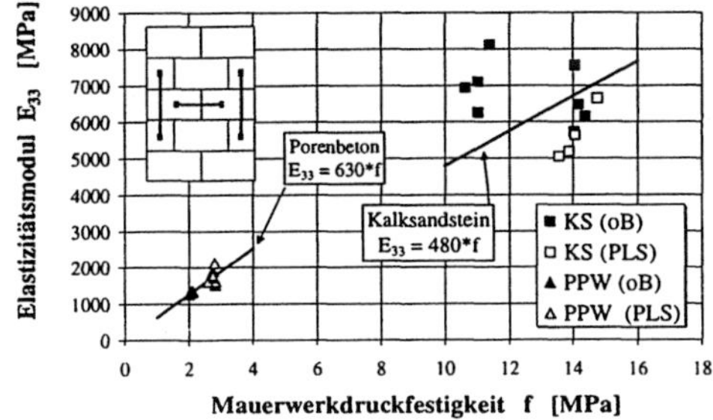

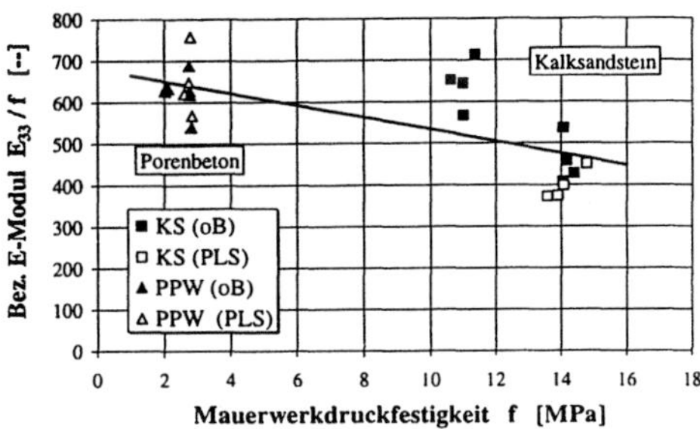

Bild 5.11: Beziehung zwischen Elastizitätsmodul E_{33} und Mauerwerkdruckfestigkeit f für Kalksand- und Porenbeton-Dünnbettmauerwerk

Bild 5.12: Entwicklung des auf die Mauerwerkdruckfestigkeit bezogenen Elastizitätsmoduls E_{33}/f

Es ergeben sich folgende lineare Abhängigkeiten:

Kalksand-Dünnbettmauerwerk: $E_{33} = 480 \cdot f$,   (5.3)

Porenbeton-Dünnbettmauerwerk: $E_{33} = 630 \cdot f$.   (5.4)

Wie sich im Bild 5.12 zeigt, entwickelt sich der E-Modul unterproportional mit der Mauerwerkdruckfestigkeit. Wegen des Abfalls des bezogenen Elastizitätsmoduls mit der Mauerwerkfestigkeit ist die angenommene Linearität zwischen beiden Größen nur eine grobe Vereinfachung. Eine Differenzierung zwischen den Mauerwerkarten wurde hier nicht vorgenommen, da nur der Trend gezeigt werden sollte.

5.3   Trockenmauerwerk

5.3.1   Kenntnisstand zum Drucktragverhalten von Trockenmauerwerk

Die Idee, Steine ohne Mörtel zu versetzen, ist seit dem Altertum bekannt, wenn an Natursteinmauerwerk gedacht wird. Trockenmauerwerk aus Natursteinen ist, allerdings nur für den Einsatz als Schwergewichtsmauer, in DIN 1053-1 [AA3] genormt. In den letzten Jahren gab es wiederholt Anstrengungen, auch für das Trokkenmauerwerk aus künstlichen Steinen Anwendungsregeln zu erarbeiten. So sind von der Porenbetonindustrie zwei bauaufsichtliche Zulassungen [H3, H4] und von der Leichtbeton- sowie Kalksandsteinindustrie jeweils eine bauaufsichtliche Zulassung [K1, K13] für die Anwendung von Trockenmauerwerk erarbeitet worden.

Die vorhandenen Zulassungen sind jedoch Einzelzulassungen und erstrecken sich jeweils nur auf ein Bausystem einer Mauersteinart. Bezüge zu grundlegenden Gesetzmäßigkeiten sind nicht erkennbar und waren nicht beabsichtigt. Diese Unsicherheiten in der Bewertung der Tragfähigkeit von Trockenmauerwerk führten unter anderem dazu, daß die zulässigen Spannungen weit unterhalb derer des herkömmlichen, vermörtelten Mauerwerks mit 12 mm dicken Fugen festgelegt wurden. (Bild 5.13).

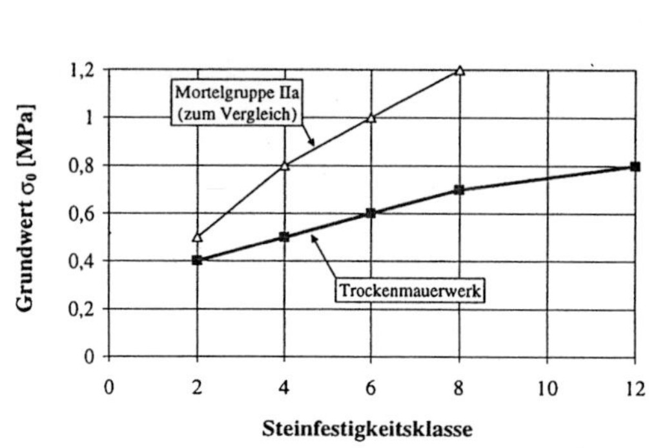

Bild 5.13: Grundwerte der zulässigen Druckspannungen σ_0 in Abhängigkeit von der
Steinfestigkeitsklasse für Trockenmauerwerk und Porenbetonmauerwerk der
Mörtelgruppe IIa (nach [L1])

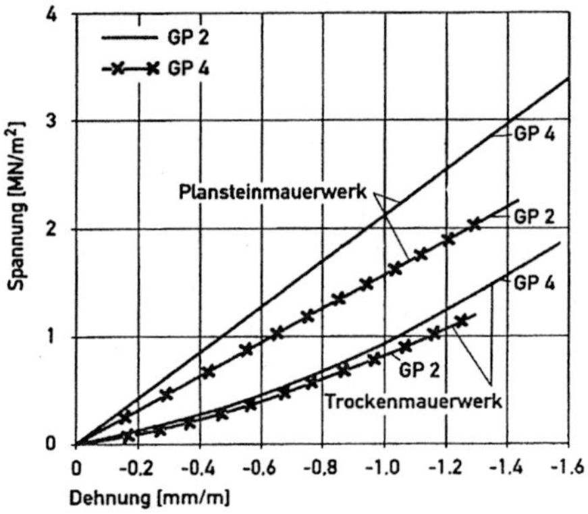

Bild 5.14: Spannungs-Dehnungsbeziehungen von Porenbeton-
Planstein- und Trockenmauerwerk (nach [L1])

Der derzeitige Stand der Anwendung im In- und Ausland ist in [G6, G7] von *Glitza* aufgearbeitet worden. Bisher gibt es in der Anwendung als reines Trockenmauerwerk keine wesentlichen Erfahrungen. Häufiger ist der Fall anzutreffen, insbesondere in den USA, bei dem das Trockenmauerwerk aus Hohlblocksteinen errichtet und dann mit Beton vergossen wird. Der Vorteil liegt vor allem darin, daß die Wand auf einfache Art bewehrt werden kann und die Bewehrung dauerhaft vor Korrosion geschützt ist. Herausragende Beispiele von reinem Trockenmauerwerk sind insbesondere in den Niederlanden (Schmidtschool in Waddingxveen) oder in den USA (Bürogebäudekomplex in Parc City, Utah) zu finden.

Systematische Untersuchungen zum Tragverhalten und zum Versagensmechanismus liegen bisher nicht vor. Erste Druckversuche zeigten, daß die Qualität der Lagerfuge entscheidenden Einfluß auf das Trag- und Verformungsverhalten hat. So bewirkte bei Versuchen von *Langer* [L1] mit Porenbetonsteinwänden in trockener Bauweise eine 6-fach höhere Steinfestigkeit nur eine Verdopplung der Bruchfestigkeit des Mauerwerks, wenn der Lagerfugenqualität keine besondere Beachtung geschenkt wurde. Vor allem bei höherfesten Steinen machten sich bereits kleinste Unebenheiten in der Lagerfuge bemerkbar. Die induzierten, örtlich zum Teil sehr hohen Druck- und Spaltzugspannungen überschritten sehr bald die aufnehmbaren Spannungen des Steinmaterials und leiteten den Bruchvorgang der Wand ein. Steine geringerer Festigkeit verhielten sich wesentlich duktiler. Sie waren in der Lage, Spannungsspitzen eher umzulagern und dadurch die Versagensentwicklung zu verzögern.

Übereinstimmend wird in der Literatur von großen Anfangsverformungen berichtet, die auf Unebenheiten in der Lagerfuge zurückgeführt werden. Diese anfängliche Zusammendrückung der Lagerfuge spiegelte sich auch in gemessenen Spannungs-Dehnungslinien wider. *Langer* [L1] berichtet anhand seiner Wandversuche über eine mit ansteigender Belastung wachsende Wandsteifigkeit, die daran erkennbar war, daß die σ-ε-Linien anfangs sehr flach verliefen und oberhalb einer Stauchung von $\varepsilon = 0,8$ ‰ in die Neigung übergingen, die vermörteltes Porenbetonstein-Mauerwerk besaß. Siehe dazu Bild 5.14. Folglich mußte eine Überlagerung von Fugen- und Steinverformungen stattgefunden haben, die Einfluß auf das Drucktragverhalten hatten.

Zur Klärung der aufgeworfenen Fragen sollten in einem ersten Schritt der vorliegenden Arbeit grundlegende Vergleiche zwischen Dünnbett- und Trockenmauerwerk erarbeitet werden, um einen Bezug zu normgerechtem Mauerwerk herstellen zu können. Wichtig war es, daß für beide Mauerwerkarten dieselben Mauersteine verwendet wurden, um die Streubreite der Ergebnisse einzuengen und eine direkte Vergleichbarkeit der Ergebnisse zur gewährleisten. In weiteren Schritten wurden die maßgeblichen Einflußgrößen variiert. Dazu gehörten vor allem die Qualität und die Anzahl der Lagerfugen.

5.3.2 Versuchsaufbauten und Versuchsdurchführung

Das Drucktragverhalten von Trockenmauerwerk wurde in insgesamt drei Versuchsserien beobachtet. Die Prüfkörper der ersten Serie wurden entsprechend DIN 18554-1 [AA5] gestaltet und glichen den Körpern aus Dünnbettmauerwerk (Bild 5.3). In der zweiten Serie sind kleinere Wandkörper, sogenannte Fünf-Stein-Körper, getestet worden, die aus Mauersteinen bestanden, deren Lagerflächen unterschiedlich bearbeitet wurden. Ähnliche Aufbauten, aber mit veränderlicher Höhe, kamen in der dritten Serie zum Einsatz. Hier wurde der Einfluß der Fugenanzahl auf die Verformung der Körper studiert. Alle Versuchskörper wurden unter den gleichen Bedingungen hergestellt und gelagert. Die Versuchsaufbauten und die Versuchsergebnisse werden nachfolgend vorgestellt.

5.3.2.1 Erste Versuchsserie

Zeitgleich mit den vermörtelten wurden die unvermörtelten Prüfkörper als RILEM-Körper nach Vorgabe von DIN 18554-1 [AA5] hergestellt (Bild 5.3). Dazu wurde die untere Steinlage in ein Mörtelbett eingestellt und ausnivelliert, um so einen unteren Abgleich der Körper zu erhalten. Alle weiteren Mauersteine wurden, nachdem die Lagerflächen mit einem Handfeger gereinigt worden sind, trokken aufeinander geschichtet. Die Versuchskörper bestanden aus unbearbeiteten Mauersteinen (oB) oder aus speziell in einer Schleifmaschine geschliffenen Steinen (PLS). Die Stoßfugen wiesen wiederum eine Verzahnung auf, die ebenfalls mörtellos blieb. Für die Prüfkörper aus Porenbetonsteinen PPW 2 wurde wegen der größeren Steinabmessungen ein Fünf-Stein-Prüfkörper gewählt. Für den zu untersuchenden Versagensmechanismus entstand dadurch keine wesentliche Beeinflussung.

Der Feuchtigkeitsgehalt der Mauersteine zum Herstell- und zum Prüfzeitpunkt entsprach dem, der bei den Steinen, die im Dünnbettverfahren vermauert wurden, nachgewiesen wurde. Die Trockenrohdichte war ebenfalls vergleichbar, da die Steine denselben Chargen entnommen wurden. Ebenso wie die Dünnbettmauerwerkkörper lagerten die Trockenmauerwerkprüflinge 28 Tage im klimatisierten Prüfraum bei 20°C/65% relative Luftfeuchtigkeit, um gleiche Feuchtigkeitsgehalte der Mauersteine zu gewährleisten. Zum Prüfzeitpunkt hatte sich ein Steinfeuchtigkeitsgehalt von im Mittel 2 M.-% bei den Kalksandsteinen und 10 bis 14 M.-% bei den Porenbetonsteinen eingestellt. Die Trockenrohdichte entsprach den Angaben in Tabelle 5.1.

Zusammen mit der unteren Stahleinlage sind die Versuchskörper nach 28 Tagen Standzeit in eine 6000 kN-Druckprüfmaschine eingebaut worden. Als oberer Abgleich wurde eine dünne, schnell erhärtende Mörtelschicht aufgetragen, auf welche noch im frischen Zustand das von einer Kalotte gehaltene Maschinenquerhaupt leicht aufgesetzt wurde. Mit einer konstanten Verformungsgeschwindigkeit von 0,01 mm/s erfolgte eine monotone zentrische Druckbelastung der Körper bis zum Bruch. Dieser trat ca. 15 bis 20 Minuten nach Belastungsbeginn ein. Über vier lotrechte induktive Wegaufnehmer an den Eckkanten und jeweils einen waagerechten Wegaufnehmer in der Ansichtsfläche der Wand wurden die Vertikal- und Horizontalverformungen aufgenommen.

Zur statistischen Absicherung sind jeweils drei gleiche Prüfkörper erstellt und getestet worden.

5.3.2.2 Zweite Versuchsserie

Wie sich in der ersten Versuchsserie bereits andeutete und auch von *Schubert* [S15] und *Langer* [L1] bei deren Druckversuchen festgestellt wurde, hat die Qualität der Lagerfuge eine entscheidende Bedeutung für die Größe der Druckstauchung sowie letztlich auch für die Höhe der Druckfestigkeit von Trockenmauerwerk. Zur Überprüfung dieses Verhaltens wurden Mauerwerkprüfkörper als Fünf-Stein-Körper (Bild 5.3) trocken aufgeschichtet, die in jeder zweiten Steinschicht eine Stoßfuge aufwiesen, um den Verbandseinfluß im Mauerwerk zu erfassen. Die verwendeten Mauersteine wurden zuvor unterschiedlich bearbeitet. Ausgehend von unbearbeiteten Steinen (oB), die in der vom Werk gelieferten Plansteinqualität eingebaut wurden, sind die Lagerflächen mit unterschiedlich starken, definierten Schädigungen versehen worden. Diese Schädigungen sollten Unebenheiten und Fehlstellen simulieren. Dazu sind mit einem Trennschleifer an der Oberseite der Steine fünf Rillen in Steinlängsrichtung im Abstand von 40 mm und einer Tiefe von je zwei mm (RL) bzw. neun je zwei mm tiefe Rillen im Abstand von 50 mm in Steinquerrichtung (RQ) eingeschnitten worden (Bild 5.15). Bei einem Aufbau waren die Rillen in Längs- und Querrichtung kombiniert und die Steine kreuzweise eingeschnitten worden (RLQ). Um auch Körper aus möglichst planebenen Steinen testen zu können, wurden für einen Aufbau die Steine an der Ober- und Unterseite mit einer Betonschleifmaschine naß plangeschliffen (PLS). Weil weiterhin angedacht war, später Trockenmauerwerkwände zentrisch vorzuspannen, wurden einige Prüfkörper aus Mauersteinen errichtet, die durchgehende Bohrungen in Steinmitte und an den Stirnseiten aufwiesen. Die Bohrungen hatten einen Durchmesser von 50 mm, verliefen parallel zur Steinhöhe und wurden als Kernbohrungen im Naßbohrverfahren erzeugt. Sie sollten in späteren Konstruktionen die innenliegenden Spannkabel aufnehmen können.

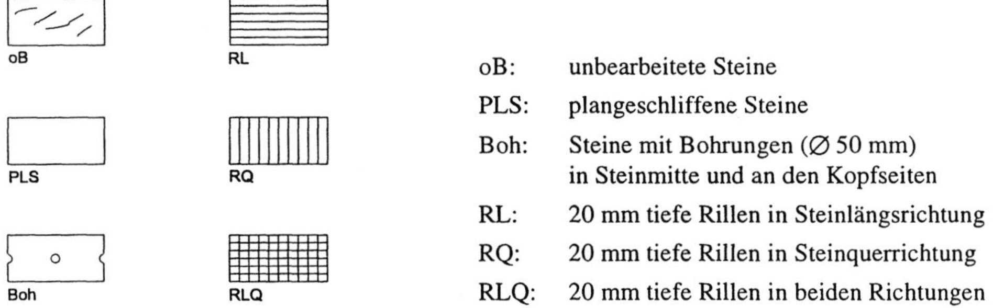

oB:	unbearbeitete Steine
PLS:	plangeschliffene Steine
Boh:	Steine mit Bohrungen ($\varnothing$ 50 mm) in Steinmitte und an den Kopfseiten
RL:	20 mm tiefe Rillen in Steinlängsrichtung
RQ:	20 mm tiefe Rillen in Steinquerrichtung
RLQ:	20 mm tiefe Rillen in beiden Richtungen

Bild 5.15: Unterschiedliche Ausbildung von Steinlagerflächen der Mauersteine

Druckversuche an unterschiedlich bearbeiteten Einzelsteinen gleicher Festigkeit ergaben keine signifikanten Unterschiede in der Festigkeit, so daß die Untersuchungen des Einflusses der Lagerfugenqualität auf das Drucktragverhalten von Trockenmauerwerk auf zwei Mauersteinarten KS 20 und PPW 4 beschränkt blieben.

Alle Mauersteine lagerten über einen Zeitraum von etwa 6 Wochen nach der Lagerflächenbearbeitung in einer klimatisierten Prüfhalle mit einer Temperatur von 20°C und 65% relativer Luftfeuchtigkeit. In der gleichen Halle fand die Mauerwerkprüfung statt. Zum Prüfzeitpunkt hatte sich ein Feuchtigkeitsgehalt der Steine von 1 bis 2 M.-% bei den Kalksandsteinen und 6 bis 8 M.-% bei den Porenbetonsteinen eingestellt und war damit für alle Steine vergleichbar gering. Die ermittelte Trockenrohdichte stimmt im Mittel mit den Angaben in Tabelle 5.1 überein.

Die untersten Steinlagen der Wände wurden wiederum in ein Mörtelbett auf einer Stahlunterlage aufgemauert und ausnivelliert. Mittels einer dünnen Mörtelschicht, auf die noch im frischen Zustand der Druckstempel des Maschinenquerhauptes

leicht aufgesetzt wurde, erfolgte der obere Abgleich. Jeder Stein und jede Lagerfuge wurde vor dem "Vermauern" sorgsam mit einem Handfeger abgebürstet.

In einer 6000 kN-Universaldruckprüfmaschine sind die Trockenmauerwerkwände
nach dem Erhärten der oberen Mörtelausgleichschichten mit einer konstanten Verformungsgeschwindigkeit des Maschinenquerhauptes von 0,01 mm je Sekunde
kontinuierlich bis zum Bruch belastet worden. Der Bruch des Mauerwerks trat etwa 15 bis 20 Minuten nach Belastungsbeginn ein. Die Verformungen wurden in
vertikaler Richtung mit vier induktiven Wegaufnehmern an den Eckkanten und in
horizontaler Richtung mit zwei Wegaufnehmern in der Wandebene aufgenommen
(Bild 5.3). Einmal pro Sekunde wurden ein Meßwert der Kraft und der Verformungen aufgezeichnet. Jeweils drei Einzelversuche gehörten zu dem gleichen
Aufbau.

Die Frage der Anwendung eines Fünf-Stein-Körpers als gewählte Prüfkörperform
erklärt sich aus der Materialersparnis gegenüber einem Normprüfköper. In ihren
Untersuchungen zu verschiedenen Prüfkörperformen für die Ermittlung der Mauerwerkdruckfestigkeit zeigten *Mann/Betzlar* auf [M6, B9], daß zur Normdruckfestigkeit vergleichbare Ergebnisse trotz unterschiedlicher Form der Prüfkörper erwartet werden können. Bedeutungsschwerer ist vielmehr die Qualität der Ausführung.

5.3.2.3 Dritte Versuchsserie

In der dritten Versuchserie mit druckbelastetem Trockenmauerwerk sollte vornehmlich der Einfluß der Anzahl der Lagerfugen am Gesamtkörper untersucht
werden. Genau genommen ist nicht die Anzahl der einzelnen Fugen von Bedeutung, was der Baupraxis auch nicht zugemutet werden sollte, sondern der Anteil
der Lagerfugen am Gesamtkörper.

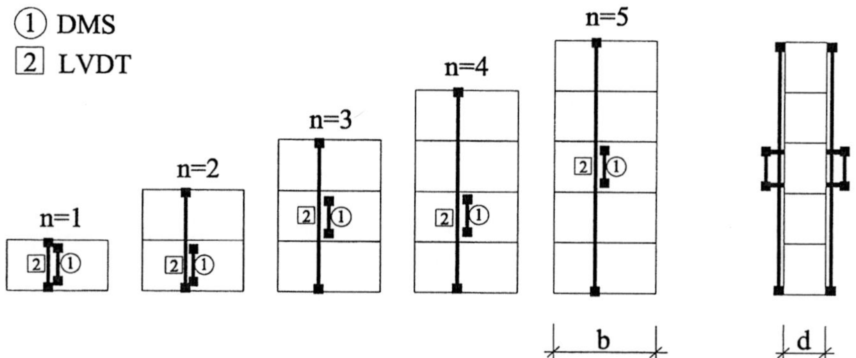

Bild 5.16: Versuchsaufbau zur Ermittlung des Einflusses der Anzahl der Lagerfugen
(DMS = Dehnmeßstreifen, LVDT = induktive Wegaufnehmer)

Aus diesem Grunde wurden Versuchskörper unterschiedlicher Höhe trocken errichtet. Es wurden nur unbearbeitete Steine (oB), die direkt der Steinpalette entnommen wurden, eingebaut, um den Einfluß der Fugenqualität zu eliminieren. Um den Versuchsaufwand etwas einzuschränken, wurde nur eine Unterscheidung der Steinsorte vorgenommen. Ein Teil der Versuche erfolgte mit Kalksand-Plansteinen KS 12 und der andere Teil mit Porenbeton-Plansteinen PPW 4. Die Höhe der Versuchskörper wurde von einer Mauersteinhöhe bis zu fünf Mauersteinhöhen variiert (Bild 5.16). Dies entsprach maximal fünf Lagerfugen, wenn berücksichtigt wird, daß jeder Stein zwei mehr oder weniger rauhe, unebene Lagerflächen aufweist, die überdrückt werden müssen, und dadurch jedem Stein genau eine Fuge zuzuordnen ist. Von jedem Aufbau wurde nur ein Körper getestet.

Vor dem Vermauern lagerten alle Steine ca. 6 Wochen in einer klimatisierten Prüfhalle (20°C/65% relative Luftfeuchtigkeit) währenddessen sich eine Ausgleichsfeuchte von im Mittel 2 M.-% beim Kalksandstein und 8 bis 10 M.-% beim Porenbetonstein einstellen konnte. Die Prüfung fand in derselben Halle unter gleichen klimatischen Bedingungen statt. Die Trockenrohdichte wurde an kleinen Mauersteinproben ermittelt und ist den Angaben der Tabelle 5.1 zuzuordnen.

Ohne Mörtelausgleichschichten wurden die unteren Steine auf eine plangehobelte Stahlunterlage gestellt und die weiteren Mauersteine, nachdem die Lagerflächen mit einem Besen abgekehrt worden sind, trocken aufgelegt. Eine obere Abgleichschicht erübrigte sich ebenfalls. Ein Stein des jeweiligen Aufbaus war beidseitig mit einem Dehnmeßstreifen (DMS) versehen, der die Verformungen des ungestörten Mauersteins in Druckrichtung aufnehmen sollte. Die Messung der Vertikalverformung des gesamten Körpers über alle Fugen und Mauersteine hinweg, wurde mit zwei induktiven Wegaufnehmern vorgenommen, die symmetrisch in der Mitte der beiden Ansichtsflächen angebracht waren. Dabei wurde kontinuierlich der Abstand der beiden Lastplatten zueinander gemessen. Die Meßwertabfrage erfolgte einmal pro Sekunde.

Mitsamt der Stahlunterlage wurde der Körper in eine 6000 kN-Universaldruckprüfmaschine eingebaut. Die Druckbelastung der Wandkörper war so ausgelegt, daß ein dreimaliges Be- und Entlasten jeweils zwischen einer kleinen Grundspannung von 0,04 N/mm^2 und einer Oberspannung von 1,0 N/mm^2 (PPW4) bzw. 3,0 N/mm^2 (KS 12) erfolgte, bevor der Körper kontinuierlich bis zum Bruch belastet wurde. Der Wert der Oberspannung entsprach etwa einem Drittel der erwarteten Bruchlast, die zuvor aus den beiden anderen Versuchsreihen ermittelt werden konnte. Dies hatte den Vorteil, daß die Mauersteine unterhalb ihrer Proportionalitätsgrenze beansprucht wurden und irreversible Verformungen eindeutig den Lagerfugen zugeordnet werden konnten. Die Be- und Entlastungsgeschwindigkeit war mit 0,01 mm je Sekunde konstant und identisch mit den Vorgaben der Belastungsgeschwindigkeit in den Versuchsserien eins und zwei.

5.3.3 Beschreibung des Trag- und Bruchverhaltens

Wie erwartet, zeigte das Trockenmauerwerk im Druckversuch ein völlig anderes Verhalten als das vermörtelte Mauerwerk. Bereits im unteren Lastbereich zeigten die Körper erste Risse, die im Stoßfugenbereich entsprangen und sich in die überdeckenden Steine in der darüber und darunter befindlichen Steinschicht eintrugen. Die Gründe sind zum einen in den zusätzlichen Querzugkräften zu finden, die durch die Kraftumleitung um die nichttragende Stoßfuge herum entstehen (Bild 5.17a). Über den Stoßfugen muß eine Kraftumleitung stattfinden, weil die Stoßfuge, ob nun vermörtelt oder nicht, die Vertikalsteifigkeit abmindert, und dadurch der Kraftfluß zu den steiferen Steinen rechts und links der Fuge gelenkt wird. Dieses Verhalten tritt sowohl beim vermörtelten als auch beim unvermörtelten Mauerwerk auf. Wäre die Stoßfuge vermörtelt, könnten gewisse Zugkräfte über die Fuge hinweg abgetragen werden, was eine Verringerung der Querzugbeanspruchung bedeuten würde. Bei Trockenmauerwerk muß dagegen die volle Querzugbeanspruchung durch die überdeckenden Mauersteine aufgenommen werden.

Zum anderen, und das ist ein wesentlicherer Faktor, bewirkten unterschiedliche Steinhöhen in einer Steinlage Biegebeanspruchungen, die die Steine über einer Stoßfuge reißen ließen (Bild 5.17b). Viele Versuchskörper zeigten diese typischen Biegerisse. Verstärkt trat diese Rißform bei späteren Versuchen auf, die mit einer entsprechenden Auflast vorgespannt wurden. Dabei hatte die Größe der Vorspannkraft selbst kaum einen Einfluß auf die Anzahl und Verteilung der Risse.

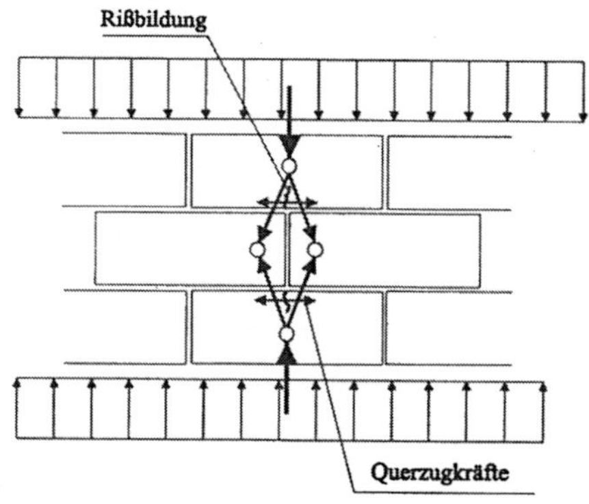

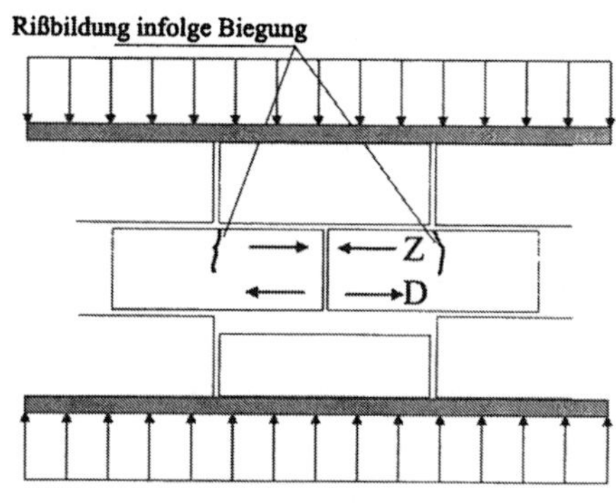

a) Risse im Stoßfugenbereich infolge Kraftumleitung

b) Risse im Stoßfugenbereich infolge Biegung durch Maßtoleranzen in der Steinhöhe

Bild 5.17: Ursachen der frühen Rißbildung von druckbelastetem Trockenmauerwerk

Die Biegebeanspruchung trat bereits bei sehr kleinen Maßtoleranzen auf. Auch bei den plangeschliffenen Steinen waren frühzeitig Risse festgestellt worden. Da die Steine einzeln abgeschliffen wurden, wird angenommen, daß eine tatsächlich konstante Steinhöhe nicht erreicht wurde. Hier zeigt sich, daß selbst Toleranzen im 1/10 mm-Bereich bereits Auswirkungen haben können.

Eine weitere Rißgefahr wurde durch die Unebenheit der Lagerfuge provoziert. Im Bild 5.18 sind zwei Fälle einer nicht vollflächigen Überdeckung der Lagerfuge skizziert. Der Spannungsfluß einer nicht vollflächig überdeckten Fuge erzeugt demnach im Steininneren zusätzliche Biegezugspannungen in beiden Querrichtungen, die den Stein zumindest auf Mikroebene schädigen können. Aus den Gleichgewichtsbetrachtungen am Einzelstein und der Annahme einer linearen Spannungsverteilung lassen sich die vom Stein zusätzlich aufzunehmenden Biegezugspannungen ungefähr bestimmen.

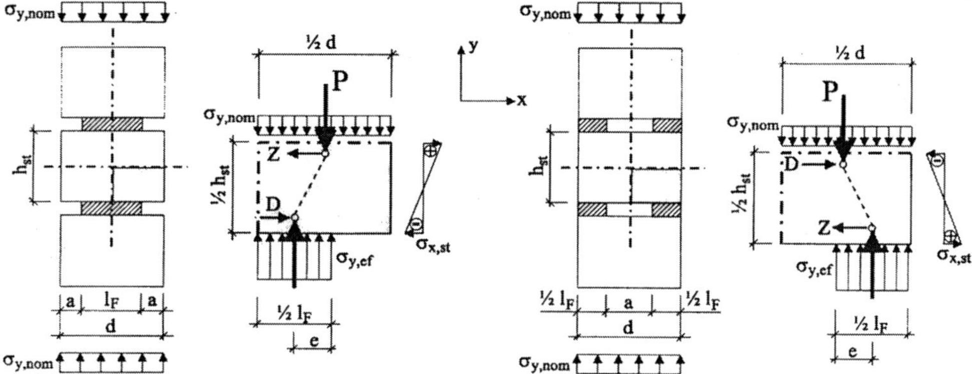

a) Spannungsübertragung nur im Mittenbereich

b) Spannungsübertragung nur im Randbereich

Bild 5.18: Zusätzliche Biegezugspannungen im Mauerstein infolge ungleichmäßiger Lagerfugenüberdeckung

Der schraffierte Bereich charakterisiert den Teil der Lagerfuge, wo es zu einer formschlüssigen Berührung der Mauersteine kommt. Nur in diesen Bereichen ist eine Druckspannungsübertragung möglich. Im Fall a) ist die Rauhigkeit der Lagerfuge derart, daß nur im Fugenmittenbereich eine Spannungsübertragung über die Fugenlänge l_F möglich ist, im Fall b) findet die Spannungsübertragung nur in den Fugenrandbereichen statt. Außerhalb der tragenden Bereiche berühren sich die Steine nicht und es findet keine Spannungsübertragung statt. Diese Teilflächenbelastung über ein reduziertes Fugenmaß l_F bewirkt eine Vergrößerung der von außen eingeleiteten und zu übertragenden Nominaldruckspannung $\sigma_{y,nom}$, so daß tatsächlich eine Effektivdruckspannung $\sigma_{y,ef}$ in diesen Bereichen aufgebaut wird.

Bei gewöhnlichen Steinabmessungen und Verwendung von Vollsteinen findet im Stein eine Spannungsverteilung unter 45° statt, so daß sich in den meisten Fällen in der Steinmitte aus der Effektivspannung wieder eine gleichmäßig über die Steinbreite d bzw. über die Steinlänge l_{st} verteilte Spannung $\sigma_{y,nom}$ aufbaut. Der Versatz der Resultanten mit dem Versatzmaß e erzeugt ein Biegemoment in beiden Querrichtungen, welches durch den Mauerstein aufzunehmen ist. Beide dar-

gestellten Fälle führen zu einer identischen Beanspruchung. Mittels der Biegetheorie läßt sich die zusätzliche Mauersteinbeanspruchung annähernd ermitteln:

$$R = \sigma_{y,nom} \cdot \frac{d}{2}, \tag{5.5}$$

$$e = 0{,}25 \cdot (d - l_F), \tag{5.6}$$

$$\sigma_x = \pm \frac{R \cdot e}{W} = \frac{3 \cdot d (d - l_F)}{h_{st}^2} \sigma_{y,nom}, \tag{5.7}$$

$$\sigma_x = \pm \frac{3}{2} \left(\frac{d}{h_{st}} \right)^2 \approx \pm 1{,}5 \cdot \sigma_{y,nom} \text{ mit: } l_F = \frac{d}{2} \text{ und } d \approx h_{st} \tag{5.8}$$

Wenn die Fugenüberdeckung l_F nur die Hälfte der Mauersteinbreite d ausmacht,
so ergeben sich quergerichtete Biegezugspannungen im Mauerstein, die das
1,5-fache der aufgebrachten Vertikalspannung erreichen. Betrachtet man den
Mauerstein von der Längs- und Breitseite, so ist der Widerstand gegenüber Biegespannungen in Steinlängsrichtung geringer als in Steinquerrichtung (Bild 5.19), so
daß sich Risse vornehmlich senkrecht zur Steinlänge eintragen. Das stimmt genau
mit den beobachteten Rißrichtungen der Versuchskörper überein. Diese zeigten
vornehmlich vertikale Risse in der Ansichtsfläche der Wand, die zum Teil als
Trennriß über die gesamte Wandstärke reichten.

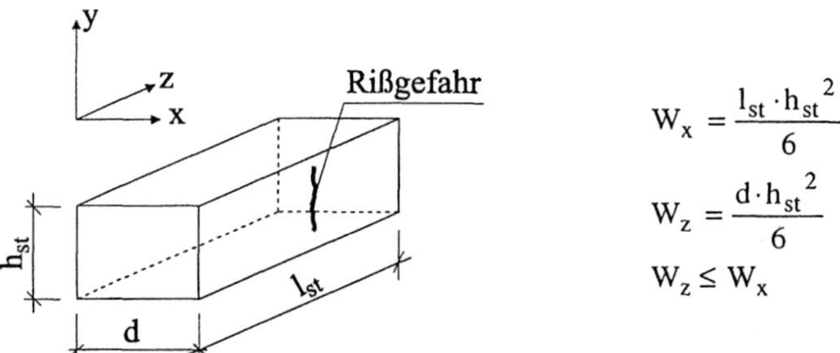

Bild 5.19: Widerstandsmomente des Mauersteins gegenüber Biegebeanspruchung

Das anfängliche Tragverhalten war insgesamt durch eine große Anfangsverformung gekennzeichnet. Die Mauerwerkkörper zeigten große Stauchungen ohne
nennenswert Last aufzunehmen. Bei zunehmender Belastung mußten sich die
Mauersteine mehr oder weniger ineinander eindrücken, bevor sie flächig aufeinander lagen und über die gesamte Lagerfläche die Lasten übertragen konnten. Bei
einer Laststufe, die etwa einem Drittel der aufnehmbaren Maximallast entsprach,
ging das Trockenmauerwerk zunehmend in das Tragverhalten des Steinmaterials
über. Ab diesem Punkt schien die Anfangsverformung soweit abgeschlossen, daß
die Steifigkeit des Mauerwerks nicht mehr durch die Lagerfugen, sondern durch
die Mauersteine bestimmt wurde. Ein Indiz für diese These liefern auch die gemessenen Spannungs-Dehnungslinien, die zwei unterschiedliche Krümmungen

aufweisen. Der Wendepunkt liegt etwa beim Drittelpunkt der Maximallast. Die zugehörige Stauchung beträgt im Mittel $\varepsilon_{33} = 1,3$ ‰ und liegt damit im Bereich, der auch von *Langer* fixiert wurde und eine untere Grenzstauchung für diesen Punkt von 0,8 ‰ vorgab [L1]. Oberhalb dieses Wendepunktes geht die σ-ε-Linie in eine Neigung über, die der für vermörteltes Mauerwerk bzw. der für Mauersteine entspricht.

Im Bruchlastniveau ging das Trockenmauerwerk mehr oder weniger spröde in den Bruchzustand über. Wie duktil das Mauerwerk versagte, hing vor allem vom verwendeten Mauerstein und seiner Festigkeit ab. Eine Versprödungstendenz bei Verwendung höherfester Steine konnte beobachtet werden und deckt sich mit den Feststellungen von *Langer* [L1]. Offenbar reichte die lokal vorhandene Verformbarkeit nicht aus, die freiwerdende elastisch gespeicherte Energie der nicht am Bruchvorgang beteiligten Bereiche zu verzehren.

Dadurch, daß kein Mörtel in den Fugen vorhanden war und sich die Fugen in der Anfangsphase formschlüssig aneinander gepreßt hatten, reagierte das Trockenmauerwerk zunehmend homogen. Fast unabhängig vom Fugenbild verteilten sich die Risse in der Scheibenebene entsprechend den wirkenden Hauptzugspannungen. Bild 5.20 stellt zwei RILEM-Körper nach einem zentrischen Druckversuch dar.

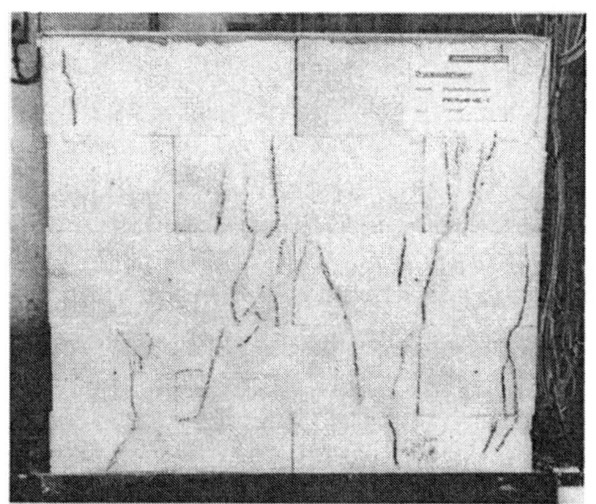 

a) RILEM-Körper aus Porenbeton-Plansteinen
    (PPW 4 oB)

b) RILEM-Körper aus Kalksand-
    Plansteinen (KS 20 oB)

Bild 5.20: Bruchbilder von RILEM-Körpern aus Trockenmauerwerk nach zentrischer Druckbeanspruchung

Die Risse verliefen meist als Trennrisse durch die gesamte Wanddicke, so daß Vorder- und Rückseite spiegelbildlich waren. Gut ist im Bild 5.20 zu erkennen, daß die Risse im ungestörten Wandbereich überwiegend vertikal gerichtet sind und zu den Ecken hin etwa unter 45° zur Horizontalen geneigt verlaufen. Dieses Rißverhalten ist typisch für Körper aus homogenem Material, z.B. Betonproben.

An den Lasteinleitungsflächen wird wegen der Querverformungsbehinderung ein dreiaxialer Spannungszustand in der Wand erzeugt. Dadurch tritt eine Scherbeanspruchung auf, die an der Grenze zwischen den Bereichen behinderter und unbehinderter Verformung am größten ist und dort zum Gleitbruch führt. Der Bereich der Verformungsbehinderung wird im allgemeinen durch einen Kegel mit der Mantellinienneigung von 45° zum unbehinderten Bereich hin abgegrenzt. Bei ausreichend großer Schlankheit gibt es folglich im mittleren Teil des Körpers einen Bereich, der sich frei verformen kann. Der Bruch tritt hier als Trennbruch in Form senkrechter Spaltrisse auf.

Fast alle bis zum Bruch belasteten Körper zeigten dieses Verhalten. In den Eckbereichen verliefen die Risse geneigt, während sie in Wandmitte überwiegend vertikal ausgerichtet waren. Die Schlankheit der Körper lag je nach Mauersteinabmessungen zwischen $\lambda = 4{,}2$ und $5{,}0$, so daß sich tatsächlich in Wandmitte eine freie Verformbarkeit einstellen konnte. Die erfolgte Fugenkompression gestattete einen vergleichmäßigten Spannungsverlauf über die Stoßfuge hinweg, so daß Kerbeinflüsse wenig Einfluß hatten und die Körper auch im Fugenbereich gleichmäßig druckbelastet waren.

Ein Aufspalten in der Scheibenebene, wie beim Dickbettmauerwerk, war nicht zu beobachten. Lediglich an den Stirnseiten platzten an den Ecken einige Male schollengroße Stücken ab, die auf das Wirken von quergerichteten Zugspannungen in beiden Horizontalrichtungen hinwiesen.

Wenn die Breite der Prüfköper es gestattete, so beim Fünf-Stein-Körper, vereinigten sich in den meisten Fällen die Risse aus den diagonal gegenüberliegenden Ecken zu einer Scherfuge, auf der die zwei entstehenden Körperhälften abscherten (Bild 5.21). Interessant war insbesondere, daß sich dieses Riß- und Bruchverhalten fast nahezu unabhängig von der Art der Lagerfugenschädigung einstellte. Zwar waren die Kerbwurzeln der eingeschnittenen Rillen Orte der Erstrißbildung, aber den generellen Verlauf der Spannungstrajektorien beeinflußten sie nicht. Sehr deutlich wird dieser Sachverhalt bei den Körpern, deren Mauersteine in Längsrichtung eingeschnitten waren (RL). Erwartet wurde, daß sich der Körper in seiner Ebene spalten würde, weil die Schwächung der Wand in dieser Richtung vorgegeben war. Dennoch stellte sich als Versagensbild eine geneigte Schubfuge ein. Die Ausbildung eines Bruchkegels bzw. die Rißvereinigung zu einem durchschlagenden Schubriß ist folglich unabhängig von der Art der Lagerflächenausbildung der Mauersteine. Generell war die Neigung des Schubbandes sehr unterschiedlich und differierte zwischen 45° und 80°, im Mittel 60° zur Horizontalen.

Das Verhalten im Bruchzustand von Prüfkörpern aus Kalksandsteinen und Porenbetonsteinen war prinzipiell ähnlich. Die Bruchlasten differierten wegen der unterschiedlichen Steinfestigkeiten, aber das Verhältnis von Mauerwerkdruckfestigkeit f zur Steindruckfestigkeit f_b war mit ca. 0,5 bis 0,6 bei beiden Mauerwerkarten gleich. Bezogen auf die kleineren Zylinderdruckfestigkeit $f_{b,cyl}$ verschiebt sich das Verhältnis zu 0,7 bis 0,8.

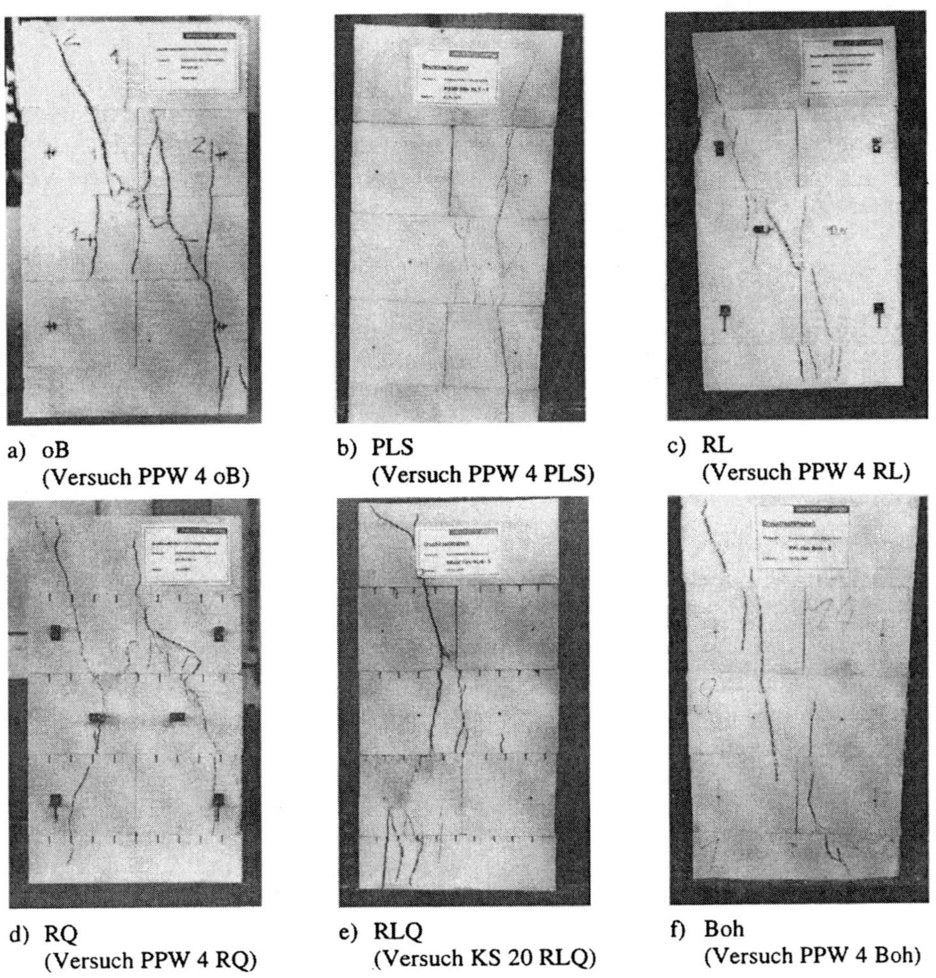

a) oB
(Versuch PPW 4 oB)

b) PLS
(Versuch PPW 4 PLS)

c) RL
(Versuch PPW 4 RL)

d) RQ
(Versuch PPW 4 RQ)

e) RLQ
(Versuch KS 20 RLQ)

f) Boh
(Versuch PPW 4 Boh)

Bild 5.21: Bruchbilder von Fünf-Stein-Körpern aus Trockenmauerwerk nach zentrischer Druckbeanspruchung (Mauersteine weisen unterschiedliche Lagerflächenausbildungen auf)

Die Prüfkörper aus plangeschliffenen Steinen wiesen dieselben Bruchmerkmale wie die aus unbearbeiteten Steinen auf, zeigten jedoch insgesamt eine geringere Verformung. Folglich bewirkte die Verwendung planebener Steine geringere Setzungserscheinungen im Fugenbereich, die Festigkeit wurde jedoch dadurch nur unwesentlich beeinflußt. Die in Form von eingeschnittenen Rillen eingetragenen Schädigungen führten zu keiner Verschlechterung des Tragverhaltens im Vergleich zu unbehandelten Steinen. Hierbei muß allerdings erwähnt werden, daß es, wie bei der Mauerwerkfestigkeit, nicht allein auf die Planebenheit eines einzelnen Steines, sondern in gleicher Weise auf eine möglichst konstante Steinhöhe in einer

Steinschicht ankommt. So zeigten stark gerissene Körper auch die größten Verformungen. Der Einfluß ungleicher Steinhöhen wird auch als der maßgebende für die teilweise größeren Streuungen in der Festigkeit des Trockenmauerwerks angesehen.

5.3.4 Druckfestigkeitsergebnisse

Zur besseren Übersichtlichkeit werden die Ergebnisse getrennt nach den Versuchsserien angegeben und diskutiert.

5.3.4.1 Erste Versuchsserie

Eine Zusammenstellung der erreichten Bruchlasten, Materialfestigkeiten und Dehnungen bei Höchstspannung enthält Tabelle 5.3. Die Angabe von unteren 5 %-Fraktilwerten ist nur informativ. Die Fraktilwerte wurden analog den Ausführungen im Kapitel 5 berechnet. In der Spalte 11 sind zudem die Verhältniswerte zur Druckfestigkeit des mit gleichartigen Mauersteinen zusammengesetzten Dünnbettmauerwerks aufgelistet.

Die Längsdehnung bei Höchstspannung ε_{ml} fiel um bis zu 70 % größer als bei vergleichbarem Dünnbettmauerwerk aus. Nur bei den Körpern aus KS 20 stellte sich eine um 20 % kleinere Längsverformung ein. Die Querdehnungen $\varepsilon_{ml,q}$ wuchsen bei Trockenmauerwerk generell um mindestens 30 % mehr als bei Dünnbettmauerwerk. Dadurch stieg der Verhältniswert der Verformungen $\varepsilon_{ml,q}/\varepsilon_{ml}$ von ursprünglich 30 bis 40 für Dünnbettmauerwerk auf über 80 für Trockenmauerwerk an.

Die Völligkeitsgrade α_0 vom Trockenmauerwerk sind dagegen sehr aussageschwach, weil sowohl die Anfangsverformung der Lagerfugen als auch das Materialverhalten der Mauersteine wechselnden Einfluß haben. Im Vergleich zum Dünnbettmauerwerk sind die α_0-Werte von Trockenmauerwerk sehr viel kleiner und erreichen nur zu etwa 70 bis 75 % das Niveau vom Dünnbettmauerwerk. Dies trifft für Körper aus Kalksandstein und aus Porenbetonstein gleichermaßen zu.

Die Druckfestigkeit von Trockenmauerwerk fällt geringer aus als die vom Dünnbettmauerwerk (Bild 5.22). Auf der sicheren Seite liegend kann ein Druckfestigkeitsabfall von 15 % angenommen werden. Ursache dieser verminderten Mauerwerkdruckfestigkeit sind vor allem die früh durch Maßtoleranzen und einer nicht vollflächigen Fugenüberdeckung eingetragenen Risse im Trockenmauerwerkverband. Einige Ergebnisse liegen oberhalb der Druckfestigkeit von Dünnbettmauerwerk. Hier macht sich wahrscheinlich die Überlagerung der Einzelstreuungen der Festigkeit bemerkbar.

Der Zusammenhang zwischen der Druckfestigkeit von Trockenmauerwerk f und der Steindruckfestigkeit f_b bzw. Zylinderdruckfestigkeit $f_{b,cyl}$ läßt sich aufgrund der wenigen Versuchsergebnisse bisher nur skizzieren.

Tabelle 5.3: Ergebnisse von RILEM-Prüfkörpern aus Trockenmauerwerk im Verband Mauersteinart und Lagerflächenausbildung (oB = ohne Bearbeitung, PLS = Plan-schliff); Bruchlast max F; Mauerwerkdruckfestigkeit f; Variationskoeffizient V; 5 %-Fraktile der Mauerwerkdruckfestigkeit $f_{0,05}$; Längsstauchung unter Höchstspannung ε_{ml}; Querdehnung unter Höchstspannung $\varepsilon_{ml,q}$; Völligkeitsgrad α_0; auf die Steindruckfestigkeit bezogene Bruchspannung f/f_b; auf die Zylinderdruckfestigkeit bezogene Bruchspannung $f/f_{b,cyl}$; Verhältnis der Mauerwerkdruckfestigkeiten von Trocken- zu Dünnbettmauerwerk f/f_{DM}

Stein	max F	f	V	$f_{0,05}$	ε_{ml}	$\varepsilon_{ml,q}$	α_0	f/f_b	$f/f_{b,cyl}$	f/f_{DM}
	kN	N/mm²	%	N/mm²	‰	‰	--	--	--	--
1	2	3	4	5	6	7	8	9	10	11
KS 20 oB										
min	2894,4	12,06			2,82	0,65	0,44	0,45	0,70	0,85
max	2937,0	12,23			3,14	2,61	0,51	0,46	0,71	0,87
Mittel	2909,4	12,12	0,82	11,79	3,02	1,77	0,47	0,46	0,70	0,86
PLS										
min	2589,0	10,79			2,84	0,91	0,37	0,41	0,63	0,77
max	2903,4	12,10			3,25	2,63	0,47	0,46	0,71	0,86
Mittel	2734,2	11,40	5,80	9,17	3,01	1,93	0,43	0,43	0,67	0,81
KS 12 oB										
min	2827,2	11,78			3,46	1,69	0,46	0,53	0,92	1,07
max	3102,6	12,92			3,96	2,92	0,55	0,58	1,01	1,17
Mittel	2986,0	12,44	4,77	10,44	3,75	2,40	0,50	0,56	0,97	1,13
PPW 4 oB										
min	532,2	2,22			2,87	0,98	0,35	0,55	0,57	0,80
max	592,2	2,47			3,52	2,54	0,40	0,61	0,64	0,89
Mittel	562,4	2,34	5,34	1,92	3,14	1,54	0,37	0,58	0,60	0,85
PLS										
min	653,4	2,72			2,28	0,89	0,39	0,67	0,70	0,99
max	741,0	3,08			2,70	1,38	0,45	0,76	0,80	1,12
Mittel	702,2	2,93	6,41	2,29	2,43	0,86	0,41	0,72	0,76	1,07
PPW 2 oB										
min	274,8	1,90			3,09	0,42	0,35	0,59	0,68	0,92
max	298,2	2,07			3,19	1,46	0,39	0,64	0,74	1,00
Mittel	283,0	1,96	4,67	1,65	3,14	0,75	0,38	0,61	0,70	0,95

Bild 5.23 widerspiegelt den Zusammenhang zwischen Trockenmauerwerk- und normierter Steindruckfestigkeit. Ersten Auswertungen zufolge kann die Beziehung in potentieller oder vereinfacht in linearer Form angegeben werden:

linear: $\qquad f = 0,51 \cdot f_b$, $\hfill$ (5.9)

potentiell: $\qquad f = 0,82 \cdot f_b^{0,85}$. $\hfill$ (5.10)

Die Festigkeitsstreuungen liegen mit 4 bis 6 % in üblichen Bereichen. Die etwas größeren Streuungen bei den Körpern aus plangeschliffenen Steinen resultieren insbesondere aus den unterschiedlichen Steinhöhen, die durch das Abschleifen entstanden sind.

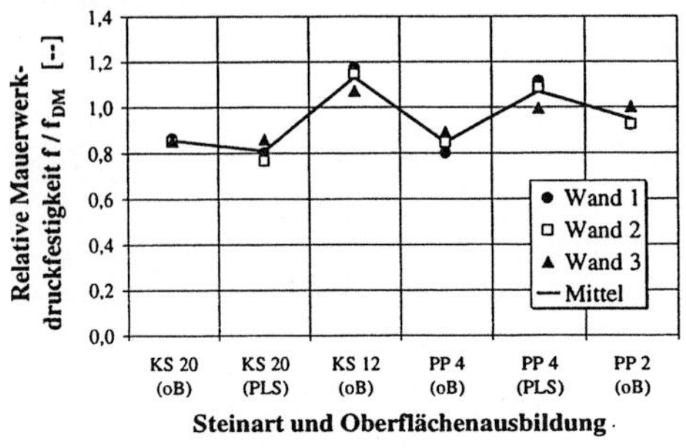
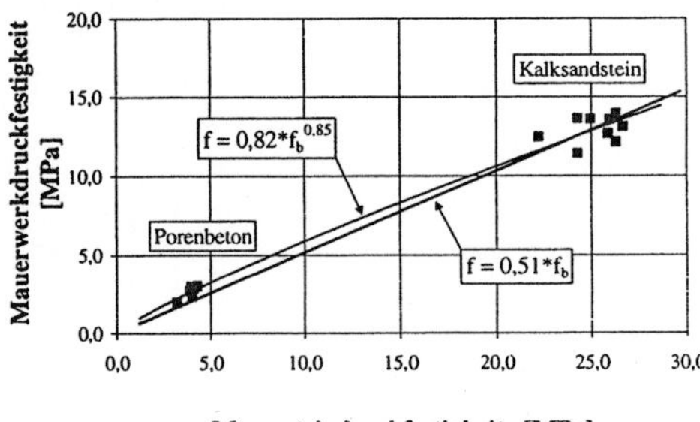

Bild 5.22: Verhältnis der Druckfestigkeiten von Trockenmauerwerk zu Dünnbettmauerwerk f/f_{DM} für verschiedene Mauersteinarten, Festigkeitsklassen und Lagerflächenausbildungen

Bild 5.23: Beziehung zwischen Trockenmauerwerkdruckfestigkeit f und normierter Mauersteindruckfestigkeit f_b

Der Vergleich zum Dünnbettmauerwerk läßt schlußfolgern, daß die dünne Mörtelfuge selbst kaum Einfluß auf die Höhe der Bruchlast hat, aber dennoch als Pufferschicht eine Formschlüssigkeit gewährleistet. Dieser Pufferschicht ist es zu verdanken, daß sich Spannungsspitzen abbauen und der Spannungsverlauf insgesamt gleichmäßiger wird. Diese Aufgabe müssen im Trockenmauerwerk die Mauersteine selbst übernehmen.

5.3.4.2 Zweite Versuchsserie

Das Tragverhalten der Fünf-Stein-Körper war grundsätzlich mit dem des RILEM-Körpers vergleichbar. Die Bruchspannungen lagen auf einem ebenso hohem Niveau. Daher scheint es gerechtfertigt, nur die Mittelwerte der Bruchlasten und -spannungen darzustellen. Die unteren 5 %-Fraktilwerte sind sogar etwas größer als bei den Normprüfkörpern, weil pro Steinlage nur ein ganzer Stein bzw. zwei aus einem Stein geschnittene Steinhälften vorhanden waren und dadurch kein Einfluß infolge Steinhöhentoleranz existierte. Dies wirkte sich sehr positiv auf die Streuung der Ergebnisse aus und ist Grund dafür, warum die Körper aus plangeschliffenen Steinen die höchsten Festigkeiten erbrachten. Die Ebenheit der Lagerfuge kam in diesen Fällen voll zum Tragen. Die Bruchspannung der Wände aus gebohrten Steinen bezieht sich auf die Nettofläche. Der Festigkeitsvergleich dieser Körper zu denen aus geschlitzten Steinen läßt vermuten, daß runde Querschnittsschwächungen einen merklich geringeren Einfluß haben als scharfkantige Öffnungen. Diese Erfahrung ist insbesondere für die Gestaltung von Mauersteinen von Bedeutung, die Öffnungen für z.B. Spannkabelführungen aufweisen sollen.

In Tabelle 5.4 sind weiterhin die Längs- und Querdehnungen bei Höchstspannung sowie der Bezug zur normierten Steindruckfestigkeit bzw. Zylinderdruckfestigkeit angegeben.

Tabelle 5.4: Ergebnisse von Fünf-Stein-Prüfkörpern aus Trockenmauerwerk (Mittelwerte) Mauersteinart und Lagerflächenausbildung (oB, PLS, RLK, RQ, RLQ, Boh); Bruchlast max F; Mauerwerkdruckfestigkeit f; Variationskoeffizient V; 5 %-Fraktile der Mauerwerkdruckfestigkeit $f_{0,05}$; Längsstauchung unter Höchstspannung ε_{ml}; Querdehnung unter Höchstspannung $\varepsilon_{ml,q}$; Völligkeitsgrad α_0; auf die Steindruckfestigkeit bezogene Bruchspannung f/f_b; auf die Zylinderdruckfestigkeit bezogene Bruchspannung $f/f_{b,cyl}$

Stein	max F	f	V	$f_{0,05}$	ε_{ml}	$\varepsilon_{ml,q}$	α_0	f/f_b	$f/f_{b,cyl}$
	kN	N/mm^2	%	N/mm^2	‰	‰	--	--	--
1	2	3	4	5	6	7	8	9	10
KS 20									
oB	1672,8	13,94	6,04	11,10	3,30	6,25	0,45	0,53	0,81
PLS	1631,8	13,60	0,74	13,26	2,87	6,65	0,49	0,52	0,80
RL	1568,4	13,07	1,29	12,50	3,40	3,31	0,53	0,50	0,76
RQ	1625,2	13,55	2,74	12,29	3,51	5,00	0,48	0,52	0,79
RLQ	1628,4	13,57	6,33	10,67	3,44	3,92	0,51	0,52	0,79
Boh	1468,2	12,65	6,27	9,97	3,16	5,70	0,47	0,48	0,74
PPW 4									
oB	320,5	2,67	5,57	2,17	3,37	1,57	0,40	0,66	0,69
PLS	355,3	2,96	2,38	2,71	2,54	0,56	0,45	0,73	0,77
RL	323,5	2,69	9,73	1,81	2,76	1,75	0,42	0,67	0,70
RQ	321,3	2,67	5,29	2,19	2,94	0,79	0,42	0,66	0,69
RLQ	360,8	3,01	9,98	1,99	2,72	0,88	0,41	0,75	0,78
Boh	328,2	2,82	3,97	2,45	2,78	0,84	0,42	0,70	0,73

Vergleicht man das Verhalten von Kalksandsteinwänden und Porenbetonsteinwänden (Bild 5.24), so wird deutlich, daß eine wachsende Lagerflächenschädigung nur bei den Kalksandsteinkörpern zu einem geringen Tragfähigkeitsverlust führte. Dieser läßt sich bei den stark geschädigten Steinen auf maximal 7 % beziffern, wohingegen die plangeschliffenen Steine fast keinen Zuwachs an Tragfähigkeiten brachten. Dagegen hatte die Lagerflächengüte bei den Porenbetonsteinen fast keinen Einfluß auf die Mauerwerkdruckfestigkeit. Der Porenbetonstein scheint dank seiner Materialbeschaffenheit und einer geringeren Steifigkeit eher in der Lage zu sein, Fugenschädigungen auszugleichen. Schlußfolgernd läßt sich festhalten, daß die heute vorhandene Plansteinqualität durchaus den Anforderungen des Trockenmauerwerks gerecht wird.

Das Bild 5.25 zeigt eine Gegenüberstellung der Mauerwerkdruckfestigkeiten von Wandkörpern aus Kalksandstein- und Porenbeton-Plansteinen. Als Bezugsgröße gilt die Festigkeit der Fünf-Steinkörper aus unbearbeiteten Steinen (oB).

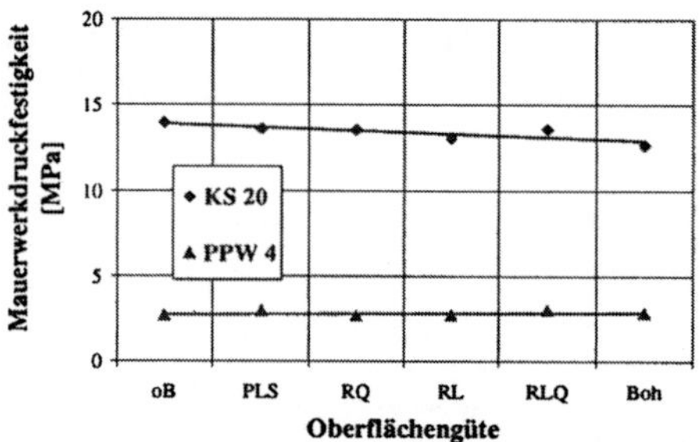

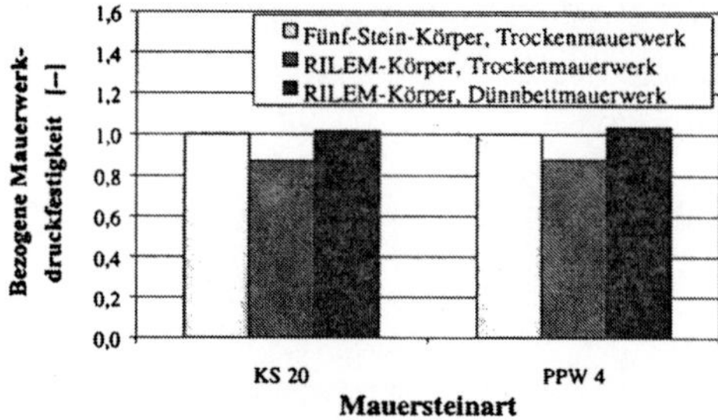

Bild 5.24: Abhängigkeit der Druckfestigkeit von Trockenmauerwerk aus Kalksand- und Porenbetonsteinen von der Ausbildung der Lagerfuge

Bild 5.25: Vergleich der auf den Fünf-Stein-Körper bezogenen Festigkeiten der RILEM-Körper aus Trocken- und Dünnbettmauerwerk.

Während die Festigkeit der Dünnbettkörper mit der Festigkeit der Fünf-Stein-Körper aus Trockenmauerwerk vergleichbar ist, fällt die Festigkeit der RILEM-Körper aus Trockenmauerwerk bis zu 14 % ab. Die Festigkeitseinbußen sind für Kalksand- und Porenbetonsteinmauerwerk ähnlich stark.

5.3.4.3 Dritte Versuchsserie

In der dritten Versuchsserie konnten wegen der unterschiedlich hohen Prüfkörper nicht nur der Einfluß der Schlankheit, sondern, weil mit der Mauerwerkhöhe auch die Anzahl der Lagerfugen wuchs, der Einfluß eines gesteigerten Fugenanteils untersucht werden. Zudem sollte überprüft werden, ob eine wiederholte Belastung sich auf die Höhe der Druckfestigkeit von Trockenmauerwerkwänden auswirkt.

Die gemessenen Druckfestigkeiten zeigten ein eindeutiges Ergebnis. Die höchste Traglast konnte der Körper, der nur aus einem Mauerstein bestand und die niedrigste Tragkraft der Körper, der aus fünf trocken übereinander geschichteten Steinen hergestellt wurde, aufweisen. Eine Ursache dieses Phänomens ist die sinkende Tragfähigkeit mit wachsender Schlankheit. Dadurch, daß die Mauerwerkkörper nur in ihrer Höhe variiert wurden, und die Seitenabmessungen gleich blieben, wuchs die Schlankheit von rd. $\lambda = 1,0$ bis auf 5,0. Obwohl alle Körper sorgfältig errichtet und zentrisch belastet wurden, ergaben sich infolge von Bauungenauigkeiten ungewollte Verformungen der Wandachse, so daß kein reiner mittiger Druck auftrat. Planmäßig mittige Lasten rufen demnach immer ungewollte Momentenbeanspruchungen hervor, die die rechnerischen Spannungen örtlich vergrößern. Bei Laststeigerung nehmen die Wandverformungen und damit auch die Spannungen zu, bis das Mauerwerk versagt. Um die Versuchsergebnisse richtig deuten zu können, muß der Knickeinfluß explizit erfaßt und die Erläuterung dessen in diesem Abschnitt der Bemessung vorweggenommen werden. Bei den Bemessungsansätzen nach Kapitel 8 ist der Knickeinfluß zu berücksichtigen.

Die Wandverformungen werden im allgemeinen durch die Schlankheit der Wand, eine eventuelle planmäßige Exzentrizität der Normalkraft, Bauungenauigkeiten, das Kriechen und das rechnerische Aufreißen des Querschnitts beeinflußt. Sie haben Einfluß auf die Schnittgrößen selbst und demnach auch auf die Höhe der Traglast.

Die deutsche Mauerwerknorm DIN 1053-1 [AA3] erfaßt den Einfluß der Verformungen auf die Schnittgrößen dadurch, daß der Knicksicherheitsnachweis als Spannungsnachweis nach Theorie II. Ordnung in halber Geschoßhöhe geführt wird. Dabei wird von einem Ebenbleiben der Querschnitte und von einer linearen Spannungsverteilung über den Querschnitt ausgegangen. Auf eine Mitwirkung des Mauerwerks auf Zug senkrecht zur Lagerfuge wird verzichtet.

Von *Mann* werden in [M2] für die Ermittlung der Verformungen nach Theorie II. Ordnung geschlossene Lösungen angeboten. Dabei ist zu unterscheiden, ob die Wand an keiner Stelle eine klaffende Fuge aufweist oder auf volle Höhe gerissen ist. Sofern die Exzentrizitäten klein sind, bleibt der Körper ungerissen und besitzt in allen Querschnitten eine konstante Biegesteifigkeit $E \cdot I = const$. Mittels Gleichgewichtsbetrachtungen am Stabelement konnten für die Versuchskörper die Gesamtexzentrizitäten in Stabmitte ermittelt werden, die die jeweilige planmäßige Ausmitte $e = M/N$, die ungewollte Ausmitte f_1 und die Ausmitte f_2 infolge Verformungen nach Theorie II. Ordnung beinhalteten (Bild 5.26).

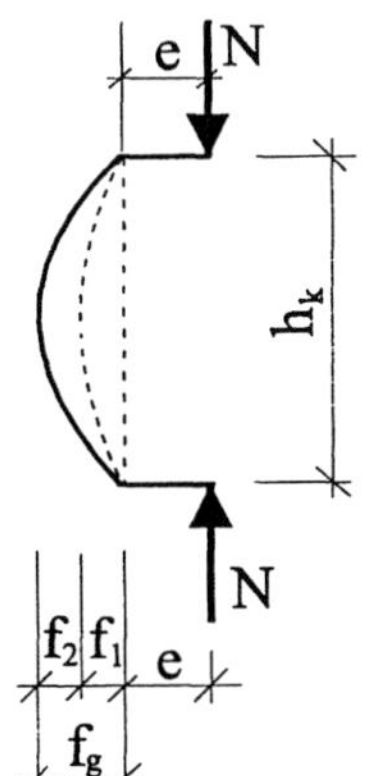

Es bedeuten:

e	$= M/N =$ planmäßige Exzentrizität,
f_1	$= h_k/300 =$ ungewollte Ausmitte,
f_2	$=$ Stabauslenkung,
f_g	$=$ Zusatzausmitte für die Bemessung,
N	$=$ Traglast,
h_k	$=$ Knicklänge der Wand.

Bild 5.26: Exzentrizitäten für den Knicknachweis

In Anlehnung an andere Bemessungsnormen darf von einer sinusförmig über die Wandhöhe verteilten ungewollten Ausmitte f_1 ausgegangen werden, deren Größtwert sich in halber Geschoßhöhe zu max $f_1 = h_k/300$ ergibt. Die Summe von f_1 und f_2 stellt die zusätzliche Ausmitte f_g dar, die neben der planmäßigen Exzentrizität zusätzlich berücksichtigt werden muß. Die zum Bruch führende Normalkraft N greift demzufolge mit einer Gesamtexzentrizität von $e+f_g$ an:

$$e + f_g = e + f_1 + f_2 = \frac{e}{\cos\left(\dfrac{\pi}{2}\sqrt{N/N_k}\right)} + \frac{f_1}{1 - N/N_k} \; . \tag{5.11}$$

Der erste Term enthält die Verformungen nach Theorie I. Ordnung infolge ausmittig angreifender Normalkräfte N sowie den sich daraus entwickelnden Verformungsanteil nach Theorie II. Ordnung. Der zweite Term stellt den Verformungsanteil nach Theorie II. Ordnung infolge der immer vorhandenen ungewollten Ausmitte dar. Die Eulerlast N_k entspricht der Knicklast eines ideal zentrisch gedrückten, geraden Stabes und stellt als Verzweigungslast den Bezug zur klassischen Stabilitätstheorie her.

Im Vergleich zur Bruchlast eines nicht knickgefährdeten, zentrisch belasteten Stabes N_0 ergibt sich ein Abminderungsfaktor $\eta = N/N_0$, mit dem die Bruchlast auf die theoretische Schlankheit $\lambda = 0$ umgerechnet werden kann:

$$\eta = \frac{N}{N_0} = \frac{1}{1 + 6(e + f_1 + f_2)/d} \; . \tag{5.12}$$

Für die vorliegenden Versuche ergab sich die planmäßige Ausmitte zu e = 0, d.h. die geschlossene Lösung für ungerissene Querschnitte ist anwendbar, weil gilt: e+f < d/6. Wenn weiterhin zur Berechnung der Eulerknicklast vereinfachend die Steifigkeit zu $E \cdot I = E_{33/66} \cdot I$ gesetzt wird, so ergeben sich in Abhängigkeit der Prüfkörperhöhe Abminderungsfaktoren von 0,98 bis 0,90.

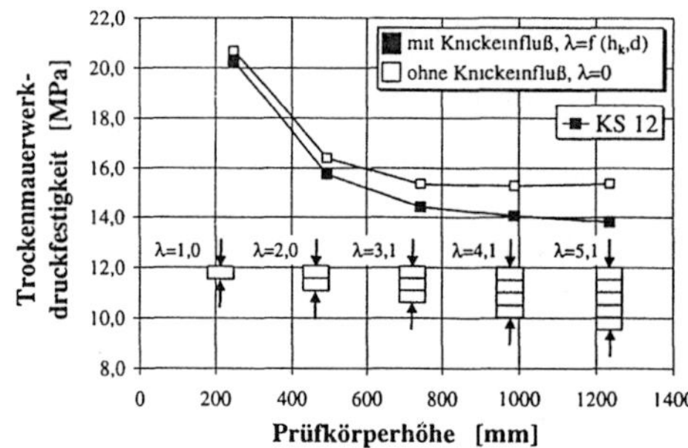

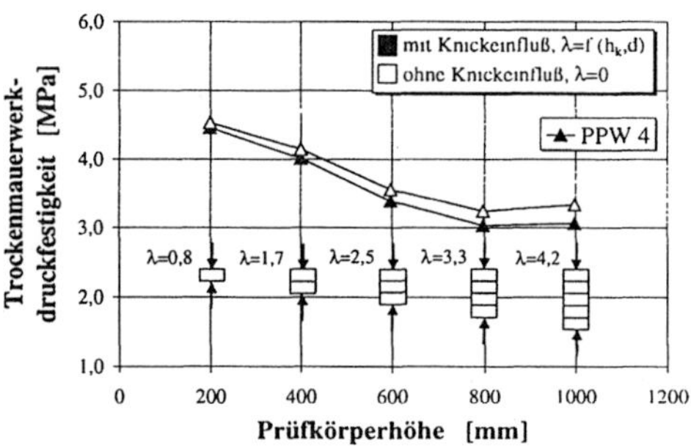

a) Kalksandstein-Trockenmauerwerk aus   b) Porenbetonstein-Trockenmauerwerk aus
    KS 12   PPW 4

Bild 5.27: Vergleich der Trockenmauerwerkdruckfestigkeiten mit und ohne Schlankheitseinfluß

Dabei können für die $E_{33/66}$-Moduln, deren Ermittlung und Bedeutung ausführlich im folgenden Abschnitt diskutiert wird, mit 5500 N/mm^2 für das Kalksandstein- (KS 12) und 1100 N/mm^2 für das Porenbetonstein-Trockenmauerwerk (PPW 4) eingesetzt werden. Im Bild 5.27 sind sowohl die Mauerwerkdruckfestigkeiten mit und ohne Schlankheitseinfluß gegenüber der Prüfkörperhöhe eingetragen. Die Werte mit Schlankheitseinfluß stellen die im Versuch gemessenen Werte dar, die natürlich von der Schlankheit des Prüfkörpers abhängen. Hierbei handelt es sich um einen strukturbedingten Einfluß. Die Schlankheit λ ist eine Funktion der Höhe zur Wanddicke: $\lambda = f(h_k, d) = h_k/d$. Die zunehmende Schlankheit bewirkt, daß die Verformungen des Systems schnell anwachsen, und infolge der zusätzlichen Schnittkräfte die aufnehmbaren Lasten verringert werden. Werden diese Ergebnisse mittels der Abminderungsfaktoren auf die theoretische Schlankheit von $\lambda = 0$ umgerechnet, so kann der Schlankheitseinfluß eliminiert werden. Die Abminderung beträgt bei den vorliegenden Abmessungen rd. 10 %, so daß die Druckfestigkeit für $\lambda = 0$ etwas oberhalb der gemessenen Kurve liegt.

Der weiterhin vorhandene Traglastabfall beruht auf zwei Einflüssen: zum einen die behinderte Verformung an den Lasteinleitungsstellen durch die Endflächenreibung, insbesondere bei den kleinen Versuchskörpern und zum zweiten auf den wachsenden Fugenanteil an Lagerfugen, hier besonders bei den größeren Versuchskörpern.

Tabelle 5.5: Trockenmauerwerk unterschiedlicher Prüfkörperhöhe
Mauerstein und Prüfkörper aus übereinandergeschichteten Mauersteinen; Bruchlast max F; Höhe der Prüfkörper = Knickhöhe h_k; Schlankheit λ; Mauerwerkdruckfestigkeit f; Mauerwerkdruckfestigkeit ohne Schlankheitseinfluß $f_{\lambda=0}$; auf die Steindruckfestigkeit bezogene Bruchspannung f/f_b; auf die Zylinderdruckfestigkeit bezogene Bruchspannung $f/f_{b,cyl}$; auf die Steindruckfestigkeit bezogene Bruchfestigkeit ohne Knickeinfluß $f_{\lambda=0}/f_b$; auf die Zylinderdruckfestigkeit bezogen Bruchfestigkeit ohne Knickeinfluß $f_{\lambda=0}/f_{b,cyl}$

Stein	max F	h_k	λ	f	$f_{\lambda=0}$	f/f_b	$f/f_{b,cyl}$	$f_{\lambda=0}/f_b$	$f_{\lambda=0}/f_{b,cyl}$
Höhe	kN	mm	--	N/mm^2	N/mm^2	--	--	--	--
1	2	3	4	5	6	7	8	9	10
KS 12									
1 Stein	2430	247,8	1,03	20,25	20,67	0,91	1,58	0,93	1,62
2 Steine	1888	495,5	2,06	15,73	16,39	0,71	1,23	0,74	1,28
3 Steine	1731	744,0	3,10	14,42	15,35	0,65	1,12	0,69	1,20
4 Steine	1686	989,5	4,12	14,05	15,38	0,63	1,10	0,69	1,20
5 Steine	1658	1237,0	5,15	13,82	15,37	0,62	1,08	0,69	1,20
PPW 4									
1 Stein	642	198,5	0,83	4,46	4,53	1,10	1,16	1,12	1,18
2 Steine	578	400,0	1,67	4,01	4,15	1,00	1,04	1,03	1,08
3 Steine	488	597,0	2,49	3,39	3,56	0,84	0,88	0,88	0,92
4 Steine	437	797,0	3,32	3,03	3,24	0,75	0,79	0,81	0,84
5 Steine	441	998,0	4,16	3,06	3,33	0,76	0,79	0,83	0,86

Wie zu sehen ist, vollzog sich ab einer Schlankheit von $\lambda = 3,0$ kaum noch ein merklicher Tragfähigkeitsabfall. Die größeren Körper wiesen infolge der gewachsenen Schlankheit im mittleren Teil einen ausreichend großen Bereich auf, der sich ungehindert verformen konnte. Die Druckfestigkeit ist auf einen Wert gesunken, den man als die "wahre" Druckfestigkeit des Mauerwerks bezeichnen könnte. Diese einachsige Druckfestigkeit ist ein reiner Materialkennwert für Trockenmauerwerk. Der festgestellte Abfall der Festigkeit ist folglich ein prüfbedingter Einfluß. Die Druckfestigkeiten kleinerer Körper werden dagegen sehr stark durch die Endflächenreibung an den Lastplatten verfälscht und liegen zu hoch. Weil kein weiterer signifikanter Traglastabfall zu verzeichnen war, obwohl die Köperhöhe und die Anzahl der Lagerfugen erhöht wurde, läßt dies die Schlußfolgerung zu, daß der Anteil der Lagerfugen nur einen geringen Einfluß auf die Druckfestigkeit von Trockenmauerwerk hat. Vielmehr wirkt sich die Fugenanzahl auf die Verformungen des Mauerwerks aus.

Eine Zusammenstellung der Versuchsergebnisse ist in Tabelle 5.5 vorgenommen worden. Neben den gemessenen Werten sind ebenfalls die Verhältniswerte zu den Steindruck- und Zylinderdruckfestigkeiten angegeben worden. Beachtenswert ist, daß bei den Kalksandsteinkörpern die Mauerwerkdruckfestigkeit stets oberhalb der einaxialen Druckfestigkeit der Mauersteine (Zylinderdruckfestigkeit) liegt, während bei den Porenbetonsteinen diese Festigkeit bei höheren Schlankheiten nicht ausgenutzt wird.

5.3.5 Spannungs-Dehnungsverhalten, Elastizitätsmoduln

Die Druckversuche an Trockenmauerwerkkörpern wurden sowohl mit einer einmaligen als auch einer mehrmaligen Belastung durchgeführt. Daher erscheint es sinnvoll, die Auswertung getrennt nach Belastungsregime vorzunehmen. Im folgenden werden daher die erste und zweite Versuchsserie zusammen und anschließend die dritte Versuchsserie einzeln ausgewertet.

5.3.5.1 Erste und zweite Versuchsserie

Bezogen auf die Ausgangsmeßlängen wurden die Dehnungen in Vertikal- und Horizontalrichtung ermittelt und gegenüber den aus den Lasten errechneten Spannungen aufgetragen. Der abfallende Ast für den Nachbruchbereich konnte im Gegensatz zum ansteigenden Ast der σ-ε-Linie nicht immer aufgezeichnet werden, da die Wegaufnehmer nach Überschreiten der Höchstlast oftmals ausfielen. Der aufgezeichnete Maschinenweg schien jedoch zu ungenau, um damit weiterzurechnen.

Die Arbeitslinien von Dünnbett- und Trockenmauerwerk unterscheiden sich in wesentlichen Punkten. Insbesondere die Anfangsbereiche weichen voneinander ab. Im Bild 5.28 sind die Spannungs-Dehnungslinien für RILEM-Körper aus Mauersteinen KS 20 und PPW 4 jeweils aus Dünnbett- und Trockenmauerwerk nach einmaliger Belastung dargestellt. Dabei entsprechen die Verformungen den Mittelwerten der zugeordneten Wegmessung auf beiden Prüfkörperseiten und die aufgetragenen bezogenen Spannungen den Verhältniswerten von Druckspannung zu gemessener Mauerwerkdruckfestigkeit des jeweiligen Wandkörpers.

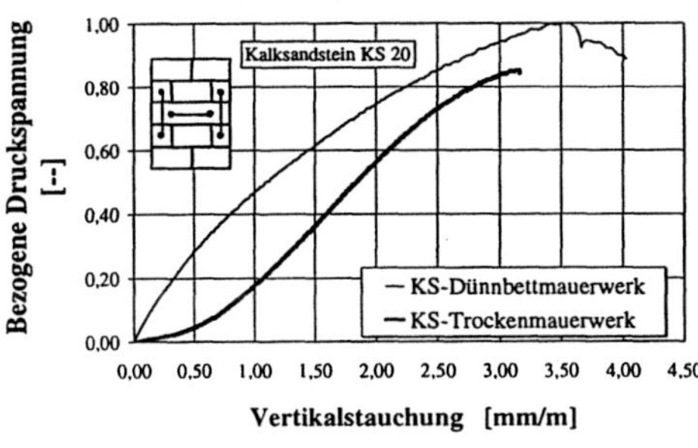

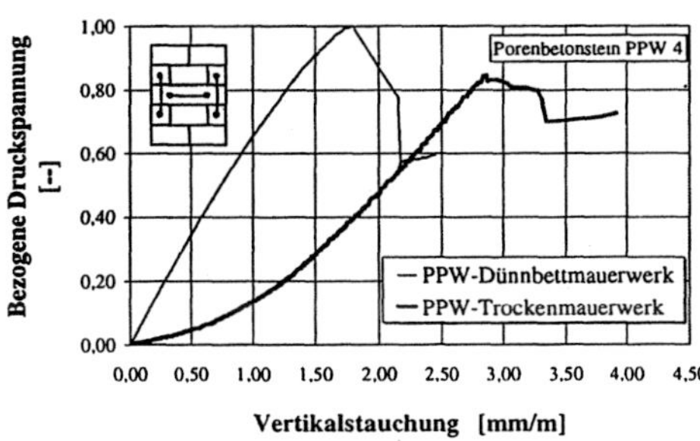

a) Kalksand-Plansteinmauerwerk mit KS 20   b) Porenbeton-Plansteinmauerwerk mit PPW 4

Bild 5.28: Vergleich der Spannungs-Dehnungslinien von Dünnbett- und Trockenmauerwerk aus Kalksand- und Porenbetonsteinen

Während die Dünnbettmauerwerkkörper anfangs ein linear elastisches Verhalten aufwiesen, das bei Laststeigerung zunehmend in ein weicheres Materialverhalten überging, zeigten die Trockenmauerwerkkörper bereits am Anfang ein ausgeprägtes nichtlineares Verformungsverhalten. Mit wachsender Belastung wuchs die Steifigkeit des Trockenmauerwerks und bei einer Spannung, die etwa einem Drittel der Maximalspannung entsprach, schwenkt die σ-ε-Linie vom konvexen Verlauf in einen konkaven Verlauf über. Ab diesem Punkt ähnelte das Tragverhalten dem des vermörtelten Mauerwerks. Beim Trockenmauerwerk bestimmt die mörtellose Lagerfuge das Verhalten des Körpers in der Konsolidierungsphase im ersten Drittelbereich der Arbeitslinie. Erst nach Überschreiten des Wendepunktes wird das Spannungs-Dehnungsverhalten der Mauersteine bestimmend.

Folglich ist die Rauhigkeit der Lagerfuge ein sehr wichtiges Kriterium für das Verformungsverhalten der Trockenmauerwerkkonstruktionen.

Aus der Beobachtung, daß sich ein Wendepunkt zwischen den zwei entgegengesetzt gekrümmten Kurvenabschnitten abbildete, sind alle aufgenommenen Spannungs-Dehnungslinien der Trockenmauerwerkkörper (RILEM-Körper und Fünf-Stein-Körper) durch höhergradige Polynome approximiert worden in der Form $\sigma = f(\varepsilon)$. Durch zweimaliges Differenzieren konnten die Wendepunkte bzw. die zugehörigen Wendepunktstauchungen ε_{WP} und Wendepunktspannungen σ_{WP} ermittelt werden.

Durch Vergleich der Kurvendaten zeigt sich, daß der Wendepunkt bei einer Vertikalstauchung des Körpers auftrat, die in etwa dem Drittelpunkt der Maximalspannung zugeordnet werden kann. Bild 5.29 zeigt eine Gegenüberstellung der durch Polynome approximierten Wendepunktstauchung ε_{WP} und der Stauchung bei einem Drittel der Mauerwerkdruckfestigkeit ε_{33} für die Körper aus Kalksandsteinen (KS) und aus Porenbetonsteinen (PPW) ungeachtet der Druckfestigkeit und der Lagerflächenqualität der Einzelsteine. Die Streuung der Einzelwerte ist mit $\pm\,15\,\%$ noch tolerierbar. Die Gegenüberstellung der zugehörigen Druckspannungen von $\sigma = 1/3 \cdot f$ und $\sigma(\varepsilon_{WP})$ im Bild 5.30 verdeutlicht, daß die Spannungen weniger streuen als die Stauchungen.

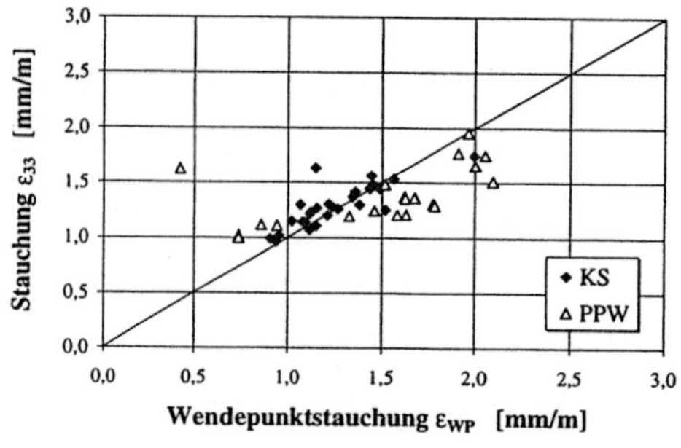

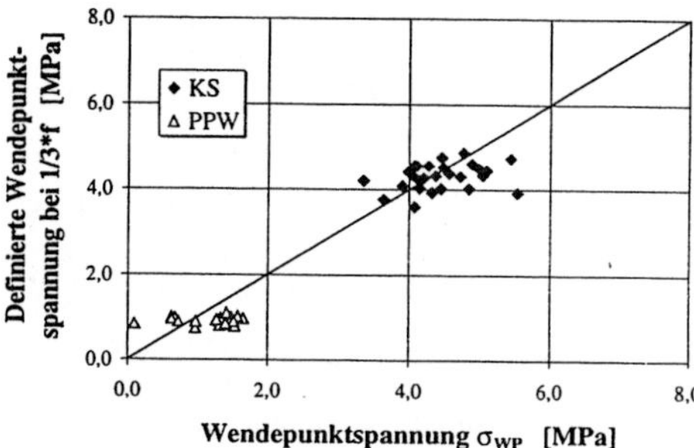

Bild 5.29: Gegenüberstellung der Stauchung bei einem Drittel der Maximalspannung ε_{33} zur approximierten Wendepunktstauchung ε_{WP}

Bild 5.30: Gegenüberstellung der Spannungen bei 1/3 der Mauerwerkdruckfestigkeit und bei einer Stauchung von ε_{WP}

Es ist anzumerken, daß die Annahme einer konstanten Lage des Wendepunktes bei $\sigma = 1/3 \cdot f$ nur eine Näherung darstellt. Wird bedacht, daß der Porenbetonstein und damit das aus ihm errichtete Mauerwerk fast bis zum Bruch eine lineare Beziehung zwischen Spannung und Dehnung aufwies, wird klar, daß es relativ schwierig ist, einen Wendepunkt zu markieren. Folglich müssen die Streuungen bei den Porenbetonkörpern größer ausfallen als bei Kalksandsteinkörpern. Die Stauchungswerte beim Wendepunkt ε_{33} differierten ohnehin stärker als die Spannungen, insbesondere wenn bereits bei kleinen Spannungen die Anfangsverformungen groß ausfielen. Hier kommt der Qualität der Lagerfuge eine ganz entscheidende Bedeutung zu. Die Druckfestigkeit des Mauerwerks bzw. der Mauersteine hatte interessanterweise einen relativ unbedeutenden Einfluß auf die Lage der Wendepunkte.

Der Wendepunkt der Spannungs-Dehnungslinie markiert die Nahtstelle zwischen zwei unterschiedlich beeinflußten Kurvenbereichen, die getrennt beschrieben werden müssen. Daher wird vorgeschlagen, die gesamte σ-ε-Linie in diese zwei Bereiche zu unterteilen: der erste Kurvenabschnitt vom Ursprung bis zum Drittelpunkt der Maximalspannung (Konsolidierungsbereich) und der zweite Abschnitt vom Drittelpunkt bis zur Maximalspannung (Tragbereich). Beide Funktionsvorschriften müssen, trotz der entgegengesetzten Krümmungen, die gleiche Neigung aufweisen, so daß die Gesamtkurve an allen Stellen stetig ist (Bild 5.31).

Die Stauchung im Scheitelpunkt ε_{ml} war beim Trockenmauerwerk in der Regel etwas größer als beim Dünnbettmauerwerk und wurde unter anderem durch die Anfangsverformung bedingt. Bei beiden Mauersteinarten nahmen die Stauchungen unter der Höchstspannung mit steigender Mauerwerkdruckfestigkeit zu. War die Lagerfuge weniger rauh, so z.B. durch den Einsatz von plangeschliffenen

Steinen, verminderten sich die Stauchungen in Kraftrichtung (Bild 5.31). Die Entwicklung der Querdehnung (Bild 5.32) ergab dagegen kein einheitliches Bild.

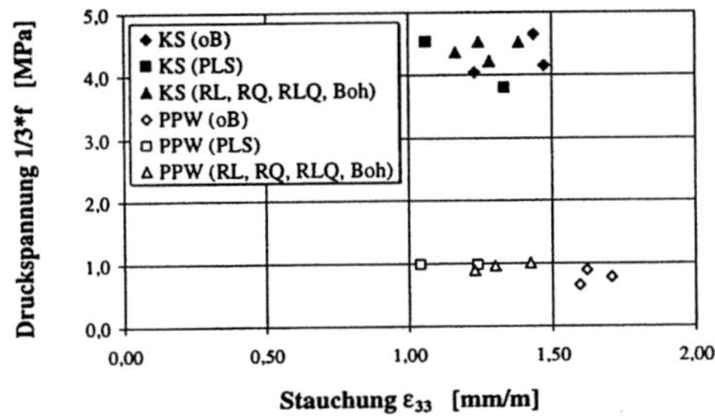

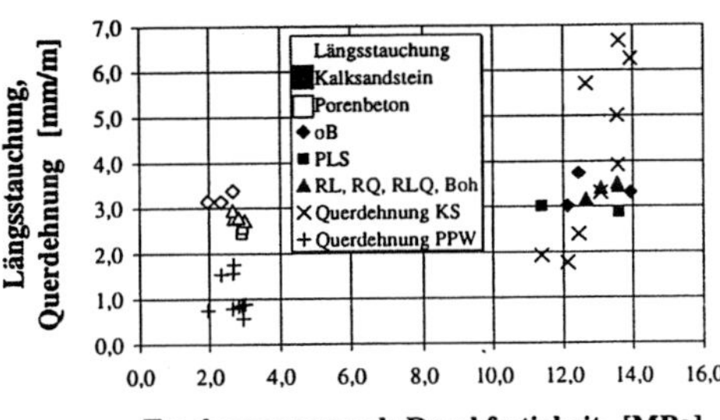

Bild 5.31: Gegenüberstellung von Spannung und Stauchung der definierten Wendepunkte in Abhängigkeit der Steinart und Lagerflächengüte

Bild 5.32: Längsstauchung und Querdehnung bei Höchstspannung ε_{ml}, $\varepsilon_{ml,q}$ von Trockenmauerwerkkörpern aus Kalksand- und Porenbeton-Plansteinen

Während bei den Kalksandsteinkörpern aus plangeschliffenen Steinen etwas größere Dehnungen in Querrichtung gemessen wurden als bei den Körpern aus Steinen mit schlechterer Lagerflächenqualität, so war dies bei den Porenbetonsteinkörpern entgegengesetzt. Im Bild 5.32 liegen die zugeordneten Querdehnungswerte der Porenbetonsteine deutlich dichter zusammen. Dennoch war die Streuung der Meßwerte in Querrichtung ungleich höher als bei denen in Längsrichtung. So können die Querdehnungszahlen v_{33} bei $\sigma = 1/3 \cdot f$ nur eine Tendenz aufzeigen, in welcher Größenordnung die Querdehnzahl liegt.

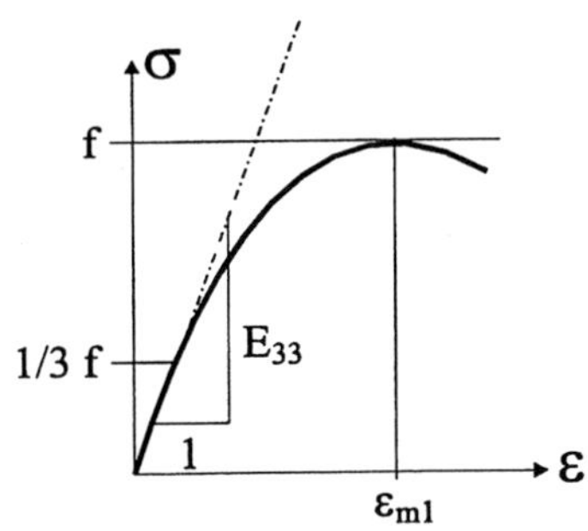

a) Dünnbettmauerwerk

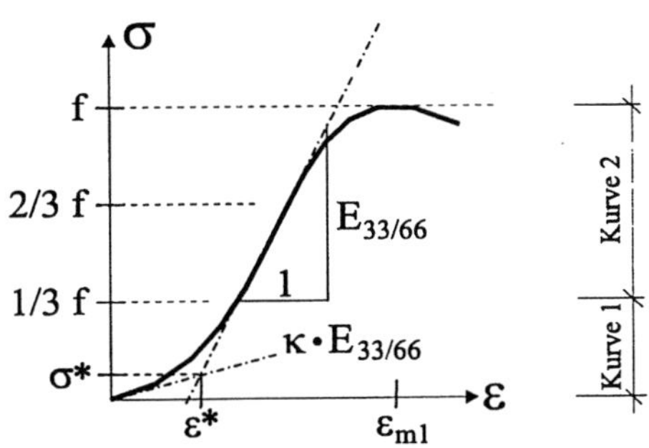

b) Trockenmauerwerk

Bild 5.33: Ermittlung des Druck-E-Moduls von Dünnbett- und Trockenmauerwerk

Im Unterschied zum vermörtelten Mauerwerk, bei dem der Elastizitätsmodul normgerecht [AA5] als Sekantenmodul E_{33} zwischen Ursprung und einem Drittel der Höchstspannung ermittelt wird, läßt sich infolge der ausgeprägten Anfangsverformung beim Trockenmauerwerk auf diese Weise kein repräsentativer E-Modul ermitteln. Für die Angabe von E-Moduln muß wiederum zwischen den beiden Kurvenabschnitten unterschieden werden (Bild 5.33). Wie bereits erwähnt, stellt der Wendepunkt einen fiktiven Ursprung des zweiten Kurvenabschnittes (Kurve 2) dar. Folglich bildet der Wendepunkt bei einer Spannung von $\sigma = 1/3 \cdot f$ und einer zugehörigen Stauchung von ε_{33} den ersten Stützpunkt der Sekante. Als zweiter Stützpunkt der Sekante gilt jener Punkt, bei dem die Maximalspannung zu Zweidritteln $\sigma = 2/3 \cdot f$ erreicht ist. Die zugehörige Stauchung wird mit ε_{66} bezeichnet. Dieser Punkt liegt annähernd im elastischen Arbeitsbereich, und es wird gewährleistet, daß die Sekante die gemessene Arbeitslinie nicht vorzeitig durchbricht. Aus der Sekante ergibt sich der E-Modul nach folgender Gleichung:

$$E_{33/66} = \frac{\Delta\sigma}{\Delta\varepsilon} = \frac{2/3 \cdot f - 1/3 \cdot f}{\varepsilon_{66} - \varepsilon_{33}} = \frac{f}{3 \cdot (\varepsilon_{66} - \varepsilon_{33})} \, . \qquad (5.13)$$

Die Bezeichnung des E-Moduls $E_{33/66}$ weist auf die Ermittlung hin. Im Bereich der Anfangsverformung (Kurve 1) wächst der Elastizitätsmodul des Mauerwerks sehr stark mit der Belastung. Vereinfachend kann jedoch von einer gemittelten Gerade ausgegangen werden. Der E-Modul im Konsolidierungsbereich entspricht nur einem κ-fachen Wert von $E_{33/66}$, in der Regel werden Werte zwischen $\kappa = 1/10$ bis $1/5$, mehrheitlich $\kappa = 1/5$ erreicht.

Eine beispielhafte Darstellung der Steigungsgeraden für Trockenmauerwerkkörper ist im Bild 5.34 gegeben.

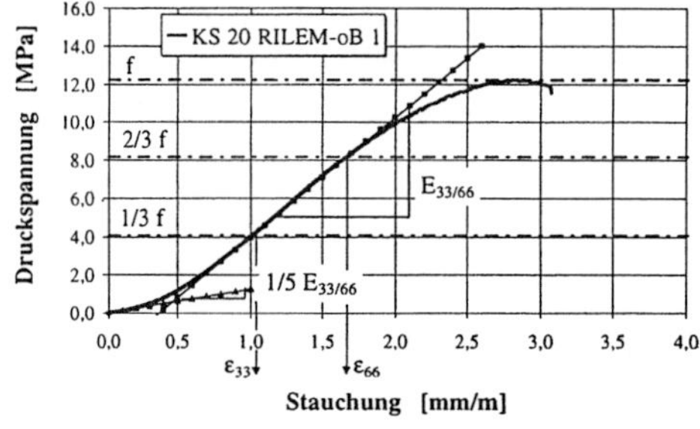

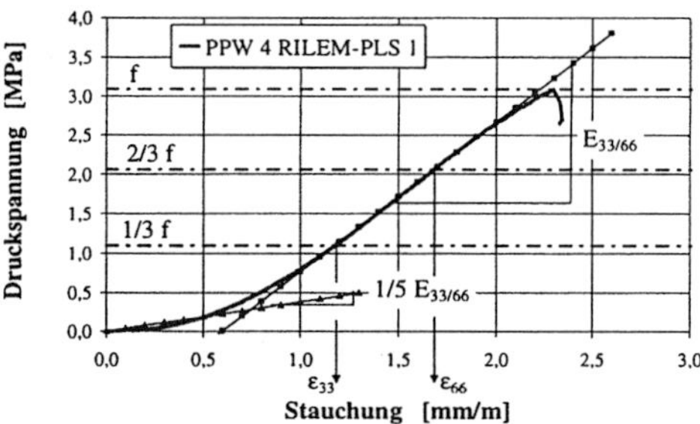

a) RILEM-Körper aus Kalksand-Plansteinen KS 20 (Lagerflächengüte oB, Probe 1)

b) RILEM-Körper aus Porenbeton-Plansteinen PPW 4 (Lagerflächengüte PLS, Probe 1)

Bild 5.34: Darstellung von gemessenen Spannungs-Dehnungslinien mit Eintrag der Steigungsgeraden für beide Kurvenbereiche sowie der E-Moduln $E_{33/66}$

Der $E_{33/66}$-Modul fiel geringer aus als der E_{33}-Modul von Dünnbettmauerwerk. Das Verhältnis von $E_{33/66}/E_{33}$ variiert zwischen 0,65 und 1,00 ähnlich dem Verhältnis der Druckfestigkeiten. Die errechneten Werte liegen zwischen 5000 und 7000 N/mm^2 für Körper aus Kalksandstein bzw. 1100 und 1700 N/mm^2 für solche aus Porenbetonsteinen. Ein signifikanter Unterschied zwischen RILEM-Körpern und Fünf-Stein-Körpern war nicht feststellbar. In Tabelle 5.6 sind wesentliche Parameter der gemessenen Spannungs-Dehnungslinien für Trockenmauerwerk aus Kalksand- und Porenbeton-Plansteinen, getrennt nach den verschiedenen Lagerflächenqualitäten (oB, PLS, RL, RQ, RLQ, Boh), zusammengestellt.

Tabelle 5.6: Kennwerte der σ-ε-Linie von Trockenmauerwerk im Verband (Mittelwerte) Mauersteinart und Lagerflächenausbildung (oB, PLS); Längsstauchung bei 1/3 der Mauerwerkdruckfestigkeit ε_{33}; Querdehnung bei 1/3 der Mauerwerkdruckfestigkeit $\varepsilon_{33,q}$; Längsstauchung bei 2/3 der Mauerwerkdruckfestigkeit ε_{66}; Querdehnung bei 2/3 der Mauerwerkdruckfestigkeit $\varepsilon_{66,q}$; Längsdehnungsmodul $E_{33/66}$; Querdehnungsmodul $E_{33/66,q}$; Querdehnzahl bei 1/3 der Mauerwerkdruckfestigkeit ν_{33}; Verhältniswert zwischen Längsdehnungsmodul und Mauerwerkdruckfestigkeit $E_{33/66}/f$; Verhältniswert zwischen E-Moduln von Trocken- zu Dünnbettmauerwerk $E_{33/66}/E_{33}$

Stein	ε_{33} ‰	$\varepsilon_{33,q}$ ‰	ε_{66} ‰	$\varepsilon_{66,q}$ ‰	$E_{33/66}$ N/mm^2	$E_{33/66,q}$ N/mm^2	ν_{33} --	$E_{33/66}/f$ --	$E_{33/66}/E_{33}$ --
1	2	3	4	5	6	7	8	9	10
Erste Versuchsreihe (RILEM-Körper)									
KS 20									
oB	1,23	0,56	1,90	0,86	6033	10611	0,22	497,6	0,946
PLS	1,33	0,52	2,06	0,94	5220	7237	0,40	459,3	0,943
KS 12									
oB	1,47	0,49	2,26	0,86	5276	12934	0,34	423,3	0,758
PPW 4									
oB	1,71	0,63	2,33	0,84	1166	3123	0,30	498,2	0,69
PLS	1,24	0,18	1,78	0,49	1743	4300	0,15	595,3	1,000
PPW 2									
oB	1,60	0,14	2,28	0,39	881	4653	0,10	449,4	0,674
Zweite Versuchsserie (Fünf-Stein-Körper mit Stoßfugen in jeder zweiten Schicht)									
KS 20									
oB	1,44	1,09	2,14	2,35	6662	7423	0,22	480,5	--[1]
PLS	1,06	0,92	1,74	1,77	6717	6766	0,25	493,7	--[1]
RL	1,16	0,59	1,93	0,94	5664	15101	0,15	433,2	--[1]
RQ	1,39	1,51	2,16	1,95	5819	12828	0,13	429,9	--[1]
RLQ	1,25	0,22	2,08	0,65	5492	13300	0,17	402,7	--[1]
Boh	1,28	0,29	2,04	0,98	5576	10956	0,22	442,0	--[1]
PPW 4									
oB	3,37	1,57	2,41	1,15	1142	5432	0,31	427,9	--[1]
PLS	2,54	0,56	1,71	0,19	1479	6358	0,10	500,6	--[1]
RL	2,77	1,76	1,95	1,21	1256	5776	0,10	469,4	--[1]
RQ	2,95	0,79	2,15	0,40	1228	5176	0,14	461,0	--[1]
RLQ	2,72	0,89	1,91	0,29	1650	8288	0,12	547,0	--[1]
Boh	2,78	0,84	1,99	0,42	1385	5674	0,19	491,0	--[1]

1) Es wurden keine Fünf-Stein-Körper aus Dünnbettmauerwerk geprüft.

Zur besseren Übersichtlichkeit wurden die Ergebnisse der ersten zwei Versuchsserien in einer Tabelle 5.6 zusammengefaßt, weil sich beide Serien auf die Erstbelastung beziehen. Aus den Dehnungen bei 1/3 der Höchstspannung in Vertikalrichtung ε_{33} und in Horizontalrichtung $\varepsilon_{33,q}$ sowie aus den entsprechenden Dehnungen bei 2/3 der Maximalspannung ε_{66}, $\varepsilon_{66,q}$ wurden die E-Moduln in Längsrichtung $E_{33/66}$ und Querrichtung $E_{33/66,q}$ sowie die Verhältniswerte zur Mauerwerkdruckfestigkeit f errechnet.

Die Rauhigkeit der Lagerfuge hatte einen stärkeren Einfluß auf das anfängliche Verformungsverhalten. So führte die Verwendung von plangeschliffenen Steinen zu geringeren Verformungen als bei Mauersteinen direkt aus der Palette ohne jegliche Bearbeitung der Lagerflächen. Geschädigte Mauersteine verhielten sich noch ungünstiger. Der $E_{33/66}$-Modul wurde dagegen wieder stärker durch die Mauerwerkdruckfestigkeit beeinflußt, weil die Sekantenneigung durch den zweiten Sekantenstützpunkt bestimmt wird, der bereits in jenem Bereich der σ-ε-Linie liegt, der vorwiegend durch das Arbeitsvermögen der Mauersteine beschrieben wird. Für den im Mauerwerkbau gebräuchlichen Verhältniswert von E-Modul zur Mauerwerkdruckfestigkeit lassen sich verschiedene Abhängigkeiten ermitteln. Folgender Potenzansatz beschreibt am besten das Verhältnis zwischen $E_{33/66}$-Modul und der Druckfestigkeit f:

Kalksandstein-Trockenmauerwerk: $E_{33/66} = 930 \cdot f^{0,72}$,   (5.14)

Porenbetonstein-Trockenmauerwerk: $E_{33/66} = 500 \cdot f^{0,95}$.   (5.15)

Für eine etwas gröbere Darstellung genügt auch der lineare Ansatz:

Kalksandstein-Trockenmauerwerk: $E_{33/66} = 450 \cdot f$,   (5.16)

Porenbetonstein-Trockenmauerwerk: $E_{33/66} = 471 \cdot f$.   (5.17)

Der Elastizitätsmodul für Trockenmauerwerk erreichte generell nur die untere Grenze des vom vermörteltem Mauerwerk her bekannten Bereiches, der vom 500- bis 1500-fachen der Mauerwerkdruckfestigkeit eingegrenzt wird.

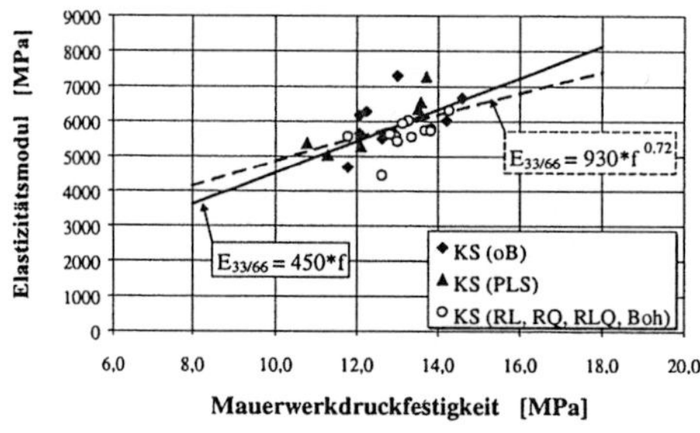

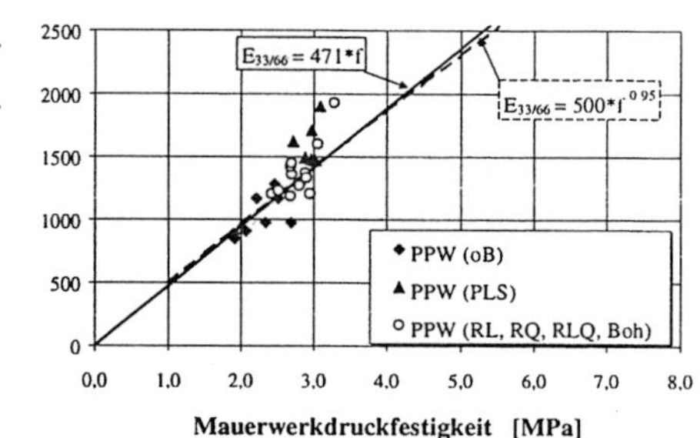

a) Kalksandstein-Trockenmauerwerk   b) Porenbetonstein-Trockenmauerwerk

Bild 5.35: Beziehung zwischen $E_{33/66}$-Modul und Druckfestigkeit von Trockenmauerwerk

Beispielhaft sind im Bild 5.35 die Zusammenhänge zwischen $E_{33/66}$-Modul und Druckfestigkeit für Porenbeton- und Kalksandstein-Trockenmauerwerk dargestellt. Trockenmauerwerk besteht aus lose aufgeschichteten Steinen, die üblicherweise aus dem gleichen Material bestehen und einer Festigkeitsklasse entsprechen. Es stellt keinen Verbundwerkstoff wie vermörteltes Mauerwerk dar. Aus diesem Grunde ist der Zusammenhang zwischen E-Modul und den Druckfestigkeiten der Mauersteine interessant. Von praktischer Bedeutung sind vor allem

Mauersteine, die nicht bearbeitet wurden, also Steine in oB-Qualität. Im Bild 5.36 sind die Zusammenhänge abgebildet. Es wird zwischen der Zylinderdruckfestigkeit $f_{b,cyl}$ und der normierten Steindruckfestigkeit f_b (inklusive Formfaktor) gemäß dem Kapitel 4 unterschieden.

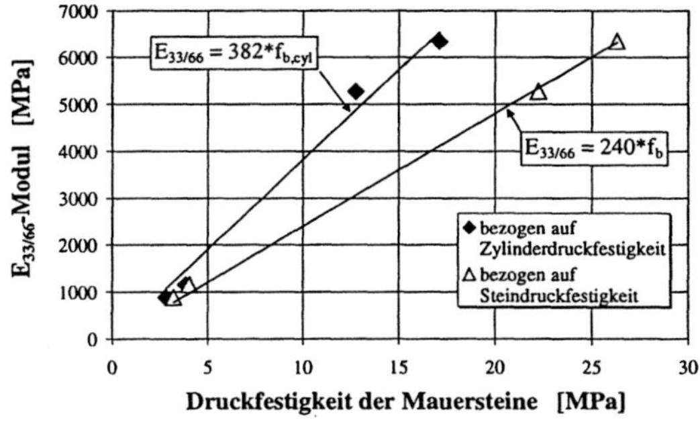

Bild 5.36: Beziehung zwischen dem $E_{33/66}$-Modul und der Mauersteindruckfestigkeit

Auffallend ist, daß der $E_{33/66}$-Modul, unabhängig vom Steinmaterial, durch eine lineare Beziehung zu beiden Mauersteindruckfestigkeiten beschrieben werden kann:

$$E_{33/66} = 382 \cdot f_{b,cyl}, \qquad (5.18)$$

$$E_{33/66} = 240 \cdot f_b. \qquad (5.19)$$

Nachdem wesentliche Zusammenhänge des Last-Verformungsverhaltens diskutiert wurden, können die gemessenen Spannungs-Dehnungslinien mathematisch beschrieben werden.

Die ursprünglich für Beton abgeleiteten Gesetzmäßigkeiten von *Grzeschkowitz* [G13] und *Quast* [Q1] können, wie im Kapitel 4 gezeigt wurde, das Tragverhalten der Mauersteine recht gut beschreiben. Es liegt nahe, die für Mauersteine gefundenen Beziehungen auf das Trockenmauerwerk zu übertragen. Aufgrund mehrerer, frei wählbarer Parameter können die Kurven so modifiziert werden, daß sie in hervorragender Weise Versuchsergebnisse beschreiben. Einige Modifizierungen waren erforderlich, um die Lage des fiktiven Ursprunges mit der Lage des Wendepunktes der gesamten Arbeitslinie des Trockenmauerwerks zu koppeln. Für den Konsolidierungsbereich ist die Kurve unten konvex gekrümmt. Folglich mußte eine Spannungs-Dehnungsbeziehung gefunden werden, die der steigenden Materialsteifigkeit Rechnung trägt, von der Grundform jedoch den Gesetzmäßigkeiten des zweiten Abschnittes angepaßt ist. Nur so konnte gewährleistet werden, daß die Neigungen beider Kurven im Wendepunkt gleich sind. In Abhängigkeit von der Dehnung gilt für das Trockenmauerwerk unter einer Erstbelastung

$0 \leq \varepsilon \leq \varepsilon_{33}:$

$$\sigma_1(\varepsilon) = \frac{f}{3} \cdot \left(\frac{\varepsilon}{\varepsilon_{33}} \right)^{n_1}, \qquad (5.20)$$

$\varepsilon_{33} \leq \varepsilon \leq \varepsilon_{ml}:$

$$\sigma_2(\varepsilon) = \left(f - \frac{f}{3} \right) \cdot \left[1 - \left(1 - \frac{\varepsilon - \varepsilon_{33}}{\varepsilon_{ml} - \varepsilon_{33}} \right)^{n_2} \right] + \frac{f}{3}$$

$$\sigma_2(\varepsilon) = \frac{f}{3} \cdot \left(2 \cdot \left[1 - \left(1 - \frac{\varepsilon - \varepsilon_{33}}{\varepsilon_{ml} - \varepsilon_{33}} \right)^{n_2} \right] + 1 \right). \tag{5.21}$$

(Druckspannungen sind positiv einzusetzen)

Die Indizes der Spannungen und der Exponenten weisen auf den Gültigkeitsbereich (Kurvenabschnitt 1 oder 2) hin. Eine gleichzeitige Darstellung von gemessenen und analytischen Spannungs-Dehnungslinien sind beispielhaft im Bild 5.37 enthalten.

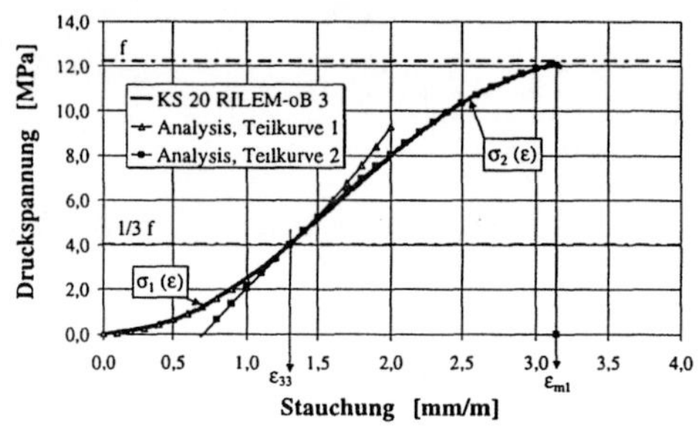

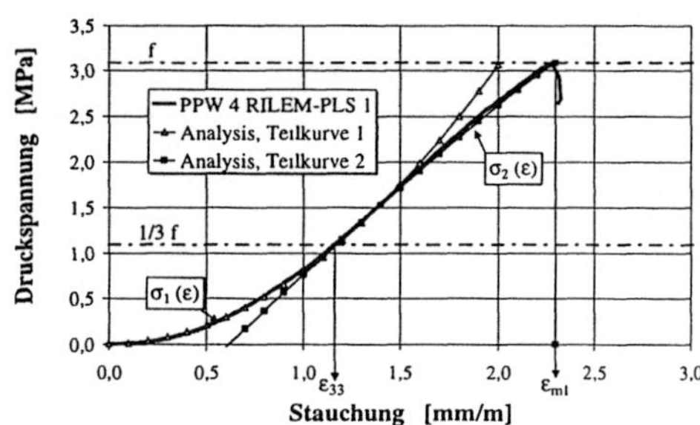

a) Kalksandstein-Trockenmauerwerk   b) Porenbetonstein-Trockenmauerwerk

Bild 5.37: Darstellung von gemessenen und analytischen Spannungs-Dehnungslinien für Trockenmauerwerk aus Kalksand- und Porenbetonsteinen

Der Exponent n_2 steht in engem Zusammenhang damit, welches Materialverhalten der verwendete Mauerstein besitzt. So müssen sich die Werte für Kalksand- und Porenbetonstein zwangsläufig unterscheiden, weil der Porenbeton bis zum Bruch ein fast lineares Verhalten aufzeigt, wohingegen der Kalksandstein durch Mikrorißbildung im Steingefüge an Materialsteifigkeit verliert. Folglich steuert n_2 den Grad der Krümmung der Arbeitslinie. Der Exponent n_1 gibt Aufschluß über die Fugenkompression, was neben der Lagerflächenqualität wiederum vom Materialverhalten des Mauersteins und seiner Druckfestigkeit abhängt. Für Beton existiert nur ein Exponent, der mit den gefundenen Werten nicht übereinstimmt. Die in n_1 und n_2 eingehenden Steifigkeiten berücksichtigen die tatsächlich vorhandenen Mauerwerksteifigkeiten (Sekantenmodul $E_{33/66}$). Die Exponenten n_1 und n_2 können, getrennt nach der Mauersteinart, wie folgt ermittelt werden:

$$\text{Kalksandstein:} \qquad n_2 = \frac{E_{33/66}}{f} \cdot \varepsilon_{ml}, \tag{5.22}$$

$$n_1 = (1{,}0 ... 1{,}3) \cdot n_2, \tag{5.23}$$

$$\text{Porenbetonstein:} \qquad n_2 = \frac{0{,}80 \cdot E_{33/66}}{f} \cdot \varepsilon_{ml}, \tag{5.24}$$

$$n_1 = (1{,}4 ... 2{,}0) \cdot n_2. \tag{5.25}$$

Die Versuche an RILEM- und Fünf-Stein-Körpern ergaben Bandbreiten für die Exponenten von $n_1 = (1,6...1,9)$ sowie $n_2 = (1,4...1,6)$ für Kalksandsteinkörper bzw. $n_1 = (1,7...2,1)$ und $n_2 = (1,0...1,2)$ für Porenbetonsteinkörper.

Für die Einhaltung der Bedingung gleicher Kurvenneigungen im Wendepunkt müßten beide Exponenten identisch sein: $n_1 = n_2$. Die ersten Ableitungen der Funktionsvorschriften, die die Steigung in den Kurvenpunkten angegeben, lassen sich getrennt für die Kurvenabschnitte 1 und 2 ermitteln zu:

$0 \leq \varepsilon \leq \varepsilon_{33}:$

$$\sigma_1{}'(\varepsilon) = \frac{n_1}{3 \cdot \varepsilon_{33}} \cdot f \cdot \left(\frac{\varepsilon}{\varepsilon_{33}}\right)^{n_1-1} , \tag{5.26}$$

$\varepsilon_{33} \leq \varepsilon \leq \varepsilon_{m1}:$

$$\sigma_2{}'(\varepsilon) = \frac{2}{3} \cdot f \cdot \left[\frac{n_2}{\varepsilon_{m1}-\varepsilon_{33}} \cdot \left(1 - \frac{\varepsilon-\varepsilon_{33}}{\varepsilon_{m1}-\varepsilon_{33}}\right)^{n_2-1}\right] . \tag{5.27}$$

Nach Einsetzen der zum Wendepunkt zugehörigen Stauchung ε_{33} zeigt sich, daß die Steigungen beider Kurven in diesem Punkt identisch sind, unter der Voraussetzung, daß die Exponenten n_1 und n_2 gleich sind ($n_1 = n_2$) und die Wendepunktstauchung ε_{33} genau einem Drittel der zur Höchstspannung zugehörigen Längsstauchung ε_{m1} entspricht ($\varepsilon_{33} = 1/3 \cdot \varepsilon_{m1}$):

$$\sigma_1{}'(\varepsilon_{33}) = \frac{n_1}{3 \cdot \varepsilon_{33}} \cdot f = \frac{n_1}{\varepsilon_{m1}} \cdot f , \tag{5.28}$$

$$\sigma_2{}'(\varepsilon_{33}) = \frac{n_2}{3 \cdot \varepsilon_{33}} \cdot f \cdot \left(\frac{2 \cdot \varepsilon_{33}}{\varepsilon_{m1}-\varepsilon_{33}}\right)$$

$$\sigma_2{}'(\varepsilon_{33}) = \frac{n_2}{3 \cdot \varepsilon_{33}} \cdot f = \frac{n_2}{\varepsilon_{m1}} \cdot f . \tag{5.29}$$

Daß die aus den Versuchen ermittelten n_1-Werte beider Mauersteinarten etwas größer als die n_2-Werte sind, findet seine Begründung in der Annahme einer konstanten Lage der Wendepunkte bei einer Spannung von einem Drittel der Mauerwerkdruckfestigkeit sowie der Annahme, daß die zugehörige Stauchung ebenfalls ein Drittel der zur Höchstspannung zugehörigen Stauchung ausmacht.

Ein abfallender Ast der σ-ε-Linie von Trockenmauerwerk kann nicht beschrieben werden, da nur von wenigen Versuchen Meßwerte dieser Bereiche vorliegen, so daß keine Verallgemeinerung zulässig ist. Tendenziell ergibt sich ein abfallender Ast analog den Mauersteinarbeitslinien.

Für eine einfachere Darstellung der Spannungs-Dehnungslinie von Trockenmauerwerk unter Erstbelastung genügt es, eine bilineare Funktion zu beschreiben. Grundlage dazu sind die Geradengleichungen der E-Modul-Sekanten:

$$0 \leq \varepsilon < \varepsilon^* :$$

$$\sigma_1(\varepsilon) = \frac{E_{33/66}}{5} \cdot \varepsilon , \tag{5.30}$$

$$\varepsilon^* \leq \varepsilon \leq \varepsilon_{ml} :$$

$$\sigma_2(\varepsilon) = E_{33/66} \cdot (\varepsilon - \varepsilon_{33}) + \frac{f}{3} . \tag{5.31}$$

Wie im Bild 5.33 schematisch und im Bild 5.34 an Versuchsergebnissen zu sehen ist, schneiden sich die E-Modul-Sekanten in einem Punkt, dem eine Spannung von σ^* und eine Dehnung von ε^* zugeordnet werden. Durch Gleichsetzen der Gleichungen (5.30) und (5.31) lassen sich σ^* und ε^* eliminieren:

$$\sigma^* = 0{,}25 \left(E_{33/66} \cdot \varepsilon_{33} - \frac{f}{3} \right) , \tag{5.32}$$

$$\varepsilon^* = 1{,}25 \left(\varepsilon_{33} - \frac{f}{3 \cdot E_{33/66}} \right) . \tag{5.33}$$

Für die Anwendung der bilinearen Funktionen wird zu einer Begrenzung der Druckstauchungen bzw. der ausnutzbaren Druckspannungen geraten, weil oberhalb von ca. 70 % der Materialfestigkeit die Abweichungen zu den tatsächlichen Spannungs-Dehnungswerten erheblich zunehmen und sich die Ergebnisse auf der unsicheren Seite befinden.

5.3.5.2 Dritte Versuchsserie

In der dritten Versuchsserie sind im unteren Lastbereich dreifache Be- und Entlastungen der Versuchskörper vorgenommen worden, bevor der Körper kontinuierlich bis zum Bruch belastet wurde. Die Oberspannung war so gewählt worden, daß die Mauersteine sich noch im elastischen Arbeitsbereich befanden. Aus Gründen der Meßtechnik wurde auch im "entlasteten" Zustand eine ganz kleine Druckspannung von ca. 0,03 bis 0,05 N/mm^2 gehalten, die aber nicht in den Meßwerten enthalten ist, weil vor der Messung jeweils ein Nullabgleich der Meßgeber stattfand. Folglich hatte die gemessene Unterspannung bei Entlastung einen Wert von Null. Des weiteren wurde die Körperhöhe, ausgehend von einer Mauersteinhöhe bis zum 5-fachen der Steinhöhe, variiert, um den Einfluß einer veränderlichen Lagerfugenanzahl zu untersuchen. Mittels der zwischen den Lastplatten angebrachten induktiven Wegaufnehmer konnte die gesamte Körperverformung aufgenommen werden, wohingegen die an einem Stein befestigten Dehnmeßstreifen (DMS) die Stauchung eines ungestörten Mauersteinbereiches gemessen haben.

Erwartungsgemäß zeigten die Dehnmeßstreifen keine Unterschiede in der Verformung der jeweiligen Mauersteine bei der Prüfung von unterschiedlich hohen Trockenmauerwerkkörpern (Bild 5.38). Kleine Abweichungen, z.B. im E-Modul, befinden sich innerhalb der Streubreiten. Dies traf für beide Mauersteinarten (Kalksandstein und Porenbetonstein) gleichermaßen zu.

Aufgrund der geringen Spannungsamplitude zeigten weder die Kalksand- noch die Porenbetonsteine bedeutsame bleibende Verformungen. Für den Kalksandstein KS 12 erreichten die irreversiblen Verformungen eine Größenordnung von 0,01 ‰. Der Porenbeton erreichte etwa doppelt bis dreimal so große Werte. Im Bild 5.39 ist beispielhaft ein vergrößerter Auszug der bleibenden Anfangsverformung vom Kalksandstein KS 12 dargestellt. Typisch für beide Steinarten war, daß die, wenn auch kleinen, irreversiblen Verformungen meistens bereits nach dem ersten Belastungsgang auftraten. Sie waren Folge einer "Sofortsetzung" des Gefüges und führten zu einer Verdichtung von Poren und Hohlräumen. Infolge seines größeren Porengehaltes ist es einleuchtend, daß die bleibenden Verformungen des Porenbetonsteins etwas größer ausfielen. Die Lastpfade der wiederholten Belastung beschrieben eine mehr oder weniger identische Linie.

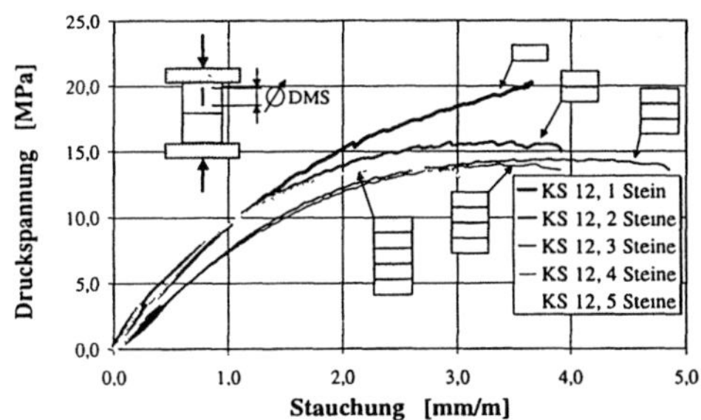

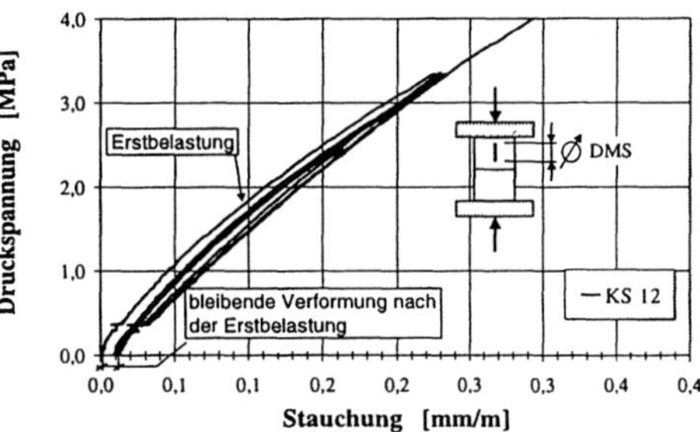

Bild 5.38: Spannungs-Dehnungslinien gemessen mit Dehnmeßstreifen (DMS) an ungestörten Kalksandsteinen KS 12

Bild 5.39: Bleibende Verformung nach einer Erstbelastung für den Kalksandstein KS 12

Die Spannungs-Dehnungslinien für das Trockenmauerwerk wichen von denen der Mauersteine erkennbar ab. Im Bild 5.40 sind die gemessenen σ-ε-Linien für Trockenmauerwerkkörper aus Kalksand- und Porenbetonplansteinen aufgezeichnet. Die Meßwerte enthalten sowohl die Verformungen der Einzelsteine als auch die Zusammendrückung aller Lagerfugen. Für die Auswertung der Meßergebnisse ist es günstig, den Einfluß einer mehrmaligen Be- und Entlastung und den Einfluß eines wachsenden Fugenanteils im Prüfkörper zunächst getrennt zu betrachten.

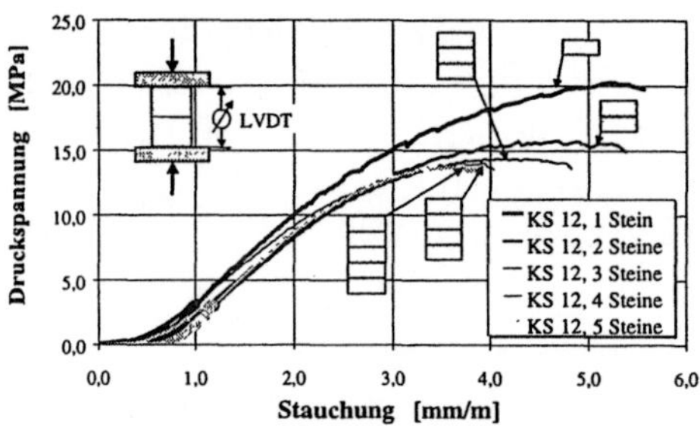
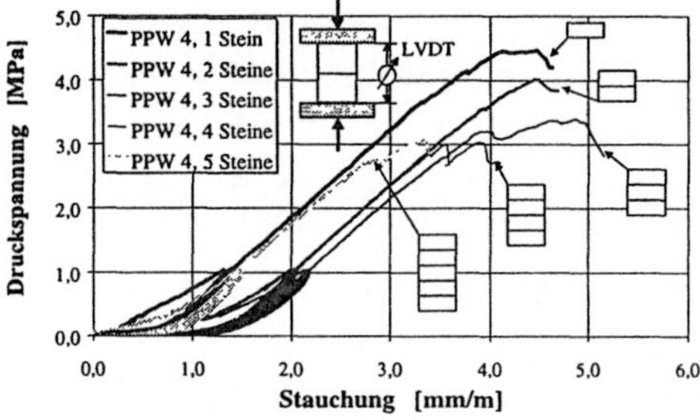

a) Kalksandstein KS 12   b) Porenbetonstein PPW 4

Bild 5.40: Spannungs-Dehnungslinien für Trockenmauerwerkkörper aus Kalksand- und Porenbeton-Plansteinen unterschiedlicher Höhe für mehrmalige Be- und Entlastung und Belastung bis zum Bruch (gemessen mit induktiven Wegaufnehmern LVDT)

Das Bild 5.41 zeigt beispielhaft die Arbeitslinie eines Kalksandstein-Prüfkörpers,
bestehend aus drei übereinander geschichteten Mauersteinen KS 12. Es ist ersichtlich, daß ein wiederholtes Belasten den Kurvenverlauf in der Gesamtheit
nicht verändert. Ein maßgeblicher Einfluß einer wiederholten Belastung ist nur im
Anfangsbereich erkennbar. Bereits während der Erstbelastung senkrecht zu den
Lagerfugen wurden die Fugen aneinandergedrückt. Dadurch verformten sich Lagerflächen der Mauersteine im Bereich der Kontaktstellen elastisch und vorwiegend plastisch.

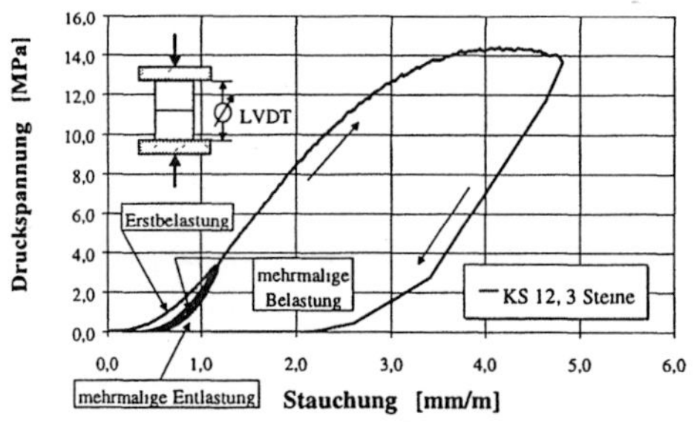
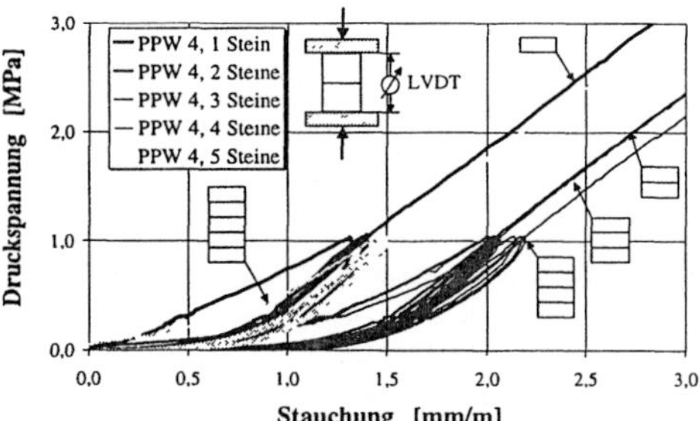

Bild 5.41: Spannungs-Dehnungslinie für mehrmalige Be- und Entlastung für Trokkenmauerwerkkörper aus Kalksand-
Plansteinen KS 12 (Körperhöhe war
3-fache Steinhöhe)

Bild 5.42: Vergrößerte Darstellung des Anfangsbereiches der σ-ε-Linie für
Trockenmauerwerkkörper aus Porenbeton-Plansteinen unter mehrfacher
Be- und Entlastung für verschiedene
Prüfkörperhöhen

Der Abstand der Fugenflanken verringerte sich dabei, während Größe und Anzahl
der Kontaktflächen zunahmen. Die plastischen Verformungen waren bleibend und
spiegeln sich im wachsenden Abstand des Nullpunktes der σ-ε-Linie vom Ursprung wider. Die notwendige plastische Verformungsarbeit wurde hauptsächlich
im ersten Belastungsgang erbracht. Mehrfachbelastungen bei gleichem Lastniveau

leisteten nur noch einen untergeordneten Beitrag. Jede weitere Verringerung des Abstandes der Fugenflanken mußte durch eine Normalkraft erwirkt werden, die die notwendige Energie sowohl für die elastische Arbeit der tragenden Fugenbereiche als auch für die plastische Arbeit zur Bildung neuer Kontaktflächen lieferte. Dadurch besteht zwischen der Normalspannung und der Fugenzusammendrükkung ein nichtlinearer Zusammenhang. Dieser bewirkt, daß bei mehrfacher Be- und Entlastung im Anfangsbereich, dem Konsolidierungsbereich, die Verformung eine nichtlineare Abhängigkeit aufweist. Ein vergrößerter Ausschnitt der stärkeren Mauerwerkverformungen der Porenbetonsteinkörper ist im Bild 5.42 zu sehen. Erkennbar ist, daß die Neigung der σ-ε-Linien bei wiederholter Belastung ansteigt. Folglich wächst die Steifigkeit der Lagerfugen mit wachsender Belastung durch die zunehmende Angleichung der Fugenwandung und der Vergrößerung der Kontaktflächen. Es besteht eine enge Wechselbeziehung zwischen der Steifigkeit und der Größe der Kontaktfläche der Lagerfuge. Die Kurven der Erst- und der wiederholten Belastung treffen sich in einem Punkt, der gleiche Steifigkeitsverhältnisse bei identischem Lastniveau in der Lagerfuge anzeigt. Mit einer Steigerung der Normalkraft über den gemeinsamen Punkt hinaus findet eine Vergrößerung der Kontaktfläche und eine weitere Vergleichmäßigung des Spannungsflusses über die Fuge hinweg statt.

Die Steifigkeit der Fuge wird ganz entscheidend durch die anliegende Druckspannung beeinflußt. Erstbelastungen nehmen die erforderliche Angleichung der Fugenflanken, hervorgerufen durch die Rauhigkeit der Steinlagerflächen und sichtbar in bleibenden Zusammendrückungen, den wiederholten Belastungsgängen vorweg. Dies gilt aber nur insofern, als das erreichte Spannungsniveau nicht überschritten wird. Bei Laststeigerung treten wieder verstärkte Fugenbewegungen auf und zwar solange, wie die Fuge noch Unebenheiten aufweist. Würden alle vorhergehenden plastischen Verformungen abgezogen werden, so nähert sich die Spannungs-Dehnungslinie bei wiederholter Belastung ohne Überschreitung des erreichten Spannungsniveaus immer mehr dem Last-Verformungsverhalten der Mauersteine an. Der gleiche Effekt tritt ein, wenn die Last kontinuierlich gesteigert wird. So ist es aus dem genannten Tragverhalten erklärbar, daß ab einem bestimmten Spannungsniveau die Fugensteifigkeit in die Steifigkeit des Mauersteins stetig übergeht. Dies ist dann der Fall, wenn einerseits die Fuge ideal eben ist und keinen Einfluß auf die Tragwirkung des Mauerwerks mehr hat und zum anderen, wenn das Material der Mauersteine erste plastische Verformungen aufzeigt. Der erste Zustand ist praktisch bei Trockenmauerwerk nicht erreichbar, weil die zweite Bedingung eher eintritt. Aus den Untersuchungen zu den Steinmaterialien im Kapitel 4 ist bekannt, daß die Proportionalitätsgrenze etwa bei einem Drittel der Steindruckfestigkeit liegt. Deshalb ist es einleuchtend, diesen Punkt als Wendepunkt der Spannungs-Dehnungslinie von Trockenmauerwerk zu markieren. Wird die Last so groß, daß das Mauersteinmaterial erste plastische Verformungen aufzeigt, werden die weiteren Verformungen des Mauerwerks in erster Linie durch das Mauersteinmaterial geprägt.

Tabelle 5.7: Trockenmauerwerk unterschiedlicher Höhe und unter wiederholter Belastung; Mauerstein und Prüfkörper aus übereinandergeschichteten Mauersteinen; Unterspannung σ_u; Oberspannung σ_o; Stauchung bei σ_u unter Erst-, Zweit- und Drittbelastung $\varepsilon_{u,1,2,3}$; Stauchung bei σ_o unter Erst-, Zweit- und Drittbelastung $\varepsilon_{o,1,2,3}$; Stauchung unter Höchstspannung ε_{ml}

Stein Körperhöhe	σ_u N/mm^2	σ_o N/mm^2	$\varepsilon_{u,1}$ ‰	$\varepsilon_{u,2}$ ‰	$\varepsilon_{u,3}$ ‰	$\varepsilon_{o,1}$ ‰	$\varepsilon_{o,2}$ ‰	$\varepsilon_{o,3}$ ‰	ε_{ml} ‰
1	2	3	4	5	6	7	8	9	10
KS 12									
1 Stein	0,00	3,35	0,001	0,282	0,287	0,978	1,016	1,033	5,228
2 Steine	0,00	3,34	0,000	0,266	0,266	1,196	1,213	1,228	4,671
3 Steine	0,00	3,34	0,000	0,277	0,280	1,153	1,169	1,177	4,152
4 Steine	0,00	3,34	0,000	0,173	0,176	1,020	1,028	1,045	3,721
5 Steine	0,00	3,33	0,000	0,226	0,228	1,149	1,192	1,214	3,553
PPW 4									
1 Stein	0,00	1,04	0,001	0,165	0,198	1,316	1,376	1,400	4,471
2 Steine	0,00	1,04	0,009	0,115	0,120	1,999	2,035	2,053	4,443
3 Steine	0,00	1,04	0,005	0,119	0,161	2,139	2,172	2,191	4,879
4 Steine	0,00	1,04	0,000	0,103	0,112	2,012	2,049	2,062	3,880
5 Steine	0,00	1,04	0,005	0,103	0,109	1,455	1,490	1,503	3,332

Erkennbar ist diese Tatsache daran, daß im Bild 5.40 nach Überschreiten des Konsolidierungsbereiches die Spannungs-Dehnungslinien, unabhängig von der Körperhöhe, gleiche Neigungen aufweisen.

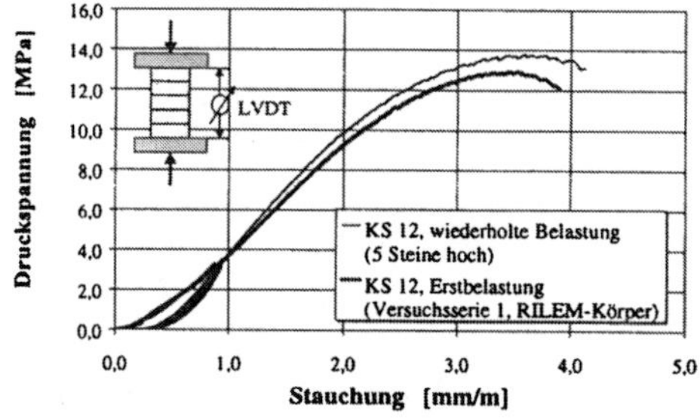

Bild 5.43: Gegenüberstellung von Spannungs-Dehnungslinien von Trockenmauerwerkkörpern gleicher Höhe bei Erst- und wiederholter Belastung

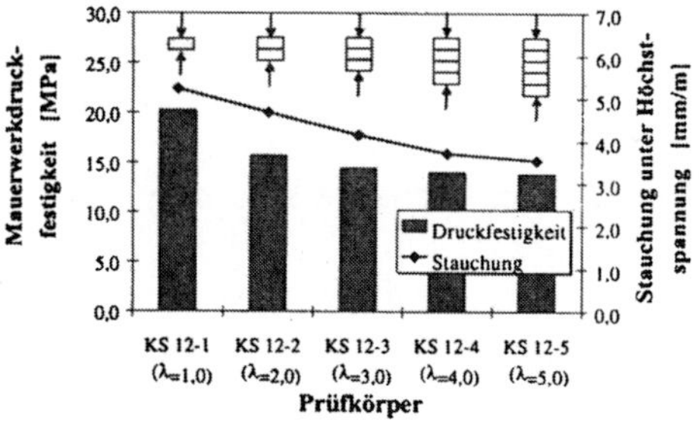

Bild 5.44: Abhängigkeit der Mauerwerkdruckfestigkeit und der zugehörigen Stauchung von der Prüfkörperhöhe

Gestützt wird diese These durch die Gegenüberstellung von Spannungs-Dehnungslinien im Bild 5.43. Zum einen ist die Arbeitslinie eines Fünf-Stein-Körpers (KS 12, 5 Steine, oB) unter wiederholter Belastung und zum anderen die eines RILEM-Körpers der ersten Versuchsserie (KS 12 /RoM /oB-1) aus unbearbeiteten KS 12-Steinen unter einer Erstbelastung bis zum Bruch dargestellt. Nur die Anfangsbereiche weichen voneinander ab.

Im Bild 5.44 erfolgt eine Darstellung der Druckfestigkeiten und der zugehörigen Dehnungen beispielhaft für die Kalksandsteinkörper. Die Ursachen des Rückganges der Tragfähigkeit beruht auf strukturellen und prüfbedingten Einflüssen und wurde ausführlich im vorhergehenden Abschnitt diskutiert. Der Abfall der Stauchungen unter Höchstspannung ist ebenso eine Folge der wachsenden Schlankheit der Prüfkörper und wird durch strukturelle Einflüsse mit abnehmender Intensität gesteuert.

Folglich hat eine steigende Anzahl von Lagerfugen mit wachsender Körperhöhe auf die Festigkeit und Bruchstauchung der Trockenmauerwerkkonstruktion einen schwindenden Einfluß. Für übliche Wandschlankheiten ist nur noch die Tatsache, daß trockene Fugen vorhanden sind, von Bedeutung.

5.3.6 Zeitabhängiges Verformungsverhalten unter Dauerlast

5.3.6.1 Kenntnisstand zum Kriechen und Schwinden von Mauerwerk

Mauerwerk besitzt, ähnlich wie Beton, ein visko-elastisches Materialverhalten [L5]. Wie bei den Mauersteinen auch, setzen sich die Mauerwerkverformungen hauptsächlich aus den vier Anteilen zusammen: elastische Verformungen, Kriech- und Schwindverformungen sowie Verformungen infolge Temperatur.

Für diese Arbeit waren die Vertikalverformungen von Trockenmauerwerk unter einer Dauerlast von besonderem Interesse, da viele Versuche mit einer zentrischen Vorspannung des Mauerwerks durchgeführt werden sollten. Unter Kriechen von Mauerwerk wird die zeitabhängige Verformungszunahme bei konstanter Last verstanden. Es wird je nach Beanspruchung zwischen Zug- und Druckkriechen unterschieden.

Im Gegensatz zum Schwinden oder zur Temperaturänderung spielen die Kriechverformungen bei der Ermittlung von Verformungsdifferenzen (Innen-/Außenwand) kaum eine Rolle. In horizontaler Richtung ist der Kriecheinfluß so gering, daß er gänzlich vernachlässigt werden kann. Das Kriechen gewinnt dann an Bedeutung, wenn das spannungsabhängige Verformungsverhalten zu gewünschten oder unerwünschten Nebeneffekten führt. Für Bemessungsaufgaben können die gewünschten und müssen die ungewollten Effekte von Verformungsänderungen berücksichtigt werden. So z.B. sind zur Vermeidung von unterschiedlichen Verformungen der Bauteile aus verschiedenen Baustoffen oder auch um eventuelle Vorspannkraftverluste abschätzen zu können, die Verformungen unter kurzzeitiger und langandauernder Belastung bereits bei der Planung zu beachten. Die Kenntnis der Langzeitverformungen ist insbesondere auch für nachfolgende Gewerke von Interesse, um beispielsweise die Größe der Spannungen abschätzen zu können, die sich in keramischen Wandbekleidungen aufbauen können, weil diese lange vor dem Abklingen der Verformungen des Bauwerks angebracht werden und meist einen erheblich höheren Elastizitätsmodul als der Wandbaustoff aufweisen.

In der Literatur veröffentlichte Versuche über das Verformungsverhalten von Mauerwerk unter einer Dauerbeanspruchung beziehen sich meist auf vermörteltes Mauerwerk.

Lenczner berichtet in [L4] über theoretische und versuchstechnische Untersuchungen zum Kriechverhalten von Ziegelmauerwerk. Durch in-situ Messungen an einem mehrgeschossigem Gebäude konnte er die gefundenen empirischen Gleichungen verifizieren und Endkriechzahlen ϕ_∞ in Abhängigkeit von der Steindruckfestigkeit angegeben. Entsprechend der Unterscheidung zwischen Wänden und Pfeilern schlägt er folgende Abschätzungen vor:

$$\text{Wände:} \qquad \phi_\infty = 4{,}46 - 0{,}33\sqrt{f_b}\ ,$$

$$\text{Pfeiler:} \qquad \phi_\infty = 1{,}73 - 0{,}14\sqrt{f_b}\ .$$

Die Gründe, weshalb zwischen Wänden und Pfeilern unterschieden wird, werden nicht genannt. Es ist zu vermuten, daß die Querschnittsformen von Wand und Pfeilern unterschiedliche Austrocknungsbedingungen des Mauerwerks zur Folge haben. Sind die Ziegel z.B. nicht feucht zum Zeitpunkt des Einbaus, sondern ofentrocken, neigt das Ziegelmauerwerk zu verstärktem Kriechen bei geringen Spannungen, was sich in einer Zunahme der anfänglichen Kriechzahl äußert:

$$\text{Wände (trocken):} \qquad \phi_\infty = 7{,}35 - 0{,}62\sqrt{f_b}\ .$$

Wahrscheinlich saugen die Steine in diesen Fällen dem Mörtel viel Wasser ab.

Aus den angegebenen Beziehungen läßt sich bereits jetzt schließen, daß die Größe der Kriechverformungen von der Mauersteinfestigkeit beeinflußt wird. Je fester die Steine sind, um so geringer fallen die Kriechverformungen aus. Auch muß zwischen verschiedenen Materialien unterschieden werden. So zeigen Mauerziegel, denen beim Brennen das gesamte Porenwasser ausgetrieben wurde, selbst kaum Kriechverformungen, insbesondere dann nicht, wenn der Ziegelscherben sehr dicht und fest ist. Im Gegenteil, durch Wasseraufnahme aus der Umgebungsluft, neigen gebrannte Ziegel zu irreversiblen Quellerscheinungen, die als chemisches Quellen bekannt sind.

Betonsteine besitzen dagegen ein ausgeprägtes Kriechverhalten, was vorrangig von den visko-elastischen Eigenschaften des Zementsteins und dem Feuchtigkeitsgehalt der Mauersteine abhängt.

Eine Darstellung der Abhängigkeit der Kriechzahl ϕ_∞ (engl.: creep coefficient) von der Steindruckfestigkeit erfolgt in den Bildern 5.45 und 5.46, in welchen unter anderem auch die Versuchsergebnisse von *Lenczner* eingearbeitet wurden.

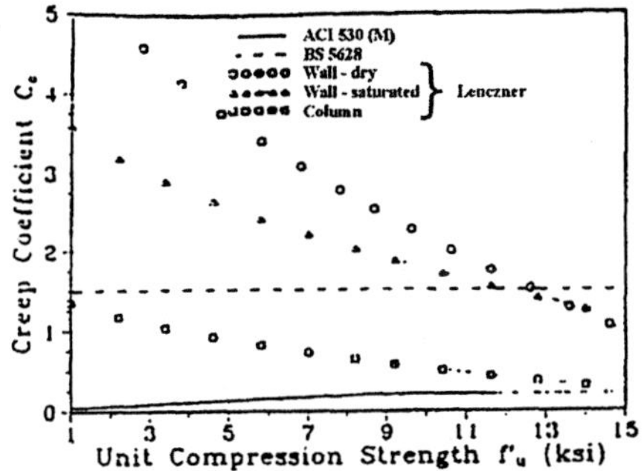
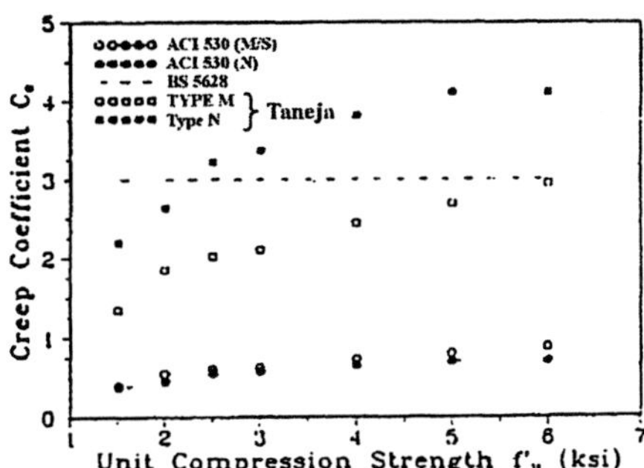

Bild 5.45: Kriechzahlen für Ziegelmauerwerk in Abhängigkeit von der Mauersteindruckfestigkeit

Bild 5.46: Kriechzahlen für Betonsteinmauerwerk in Abhängigkeit von der Mauersteindruckfestigkeit

Beim Betonsteinmauerwerk wachsen die Endkriechzahlen mit der Steindruckfestigkeit f_b. Zwar nehmen die Kriechverformungen mit wachsender Betongüte ab, doch muß beachtet werden, daß höherfeste Steine in der Regel auch höher belastet werden. Auf diese Weise wachsen die Endkriechzahlen letztlich degressiv.

Beim Ziegelmauerwerk fallen die Endkriechzahlen fast linear mit der Mauersteindruckfestigkeit. Der Grund ist im dichteren Ziegelscherben zu sehen. Höherfeste Ziegel können nur hergestellt werden, wenn einerseits die Rohdichte des Ziegelscherbens sehr hoch ist und andererseits die Rohlinge lange Zeit bei hoher Temperatur gebrannt werden. Bei hohen Brenntemperaturen gelangen zumindest die Randzonen des Scherben in den Sinterbereich. Dadurch werden die Tonminerale angeschmolzen und es kommt zur Materialumwandlung mit innerer Verflechtung. Nicht geschmolzene Tonminerale werden durch die verfestigte Glasschmelze gebunden. Beim Brennprozeß findet eine Verdichtung der Produkte statt, die sich in einer Volumenabnahme und Verringerung der Porosität äußert. Hohe Brenntemperaturen und lange Brennzeiten steigern die Festigkeit und Dichtigkeit von Ziegeln. Mit der Abnahme der Porosität verringert sich ebenfalls die Wasseraufnahme, so daß kaum Kriechprozesse, die bekanntlich an Wasser gebunden sind, stattfinden können. Folglich verringern sich die Kriechzahlen mit der Ziegeldruckfestigkeit.

Für Verformungsberechnungen von Mauerwerk gibt DIN 1053-1 [AA3] Rechenwerte für Endkriech- und Endschwindwerte an, die innerhalb eines gewissen Streubereiches liegen. Es wird betont, daß die Verformungseigenschaften von Mauerwerk relativ stark streuen, so daß der angegebene Streubereich unter Umständen überschritten wird. Ähnliche Werte wie in der deutschen Norm sind auch im Eurocode 6 [AA15] zu finden.

Der British Standard BS 5628-2 [AA20] schlägt Endkriechzahlen für Ziegelmauerwerk $\phi_\infty = 1,5$ und für Betonsteinmauerwerk $\phi_\infty = 3,0$ vor. Diese Werte stellen im Vergleich zu den Versuchswerten nur Mittelwerte dar und liegen teilweise unterhalb der Versuchswerte und damit auf der unsicheren Seite (Bilder 5.45, 5.46).

Während sich die Langzeitverformungen für andere Massivbaustoffe, z.B. Beton, in befriedigender Weise abschätzen lassen, fehlen bisher Untersuchungen zum Verformungsverhalten von Trockenmauerwerk. Die Verformungen von Trockenmauerwerk für kurzzeitige Belastungen sind in den vorstehenden Abschnitten behandelt worden, die Verformungen unter Langzeitbeanspruchung stehen in diesem Abschnitt im Mittelpunkt. Zum Kriechverhalten von Trockenmauerwerk wurden leider keine Literaturveröffentlichungen gefunden.

5.3.6.2 Verformungsverhalten von Trockenmauerwerk

Das Verformungsverhalten von Trockenmauerwerk unter einer vertikalen Belastung im Kurzzeitversuch ist geprägt durch eine Überlagerung der Verformungen von Mauersteinen und Lagerfugen:

$$\varepsilon_m = \varepsilon_b + \varepsilon_F. \qquad\qquad \text{(nach Gleichung (8.4))}$$

Es bedeuten: ε_m Mauerwerkdehnung,

               ε_b Mauersteindehnung,

               ε_F Lagerfugendehnung.

Wird ein Trockenmauerwerk-Körper einer Belastung unterworfen, so erfährt er in der Belastungsphase zunächst eine elastische $\varepsilon_{m,el}$ und durch die Fugenkompression eine beachtliche bleibende Sofortverformung $\varepsilon_{m,bl}$, die zweckmäßig als Initialverformung des Mauerwerks $\varepsilon_{m,i} = \varepsilon_{m,el}+\varepsilon_{m,bl}$ zusammengefaßt werden. Unter Dauerlast treten dann weitere zeitabhängige Dehnungen auf, von denen vermutet wird, daß sie, wie bei den Mauersteinen, teils reversibler teils irreversibler Natur sind. Diese zeitabhängigen zusätzlichen Verformungen unter einer konstanten Dauerlast abzüglich der an einer unbelasteten Probe beobachteten Schwindverformungen $\varepsilon_{ms,t}$ werden als Kriechverformungen $\varepsilon_{mc,t}$ des Trockenmauerwerks definiert:

$$\varepsilon_{mc,t} = \varepsilon_{m,t} - \varepsilon_{m,i} - \varepsilon_{ms,t}. \qquad\qquad (5.34)$$

Zum Schwinden ist festzuhalten, daß nur die Mauersteine schwinden können, und demzufolge sich die Schwindverformungen des Mauerwerks $\varepsilon_{ms,t}$ sich nur aus den Schwindverformungen der Mauersteine $\varepsilon_{bs,t}$ ergibt. Das bedeutet, daß in der Gleichung (5.34) der Dehnungsanteil $\varepsilon_{ms,t}$ durch $\varepsilon_{bs,t}$ ersetzt werden kann.

5.3.6.3 Versuchsaufbau und Versuchsergebnisse der Kriechversuche

Aus den Untersuchungen zum Verformungsverhalten von Trockenmauerwerk unter einer Kurzzeitbelastung ist die additive Verbindung von Mauerstein- und Fugendehnung bekannt. Daher scheint es sinnvoll, für die Untersuchung des

Kriechproblems von Trockenmauerwerk ebenfalls eine Aufspaltung in die Anteile aus der Langzeitwirkung der Mauersteine und der Lagerfugen vorzunehmen. Das zeitabhängige Verhalten der Mauersteine war im Kapitel 4 diskutiert worden, die zeitliche Entwicklung der Lagerfugenverformung war bisher unbekannt und sollte durch Versuche geklärt werden. Dazu wurden entsprechende Kriechversuche konzipiert, deren Aufbau bereits im Abschnitt 4.2.5 zu den zeitabhängigen Verformungen der Mauersteine beschrieben wurde. Prinzipiell bestanden die Prismen aus drei trocken übereinander gelegten Mauersteinen, die über einen Zeitraum von vier Wochen durch eine konstante Druckspannung auf unterschiedlichem Niveau ($\sigma_1 = 0{,}5$ N/mm^2 und $\sigma_2 = 1{,}0$ N/mm^2) belastet wurden. Über Dehnmeßstreifen und induktive Wegaufnehmer konnten sowohl die Verformungen der Mauersteine als auch die Verformungen des Trockenmauerwerks aufgezeichnet werden. Eingetretene Schwindverformungen wurden durch eine gezielte Meßwerterfassung eliminiert.

Wie erwartet wurde, stellten sich beim Trockenmauerwerk während der Belastungsphase wesentlich größere Gesamtverformungen ein als aus den gemessenen Mauersteinverformungen zu schließen gewesen wäre (Bild 5.47). Die Unterschiede sind auf die bereits diskutierte Fugenkonsolidierung zurückzuführen, die auch in den Kurzzeitversuchen zur Ermittlung der Trockenmauerwerk-Druckfestigkeit beobachtet worden war.

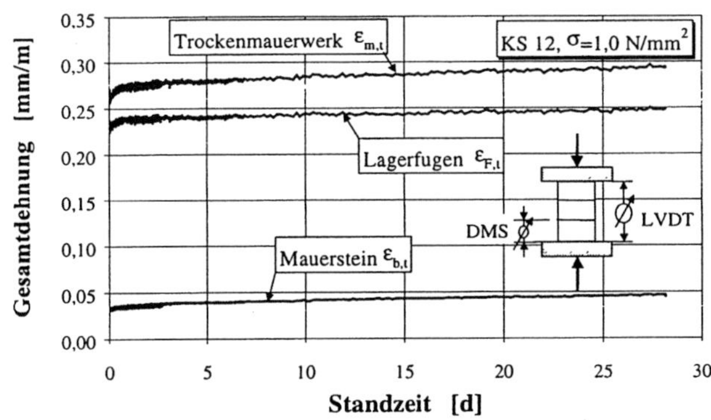

Bild 5.47: Dehnungsanteile von Mauerstein $\varepsilon_{b,t}$ und Lagerfuge $\varepsilon_{F,t}$ an der Gesamtdehnung von Trockenmauerwerk $\varepsilon_{m,t}$ zum Zeitpunkt t unter einer Dauerlast (Druck) gemessen mit Dehnmeßstreifen (DMS) und induktiven Wegaufnehmern (LVDT)

Der Vergleich der eingetretenen Verformungen zum Zeitpunkt t = 0 mit den Verformungen aus den Kurzzeitversuchen bestätigte die Gleichwertigkeit.

Werden von den gemessenen Gesamtdehnungen (ohne Schwinddehnungen) die spontanen Verformungen abgezogen, so lassen sich die Kriechdehnungen $\varepsilon_{mc,t}$ gemäß Gleichung (5.34) ermitteln.

Wie auch bei den Mauersteinen zeigte sich eine Abhängigkeit der Größe der Kriechdehnungen von der Druckfestigkeit des Trockenmauerwerks und damit von der Druckfestigkeit der Mauersteine. Beim Trockenmauerwerk mit geringer Druckfestigkeit stellten sich die größten Kriechverformungen ein. In dieser Tendenz gab es zwischen Kalksandstein- und Porenbetonsteinmauerwerk keine Unterschiede. Auch hat die Größe der eingetragenen Kriechspannung einen Einfluß auf die Langzeitverformungen des Mauerwerks. Mit steigendem Kriechspannungsniveau wuchsen auch die Kriechdehnungen, wie das Bild 5.48, getrennt für Kalksandstein- und Porenbetonstein-Trockenmauerwerk, verdeutlicht.

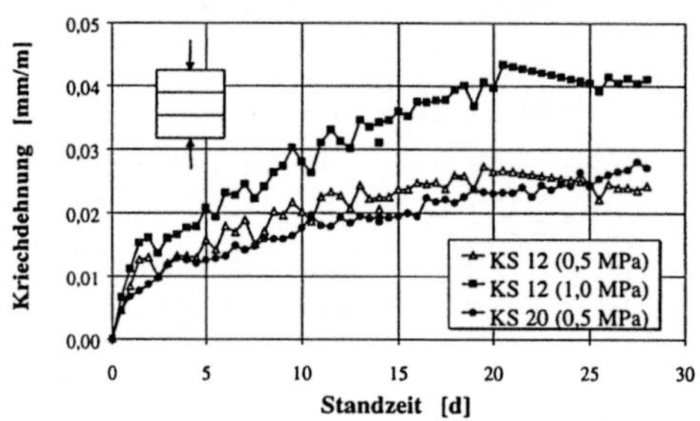
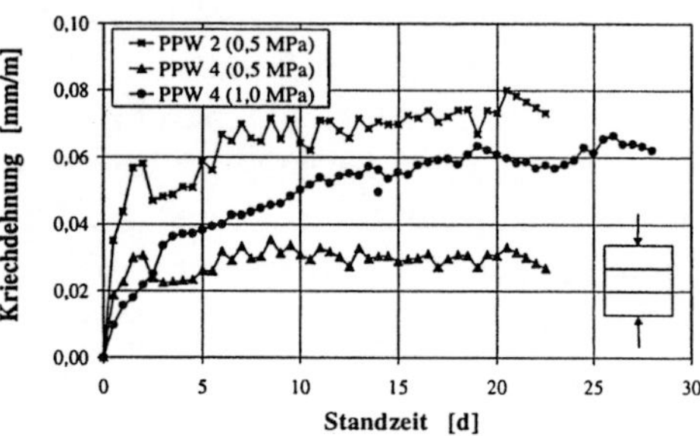

a) Kalksandstein-Trockenmauerwerk   b) Porenbetonstein-Trockenmauerwerk

Bild 5.48: Abhängigkeit der Kriechverformungen von der Trockenmauerwerk-Druckfestigkeit und der eingetragenen Kriechspannung

Allerdings hat auch der mineralogische Charakter des Steinmaterials einen unverkennbaren Einfluß, weil die Langzeitverformungen bei gleichem Druckspannungsniveau beim Kalksandstein-Trockenmauerwerk stets geringerer Größe waren als die von Porenbetonstein-Trockenmauerwerk.

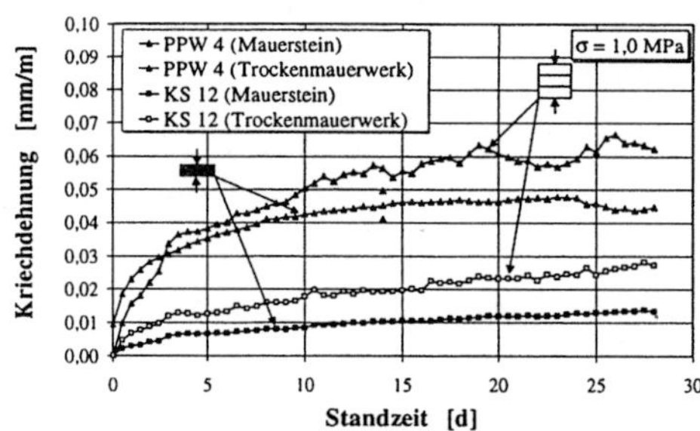
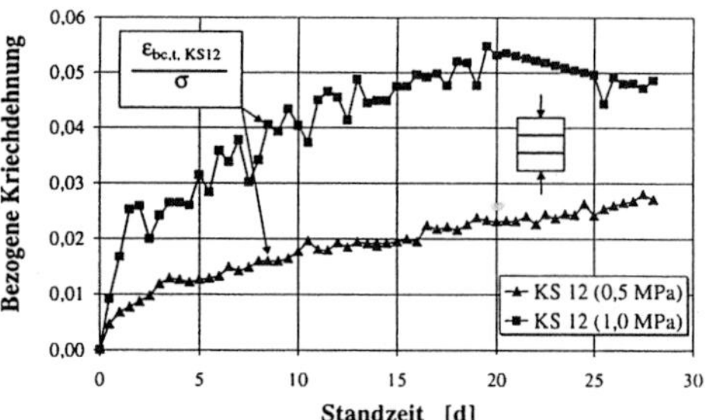

Bild 5.49: Vergleich der Kriechdehnung von Trockenmauerwerk und zugehörigen Einzelsteinen bei einer konstanten Kriechspannung $\sigma = 1$ N/mm^2

Bild 5.50: Vergleich der bezogenen Kriechdehnung von Kalksandstein-Trockenmauerwerk bei unterschiedlich hohen Kriechspannungsniveaus

Der Vergleich der zeitabhängigen Kriechdehnungen zwischen KS 12- und PPW 4-Trockenmauerwerk sowie der zugehörigen Einzelsteine zeigt die Auswirkungen bei Verwendung verschiedener Mauersteine (Bild 5.49). Ebenfalls wird deutlich, daß die Langzeitverformungen des Mauerwerks bei gleichem Spannungsniveau diejenigen des Einzelsteins übersteigen.

Ein erkennbarer Einfluß der Lagerfuge auf die Langzeitverformung des Trockenmauerwerks zeigt sich deutlicher bei der Darstellung der bezogenen Kriechdehnungen $\bar{\varepsilon}_{mc,t}$, die sich als Quotient aus der Kriechdehnung $\varepsilon_{mc,t}$ und den wirkenden Kriechspannungen σ ergeben:

$$\bar{\varepsilon}_{mc,t} = \frac{\varepsilon_{mc,t}}{\sigma} \, . \qquad\qquad (5.35)$$

Die im Bild 5.50 gezeichneten Kurven stehen für die Entwicklung der bezogenen Kriechdehnung mit der Zeit und verdeutlichen, daß die Kriechverformungen des Trockenmauerwerks nicht in dem gleichen Maße wie die Kriechspannungen zunehmen. Allerdings stellt sich nicht wie bei den Mauersteinen ein annähernd konstantes Verhältnis zwischen den Kurven des jeweiligen Spannungsgrades ein. Dies ist Ausdruck dafür, daß das bezogene Kriechmaß $\alpha_{mc} = \bar{\varepsilon}_{mc,t,\sigma1} / \bar{\varepsilon}_{mc,t,\sigma2}$ für Trockenmauerwerkkonstruktionen im Gegensatz zu den Mauersteinen nicht mehr konstant ist. Wahrscheinlich ist dies Ausdruck eines zeitabhängigen, nicht konstanten Einflusses der Fugenkompression.

Werden die Langzeitverformungen der Lagerfugen gegen die Zeit aufgetragen, so ergibt sich kein einheitliches Bild. Während die Trockenmauerwerkkörper aus KS- und PPW-Steinen bei einer Kriechspannung von $\sigma = 1{,}0$ N/mm^2 eine Zunahme der Fugenverformung mit der Zeit anzeigten, so nahm die Fugenverformung bei geringerer Kriechspannung kontinuierlich ab. Zwei Gründe könnten dafür verantwortlich sein. Zum einen könnten Streuungen der Verformungsaufzeichnung von Mauerwerk und Mauersteinen die Meßergebnisse verfälscht haben, so daß sich rein rechnerisch ungenaue Fugendehnungen ergeben haben, zum anderen könnte das aber auch Ausdruck einer stärkeren und noch nicht abgeschlossenen Kriechverformung der Steine sein. Der erste Grund ist nicht zu vernachlässigen, doch die erkennbare Systematik spricht für den zweiten als den maßgebenden Grund. Folglich muß für die Einschätzung des Kriechverhaltens von Trockenmauerwerk, das Langzeitverhalten der Mauersteine genau abgebildet und erfaßt werden.

Vorausgesetzt, daß eine Proportionalität zwischen Kriechspannung σ und Kriechdehnung $\varepsilon_{mc,t}$ vorliegt, kann die Kriechverformung durch die dimensionslose Kriechzahl für das Trockenmauerwerk $\phi_{m,t}$ ausgedrückt werden. Dabei steht $\phi_{m,t}$ für das Verhältnis von Kriechverformung $\varepsilon_{mc,t}$ zur Initialverformung $\varepsilon_{m,i}$ zu Belastungsbeginn:

$$\phi_{m,t} = \frac{\varepsilon_{mc,t}}{\varepsilon_{m,i}} \, . \qquad\qquad (5.36)$$

Die lastabhängige Gesamtdehnung setzt sich demnach aus $\varepsilon_{m,i}$ und $\varepsilon_{mc,t}$ zusammen:

$$\varepsilon_{m,t} = \varepsilon_{m,i} + \varepsilon_{mc,t} = \frac{\sigma}{E_m} \cdot \left(1 + \phi_{m,t}\right) . \qquad\qquad (5.37)$$

Aus Gründen der Analogie zum Verformungsverhalten der Mauersteine kann die Initialverformung durch das Verhältnis von Kriechspannung σ zum Elastizitätsmodul E_m substituiert werden. Der E_m-Modul entspricht dem Anstieg der Spannungs-Dehnungslinie im Kurzzeitversuch und kann je nach Spannungshöhe den Wert $E_m = 1/5\ E_{33/66}$ oder $E_m = E_{33/66}$ annehmen. Der $E_{33/66}$-Modul entspricht dem Sekantenmodul von Trockenmauerwerk zwischen 1/3 und 2/3 der Mauerwerkdruckfestigkeit.

Werden die Kriechzahlen für die Mauersteine $\phi_{b,t}$ und für das Trockenmauerwerk $\phi_{m,t}$ in einem Diagramm dargestellt, was im Bild 5.51 für Kalksandstein- und Porenbetonsteinmauerwerk vorgenommen wurde, so ergeben sich verschiedene Aussagen. Zum einen zeigen sich die zeitabhängigen Kriechzahlen nur bei den Mauersteinen unbeeinflußt von der Höhe der Kriechspannungen. Die Kriechzahlen vom Trockenmauerwerk sind insbesondere in den ersten Tagen von der Höhe der Kriechspannung beeinflußt. Zum anderen wird im Vergleich zum Bild 5.49 deutlich, daß, obwohl die Mauerwerkkörper eine größere Kriechdehnung als die Mauersteine aufwiesen, die Kriechzahlen in umgekehrter Relation zueinander stehen. Dies ist auf die bedeutend größere Initialverformung des Mauerwerks gegenüber der Anfangsverformung der Mauersteine zurückzuführen.

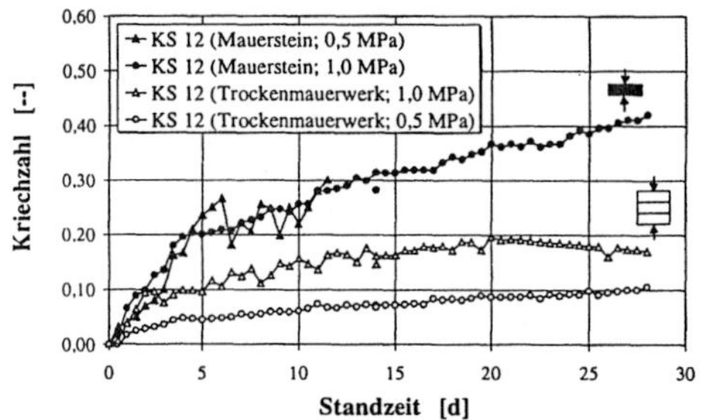

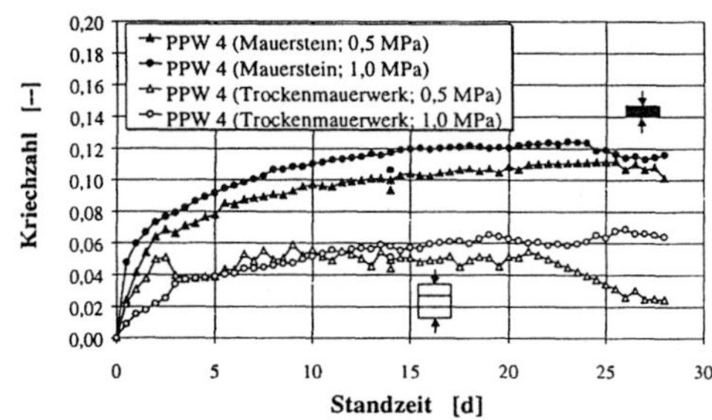

a) Kalksandstein-Trockenmauerwerk   b) Porenbetonstein-Trockenmauerwerk

Bild 5.51: Entwicklung der Kriechzahl $\phi_{m,t}$ des Trockenmauerwerks in Abhängigkeit von der Belastungszeit, vom Kriechspannungsniveau (σ_1=0,5 N/mm^2, σ_2=1,0 N/mm^2) und von der Mauersteinart (KS 12 und PPW 4)

Die Lastabhängigkeit der Kriechzahl von Trockenmauerwerk beruht im wesentlichen auf einer zeitabhängigen Fugenkompression und ist in den ersten fünf bis zehn Tagen am stärksten ausgeprägt. Dadurch, daß nicht die gesamte Fuge in gleicher Weise an einer Spannungsübertragung beteiligt ist, wird in den wenigen Kontaktstellen eine deutlich höhere Spannung initiiert, so daß dort eine höhere Kriechspannung anliegt. Diese höhere Kriechspannung nimmt zeitlich gesehen in dem gleichen Maße ab, wie die Fläche der Kontaktstellen zunimmt. Das heißt nichts anderes, als daß die Fugenkompression von der Höhe der eingetragenen Druckspannung, dem Kriechverhalten und der Dauerstandfestigkeit des Mauersteinmaterials in den Kontaktflächen abhängig ist. Infolge der wesentlich höheren Druckspannung in den Kontaktstellen ist davon auszugehen, daß es in jenen Bereichen zu überproportionalen Kriechverformungen kommt, die einen partiellen Dauerstandbruch zur Folge haben. Dafür spricht auch, daß bereits nach wenigen Tagen der bis dahin eingetretene Unterschied zwischen $\phi_{b,t}$ und $\phi_{m,t}$ nahezu konstant blieb, und die zeitabhängigen Fugenverformungen in dem gleichen Maße zunahmen wie die Kriechverformungen der Mauersteine. Zugleich stellte sich ein konstantes Niveau der Kriechzahlen bei höherer Kriechspannung wesentlich eher ein als bei geringerer Dauerdruckspannung. Insofern ist die Kriechzahl nicht unbeeinflußt von der Höhe der Kriechspannung, obwohl der Einfluß der Fugenkompression bei langer Standzeit verschwindet.

Werden die Kriechzahlen als Funktion der Belastungsdauer in doppeltlogarithmischem Maßstab aufgetragen, so erhält man Geraden mit einer konstanten Steigung für jede Steinart von ca. 0,10 für Kalksandstein- und 0,02 für Porenbetonsteinmauerwerk. Das bedeutet, die Zeitabhängigkeit des Kriechens läßt sich, zumindest die starken Kriechverformungen nach Belastungsbeginn, näherungsweise durch eine Potenzfunktion beschreiben. Diese qualitative Aussage reiht sich zwanglos in die große Zahl von Daten, die zum Kriechen des Betons schon gesammelt wurden, ein [M16].

Mittels einer Regressionsuntersuchung konnten mit Hilfe der Hyperbelfunktion von *Ross* [R9] für t = ∞ die wahrscheinlichen Endkriechwerte $\phi_{m,\infty}$ des untersuchten Trockenmauerwerks bestimmt werden. Diese sind in Tabelle 5.8 aufgelistet. Dabei sind aus den bereits genannten Gründen für verschieden hohe Kriechspannungen unterschiedliche Endkriechzahlen genannt, deren Größenunterschied jedoch marginal ist und deshalb angenähert von einer spannungsunabhängigen Endkriechzahl ausgegangen werden kann.

Tabelle 5.8: Endkriechdehnung und Endkriechzahl von Trockenmauerwerk bei unterschiedlich hoher Kriechspannung

Stein	Kriechspannung σ N/mm^2	Endkriechdehnung $\varepsilon_{mc,\infty}$ ‰	Endkriechzahl $\phi_{m,\infty}$ --
1	2	3	4
KS 20	0,5	0,10	0,30
KS 12	0,5 1,0	0,05 0,08	0,20 0,15
PPW 4	0,5 1,0	0,04 0,07	0,08 0,10
PPW 2	0,5	0,08	0,12

Zusammenfassend ergeben sich als maßgebende Parameter der Langzeitverformungen von Trockenmauerwerk:

• die Art des Mauersteinmaterials (hier Kalksandstein, Porenbeton),

- die Mauersteindruckfestigkeit,

- die Rauhigkeit der Steinlagerflächen (bzw. die Rauhigkeit der Lagerfuge),

- die Dauerstandfestigkeit des Steinmaterials an der Fugenflanke,

- der Feuchtigkeitsgehalt der Mauersteine zu Belastungsbeginn,

- Größe der austrocknenden (luftumspülten) Fläche des Mauerwerks,

- Temperatur und relative Feuchtigkeit der umgebenden Luft und

- die Höhe der Kriechspannung.

Durch die Austrocknungsvorgänge gewinnt das Schwindverhalten einen merklichen Einfluß auf die Kriechverformungen. Der Einfluß des Belastungsalters auf das Kriechverhalten der Mauersteine kann bis auf die Beton- und Leichtbetonmauersteine im allgemeinen vernachlässigt werden.

Schlußfolgernd sind alle Einflüsse auf das Kriech- und Schwindverhalten von Mauersteinen in der gleichen Weise für das zeitabhängige Verhalten von Trockenmauerwerk bedeutsam. Weitere spezifische Struktureinflüsse, z.B. die Qualität der Lagerfugen, müssen zusätzlich erfaßt werden.

Derzeit existieren noch keine Vorhersageverfahren des zeitabhängigen Verhaltens von Trockenmauerwerk. Wie bei den Mauersteinen wäre es denkbar, vorhandene Verfahren zu modifizieren, so daß eine Voraussage des Verhaltens möglich ist. Zweifellos kann dies erst erfolgen, wenn das zeitabhängige Verhalten der Mauersteine zutreffend vorausgesagt werden kann.

5.3.7 Ermittlung von Spannkraftverlusten

Eine wesentliche Bedeutung der Vorhersage von zeitabhängigen Verformungen besteht in der Berechnung von Spannkraftverlusten. Weil Trockenmauerwerk mit üblichen Auflasten in vertikaler Richtung nur eine geringe Tragfähigkeit gegenüber einer Biege- und/oder Schubbeanspruchung gewährleistet, erweist es sich als notwendig, die Konstruktion vorzuspannen. Dabei verhält sich wegen wechselnder Belastungszustände eine zentrische Vorspannung im Wandquerschnitt oft am günstigsten. Die Inanspruchnahme eines geringen Teils der vertikalen Tragfähigkeit durch die Vorspannung ist in der Regel unbedeutend.

Erfahrungsberichten von Spannbetonkonstruktionen kann entnommen werden, daß die Vorspannelemente nur dann ihre Aufgabe zuverlässig erfüllen können, wenn die Vordehnung des Spanngliedes gegenüber dem umgebenden Mauerwerk so hoch ist, daß ständig eine ausreichend hohe Druckkraft in das Mauerwerk eingeleitet wird. Dies setzt voraus, daß die Spannkraftverluste unter Berücksichtigung der zeitabhängigen Verformungen exakt ermittelt werden.

Da die Vorspannelemente in der Regel gegen das fertige Mauerwerk vorgespannt werden, treten elastische Steinverformungen und die großen Anfangsverformungen der Fugen bereits während des Spannvorganges in Erscheinung und brauchen anschließend nicht mehr berücksichtig zu werden. Beachtet werden müssen die zeitabhängigen Schwind- und Kriechverformungen.

Die zeitabhängigen Spannkraftverluste ergeben sich durch eine Verkürzung des vorgedehnten Spanngliedes Δl_p aus der Schwindverkürzung $\Delta h_{s,t}$ und Kriechverformung $\Delta h_{c,t}$ der Wand aus Trockenmauerwerk über die Höhe h:

$$\Delta l_{p,s+c} = \Delta h_{s,t} + \Delta h_{c,t} . \tag{5.38}$$

Bezogen auf die Ausgangslängen des Spanngliedes l_p und die Wandhöhe h läßt sich daraus der Vordehnungsverlust angeben:

$$\Delta \varepsilon_{p,s+c} = \left(\varepsilon_{ms,t} + \varepsilon_{mc,t}\right)\frac{h}{l_p} . \tag{5.39}$$

Infolge des Vordehnungsverlustes ergibt sich für das Spannglied ein Vorspannkraftverlust in folgender Höhe:

$$\Delta P_{s+c} = \left(\varepsilon_{ms,t} + \varepsilon_{mc,t}\right)\frac{h}{l_p} \cdot E_p \cdot A_p . \tag{5.40}$$

Meist geht nicht der absolute, sondern der prozentuale Spannkraftverlust in eine Berechnung der Vorspannkraftdimensionierung ein. Dabei wird der Spannkraftverlust ΔP_{s+c} auf die Initialvorspannung P_0 bezogen:

$$\varpi = \frac{\Delta P_{s+c}}{P_0} \cdot 100\% = \left(\varepsilon_{ms,t} + \varepsilon_{mc,t}\right)\frac{h}{l_p} \cdot \frac{E_p}{\sigma_{p,0}} \cdot 100\% . \tag{5.41}$$

Unter Beachtung des Kräftegleichgewichtes zwischen eingeleiteter Vorspannkraft der Spannglieder und der Reaktionskraft des Mauerwerks kann der prozentuale Spannkraftverlust wie folgt errechnet werden:

$$\varpi = \frac{\Delta P_{s+c}}{P_0} \cdot 100\% = \left(\varepsilon_{ms,t} + \varepsilon_{mc,t}\right)\frac{h}{l_p} \cdot \frac{E_p \cdot A_p}{\sigma_{m,0} \cdot A_m} \cdot 100\% , \tag{5.42}$$

$$\varpi = \left(\varepsilon_{ms,t} + \varphi_{m,t}\frac{\sigma_{m,0}}{E_m}\right)\frac{h}{l_p} \cdot \frac{E_p \cdot A_p}{\sigma_{m,0} \cdot A_m} \cdot 100\% \tag{5.43}$$

mit: $P_0 = \sigma_{m,0} \cdot A_m$.

Es bedeuten:

ϖ prozentualer Spannkraftverlust,

ΔP_{s+c} zeitabhängiger Vorspannverlust durch Kriechen und Schwinden,

P_0 Initialvorspannung zum Zeitpunkt t = 0,

$\varepsilon_{ms,t}$ zeitabhängige Schwindverformung des Trockenmauerwerks,

$\varepsilon_{mc,t}$ zeitabhängige Kriechverformung des Trockenmauerwerks,

$\phi_{m,t}$ Kriechzahl des Trockenmauerwerks,

E_p E-Modul des Spanngliedes,

E_m E-Modul von Trockenmauerwerk (z.B. $E_{33/66}$-Modul),

A_p Summe der Spanngliedquerschnittsflächen,

A_m vorzuspannender Wandquerschnitt,

$\sigma_{m,0}$ Mauerwerkspannung infolge Vorspannkraft zum Zeitpunkt $t = 0$,

h Höhe der vertikal vorzuspannenden Wand,

l_p Länge des Spanngliedes.

Ein zusätzlicher Verlust tritt ein, wenn die Spannglieder nicht gleichzeitig gespannt werden. Dieser läßt sich aus den vorstehenden Gleichungen analog ermitteln. Weiterhin können mögliche Spannkraftverluste infolge Ankerschlupf auftreten. Diese sind abhängig vom verwendeten Spannverfahren und können entweder aus Erfahrungsberichten oder technischen Zulassungsbescheiden entnommen werden. Weil die Spannglieder gerade und verbundlos im Wandquerschnitt geführt werden, ergibt sich kein Spannkraftverlust aus Reibung.

Jedes vorgespannte Material neigt zur Relaxation, dem zeitlichen Spannungsabbau bei konstanter Vordehnung. Hierdurch können sich ebenfalls Spannkraftverluste ergeben, die berücksichtigt werden müssen, gerade weil das Spannglied in der Regel verbundlos im Querschnitt liegt. Spannkraftverluste infolge Spanngliedrelaxation sind den technischen Zulassungsbescheiden der Spannglieder zu entnehmen und können durch die Verwendung von Spanngliedern mit geringer Relaxationsneigung minimiert werden.

Die Abschätzung des Endwertes der Vorspannung P_∞ ergibt sich durch Abzug aller Spannkraftverluste $\Sigma \Delta P_i$ von der Initialvorspannung P_0.

6 Schubversuche an vorgespannten Trockenmauerwerkkörpern

6.1 Allgemeines

Mauerwerkkonstruktionen können sowohl Beanspruchungen in Wandebene als auch senkrecht dazu erfahren. Das Tragverhalten des Mauerwerks läßt sich daher in Scheibentragwirkung und Plattentragwirkung unterteilen. Für die horizontale Gebäudeaussteifung und zur Ableitung von Wind- und Erdbebenlasten ist das Scheibentragverhalten des Mauerwerks, welches im wesentlichen von der Schubtragfähigkeit des Mauerwerks abhängt, maßgebend.

Erste Untersuchungen liegen bereits aus den sechziger Jahren vor. Damals wurde das Schubversagen des Mauerwerks, nicht zuletzt wegen der geringen Mörtelfestigkeiten, nur durch ein einziges Bruchkriterium beschrieben. Dieses beschränkte sich auf das Versagen des Mauerwerks entlang der Lagerfugen und konnte durch eine Coulomb'sche Reibungsgerade abgebildet werden:

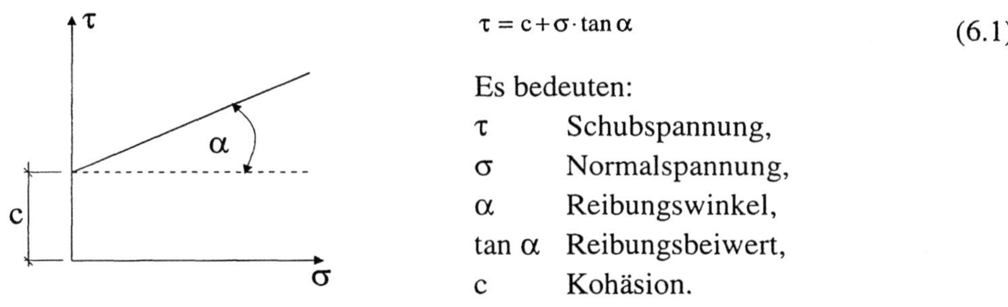

$$\tau = c + \sigma \cdot \tan \alpha \qquad (6.1)$$

Es bedeuten:

τ	Schubspannung,
σ	Normalspannung,
α	Reibungswinkel,
$\tan \alpha$	Reibungsbeiwert,
c	Kohäsion.

Bild 6.1: Coulomb'sches Reibungsgesetz

Bereits damals [M14] wurde jedoch schon festgestellt, daß bei entsprechend gutem Verbund zwischen Mauerstein und Mauermörtel neben dem Reibversagen in den Fugen auch ein Mauersteinversagen auftreten kann, insbesondere wenn der Mörtel größere Festigkeiten erreichte. Diese Erkenntnis wurde aber erst in späteren Untersuchungen berücksichtigt, indem in Abhängigkeit von den Beanspruchungsgrößen verschiedene Bruchkriterien formuliert wurden.

Aus deutscher Sicht waren die Untersuchungen von *Mann/Müller* [M4, M8] richtungsweisend; nicht zuletzt auch deshalb, weil die heutigen Schubbemessungsgleichungen nach DIN 1053-1 [AA3] für vermörteltes Mauerwerk auf diesen Untersuchungen basieren. Entsprechend den Ausführungen von *Mann/Müller*, die im Kapitel 8 ausführlicher vorgestellt werden, unterscheiden sie in Abhängigkeit von der Auflast zwischen einem Versagen von Mauerwerk, von Mauersteinen und von Lagerfugen. Im Regelfall liegen nur mäßige Normalkraftbeanspruchungen vor, so daß das rechnerische Schubversagen von Mauerwerk auf ein Zugversagen der Mauersteine oder ein Reibversagen der Lagerfugen zurückzuführen ist.

Aufgrund der von *Mann/Müller* hergeleiteten mechanischen Ansätze zum Schubbruchverhalten von Mauerwerk ist es gerechtfertigt, diese Modelle auf Trockenmauerwerkkonstruktionen zu übertragen und, wenn erforderlich, notwendige Modifizierungen vorzunehmen.

So ist es denkbar, und erste Versuche bestätigen die Richtigkeit der Vorgehensweise, daß der Schubwiderstand des Trockenmauerwerks sich einerseits aus dem Reibwiderstand in den Lagerfugen und andererseits aus der Zugfestigkeit der Mauersteine bzw. der Mauerwerkdruckfestigkeit des Trockenmauerwerks zusammensetzt.

Aus diesem Grunde wurden sowohl klein- als auch großmaßstäbige Versuche konzipiert, die Hinweise auf den Versagensmechanismus geben sollten. In einer ersten Versuchsserie wurde an kleinen Versuchskörpern, den sogenannten Drei-Stein-Körpern, explizit das Reibverhalten in der Lagerfuge unter verschieden hohen Auflastgraden studiert. Bauteilversuche an geschoßhohen Wänden dienten der Verifizierung der an Kleinkörpern gewonnenen Erkenntnisse und vor allem der Untersuchung des Tragwiderstandes der Mauersteine, wenn der gewählte hohe Auflastgrad ein Reibversagen in der Lagerfuge unwahrscheinlich werden ließ.

6.2   Schubversuche an Drei-Stein-Körpern

6.2.1   Kenntnisstand zu Schubuntersuchungen an Kleinkörpern

Grundsätzlich lassen sich Schubfestigkeiten sowohl an Kleinkörpern als auch an Wandkörpern bestimmen. In der Regel wird für die Untersuchung des Schubtragverhaltens Scheibenschub vorausgesetzt. Eine Zusammenstellung von Versuchsaufbauten für Schubversuche ist in [D4, H11, H12, S17, S34] zu finden. Für die Bestimmung des Fugenwiderstandes sind Wandversuche sehr aufwendig, so daß sich Kleinkörperversuche durchgesetzt haben. Für Versuche an vermörteltem Mauerwerk werden sie im allgemeinen als Haftscherversuche bezeichnet. Zur Bestimmung des Verbundverhaltens trockener Fugen schienen Kleinkörperversuche ebenfalls geeignet, so daß wesentliche Aspekte sowie Vor- und Nachteile der vorhandenen Aufbauten im folgenden diskutiert werden mit dem Ziel, den geeignetsten Aufbau herauszufinden.

Die Kleinkörper bestehen in der Regel aus zwei (Zwei-Stein-Körper) oder drei (Drei-Stein-Körper) miteinander vermörtelten Steinen, die im erhärteten Zustand einer Scherbeanspruchung ausgesetzt werden. Aus vielen Versuchen ist bekannt, daß neben den Materialeinflüssen die Haftscherergebnisse sehr vom Versuchsaufbau abhängen. Ein sehr wichtiges Kriterium für realistische Ergebnisse ist die

Forderung nach einer annähernd momentfreien Scherbelastung, d.h. minimierte
Kraftexzentrizitäten zur Lagerfuge und eine möglichst gleichmäßige Verteilung
von Schub- und Normalspannungen über die Lagerfuge. Wie *Stöckl/Hofmann*
[S34] mit vergleichenden FE-Berechnungen nachwiesen, wirken sich Stoßfugen
im Prüfkörper sehr nachteilig aus, weil der Mörtel in den Stoßfugen sich teilweise
durch Schwinden von den Steinen löst, in der Regel eine schlechte Verdichtung
aufweist oder die Stoßfuge planmäßig unvermörtelt ausgeführt wird. Der Kraft-
verlauf über die Stoßfuge hinweg ist stark eingeschränkt, wenn nicht sogar aufgehoben. Auch sollte der Probekörper nur eine Lagefuge aufweisen. Mehrere Lagerfugen verhalten sich meistens unterschiedlich und versagen nacheinander, so daß
die Aussagefähigkeit herabgesetzt wird. Um eine gleichmäßige Verteilung der
Schubspannungen zu erhalten, sollte die Länge der Scherfläche klein gehalten
werden, da mit zunehmender Fugenlänge die Ungleichmäßigkeit der Schubspannungsverteilung zunimmt.

In Deutschland wurde bisher die Haftscherfestigkeit nach DIN 18555-5 [AA6] an
einem Zwei-Stein-Körper bestimmt (Bild 6.2a). Der Versuchsaufbau mit zwei
Steinen hat den Vorteil, daß nur eine Fuge abgeschert wird, keine Stoßfugen vorhanden sind und durch den Aufbau gewährleistet ist, daß sich nur minimale Lastexzentrizitäten einstellen.

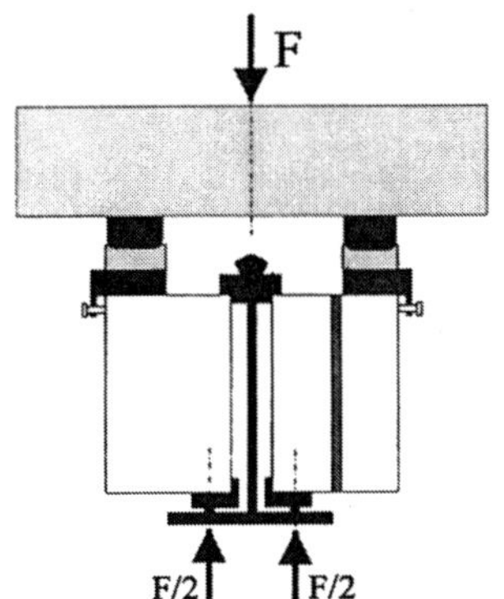

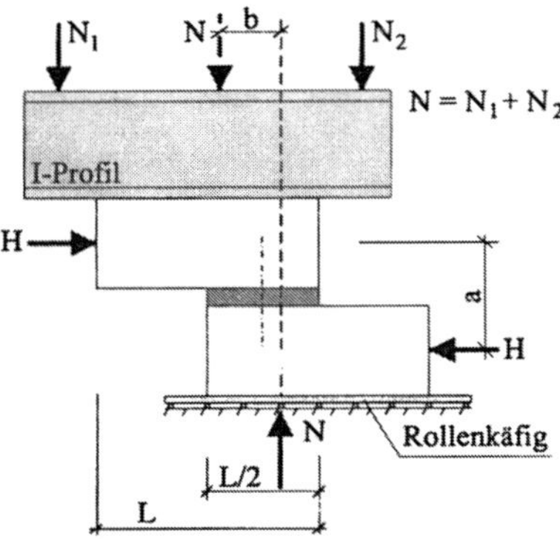

a) Versuchsaufbau nach DIN 18555-5 [AA6]   b) Versuchsaufbau nach *Stöckl/Hofmann*
                                                  [H12, S34]

Bild 6.2: Versuchsaufbauten mit Zwei-Stein-Körpern

Der Aufbau von *Stöckl/Hofmann* [H12, S34] mit einem versetzten Zwei-Stein-
Körper (Bild 6.1b) ermöglicht durch ein gesteuertes, stets gleichgroßes Aus-
gleichsmoment $M = N \cdot b$ ein fast vollständiges Kompensieren des Drehmomentes
infolge Lastexzentrizität der angreifenden Scherkräfte. Dieses Verfahren gewährleistet eine gleichmäßig verteilte Schubspannung und in etwa konstante Normalspannungen in der Lagerfuge, ist jedoch durch die zweiachsige Steuerung sehr
aufwendig.

Eine einfache Prüfvorrichtung für einen Drei-Stein-Prüfkörper nach Bild 6.3a gibt die ursprüngliche Entwurfsfassung der DIN EN 1052-3/07.93 [AA12] wieder. Dieser Versuchsaufbau ist einfach gestaltet und für Mehrfachprüfungen gut geeignet. Nachteilig wirkt sich insbesondere eine auftretende Biegebeanspruchung der Lagerfugen durch die Überleitung der versetzt angreifenden Kräfte, die zu einem vorzeitigen Aufreißen der Fuge führt, aus.

Den gleichen Versuchsaufbau, nur um 90° gedreht, verwendete *Schubert* (nach [S34]) in seinen Haftscheruntersuchungen (Bild 6.3b). Die Schubspannungen sind relativ gleichmäßig verteilt, doch bewirkt die konzentrierte Lasteinleitung hohe Druckspannungsspitzen in den Lagerfugen im Auflagerbereich. Die Gefahr des vorzeitigen Fugenaufreißens ist infolge fehlender seitlicher Halterung, wie im Aufbau zuvor, gegeben. Diese Druckspannungsspitzen können abgemindert werden, wenn zwischen Lasteinleitungsplatte und Steinoberfläche eine Filzschicht eingelegt wird, die auftretende Unebenheiten der Steinoberfläche ausgleicht. Nachteilig ist, daß dadurch Steinbewegungen möglich werden, die die Biegebeanspruchung der Fuge begünstigen.

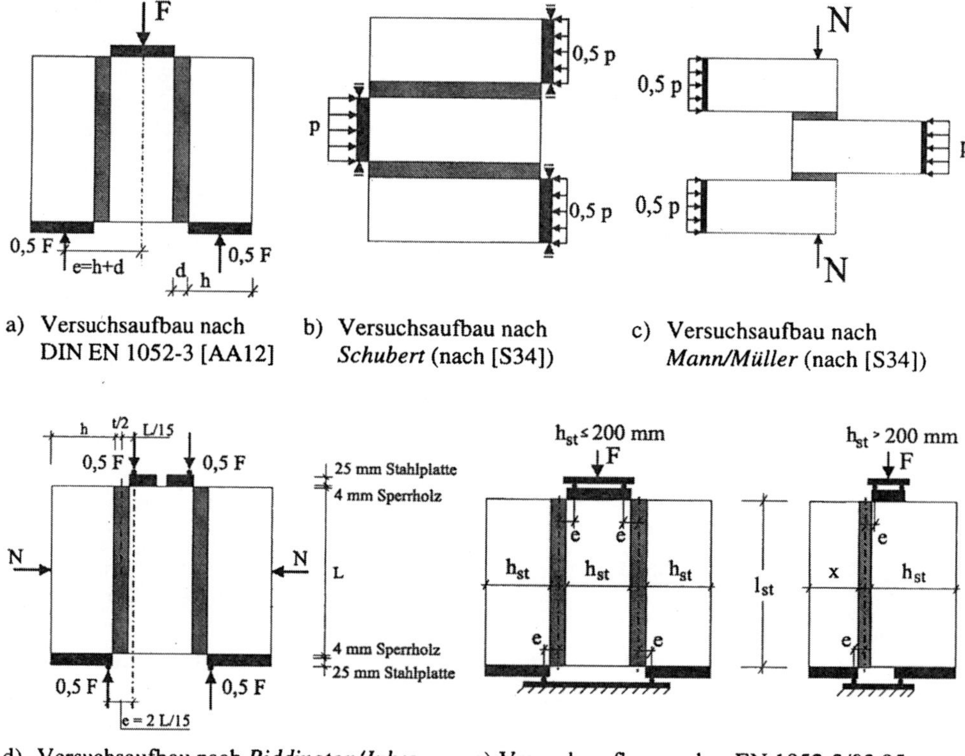

Bild 6.3: Haftscherprüfungen mit Drei-Stein-Körpern

Mann/Müller (nach [S34]) benutzten einen ähnlichen Aufbau wie Schubert, jedoch mit verkürzter Lagerfuge, indem der mittlere Stein mit Versatz zu den äußeren Steinen gemauert wurde (Bild 6.3c). Wie sich zeigte, bewirkt eine kürzere Lagerfuge einen gleichmäßigeren Verlauf der Schubspannungen. Bei diesem Aufbau ist eine Biegebeanspruchung zu erwarten, die durch die eingetragene Vorspannung senkrecht zur Lagefuge überdrückt werden soll.

Riddington/Jukes untersuchten in [R6] anhand des stehenden Drei-Stein-Körpers nach Bild 6.3d den Einfluß der Lastexzentrizität auf das Haftscherverhalten zwischen Stein und Mörtel. Sie kamen zu dem Ergebnis, daß eine fugennahe Lasteinleitung, d.h. die Lasten werden unmittelbar über Zentrierleisten neben den Scherfugen eingeleitet, eine minimale Lastexzentrizizät gewährleistet. Wie im Bild 6.3d ersichtlich, beträgt die Ausmitte lediglich 2·L/15. Die Biegespannungen werden damit vernachlässigbar klein.

Die Empfehlungen von *Riddington* und *Jukes* wurden aufgegriffen und führten in prEN 1052-3/03.95 [AA13] zu dem im Bild 6.3e dargestellten Versuchsaufbau. Zu bemängeln ist jedoch bei diesem Aufbau, daß je nach Steinhöhe ein Zwei-Stein-Körper oder ein Drei-Stein-Körper zu prüfen ist. Im Falle des unsymmetrischen Aufbaues ist wegen der ungleichen Lagerreaktion auch mit verschieden großen Haftscherfestigkeiten je Fuge zu rechnen. Ohne seitliche Halterung besteht zudem die Gefahr, daß durch ein Aufreißen der Lagerfuge geringere Haftscherfestigkeiten ermittelt werden als die, die wirklich übertragen werden könnten. Die Aussagefähigkeit erscheint besonders im Hinblick auf die Bemessung eingeengt und kritisch.

Besonders ungünstige Spannungsverteilungen ergeben sich bei dem Versuchsaufbau nach RILEM (nach [S34]). Es treten sowohl hohe Druckspannungsspitzen als auch eine sehr ungleiche Schubspannungsverteilung wegen der extrem langen Scherfuge auf (Bild 6.4a). Im mittleren Fugenbereich entstehen über eine größere Länge Zugspannungen, wie *Stöckl* in seinen Untersuchungen nachwies [S34].

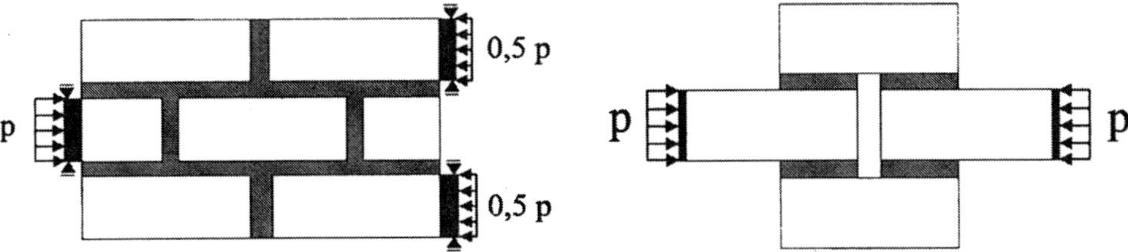

a) Versuchsaufbau nach RILEM (nach [S34])   b) Versuchsaufbau nach *Hamid* (nach [S34])

Bild 6.4: Haftscherprüfungen an Mehrstein-Körpern

Obwohl die Summe der Normalspannungen über die Lagerfuge Null ergibt, erreichen bei der Methode nach *Hamid* (nach [S34]) die auftretenden Zugspannungen im Extremfall so hohe Werte, daß diese zu einem Aufreißen der Lagerfuge führen können. Siehe dazu Bild 6.4b.

Ausgangspunkt der Entwicklung eines geeigneten Versuchaufbaus stellte die Forderung, mit möglichst einfachen Mitteln den Reibwiderstand der Lagerfuge zu ermitteln, dar. Zudem sollten unterschiedliche Steinformate geprüft werden können und die Höhe des Auflasteinflusses variierbar sein.

6.2.2 Versuchsaufbau und Versuchsdurchführung

Übereinstimmend zeigte sich, daß die Größe der Haftscherfestigkeit durch Mörteleigenschaften, aber auch in wesentlichem Maße durch Eigenschaften der Mauersteine (Steinmaterial, Steinformat, Feuchtigkeitsgehalt, Lochung, Rauhigkeit) beeinflußt wird. Neben der Qualität der Spannungsverläufe war ebenso der Prüfaufwand und die Prüfeinrichtung in die Auswahl eines geeigneten Versuchsaufbaus einzubeziehen.

Der Drei-Stein-Körper nach DIN EN 1052-3 (Bild 6.3e) stellte sich in Vorversuchen als der geeignetste Aufbau heraus. Dieser Aufbau stellt einen um 90° gedrehten kleinen Ausschnitt einer Mauerwerkscheibe dar. Der mittlere Stein wurde so versetzt, daß sich eine Überdeckungsfugenlänge von jeweils 20 cm ergab. Dies hatte den Vorteil, daß die Schubspannungen im Überdeckungsbereich gleichmäßiger ausfielen.

Die Mauersteine lagerten vor dem Versuch vier Wochen in einer klimatisierten Prüfhalle mit angenähertem Normklima von 20°C und 55% relativer Luftfeuchtigkeit, so daß die Versuche mit lufttrockenen Steinen durchgeführt wurden. Durch Wägung der Massen von Mauersteinteilen vor und nach einer Trocknung bei ca. 105°C nach Versuchsende konnte der Feuchtigkeitsgehalt zum Versuchszeitpunkt mit ca. 1 M.-% bei den Kalksandsteinen und 5 bis 8 M.-% bei den Porenbetonsteinen nachgewiesen werden.

Die Biegemomentenbeanspruchung infolge der Lastausmitten sollte durch eine fugennahe Lasteinleitung der Scherkräfte reduziert werden. Deshalb wurden direkt neben den Scherfugen im Auflagerbereich jeweils 10 cm breite und 10 mm dicke stählerne Zentrierplatten angeordnet (Bild 6.5). Im Lasteinleitungsbereich wurde darauf verzichtet und statt dessen über die gesamte Kopffläche des Steins die Last eingetragen. Bei einer Verringerung der Lasteinleitungsfläche im Kopfbereich bestand die begründete Gefahr, daß der Stein im Lasteinleitungsbereich hätte geschädigt werden können, da einerseits die gesamte Prüflast übertragen werden mußte und andererseits die Längsdruckfestigkeit der Mauersteine nur ein Bruchteil der Normdruckfestigkeit beträgt.

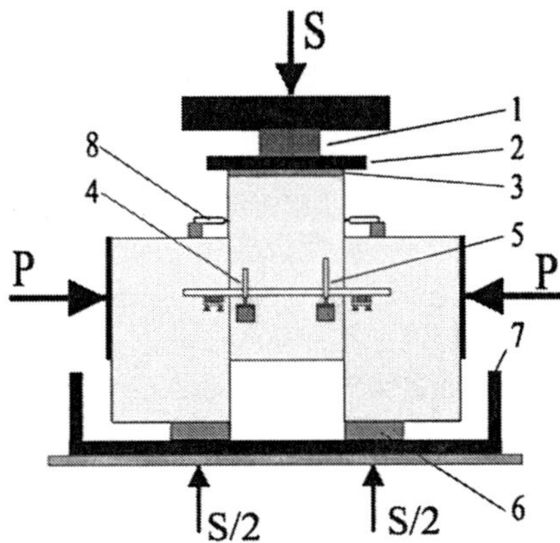

1 Kraftmeßdose (100-200 kN)
2 Stahlplatte d=20 mm
3 Ausgleichschicht (Gips)
4 Wegaufnehmer W 2
5 Wegaufnehmer W 10
6 Stahlplatte d=10 mm
7 Stahlunterlage d=30 mm
8 Wegaufnehmer W 1

a) Schematischer Versuchsaufbau

b) Versuchsaufbau in der Prüfmaschine

Bild 6.5: Prüfaufbau mit Auflasteinfluß

Für einen erleichterten Prüfablauf erfolgte der Aufbau des Drei-Stein-Körpers auf
einer 30 mm dicken Stahlunterlage, die zusammen mit dem Prüfkörper in die
Prüfmaschine eingebaut wurde. Über das Oberhaupt der Druckprüfmaschine wurde mittels einer 20 mm dicken Stahlplatte auf einer dünnen Gipsabgleichschicht
die Scherkraft S aufgebracht. Die Belastungsgeschwindigkeit war konstant mit einer Vorschubgeschwindigkeit des Maschinenquerhauptes von 0,01 mm je Sekunde für alle Versuche festgelegt worden. Die Verformungsmessung in vertikaler
Richtung erfolgte über vier an den Ecken des mittleren Steins befestigte induktive
Wegaufnehmer W2 und W10. Es wurden jeweils drei gleiche Versuchskörper belastet. Zur Kontrolle einer eventuellen übermäßigen Biegebeanspruchung dienten
jeweils zwei horizontale Wegaufnehmer W1 in der Körperachse, welche die Fugenöffnung zwischen den Körpern kontrollierten. Diese Verformungen waren
vernachlässigbar klein, so daß von einer annähernd reinen Schubbeanspruchung
ausgegangen werden konnte. Aus den noch immer bestehenden Lastexzentrizitäten ergab sich eine rechnerische Abtriebskraft H in Abhängigkeit von den Steinabmessungen von $H = 0{,}5 \cdot e = (0{,}08...0{,}09) \cdot S$.

Über eine äußere, den Prüfkörper umschließende Verspindelung konnte senkrecht
zu den Lagerfugen eine Auflast in beliebiger Höhe als Vorspannkraft P eingetragen werden. Mittels massiver Stahlplatten in den Abmessungen der Steinüberdek-
kung bestand die Gewähr, daß die Vorspannkraft als gleichmäßige Flächenlast σ_p

in die Scherfugen übertragen wurde. Je Versuchsreihe wurden unterschiedlich hohe Vorspanngrade gewählt, um aus dem Reibwiderstand der Fugen den Reibungskoeffizienten μ ermitteln zu können. Die Prüfkörper aus Kalksandsteinen KS 12 und KS 20 wurden mit $\sigma_p = 0{,}20...0{,}50...1{,}00$ N/mm^2 und die aus den Porenbetonsteinen PPW 4 und PPW 2 mit $\sigma_p = 0{,}20...0{,}50...0{,}80$ N/mm^2 vorgespannt. Wie auch bei der Prüflast S wurde die Vorspannkraft P kontinuierlich über Kraftmeßdosen kontrolliert und konstant gehalten. Der Vorteil der Vorspannung lag auch darin, daß die unvermeidlichen Abtriebskräfte H überdrückt werden konnten, so daß die Versuchsergebnisse weniger verfälscht wurden. Für jeden Versuch wurde ein neuer Prüfkörper verwendet; nur in Fällen für die Ermittlung des Einflusses einer wiederholten Belastung erfolgte eine zweimalige Nutzung desselben Prüflings.

Zu Vergleichszwecken wurden gleichartige Versuchskörper aus Kalksandstein KS 20 mit 12 mm dicker Mörtelfuge geprüft. Die Kalksandsteine KS 20 und KS 12 wurden deshalb gewählt, weil die in der deutschen Norm festgelegten Werte für die Haftscherfestigkeiten und Reibungskoeffizienten auf Versuchen mit Kalksand-Referenzsteinen fußen. Der verwendete Mörtel war seinen Eigenschaften nach der Mörtelgruppe MG IIa und MG III zuzuordnen. Die Mauersteine wurden vor dem Vermauern nicht vorgenäßt, jedoch lagerten die gemauerten Drei-Stein-Körper während der Erhärtung unter einer verschlossenen Folie, um eine zu schnelle und starke Austrocknung zu verhindern. Die Prüflinge sind liegend aufgemauert und am Prüftag vorsichtig in die Prüflage gedreht und in die Maschine eingebaut worden. Während des Drehens wurden die Körper durch Klemmen verspannt. Die Prüfung erfolgte am 28. Tag nach Herstellung analog dem oben beschriebenen Vorgehen. Es wurden jeweils drei gleichartige Körper aufgebaut und geprüft. Die Versuchsdurchführung erfolgte ohne bzw. mit einer Vorspannung von $\sigma_p = 0{,}4$ N/mm^2 senkrecht zur Lagerfuge. Auf die Untersuchung des Einflusses der Vermörtelung, der Verarbeitung und der Feuchtigkeit wurde verzichtet.

6.2.3 Versuchsergebnisse

Aus den gemessenen Scherkräften S und den Fläche der Überdeckungsfuge A konnten die Schubspannungen τ ermittelt werden:

$$\tau = \frac{S}{2 \cdot A}. \tag{6.2}$$

Die Verringerung der Überdeckungslänge der Fuge während des Versuches wurde für die rechnerische Ermittlung der Schubspannung vernachlässigt.

Die gemessenen Schubfestigkeiten der Lagerfugen der vermörtelten Körper (Bild 6.6) betrügen im Mittel bei Verwendung von Mauermörtel MG IIa ohne Auflasteinfluß 0,25 N/mm^2 und bei Verwendung von Mauermörtel MG III 0,32 N/mm^2. Nach DIN 1053-1 [AA3] sind für den Rechenwert der auflastfreien Haftscherfestigkeiten obere Grenzen von 0,18 für den Mörtel MG IIa und 0,22 für den Mörtel MG III angegeben. Die Übereinstimmung ist gut. Dabei sollte jedoch berücksichtigt werden, daß die in der Norm angegebenen Werte mit einem anderen Prüfaufbau ermittelt wurden. *Schubert* [S23] untersuchte im Rahmen der europäischen Normung das Korrelationsverhalten zwischen dem Zwei-Stein-Verfahren nach DIN 18555-5 und dem vom Autor angewandten Drei-Stein-Verfahren nach europäischer Norm DIN EN 1052-3. Seinen Ergebnissen zufolge werden nach europäischer Prüfung geringere Werte erreicht, im Mittel nur 0,52-fache Werte. Werden die experimentellen Bruchschubspannungen des europäischen Verfahrens auf das deutsche Prüfverfahren umgerechnet, so betragen die Rechenwerte der Haftscherfestigkeit 0,48 N/mm^2 (MG IIa) bzw. 0,62 N/mm^2 (MG III), die ungleich höher als die in der deutschen Norm angegebenen Festigkeiten sind. Anhand der Schubspannungs-Fugenverschiebungskurven kann das in den Versuchen beobachtete Verhalten der Prüfkörper erläutert werden.

Das Versagen der Prüfkörper trat meist ohne jegliche Vorankündigung ein. Dafür spricht auch die bis zum Bruch reichende Linearität zwischen Schubspannung τ und der Fugenverschiebung w (Bild 6.6). Nach Eintreten des Bruches konnte der mittlere Stein scheinbar problemlos nach unten geschoben werden. Die aufnehmbare Last verminderte sich schlagartig. Erst mit dem Aufbau einer gewissen Gleitreibung in der Fuge zwischen Stein- und Mörtelpartikeln stabilisierte sich das System und die Prüfkörper hielten ein konstantes Lastniveau bei wachsender Verschiebung. Der Bruch vollzog sich nicht gleichzeitig in beiden Fugen, sondern uneinheitlich, wie die zwei Spannungsspitzen auf den abfallenden Ästen dokumentieren. Die Bruchschubspannungen ohne Auflasteinfluß stellten sich unabhängig vom Verschiebungsweg dar.

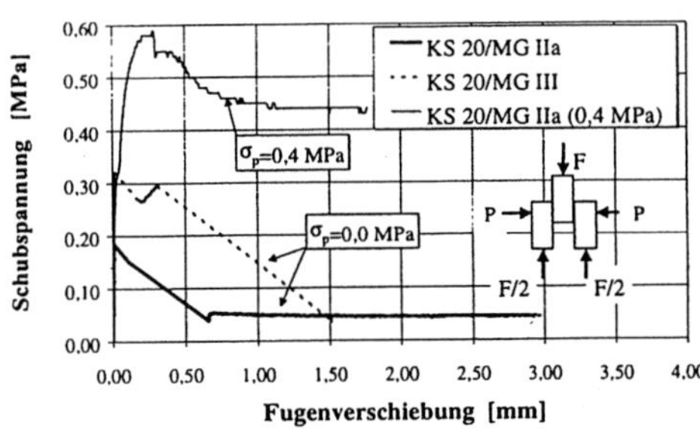

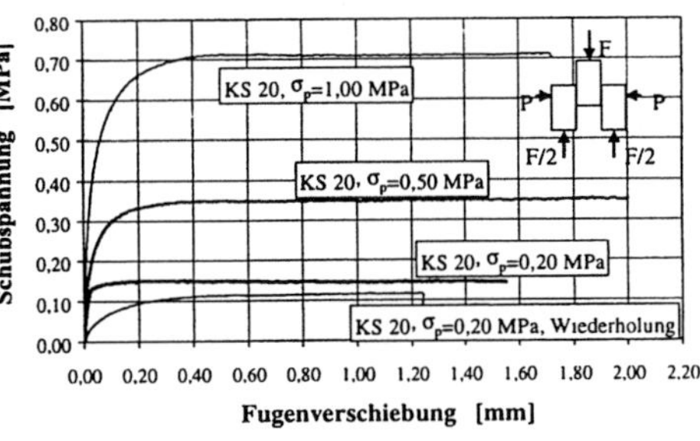

Bild 6.6: Schubspannungs-Fugenverschiebungskurven für vermörtelte Drei-Stein-Körper (KS 20) mit und ohne Auflasteinfluß sowie verschiedenen Mörteln (MG IIa und MG III)

Bild 6.7: Schubspannungs-Fugenverschiebungskurven für Drei-Stein-Körper als Trockenmauerwerk (KS 20) mit verschieden hoher Vorspannung senkrecht zur Scherfuge

Wurden durch Auflasten zusätzliche Reibwiderstände in der Fuge geweckt, so erhöhten sich die Bruchfestigkeiten allein für den Mauermörtel MG IIa auf 0,50 N/mm^2, was fast dem Doppelten der auflastfreien Festigkeit entsprach. Die

Ergebnisse zeigten eindeutig, daß eine Erhöhung der senkrecht zur Fuge wirkenden Druckspannungen zu einem Anstieg der Scherfestigkeit im Mauerwerk führt.

Die eingetragene Vorspannung äußerte sich nicht nur in einer höheren Bruchspannung, sondern veränderte auch den drastischen Tragfähigkeitsabfall zugunsten eines duktileren Verhaltens. Der im Bild 6.7 zugehörige Graph zeigt eine leicht zunehmende Krümmung im Bereich der Maximalspannung, die allerdings noch sehr klein ausfällt. Die eingetragene Auflast bewirkte aber auch, daß sich das Reibkraftplateau, welches sich nach Überschreiten der Bruchschubspannung allmählich einstellte, auf einem deutlich höherem Niveau lag. Das Verhältnis zwischen der verbleibenden Resttragfähigkeit zur maximalen Schubspannung variierte zwischen 0,15 für MG III, 0,30 für MG IIa und 0,75 für den vorgespannten Körper mit MG IIa-Mörtel.

Bei den verspannten Trockenmauerwerkkörpern konnten mit wachsender Vorspannung höhere Bruchschubspannungen, die sich annähernd linear mit der Vorspannkraft entwickelten, registriert werden. Als Ausdruck dieser linearen Abhängigkeit ergeben sich Regressionsgeraden, die sich eng an die Mittelwerte der Versuchsergebnisse aus drei Einzelversuchen schmiegen. Auffallend im Bild 6.8 ist, daß sich nur eine Unterscheidung zwischen verschiedenen Steinsorten, nicht aber zwischen verschieden festen Steinen einer Art ausfindig machen läßt. Offenbar hat weniger die Festigkeit eines Mauersteins Einfluß auf die Bruchfestigkeit der Fugen, sondern mehr die Rauhigkeit der Fugenflanken, die durch den Herstellprozeß innerhalb einer Steinsorte konstant ist.

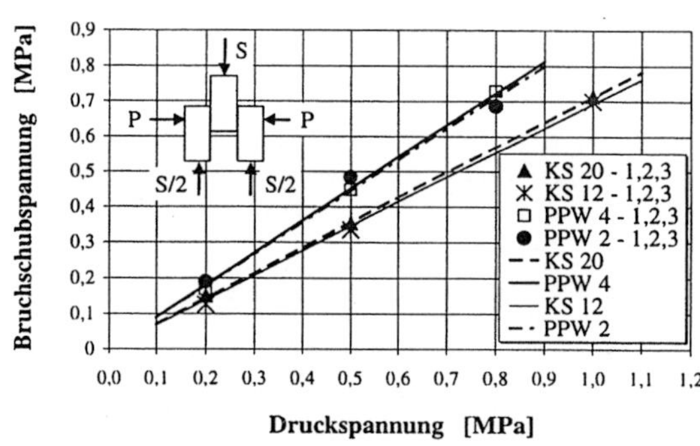

Bild 6.8: Beziehung zwischen Bruchschubspannung und der Normaldruckspannung bei schubbeanspruchten Drei-Stein-Körpern als Trockenmauerwerk

Die Reibungsbeiwerte μ entsprechen den Steigungen der Regressionsgeraden. Für die Kalksandstein-Körper kann μ mit 0,72 bis 0,77, im Mittel mit $\mu = 0,73$ angegeben werden. Die Beiwerte für das Porenbetonsteinmauerwerk belegen einen Bereich zwischen 0,90 und 0,97. Im Mittel kann $\mu = 0,94$ gesetzt werden. Zum Vergleich stellt sich bei vermörtelten Lagerfugen und ebenen, geschlossenen Fugenflanken ein etwas kleinerer Reibbeiwert zwischen 0,6 und 0,7 ein.

Ein entscheidender Unterschied zum vermörtelten Mauerwerk besteht weiterhin in dem wesentlich duktileren Verhalten von Trockenmauerwerk unter einer Schubbeanspruchung. Alle Körper zeigten nach einer anfänglich linearen Entwicklung den Bruchzustand durch größere Verschiebungswege und damit gekrümmte Kurvenverläufe der τ-w-Linie an. Zum anderen ergab sich kein Tragfähigkeitsabfall nach dem Erreichen der maximal übertragbaren Schubspannung. Folglich hatte das Trockenmauerwerk mit der Bruchschubspannung eine Festigkeit erreicht, die beim vermörtelten Mauerwerk der Restfestigkeit entsprechen würde. Tatsächlich erreichten die trockenen Fugen eine Reibfestigkeit, die im Regelfall 60 bis 80 % der Schubfestigkeit eines vergleichbar vorgespannten Mauerwerks mit Mörtelfugen (hier Mauermörtel MG IIa) entsprach. Sehr anschaulich ergibt sich aus dem Bild 6.7, wo beispielhaft die Schubspannungs-Fugenverschiebungskurven (τ-w-Linie) für die KS 20-Körper darstellt sind, daß mit Erreichen des Schubwiderstands der Fugen die aufnehmbare Last weder fiel noch stieg, sondern sich unabhängig von der Verschiebung auf einem konstanten Niveau auf Bruchhöhe einstellte. Die Verschiebungswege, die bis zum Erreichen des konstanten Reibkraftniveaus erforderlich waren, nahmen mit der Auflast zu. Eine Übersicht zu den gemessenen Bruchschubspannungen und zugehöriger Verschiebungswege erfolgt in Tabelle 6.1. Dabei sind die Initialvorspannung $\sigma_{p,0}$ zum Versuchsbeginn als auch die Vorspannungen $\sigma_{p,u}$ mit Erreichen der Schubfestigkeit f_v aufgetragen, woran deutlich gemacht werden soll, daß die Vorspannkräfte in der Regel fallen. Aus f_v und $\sigma_{p,u}$ wurden die Reibungsbeiwerte μ errechnet.

Tabelle 6.1: Versuchsergebnisse der Schubprüfung an Drei-Stein-Prüfkörpern aus Trockenmauerwerk

Stein	Initialvorspannung $\sigma_{p,0}$ N/mm^2	Vorspannung bei f_v $\sigma_{p,u}$ N/mm^2	Schubfestigkeit f_v N/mm^2	Verschiebung bei f_v w mm	Reibungskoeffizient μ --
1	2	3	4	5	6
KS 20	0,20 0,50 1,00 0,20	0,20 0,49 0,98 0,16	0,15 0,35 0,71 0,12[1]	0,23 0,36 0,51 0,58	0,731
KS 12	0,20 0,50 1,00	0,18 0,47 0,94	0,12 0,33 0,70	0,64 0,70 0,89	0,748
PPW 4	0,20 0,50 0,79 0,21	0,17 0,46 0,77 0,19	0,17 0,44 0,72 0,16[1]	0,58 1,00 1,10 0,65	0,928
PPW 2	0,20 0,50 0,80	0,17 0,48 0,69	0,19 0,48 0,68	0,19 0,48 0,68	0,957

1) Schubfestigkeit unter wiederholter Belastung

In wenigen Fällen wurde ein und derselbe Körper zweimal einer Schubbeanspruchung ausgesetzt, um herauszufinden, ob vorangegangene Reibprozesse einen Einfluß auf die Höhe der Bruchfestigkeit haben.

Wie im Bild 6.7 zu sehen ist, verläuft die τ-w-Linie des KS 20-Körpers bei wiederholter Belastung trotz identischer Auflast von σ_p = 0,20 N/mm^2 unterhalb der Linie, die im Erstbelastungsgang aufgenommen wurde. Dies läßt die Schlußfolgerung zu, daß durch die Reibung die Fugenrauhigkeit der Fugenflanken verringert wurde, was letztlich in einem Tragfähigkeitsverlust von ca. 15 bis 20 % gegenüber der Erstbelastung mündete. Ein Indiz für das "Abschleifen" der Fugenunebenheiten ergibt sich aus der Feststellung, daß mit Erreichen der maximalen Schubspannung sich die Vorspannkraft um 2 bis 5 % gegenüber der Initialvorspannung verringerte, was nur durch ein Aneinanderrücken der Mauersteine möglich war. Bei wiederholter Belastung fiel der erforderliche Gleitweg bis zum Aufbau der Scherfestigkeit stets größer aus als bei Erstbelastung. Weiterhin ist zu vermuten, daß auch die Größe des vorweggenommenen Verschiebungsweges der Fugen und die Anzahl der Lastwiederholungen einen Einfluß auf die Scherfestigkeit der Fugen ausüben. Um eine Klärung herbeizuführen, müssen diesbezüglich die genannten Parameter näher untersucht werden.

6.3   Schubversuche an geschoßhohen Wänden

6.3.1   Kenntnisstand zu Schubuntersuchungen an Mauerwerkscheiben im Originalmaßstab

Bei der Sichtung der Literatur über Schubversuche fällt zunächst die Vielzahl von unterschiedlichen Versuchskörpern und Belastungsanordnungen auf, die einen unmittelbaren Vergleich der Versuchsergebnisse erschweren. Eine Zusammenstellung unterschiedlichster Aufbauten findet sich in [D4, M10]. Kleinkörper spielen bei der Ermittlung der Schubtragfähigkeit von Mauerwerk nur eine untergeordnete Rolle, weil sie in der Regel keine umfassenden Aussagen ermöglichen, obgleich sie für die Abschätzung des Einflusses verschiedener Versuchsparameter, z.B. Steinfestigkeit, Mörtelfestigkeit, und zur laufenden Qualitätsüberwachung eine wertvolle Hilfe darstellen.

Wandversuche haben gegenüber den Kleinkörpern den Vorteil, daß das Mauerwerk im Verband geprüft wird. Entsprechend der Lasteinleitung kann zwischen einer diagonalen Lasteinleitung, einer Belastung in horizontaler und vertikaler Richtung und einer generierten zweiachsigen Scheibenbeanspruchung unterschieden werden.

Der Diagonaldruck-Versuch wird von RILEM [AA22] und in leicht abgeänderter Form von ASTM [AA17] zur Bestimmung der Schubfestigkeit von Mauerwerk angewendet. Hierbei handelt es sich um einen quadratischen Wandausschnitt, der in diagonaler Richtung durch einander gegenüberliegende Eckdruckkräfte beansprucht wird. Die Krafteinleitung erfolgt über Stahlschuhe, die so gebaut sind, daß sie auch einem Kippen der Körper entgegenwirken.

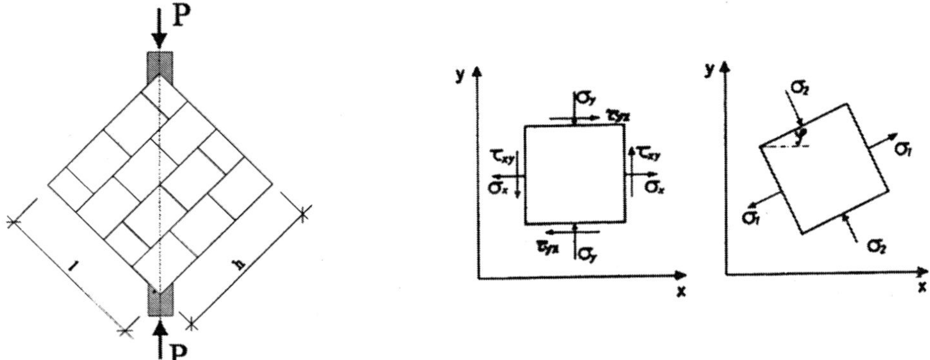

Bild 6.9: Diagonaldruck-Versuch nach RILEM [AA22] bzw. nach ASTM [AA17] und der innere
Spannungszustand (x-y-Achsen- und Hauptachsensystem)

Durch die eingeleitete Druckkraft wird quer zur Körperdiagonalen eine Zugbeanspruchung generiert, von der angenommen wird, daß sie dieselbe Größenordnung
wie die Druckspannung in Kraftrichtung erreicht. Unter der Voraussetzung eines
homogenen, isotropen Werkstoffes entsteht bei Gleichheit der Spannungskompo-
nenten $\sigma_x = \sigma_y$ in Körpermitte ein um $\phi = 45°$ zur Lagerfugenrichtung gedrehter
Hauptspannungszustand mit den Hauptspannungen σ_1 und σ_2:

$$\sigma_{1,2} = \frac{\sigma_x + \sigma_y}{2} \pm \sqrt{\left(\frac{\sigma_x - \sigma_y}{2}\right)^2 + \tau_{xy}^2} \ . \tag{6.3}$$

Die Schubspannungen ergeben sich in diesem Schnitt zu Null. Mit einer Drehung
der Koordinatenachsen um 45° gegenüber den Hauptachsen wird ein Spannungszustand erreicht, bei welchem die Schubspannungen τ extremal werden:

$$\tau_{max} = \pm \sqrt{\left(\frac{\sigma_x - \sigma_y}{2}\right)^2 + \tau_{xy}^2} = \pm 0{,}5 \cdot (\sigma_1 - \sigma_2). \tag{6.4}$$

Die extremalen Schubspannungen τ_{max} werden als Hauptschubspannungen bezeichnet und sind nach den Regeln der Elastizitätstheorie immer um 45° gegenüber den Hauptnormalspannungen geneigt. Damit wirken sie genau in der Ebene
der Lagerfugen. Die zugehörigen Normalspannungen σ_M sind von den Hauptspannungen abhängig und verschwinden im allgemeinen nicht. Sie sind in Zug-
und Druckrichtung gleich groß:

$$\sigma_M = 0{,}5 \cdot (\sigma_x + \sigma_y) = 0{,}5 \cdot (\sigma_1 + \sigma_2). \tag{6.5}$$

Aus dieser Erkenntnis heraus lassen sich die Festigkeitsparameter der Lagerfugen
mit der Prüflast P koppeln, so daß die Schubbemessung S_S letztlich an die Begrenzung der Hauptzugspannungen σ_1 gebunden ist:

$$S_S = \sigma_1 = \frac{\sqrt{2}}{2} \cdot \frac{P}{h \cdot t} . \qquad\qquad (6.6)$$

Dabei bedeuten h eine Kantenlänge der Quadratscheibe und t die Scheibendicke. Diese Gleichung stimmt mit der von ASTM angegebenen überein. RILEM wendet leicht modifizierte Formeln an.

Einen ähnlichen Aufbau verwendete *Zelger* an der EMPA in Dübendorf/Schweiz [Z2]. Dort wurde der quadratische Wandprüfkörper in Richtung der Körperdiagonalen über aufgesetzte Betoneckelemente eingeleitet (Bild 6.10a).

Monk (nach [M10]) verwendete ebenfalls quadratische Probekörper, um die ein stählerner Rahmen angeordnet wurde. Die Rahmenschenkel waren an den Eckpunkten gelenkig miteinander verbunden. In diagonaler Richtung erfolgte an zwei gegenüberliegenden Eckpunkten die Einleitung der Drucklast (Bild 6.10b). Vergleichsrechnungen mittels der FE-Methode bestätigten, daß das Mauerwerk annähernd frei von Normalspannungen blieb. Nur in einem eng begrenzten Bereich an den belasteten Ecken traten Zugspannungen auf. Dagegen besaßen die Schubspannungen nahezu über die gesamte Wandebene eine konstante Größe. Die ersten Risse traten an den belasteten Eckpunkten auf, wo sich auch die Zugspannungen konzentrierten.

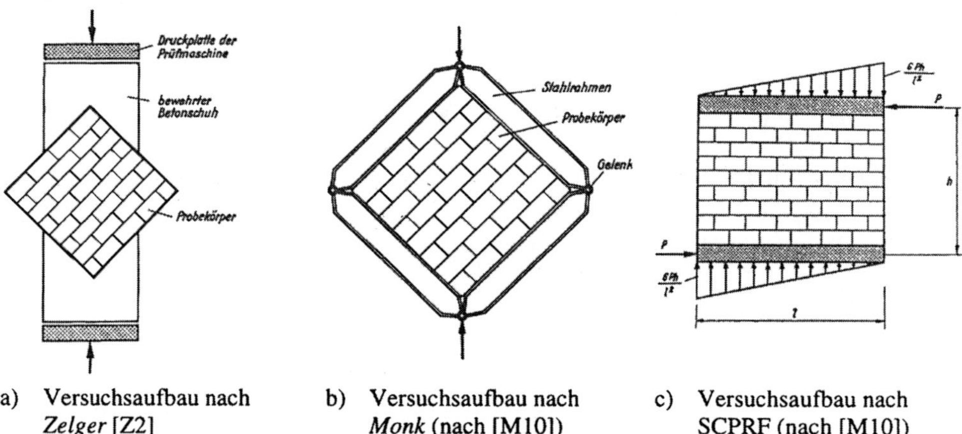

a) Versuchsaufbau nach   b) Versuchsaufbau nach   c) Versuchsaufbau nach
    Zelger [Z2]   *Monk* (nach [M10])   SCPRF (nach [M10])

Bild 6.10: Versuchsaufbau mit quadratischen Wandscheiben

Mehlhorn [M10], der Scherversuchsaufbauten mittels FEM nachrechnete, berichtet über Versuche der Structural Clay Products Research Foundation (SCPRF), die quadratische und rechteckige Wandscheiben verwendeten, die an den Ober- und Unterseiten durch steife Randbetonbalken gehalten wurden (Bild 6.10c). An den gegenüberliegenden Enden wurden die Randbalken, die ihrerseits mit dem Mauerwerk in innigem Verbund lagen, durch Einzeldruckkräfte belastet. Durch verschränkt liegende, dreieckförmig verteilte Vertikalbelastung wurde das Momentengleichgewicht aufrechterhalten. Die Nachrechnung der Versuche ergab eine sehr ungleichmäßige Verteilung der Normal- und Schubspannungen, was sich erschwerend auf die Auswertung auswirkte. Ähnliche Versuche, aber mit konstanter Auflast, führten *Ganz/Thürlimann* [G1] an der ETH Zürich durch.

Das Scherverhalten der Lagerfugen stand im Mittelpunkt der Arbeiten von *Trautsch/Pieper* [T3]. Sie errichteten eine langgestreckte Wand auf einem Prüfrost und spannten diese über externe Spanngehänge vor. Gegen ein Widerlager wurden einzelne Steinschichten aus den Verband herausgeschoben und die dazu erforderlichen Kräfte gemessen (Bild 6.11a). Die Nachrechnungen von *Mehlhorn* ergaben eine sehr ungünstige Spannungsverteilung sowohl für Schub- als auch Normalspannungen. Die Beanspruchung der geplanten Sollscherfuge verlief im ersten und letzten Probekörperdrittel etwa dreieckförmig, wohingegen das mittlere Drittel fast ohne Beanspruchung blieb.

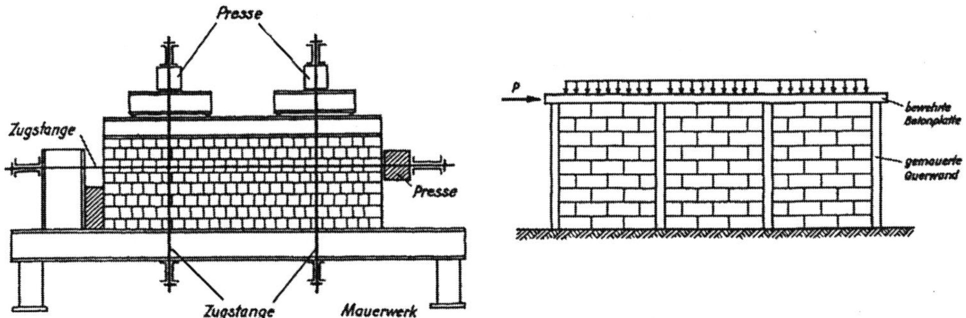

a)   Scherversuche nach *Trautsch/Pieper* [T3]   b)   Schubversuche nach *Hendry/Sinha* [H6]

Bild 6.11: Versuchsaufbau mit langgestreckten Wandscheiben

Ein mehrfeldiges Scheibensystem wählten *Hendry/Sinha* [H6] für Schubuntersuchungen. Dafür wurde eine langgestreckte Wand durch vier Querwandstücke und einer am Wandkopf aufbetonierten Stahlbetonplatte in drei hintereinanderliegende Felder aufgeteilt. Die Lasteinleitung erfolgte gemäß Bild 6.11b. Die Nachrechnungen der Versuche ergaben vernachlässigbare Normalspannungen. Die Schubspannungen waren überall annähernd konstant verteilt. Insbesondere wiesen das lastabgewandte zweite und dritte Mauerwerkfeld fast Idealzustände auf.

Den vorstehenden Versuchsbeschreibungen ist zu entnehmen, daß zwar in der Berechnung der Schubspannungen eine konstante Spannungsverteilung vorrausgesetzt wird, die jedoch nicht immer vorhanden ist. Der angenommene homogene Spannungszustand kann durch die Verteilung der Normalspannungen in Horizontal- und Vertikalrichtung sehr ungünstig beeinflußt werden.

In jüngster Vergangenheit wurde das Schubtragverhalten von Mauerwerkscheiben nur noch im Zusammenhang mit der Erteilung allgemeiner bauaufsichtlicher Zulassungen für bestimmte Mauersteine versuchsmäßig ermittelt. Dies ist insbesondere dann erforderlich, wenn die Mauersteine gegenüber der jeweiligen Mauersteinnorm deutlich abweichende Steinabmessungen, Lochbilder und/oder Stegdikken besitzen.

Über neuere Versuche wird in [K8, S25] berichtet. Die Wandprüfungen fanden an drei verschiedenen Prüfinstituten an jeweils quadratischen Mauerwerkscheiben mit einer Kantenlänge von 2,50 m statt. Trotzdem die grundlegenden Prüfbedingungen aller drei Prüfverfahren gleich waren, unterschieden sie sich in einigen wesentlichen Randbedingungen, die einen Ergebnisvergleich sehr erschweren. Beispielhaft ist ein Aufbau, der in Stuttgart zur Anwendung kam, im Bild 6.12 dargestellt.

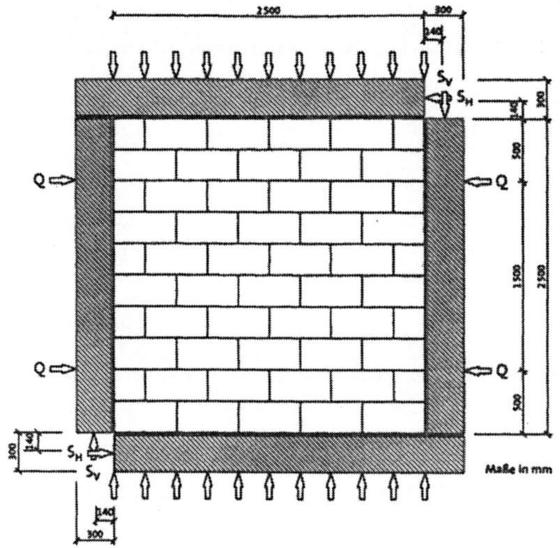

Bei allen neueren Aufbauten stimmte überein, daß das Mauerwerk durch angeklebte oder anbetonierte Stahlbetonbalken eingefaßt war. Die Stahlbetonbalken waren nicht miteinander konstruktiv verbunden, so daß keine Rahmenwirkung zu erwarten war. Nach Aufbringen der vorgesehenen vertikalen Druckspannung wurde die Prüflast S diagonal an zwei gegenüberliegenden Wandecken über ein Spanngehänge mittels Hydraulikdruckzylinder eingeleitet.

Bild 6.12: Versuchsaufbau für Schubversuche an geschoßhohen, quadratischen Wänden des Otto-Graf-Instituts [K8]

Dabei stützte sich die Kraft an Stahlrollen und Stahlplatte ab, so daß ihre Horizontal- und Vertikalkomponente über Randbalken und Verbundfugen zum Mauerwerk als Schubspannungen weitergeleitet wurden. Ein wesentlicher Unterschied zwischen den drei Verfahren bestand in der Herstellung der Verbundfuge. Während bei dem Verfahren vom Otto-Graf-Institut (Bild 6.12) alle Stahlbetonbalken mit einem Kunstharzkleber mit dem Mauerwerk verbunden wurden, sind die Randbalken bei den anderen Verfahren entweder direkt an das Mauerwerk anbetoniert worden (seitliche Randbalken) oder die erste Steinschicht bzw. der obere Randbalken wurde mittels einer Zementmörtelschicht der Güte MG III vermörtelt (unterer bzw. oberer Randbalken). Die Art der Lagerung des Versuches spielte eine nicht unwesentliche Rolle. So standen die Wände entweder mit dem unteren Randbalken direkt auf dem Boden oder wurden über Rollenlager querverschieblich gehalten. Im dargestellten Aufbau ist die direkte Lagerung gewählt worden. Zur Sicherung des seitlichen Verbundes und zur Verhinderung eines frühzeitigen

Ablösens der Randbalken vom Mauerwerk sollten horizontale Einzeldruckkräfte, die während des Versuches auf einer konstanten Höhe von 1/15 der diagonalen Schubkraft S gehalten wurden, dienen. Bei den anderen Aufbauten war entweder keine seitliche Sicherung vorhanden oder die Randbalken wurden mit dem Mauerwerk spannungsfrei injektionsverdübelt.

Ein genormtes Prüfverfahren zur Bestimmung der Schubfestigkeit von Mauerwerkscheiben existiert derzeit nicht. Aus diesem Grunde wurde für Zulassungsprüfungen ein einheitliches Prüfverfahren vereinbart, welches auf drei bisher genutzten Prüfverfahren aufbaut. Das vereinheitlichte Prüfverfahren stellte den Ausgangspunkt der Entwicklung eines geeigneten Prüfaufbaus für die Untersuchung der Schubtragfähigkeit von Trockenmauerwerk dar.

6.3.2 Versuchsaufbau und Versuchsdurchführung

Eine realistische Bestimmung der Schubtragfähigkeit einer Wandscheibe aus Trockenmauerwerk ist sehr davon abhängig, ob es durch den Versuchsaufbau gelingt, die Schubspannungen gleichförmig und in konstanter Größe über den gesamten Wandausschnitt zu verteilen. Dieser reine Schubspannungszustand, wie er sich an jedem infinitesimalen Ausschnitt eines schubbeanpruchten Bauteils darstellt, läßt sich experimentell am ehesten in einem Schubrahmen mit "offenen Ekken" realisieren. Die Wandscheibe stellt demnach nur ein infinitesimales Element in starker Vergrößerung dar. Die FE-Rechnungen von *Mehlhorn* [M10] bestätigen diesem Aufbau eine nahezu konstante Schubspannungsverteilung in der Mauerwerkscheibe. Die gleichförmige Verteilung der Schubspannungen hängt dabei in erster Linie von einer gleichmäßigen Einleitung der Schubkräfte entlang der Ränder des Probekörpers ab.

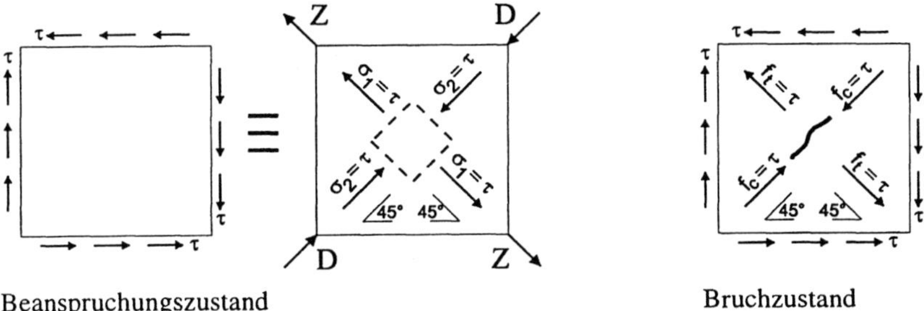

Beanspruchungszustand   Bruchzustand

Bild 6.13: Wandelement unter reiner Schubbeanspruchung.

Gemäß Bild 6.13 wird bei einem reinen Schubspannungszustand das Hauptachsensystem gegenüber dem durch die Fugenausrichtung des Mauerwerks charakterisierten x-y-Systems um 45° gedreht. Die Hauptspannungen erreichen dieselbe Größe wie die angreifenden Schubspannungen $\sigma_{1,2} = \pm\,\tau$. Dieser Fall tritt beispielsweise in der Nullinie eines Biegebalkens auf, in der bekanntlich die Biegespannungen σ_x, σ_y verschwinden und die Schubspannungen τ Maximalwerte erreichen. Die Hauptspannungen verlaufen in der Nullinie stets diagonal unter 45° geneigt und besitzen in Druck- und Zugrichtung den gleichen Wert wie die Schubspannung τ. Ein Versagen des Elementes tritt in der Regel dann ein, wenn die Hauptspannung die Zugfestigkeit f_t des Materials übersteigt und dadurch Risse senkrecht zur Zugrichtung entstehen.

Bei dem in Leipzig entwickelten Versuchsaufbau erfolgte die Schubkrafteinleitung wie bei dem vereinheitlichten Prüfverfahren über einen "Umschließungsrahmen mit offenen Ecken". Dafür wurden quadratische Wandscheiben von 2,50 m Seitenlänge aus Trockenmauerwerk als Einsteinmauerwerk mit einer Steindicke von 24 cm verwendet. Als Mauersteine kamen nur Kalksandsteine der Festigkeitsklasse 12 (KS 12) und Porenbetonsteine der Festigkeitsklasse 4 (PPW 4) zum Einsatz. Vor dem Vermauern lagerten die Mauersteine vier Wochen in einer klimatisierten Prüfhalle (20°C/55% relativer Luftfeuchtigkeit), so daß sie zum Herstellzeitpunkt der Wände lufttrocken eingebaut werden konnten. Der ermittelte Feuchtigkeitsgehalt zum Prüfzeitpunkt war bei beiden Steinsorten vergleichbar gering und betrug für den Kalksandstein ca. 2 M.-% und für den Porenbetonstein ca. 6 M.-%.

Die Mauersteine mußten relativ trocken sein, weil die unterste Steinlage in einer Kunstharzmörtelschicht auf den untersten Balken verlegt und ausnivelliert wurde und die Epoxidharzkleber im allgemeinen feuchteempfindlich reagieren. Die folgenden Steinschichten sind in bewährter Weise mit einem Überbindemaß ü von der Hälfte einer Steinlänge (25 bzw. 30 cm) im Verband trocken aufgemauert worden. Damit entsprach das Überbindemaß ü den geltenden Regelungen im Mauerwerkbau:

$$\ddot{u} \geq 0,4 \cdot h_{st} \geq 4,5\,cm\,. \tag{6.7}$$

Vor dem Vermauern einer neuen Steinlage erfolgte eine sorgsame Reinigung der Lagerfugen mit einem Handfeger. Auf die oberste Steinlage wurde wiederum Kunstharzmörtel aufgetragen und der obere Stahlbetonbalken aufgesetzt sowie ausnivelliert. Einen Tag vor der vorgesehenen Prüfung wurde die vorgesehene Vertikaldruckspannung über ein externes Spanngehänge mit einem Hydraulikdruckzylinder als Vorspannung eingetragen und für die gesamte Dauer des Versuches nicht verändert.

Die Anordnung der Randbalken geht aus dem Bild 6.14 hervor. Die vier Versuchswände wurden unter Berücksichtigung des Gewichtes des oberen Stahlbetonträgers, der Spanngehänge und des Druckzylinders mit unterschiedlich hohen Auflasten beansprucht: $\sigma_p = 0,50$ und $0,80$ N/mm^2 bei den zwei Kalksandsteinwänden aus KS 12 sowie $\sigma_p = 0,33$ und $0,50$ N/mm^2 bei den zwei Porenbetonsteinwänden aus PPW 4. Die Größe der eingetragenen Vorspannkraft richtete sich in erster Linie nach dem gewünschten Versagenseffekt. So war die geringere Vorspannung in der Größe gewählt worden, die ein Reibversagen der Fugen erwarten ließ. Die höhere Vorspannung sollte zu einem Steinversagen führen.

Zu jedem Vorspanngrad wurde für jede Steinart ein Versuch ausgeführt. Mit dem Eintrag der Auflast stellten sich im Trockenmauerwerk über den Stoßfugen erste Risse ein, die auf den bereits erwähnten Unterschieden in der Höhentoleranz der Mauersteine beruhten.

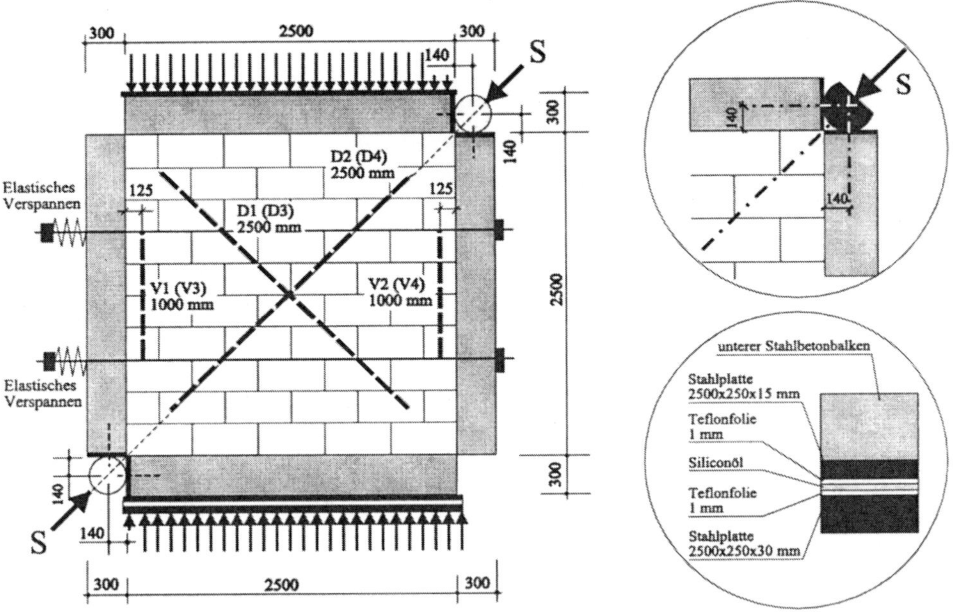

Bild 6.14: Schematischer Versuchsaufbau für die Schubversuche an geschoßhohen, quadratischen
           Wänden aus Trockenmauerwerk

Die Risse wiesen eine Länge von wenigen Zentimetern auf, meist zwischen 1 bis 5 cm, und waren über die gesamte Wandfläche verteilt anzutreffen.

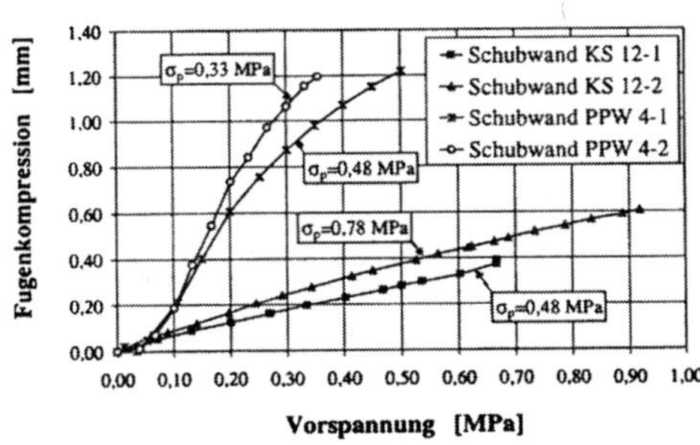

Bild 6.15: Normalspannungen in Abhängigkeit
           der Fugenkompression

Alle verwendeten Steine wiesen unbearbeitete Lagerflächen auf und waren damit der Lagerflächenqualität oB mit mehr oder weniger rauhen Fugen (siehe Kapitel 5) zuzuordnen. Die beim Vorspannen gemessenen Verformungen sind im Bild 6.15 dargestellt und zeigen an, daß die maximale Zusammendrückbarkeit der Fugen bei den aufgebrachten Vorspannkräften noch lange nicht erreicht war.

Bei den Porenbetonwänden ist bereits ein höherer Grad der Fugenkompression erkennbar, weil die Kurven bei gleicher Vorspannung deutlich flacher geneigt sind.

Erwartungsgemäß liegen die Kurven der jeweiligen Steinsorten nicht sehr weit auseinander. Nach Erreichen der gewünschten Vorspannung wurde die Kraft in etwa konstant gehalten. In dieser Phase konnte sehr gut das Kriechen des Materials beobachtet werden.

Erst nach dem Eintrag der Vorspannung wurden die seitlichen Balken mit Kunstharzmörteln an die Seitenflächen des Mauerwerkprüfkörpers geklebt. Die seitlichen Randbalken waren mit einer Halteeinrichtung ausgerüstet worden, die es erlaubte, um den gesamten Versuchsaufbau in zwei Höhenlagen waagerechte Spanngehänge zu legen. Noch im Frischzustand des Epoxydharzes in den vertikalen Klebefugen konnten die seitlichen Randbalken mittels des Spanngehänges an das Mauerwerk gepreßt werden, so daß eine formschlüssige, schubfeste Verbindung entstand (Bild 6.16b). Zusätzlich wurden vor dem Auftragen des Klebers alle in Frage kommenden Flächen mit einem niedrigviskosen Harz grundiert und noch im frischen Zustand mit feuergetrocknetem Feinstquarzsand 0/0,5 mm flächendeckend abgestreut.

a) Schubkrafteinleitung am Kopfpunkt

b) Seitensicherung und Schubkrafteinleitung am Fußpunkt

Bild 6.16: Detaildarstellungen des Versuchsaufbaus

Durch das Ankleben der vertikalen Randbalken nach Aufbringen der Auflast konnten Zwängungsspannungen infolge einer Verformungsbehinderung der Wandscheibe durch die sehr steifen Stahlbetonrandbalken weitgehend vermieden werden.

Die Stahlbetonbalken mit den Abmessungen 250 cm x 24 cm x 30 cm entsprachen der Betongüte B45 und sind mit 4 Stäben BSt IV $\varnothing$ 20 mm und einer Verbügelung BSt IV $\varnothing$ 8 mm mit einem Bügelabstand von $s_{bü} = 15$ cm bewehrt worden (Bild 6.17). Die mittlere Betondruckfestigkeit betrug 50 N/mm^2, der nach 28 Tagen festgestellte E-Modul betrug 40500 N/mm^2.

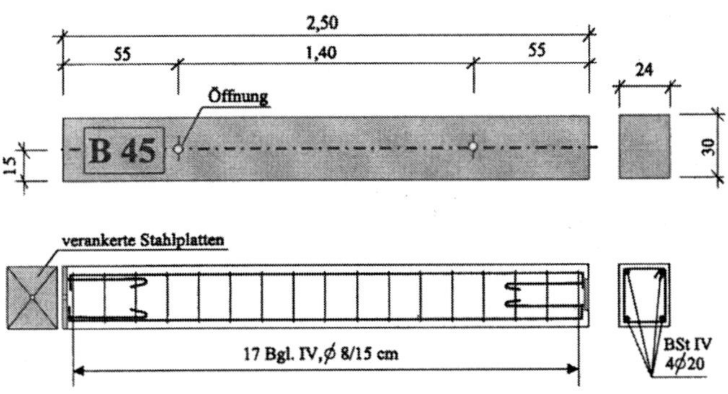

Bild 6.17:.Abmessungen und Bewehrungsführung der Randbalken

An den Stirnseiten der Balken waren Stahlplatten mit Schraubösen einbetoniert worden, die eine leichtere Handhabung ermöglichten und zudem gewährten, daß der Beton an den Einleitungsstellen der Schubkraftkomponenten nicht übermäßig beansprucht wurde.

Die diagonale Schubkraft wurde an den beiden gegenüberliegenden Ecken über massive Stahlzylinder von 28 cm Durchmesser eingeleitet. Ein Detail der Schubkrafteinleitung sowohl am Kopf- als auch am Fußpunkt findet sich in den Bildern 6.16a und 6.16b. Für eine bessere Auflage des Zylinderdruckstempels wurde der obere Stahlzylinder an einer Mantelseite abgehobelt.

Mit der Verwendung eines Zylinders war - unabhängig vom Verzerrungszustand der Wand - immer ein vom vereinheitlichten Prüfaufbau geforderter konstanter Abstand von 14 cm zwischen der Lasteinleitungsstelle auf der Balkenstirnseite und der vertikalen bzw. horizontalen Klebfuge gewährt. Die Schubkrafteinleitung erfolgte verformungsgeregelt mit einem kontinuierlichem Verformungszuwachs von 0,01 mm je Sekunde bezogen auf den Zylinderweg des Servozylinders. Eine Gesamtdarstellung des Versuchaufbaus in der Prüfhalle ist dem Bild 6.18 zu entnehmen. Die Höhe des gesamten Aufbaus betrug ca. 4,50 m, so daß man sich aus Sicherheitsaspekten dazu entschloß, seitlich der Wand Dreiböcke anzuordnen, die ein eventuelles Fallen der Wand verhindert hätten. Zum Versuchszeitpunkt hatten die Wände und die Dreiböcke keine Verbindung miteinander.

Die Kontrolle der Schubkraft wie auch der Vorspannkraft erfolgte mittels Kraftmeßdosen. Die Messung der Verformungen wurden mit induktiven Wegaufnehmern W5 mit einer Meßgenauigkeit von 1/100 mm vorgenommen. Die lotrechten Verformungen wurden an vier 1000 mm langen Meßstrecken mit der Bezeichnung V1 bis V4 im Randbereich der Mauerwerkscheiben und die diagonalen Verformungen an vier 250 mm langen Meßstrecken mit der Bezeichnung D1 bis D4 gemessen. Auf eine horizontale Meßstrecke wurde verzichtet, da nach den Erkenntnissen von *Knödler/Zeus* [K8] keine aussagekräftigen Ergebnisse erwartet wurden.

Durch die nicht unmittelbar am Rand der Wandscheibe einleitbare Schubkraft entstanden senkrecht zu den vertikalen Klebfugen Zugkräfte, die ein Aufreißen der Fuge befürchten ließen. Die waagerecht angeordneten Spanngehänge sollten das Abfallen der Balken verhindern. Es wurden keine planmäßigen Vorspannkräfte eingetragen. Im Gegenteil, die Verschraubung war federgelagert, so daß die Verzerrungsbewegung der Wand nicht übermäßig beeinträchtigt war.

Bild 6.18: Schubversuch an einer quadratischen, geschoßhohen Wandscheibe (Versuchsaufbau)

Die abdriftenden Zugkräfte wurden folglich nur in dem Maße überdrückt, wie seitliche Verformungen der Randbalken die Federn zusammendrückten. Für die benutzten Federn wurden die Federkennlinien bestimmt, um aus der Federarbeit Rückschlüsse auf seitliche Kräfte schließen zu können. Die errechneten Kräfte waren vernachlässigbar klein.

Um zu verhindern, daß die eingetragenen Schubkräfte nicht im System blieben, wurde der gesamte Aufbau durch ein Gleitlager vom Prüfrost getrennt. Das Gleitlager bestand aus zwei mit einem leichten Ölfilm aus Siliconöl benetzten Teflonfolien, die direkt aufeinanderlagen und durch eine obere und untere Stahlplatte vom unteren Stahlbetonbalken und dem Fußboden getrennt waren. Eine vergrößerte Darstellung des Gleitlagers ist im Bild 6.14 gegeben.

6.3.3   Versuchsergebnisse

Es ist dem Arbeitsvermögen des Trockenmauerwerks, aber auch der weggeregelten Versuchssteuerung zu verdanken, daß das Versagen der Körper nicht schlagartig eintrat, wie es z.B. bei den Versuchen mit Porenbeton-Dünnbettmauerwerk an der FMPA Stuttgart beobachtet werden konnte. Trotz der ersten Schubrisse im Mauerwerk war eine weitere Lasterhöhung möglich. Sowohl der Bruch- als auch der Nachbruchbereich konnten stabil durchfahren werden.

a) Wandscheibe PPW 4 mit einer Vorspannung von $\sigma_p = 0{,}50$ N/mm^2 (Versuch S-PPW 4-1)

b) Wandscheibe PPW 4 mit einer Vorspannung von $\sigma_p = 0{,}33$ N/mm^2 (Versuch S-PPW 4-2)

c) Wandscheibe KS 12 mit einer Vorspannung von $\sigma_p = 0{,}50$ N/mm^2 (Versuch S-KS 12-1)

d) Wandscheibe KS 12 mit einer Vorspannung von $\sigma_p = 0{,}80$ N/mm^2 (Versuch S-KS 12-2)

Bild 6.19: Versagensbilder der Trockenmauerwerkscheiben nach Versuchsende

Entgegen den Erwartungen war ein Fugengleiten, was auf eine Überschreitung des Reibwiderstandes der Fugen zurückzuführen war, selbst bei kleineren Vorspanngraden nur andeutungsweise zu erkennen. Statt dessen war das Schadensbild stets dadurch geprägt, daß sich vermehrt Risse in den Mauersteinen einstellten, die letztlich zum Versagen führten. Erstaunlicherweise stellten sich die neuen Risse fast unabhängig davon ein, ob die Bereiche bereits durch vorspannungsbedingte Biegerisse geschädigt waren oder nicht. Auch entwickelten sich viele Biegerisse nicht weiter.

Das Tragverhalten und die Rißbilder der Mauerwerkscheiben aus KS 12- und PPW 4-Trockenmauerwerk waren bis auf die Höhe der Bruchlasten prinzipiell vergleichbar. Davon zeugen auch die nach Versuchsende aufgenommenen Versagensbilder (Bild 6.19). Die ersten unter der Schubbeanspruchung beobachteten Schubrisse traten in den Ecken der Wand auf, die mit der Schubkraft S belastet wurden (Bild 6.20). Diese Risse waren etwa unter 45° zur Horizontalen geneigt und drifteten, je weiter sie in das Mauerwerk vordrangen, nach unten ab. Die Risse konzentrierten sich vornehmlich entlang der belasteten Wanddiagonalen, verliefen aber nur bei geringer Auflast etwa parallel zur Schubkraftrichtung. Mit größer werdender Auflast verliefen die Risse zunehmend vertikal geneigt.

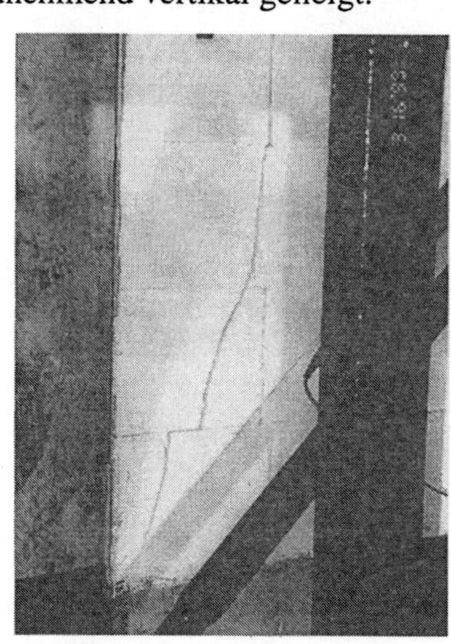

a) Schubriß in einer Wandscheibe aus KS 12-Steinen an den Krafteinleitungspunkten

b) Schubriß in einer Wandscheibe aus PPW 4-Steinen an den Krafteinleitungspunkten

Bild 6.20: Schubrißbildung in den belasteten Ecken der Wandscheiben

Dieses Verhalten erklärt sich aus der Elastizitätstheorie homogener Körper, bei der die Richtung der Hauptspannungen durch die einwirkenden Spannungen σ_x und σ_y (Spannungen parallel und senkrecht zur Lagerfuge) vorgegeben werden. Das Hauptachsensystem ist in allgemeiner Form um den Winkel ϕ gegenüber dem x-y-Koordinatensystem, das der Fugenrichtung folgt, gedreht:

$$\tan 2\phi = \frac{2 \cdot \tau_{xy}}{\sigma_x - \sigma_y}.$$

$$(6.8)$$

Im Falle einer Auflasterhöhung wächst σ_y um den Wert, der durch die höhere Vorspannung eingetragen wird. Anhand des Mohr'schen Spannungskreises läßt sich ablesen (Bild 6.21), daß sich insgesamt das Spannungsniveau im Körper erhöht, weil die Mittelpunktspannung des Kreises σ_M zunimmt.

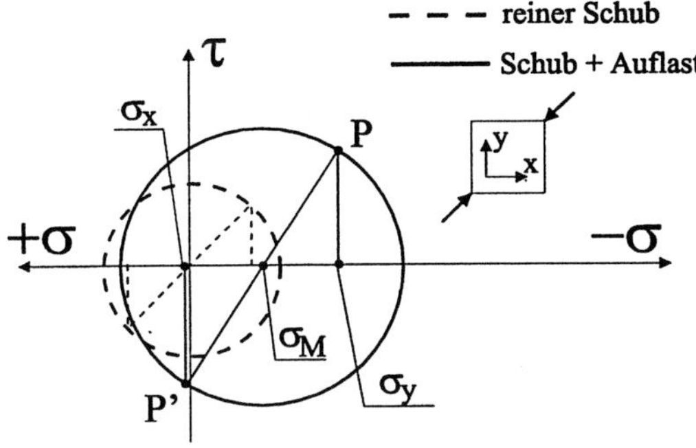

Bild 6.21: Mohr'scher Spannungskreis

Weil aber nur σ_y gesteigert wurde, ist die Relation zwischen σ_x und σ_y geändert worden, so daß die neue Mittelpunktlinie zwischen den Punkten P und P' steiler verläuft, was bedeutet, daß der Winkel zwischen Fugenrichtung und Hauptachsen und der zugehörige Tangens größer geworden sind. Der Extremfall ergibt sich, wenn σ_y im Vergleich zu σ_x sehr viel größer ist, so daß der Winkel ϕ annähernd ein rechter Winkel wird.

Daraus läßt sich schlußfolgern, daß das Trockenmauerwerk auch im schubbeanspruchten Zustand Parallelen zu einem homogenen Material aufweist. Eine FEM-Vergleichsrechnung ergab, daß der Neigungswinkel ϕ schon bei geringer Erhöhung der Auflast σ_y schnell ansteigt und die Schubspannungen nur einen unbedeutenden Einfluß darauf haben. Die Konsequenz daraus ist, daß die Hauptdruckspannung bei vorgespanntem Mauerwerk fast vertikal und die Hauptzugspannung annähernd horizontal und parallel zu den Lagerfugen verlaufen müssen.

Die Ergebnisse der Schubprüfungen für den Erstriß und Bruchzustand sind in Tabelle 6.2 aufgeführt. Es sind sowohl die Kräfte und Spannungen als auch die zugehörigen Verformungen der Diagonalen in Zug- und Druckrichtung eingetragen. Bei den Werten für die Verformung handelt es sich um Mittelwerte der Messungen an beiden Wandseiten. Aus der Gleichheit der Schubspannungen und der Hauptdruck- bzw. Hauptzugspannung gemäß Bild 6.13 konnten die Schubspannungen τ nach folgender Gleichung ermittelt werden:

$$\tau = \frac{S}{t \cdot \sqrt{L^2 + H^2}} . \tag{6.9}$$

mit: S   Schubbruchkraft,
      t   Wanddicke,
      L   Wandlänge,
      H   Wandhöhe.

Dabei handelt es sich um eine erste Annäherung, weil die eingetragene Vorspannung diesen Idealzustand verfälscht. Auch müssen Abstriche hinsichtlich der Isotropie und Homogenität des Materials gemacht werden.

Tabelle 6.2: Schubkräfte, Schubspannungen und zugehörige Diagonalverformungen im Erstriß-
und Bruchzustand der Trockenmauerwerkscheiben

Eigenschaftsgröße			Schubwand S-PPW 4-1	Schubwand S-PPW 4-2	Schubwand S-KS 12-1	Schubwand S-KS 12-2
1	2	3	4	5	6	7
Ausgangszustand zu Versuchsbeginn						
Initialvorspannkraft	P_0	kN	283,72	195,77	288,09	465,54
Initialvorspannung	$\sigma_{p,0}$	N/mm^2	0,473	0,326	0,480	0,776
Zustand bei Eintreten des Erstrisses						
Schubkraft	S_{cr}	kN	208,25	154,40	278,84	363,86
Schubspannung	τ_{cr}	N/mm^2	0,243	0,180	0,329	0,430
Verlängerung Zugdiagonale	$w_{td,cr}$ $\varepsilon_{td,cr}$	mm mm/m	3,142 1,257	1,802 0,721	1,031 0,413	1,8889 0,756
Verkürzung Druckdiagonale	$w_{cd,cr}$ $\varepsilon_{c,cr}$	mm mm/m	2,122 0,849	0,889 0,356	0,888 0,355	1,650 0,660
Vorspannkraft	P_{cr}	kN	287,08	197,44	291,39	471,25
Vorspannung	$\sigma_{p,cr}$	N/mm^2	0,478	0,329	0,486	0,785
Bruchzustand						
Schubkraft	S_u	kN	234,51	173,53	278,84	378,84
Schubspannung	τ_u	N/mm^2	0,274	0,203	0,329	0,447
Verlängerung Zugdiagonale	$w_{td,u}$ $\varepsilon_{td,u}$	mm mm/m	8,267 3,307	2,871 1,148	1,031 0,413	2,541 1,016
Verkürzung Druckdiagonale	$w_{cd,u}$ $\varepsilon_{cd,u}$	mm mm/m	5,168 2,068	1,386 0,554	0,888 0,355	2,092 0,837
Vorspannkraft	P_u	kN	309,94	213,86	291,39	480,77
Vorspannung	$\sigma_{p,u}$	N/mm^2	0,517	0,356	0,486	0,801

Im Unterschied zu vorliegenden Versuchsergebnissen von schubbeanspruchten
Dünnbettmauerwerkscheiben war beim Trockenmauerwerk mit Auftreten der er-
sten Schubrisse im Regelfall nicht die Schubtragfähigkeit erreicht. Die Schubkraft
S konnte weiter gesteigert werden. Oftmals verlor das Trockenmauerwerk nach
dem Eintreten des Erstrisses enorm an Steifigkeit, so daß im folgenden der Verformungszuwachs den Lastinkrementen vorauseilte. Anhand der Schubspannungs-
Verzerrungskurven der Trockenmauerwerkscheiben (Bild 6.22) unterschiedlichen
Auflasten ist sehr gut erkennbar, daß sich für beide Steinsorten eine symmetrische
Verzerrung einstellte. Der Anstieg der Belastungsäste war in der Druck- und Zug-
diagonalrichtung in erster Näherung in allen Belastungsstufen etwa gleich. Tatsächlich stellte sich eine um 15 % (PPW 4) bis 50 % (KS 12) höhere Zugdehnung
ein, was auf erste Bewegungen in der Lagerfuge schließen läßt. Das Verhältnis
der Diagonaldehnungen in Zug- und Druckrichtung blieb aufrecht, auch nachdem
die ersten Risse eine größere Zugdehnung vermuten ließen.

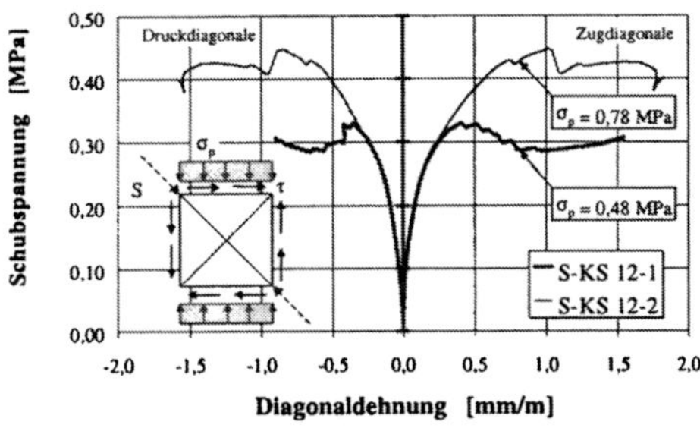
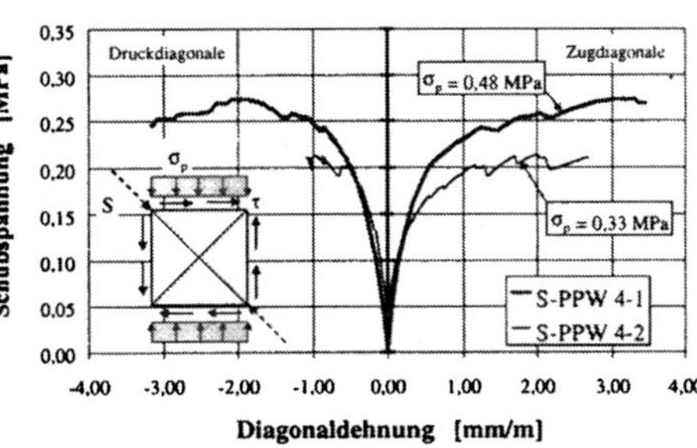

a)   Schubwand aus Kalksandsteinen KS 12   b)   Schubwand aus Porenbetonsteinen PPW 4

Bild 6.22: Schubspannungs-Verzerrungskurven für Trockenmauerwerk aus Kalksand- und Porenbetonsteinen

Nach der Entstehung der ersten Schubrisse fiel die Last geringfügig, um bei weiterer Verformung erneut wieder anzusteigen. Mit Erreichen der Schubfestigkeit kam es zu einem nicht stetigen Abfall der aufnehmbaren Schublast S. Während die Schubverzerrung überproportional anwuchs, verringerte sich die Schublast oszillierend, bis eine annähernd konstante Restkraft erreicht war. Diese Restkraft beruht auf einer Gleitreibung in den Lagerfugen und ist vergleichbar mit der bei den Kleinkörperversuchen festgestellten Restkraft. Nur daß dort die Restkraft gleichbedeutend mit der Schubfestigkeit war.

Sehr deutlich ist zu erkennen, daß eine höhere Auflast zu größeren Schubtragfähigkeiten führte. Mit dem Anstieg der Festigkeit war gleichzeitig eine Vergrößerung der zugehörigen Verzerrung verbunden. Während die Schubfestigkeitserhöhung je nach Steinsorte und Auflast ca. 65 bis 70 % ausmachte, stiegen die zugehörigen Verzerrungen um 200 bis 300 % an.

Werden die an den Kleinkörpern ermittelten Reibbeiwerte μ für eine Obergrenze der Schubbruchfestigkeit angesetzt, so liegt die theoretische Bruchlast nur bei etwa 60 bis 75 % (PPW 4) und 70 bis 90 % der tatsächlich festgestellten Werte. Auch die Risse in den Steinen deuteten auf andere Versagensursachen hin, so daß es gerechtfertigt und notwendig war, von verschiedenen Bruchkriterien auszugehen, die auf der einen Seite ein Versagen der Lagerfugen und auf der anderen Seite ein Versagen der Mauersteine bzw. des Mauerwerks beinhalten mußten. Folglich bietet die Schubbruchtheorie von *Mann/Müller* [M4] geeignete Ansätze, um Versagenskriterien für schubbeanspruchtes Trockenmauerwerk formulieren zu können.

Nach Überschreiten der Schubfestigkeit zeigten alle Körper eine geringe Verformung in der Ebene, die auch als Verzerrung bezeichnet wird. Wie Bild 6.23 entnommen werden kann, erfährt eine durch diagonal gerichtete Druckkräfte auf Schub beanspruchte Wandscheibe mit den Seitenabmessungen X und Y ortsabhängige Verschiebungen, die mittels einer Taylor-Reihenentwicklung genau beschrieben werden können. Die Kleinheit der Deformationen erlaubt es, nur die ersten Glieder der Reihe zu betrachten.

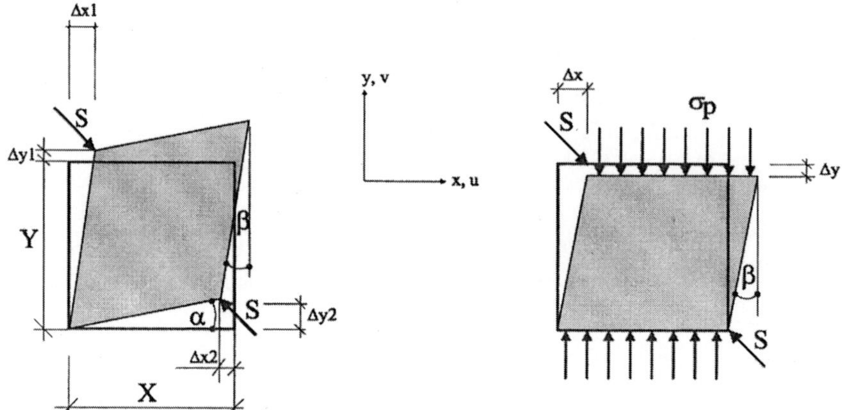

a)   Verzerrung bei mehraxialer Beanspruchung allgemein   b) Verzerrung infolge kombinierter Beanspruchung aus Schub und vertikalen Auflasten im Versuch an Quadratwänden

Bild 6.23: Verzerrungszustände von schubbeanspruchten Wandscheiben

Für den allgemeinen Fall einer zweiachsig beanspruchten Scheibe (Bild 6.23a) rufen die Dehnungen ε_x und ε_y der Scheibe in x- und y-Richtung einen Schubverzerrungszustand hervor, der an den Körperkanten zu den Verschiebungen $\Delta x1$, $\Delta x2$, $\Delta y1$ und $\Delta y2$ in Richtung der x- und y-Achse führt:

$$\Delta x1 = \frac{du}{dy}Y, \qquad \Delta x2 = \frac{du}{dx}X, \qquad\qquad (6.10a,b)$$

$$\Delta y1 = \frac{dv}{dy}Y, \qquad \Delta y2 = \frac{dv}{dx}X. \qquad\qquad (6.10c,d)$$

Die Dehnungen entsprechen damit:

$$\varepsilon_x = \frac{\Delta x2}{X} = \frac{du}{dx}, \qquad\qquad (6.11a)$$

$$\varepsilon_y = \frac{\Delta y1}{Y} = \frac{dv}{dy}. \qquad\qquad (6.11b)$$

Durch die Kopplung von Dehnung und Querdehnzahl ν nach dem Elastizitätsgesetz wird, trotz des für die Scheibenberechung zugrunde gelegten ebenen Spannungszustandes, eine räumliche Verformungskomponente in z-Richtung $\varepsilon_z = -\nu/E \cdot (\sigma_x + \sigma_y)$ generiert, die jedoch für die vorliegenden Zusammenhänge unbedeutend ist. Es soll nur die x-y-Ebene (Scheibenebene) betrachtet werden.

Die Änderung des ursprünglich rechten Winkels während der Verformung ist im Bild 6.23a durch die Winkel α und β gegeben. Aufgrund der Kleinheit der Verformungen sind die Verformungszuwächse gegenüber den Ausgangslängen vernachlässigbar und die Verzerrungswinkel sind gleich dem Tangens:

$$\alpha = \tan\alpha = \frac{\Delta y2}{X+\Delta x2} \cong \frac{\Delta y2}{X} = \frac{dv}{dx} \ , \tag{6.12a}$$

$$\beta = \tan\beta = \frac{\Delta x1}{Y+\Delta y1} \cong \frac{\Delta x1}{Y} = \frac{du}{dy} \ . \tag{6.12b}$$

Aus der Summe der beiden Winkel α und β ergibt sich die Gesamtwinkeländerung $\gamma_{xy} = \alpha+\beta$, die auch als Verzerrung, Schiebung oder Gleitung bezeichnet wird:

$$\gamma_{xy} = \alpha+\beta = \frac{dv}{dx} + \frac{du}{dy} \ . \tag{6.13}$$

Der gewählte Versuchsaufbau ermöglichte im wesentlichen nur eine Verzerrung parallel zur x-Achse (Bild 6.23b), so daß sich der Gleitwinkel γ_{xy} allein aus dem Winkel β ergab.

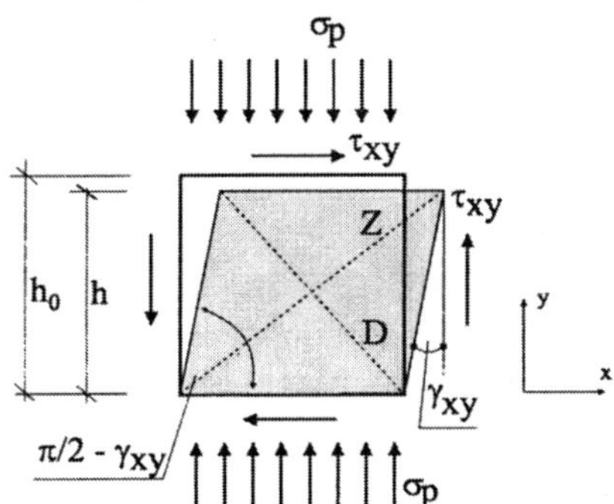

Bild 6.24: Zusammenhang zwischen Verzerrung und Schub.spannung

Im reinen Schubbelastungszustand besteht zwischen der Gleitung γ_{xy} und der Schubspannung eine Proportionalität, deren Proportionalitätsfaktor als Schubmodul G bezeichnet wird:

$$\tau_{xy} = G\cdot\gamma_{xy} \ . \tag{6.14}$$

Der Schubmodul ist ein reiner Materialwert und kann für isotrope, elastische Werkstoffe aus dem Elastizitätsmodul E und der Querdehnzahl ν errechnet werden:

$$G = \frac{E}{2(1+\upsilon)} \ . \tag{6.15}$$

Der vormals rechtwinklige Körper verformt sich zu einem Rhombus und ist unter γ_{xy} geneigt (Bild 6.24). Derselbe Verformungszustand stellt sich ebenfalls ein, wenn eine reine Schubbeanspruchung vorliegt. Aus den geometrischen Randbedingungen der Verformungsfiguren lassen sich die Verzerrungen γ_{xy} sehr anschaulich ableiten. Bei der Verformungsfigur handelt es sich um ein Parallelogramm und darüber hinaus um ein gleichseitiges Parallelogramm, so daß aus der Gleichsetzung der Flächeninhalte der Gleitwinkel γ_{xy} ermittelt werden kann:

$$A = h_0 \cdot h = \frac{D \cdot Z}{2}, \qquad\qquad (6.16)$$

$$\cos \gamma_{xy} = \frac{h}{h_0}, \qquad\qquad (6.17)$$

$$\gamma_{xy} = \arccos\left(\frac{D \cdot Z}{2 \cdot h_0^2}\right), \qquad\qquad (6.18)$$

$$\gamma_{xy} = \arccos\left[(1+\varepsilon_{cd}) \cdot (1+\varepsilon_{td})\right]. \qquad\qquad (6.19)$$

Dabei bedeuten:
- D — Länge der Druckdiagonalen,
- Z — Länge der Zugdiagonalen,
- h_0 — Seitenlänge der quadratischen Wandscheibe,
- h — Höhe der verzerrten Wandscheibe,
- ε_{cd} — Dehnung in Diagonalrichtung (Druck),
- ε_{td} — Dehnung in Diagonalrichtung (Zug),
- γ_{xy} — Gleitwinkel.

Werden die Gleitwinkel gegenüber den Schubspannungen aufgetragen, was im Bild 6.25 beispielhaft für das Kalksandstein-Trockenmauerwerk vollzogen wurde, so zeigt sich, daß die Gleitung nur bei geringer Schubbeanspruchung eine lineare Beziehung zur Schubspannung eingeht. Die Annahme eines konstanten Schubmoduls G gilt folglich nur annähernd.

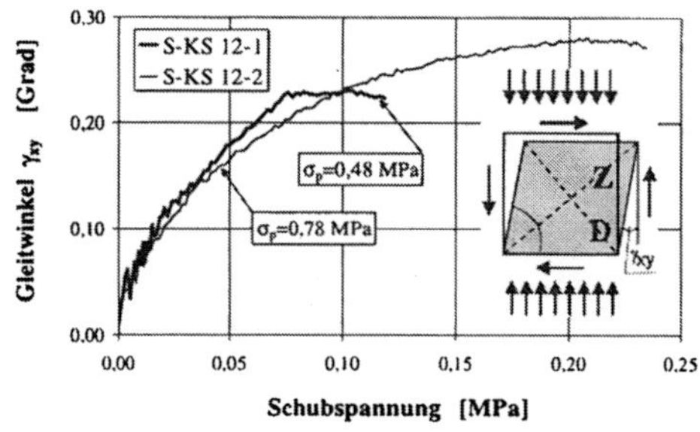

Bild 6.25: Beziehung zwischen Schubspannung und Verzerrung für Kalksandstein-Trockenmauerwerk

Es ist ersichtlich, daß der Gleitwinkel γ_{xy} nur von der Schubspannung, nicht jedoch von der Auflast abhängt.

Durch Umstellen der Gleichung (6.14) ergab sich der Schubmodul G, der für das Kalksandstein-Trockenmauerwerk Werte zwischen 500 und 1000 N/mm^2, beim Porenbeton-Trockenmauerwerk zwischen 400 und 600 N/mm^2 erreichte.

Das Verhältnis der Schubmoduln zu den Druck-E-Moduln $G/E_{33/66}$ reicht von 0,1 bis 0,2 beim Kalksandsteinmauerwerk (KS 12) und 0,3 bis 0,5 beim Porenbetonsteinmauerwerk (PPW 4). Damit liegen die Verhältniszahlen etwas unterhalb bzw. im Bereich der für vermörteltes Mauerwerk angegebenen Zahlen von 0,45 für Mauerwerk aus Kalksandsteinen und 0,43 für Porenbetonsteinmauerwerk [G15].

Aus dem Vergleich der Initialvorspannkräfte zu Versuchsbeginn und derjenigen unter der maximalen Schubspannung geht hervor, daß - anders als bei den Drei-Stein-Körpern - die Spannkräfte um bis zu 50 % anwuchsen.

7 Biegeversuche an vorgespannten Trockenmauerwerkkörpern

7.1 Kenntnisstand zum Biegetragverhalten von Mauerwerk

Die Biegezugfestigkeit von Mauerwerk ist eine wesentliche Baustoffkenngröße für die Bemessung von biegebeanspruchtem Mauerwerk, z.B. erddruckbelastete Kellerwände, Giebelwände, Ausfachungswände oder Verblendschalen. Die bedeutendsten Einflußparameter auf die Biegezugfestigkeit vom Mauerwerk ergeben sich vor allem aus der Beanspruchungsrichtung parallel oder senkrecht zur Lagerfuge.

Die Biegezugfestigkeit parallel zur Lagerfuge wird bestimmt durch die Biegezugfestigkeit der Mauersteine in Steinlängsrichtung, gegebenenfalls die Steinlängsdruckfestigkeit (Biegedruckzone), die Verbundfestigkeit zwischen Mauermörtel und Mauerstein, die Überbindelänge, in welcher die Verbundfestigkeit aktiviert werden kann und die Ausführung der Stoßfugen (vermörtelt, unvermörtelt). Die Biegezugfestigkeit senkrecht zur Lagerfuge entspricht im wesentlichen der Haftzugfestigkeit zwischen Lagerfugenmörtel und Mauersteinen und in seltenen Fällen, wenn die Verbundfestigkeit sehr groß und die Steine sehr zugweich sind, der Biegezugfestigkeit der Mauersteine in Richtung der Steinhöhe. Die Biegezugfestigkeit von Mauerwerk kann nur versuchstechnisch bestimmt werden. Verschiedene Versuchsaufbauten wurden entwickelt, die mehr oder weniger zutreffend die Beanspruchbarkeit des Mauerwerks bei Biegung erfassen.

Bis etwa 1950 wurde der Erforschung des Biegetragverhaltens von Mauerwerk wenig Aufmerksamkeit geschenkt. In jenem Jahr erschien eine Veröffentlichung von *Davey/Thomas* [D1], die sich mit dem Bruchverhalten von Mauerwerkwänden unter gleichzeitiger Wirkung von Vertikal- und Horizontalkräften auseinandersetzte. In den beschriebenen Versuchen wurde eine Erhöhung der Tragfähigkeit festgestellt, wenn alle Ränder der Wände gehalten wurden. Das Bruchbild glich dem einer vierseitig gelagerten Stahlbetonplatte.

In Deutschland führte Anfang der fünfziger Jahre *Hummel* [H13] an der RWTH Aachen erste Versuche zur Biegezugfestigkeit von Mauerwerk an freistehenden Schornsteinen durch. *Hummel* erforschte unter Verwendung verschiedener Mörtel die Scherfestigkeit zwischen den Mauersteinen und der Mörtelfuge, wenn Biegespannungen parallel zur Lagerfuge einwirkten. Dabei konnten bei verschiedenen Mörteln unterschiedlich starke Zuwächse der Festigkeit verzeichnet werden.

Sturmschäden in England, bei denen nichttragende Wände in den oberen Geschossen zerstört wurden, gaben dort 1965 den Anlaß zu vermehrter Forschungstätigkeit auf dem Gebiet des Mauerwerkbaus. Entsprechend den ersten Bemessungsvorschlägen von *Entwisle/Bradshaw* (nach [S9]) wurde bereits damals zwischen verschiedenen Versagensmodi unterschieden: Überschreiten der Zugfestigkeit senkrecht zu den Fugen, Überschreiten der Scherfestigkeit in den Fugen und Zugbruch der Steine und Stoßfugen. Die Bemessungsvorschläge basierten auf der Grundlage der Elastizitätstheorie von Balken und Platten mit Berücksichtigung der Lagerungsbedingungen.

Zeitgleiche Untersuchungen in Schweden [S3] beschäftigten sich bereits mit der Fragestellung, wie eine Übertragbarkeit der Bruchlinientheorie von Stahlbetonplatten auf Mauerwerkwände unter Biegebeanspruchung zu bewerkstelligen sei, weil eine auffällige Verwandtschaft der Bruchbilder bei mehrseitiger Halterung beobachtet worden war.

In Anlehnung an Verfahren aus dem Stahlbetonbau entwickelte *Yokel* [Y1] 1971 für Biegung senkrecht zu den Lagerfugen unter Voraussetzung der Gültigkeit des Hooke'schen Materialgesetzes, einer linearen Spannungsverteilung über dem Querschnitt und unter Beachtung einer verringerten Steifigkeit bei gerissenen Querschnitten erste M-N-Interaktionsdiagramme für die Bemessung von Mauerwerkwänden. Zur Übertragbarkeit der an Kleinkörpern gewonnenen Erkenntnisse auf geschoßhohe Mauerwerkwände wurde ein dem Stahlbau entlehntes Verfahren zur Erfassung der Momente nach Theorie II. Ordnung genutzt, welches den Bedingungen im Mauerwerkbau angepaßt wurde. *Yokel* berichtet über eine zufriedenstellende Übereinstimmung zwischen experimentellen und theoretischen Ergebnissen.

Hendry/Sinha [H5] stellten in großmaßstäbigen Versuchen eine horizontale Tragfähigkeitssteigerung durch aussteifende Querwände fest und leiteten eine Gewölbetragwirkung ab. Die Tragfähigkeitssteigerung fiel um so geringer aus, je weiter sich die aussteifenden Wände von der belasteten Wandstelle entfernt befanden. Durch eine Messung der Wandhöhe während der Versuche wurde mit zunehmender Wandverkrümmung ein stetiger Höhenzuwachs verzeichnet. Sie werteten dies als Zeichen eines geometrisch bedingten Bogenschubes, der, wenn er durch steife Widerlager aufgenommen werden wird, zu einem Anwachsen der Biegetragfähigkeit der Wand führt.

Die Gewölbetragwirkung von horizontal belastetem Mauerwerk zwischen verschieden starrer seitlicher Auflagerung wurde von *Hodgkinson/West/Haseltine* [H10] untersucht. Die vertikale Belastung erfolgte nur durch das Eigengewicht. Die Vermutung, daß bei stramm zwischen zwei steifen Widerlagern eingepaßtem Mauerwerk die Biegetragwirkung durch eine quantifizierbare Stützbogenwirkung erhöht wird, wurde bestätigt.

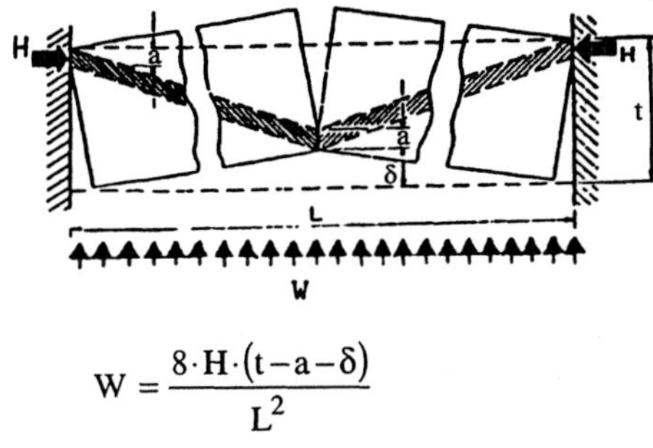

$$W = \frac{8 \cdot H \cdot (t - a - \delta)}{L^2}$$

Bild 7.1: Gewölbewirkung im biegebelasteten Mauerwerk [H10]

Mit der Modellvorstellung eines Dreigelenkbogens konnte aus den Meßergebnissen hergeleitet werden, daß bei gemessener Horizontalauslenkung δ und einer geschätzten Druckzonenbreite a des Stützbogens von $t/10 < a < t/5$ mit t als Wanddicke die Bruchspannung annähernd die Steindruckfestigkeit erreichte. Für Entwurfszwecke wurde vorgeschlagen, die horizontale Auslenkung δ zu vernachlässigen und $a = t/10$ zu setzen.

Kordina/Westphal/Gunkler [K11] untersuchten die horizontale Tragfähigkeit von altem Mauerwerk, indem sie einen Streifen des Mauerwerks vom umgebenden Mauerwerk trennten, um eine ausschließlich vertikale Spannrichtung zu erhalten. Die Nachrechnung ergab, daß sowohl der Feld- als auch der Kopf- und Fußbereich voll ausgenutzt waren. Anhand der ermittelten Spannungs-Dehnungslinien des Mauerwerks zeigten sie, daß auch der abfallende Ast der Arbeitslinie sehr wohl von Bedeutung für die Biegetragfähigkeit von Mauerwerk ist.

Umfangreiche Versuche zur Biegetragfähigkeit wurden in der Schweiz durchgeführt. *Furler/Thürlimann* berichten in [F7] über Traglastversuche an exzentrisch belastetem Mauerwerk, auf deren Grundlage *Furler* [F5] ein Bemessungsverfahren entwickelte, das Eingang in die schweizerische Bemessungsnorm SIA 177 [AA24] fand.

Die Versuche von *Mann* [M9, M5, M3] bildeten die Grundlage für die ersten ingenieurmäßigen Bemessungsformeln für biegebeanspruchtes Mauerwerk in Deutschland [AA3]. Dabei wird zwischen den beiden Beanspruchungsrichtungen parallel und senkrecht zur Lagerfuge unterschieden. Die theoretisch abgeleiteten Ansätze erfassen sowohl geometrische Randbedingungen (Überbindelänge, Wanddicke) als auch baustoffliche Eigenschaftsgrößen wie die Verbundfestigkeit zwischen Mörtel und Stein und die Biegezugfestigkeit der Mauersteine.

Im Zuge der europäischen Normung sind verstärkt deutsche Aktivitäten erkennbar, die sich mit der zutreffenden Bestimmung der Biegebeanspruchbarkeit auch senkrecht zu den Lagerfugen auseinandersetzen. In diesem Zusammenhang wird auf die Arbeiten von *Schubert* [S11], *Schubert/Metzemacher* [S16], *Schöner* [S9] und *Anstötz* [A2] verwiesen.

Die Biegezugfestigkeit von Trockenmauerwerk parallel zur Lagerfuge ist von Bedeutung, wenn wandnormale Beanspruchungen auftreten, die von der Trockenmauerwerkwand aufgenommen und in horizontaler Richtung abgetragen werden müssen. Das Mauerwerk gelangt in den Bruchzustand, wenn entweder die Fuge versagt und der Stein als Ganzes aus dem Verband herausgedreht wird oder wenn die Auflast groß genug ist, so daß nicht die Fuge, sondern der Mauerstein durch Überschreiten der Biegezugfestigkeit versagt.

Dagegen wird eine Mauerwerkwand senkrecht zur Lagerfuge auf Biegung beansprucht, wenn durch die wandnormale Belastung und eine vertikale Spannrichtung der Wand Biegezugspannungen senkrecht zur Lagerfuge aufgebaut werden. In diesem Fall tritt bei vermörteltem Mauerwerk das Versagen durch ein Aufreißen der Lagerfugen infolge Überschreitens der Haftzugfestigkeit ein oder, wenn die Mauersteine sehr zugweich sind, können diese parallel zur Lagerfuge aufreißen.

Wegen der mit großen Streuungen behafteten Haftzugfestigkeit zwischen Mörtel und Stein senkrecht zur Lagerfuge ist es nach DIN 1053-1 [AA3] nicht zulässig, eine Festigkeit in dieser Richtung anzunehmen. Normal zur Fuge gerichtete Zugspannungen können folglich nur aufgenommen werden, wenn diese durch Auflasten soweit überdrückt werden, daß der Querschnitt maximal bis zur Schwerachse aufreißt. In diesem Fall liegt eine völlige Gleichbehandlung zum Trockenmauerwerk vor, wo eine Haftzugfestigkeit zwischen den Mauersteinen tatsächlich nicht gegeben ist. Beim Trockenmauerwerk hängt die Biegezugfestigkeit senkrecht zur Lagerfuge im wesentlichen von der Vorspannung und dem Rotationsvermögen der Wand im Druckpunkt ab.

Um die Biegetragfähigkeit von Trockenmauerwerk ausreichend sicher beurteilen zu können, mußte folglich die Biegefestigkeit in beiden Richtungen versuchsmäßig ermittelt werden.

7.2   Biegezugbeanspruchung parallel zur Lagerfuge

7.2.1   Versuchsaufbau und Versuchsdurchführung

Wie auch in den Druckprüfungen wurde angestrebt, die Biegeversuche an repräsentativen Wandausschnitten durchzuführen. Auf diese Weise wurde sichergestellt, daß die Aussagekraft der Ergebnisse kleiner Wandprüfkörper bei verringertem Prüfaufwand hinreichend genau auch für geschoßhohe Mauerwerkwände erhalten blieben.

Die Prüfung der Biegezugfestigkeit ist auf europäischer Ebene - eine deutsche Prüfnorm existiert nicht - in DIN EN 1052-2 [AA11] genormt. Hierbei wird der Wandprüfkörper als 4-Punkt-Biegebalken betrachtet, der so aufgelagert und belastet werden muß, daß eine Biegebeanspruchung parallel zur Lagerfuge auftritt. Die Norm versteht sich dabei als Rahmenvorschrift, deren Grenzbedingungen hinsichtlich der Probekörpergeometrie, Lasteinleitung und Auflagerung einzuhalten sind. Deshalb wurde für die Leipziger Versuche zusätzlich festgelegt, die Lasteinleitung in den Drittelpunkten der durch den Auflagerabstand beschriebenen Strecke vorzunehmen (Bilder 7.2 und 7.3).

In die Biegeversuche wurden aus Zeit- und Kostengründen nur zwei Steinarten: Kalksandsteine KS 12 und Porenbetonsteine PPW 4 einbezogen.

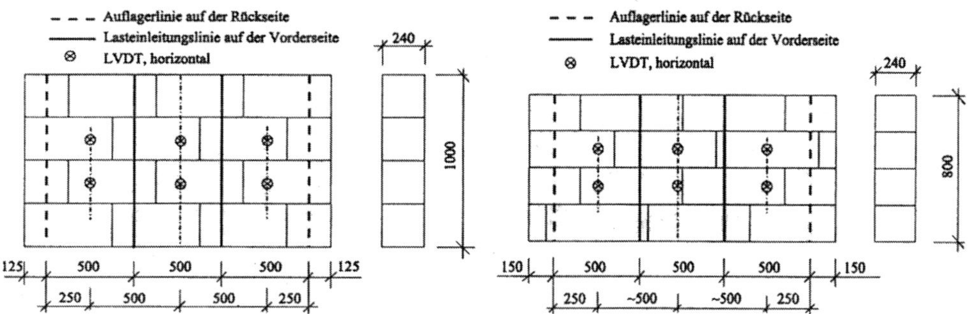

a) Kalksandstein-Trockenmauerwerk (KS 12)   b) Porenbetonstein-Trockenmauerwerk (PPW 4)

Bild 7.2:   Geometrie der Lasteinleitung und Auflagerung im Versuchsaufbau zur Prüfung der Biegezugfestigkeit von Mauerwerk parallel zur Lagerfuge, LVDT = induktiver Wegaufnehmer (Maße in mm)

Bedingt durch die unterschiedlichen Steinabmessungen unterschieden sich die Versuchskörper aus Kalksand- und Porenbetonsteinen im Fugenbild (Bild 7.2) und in der Versuchskörperhöhe.

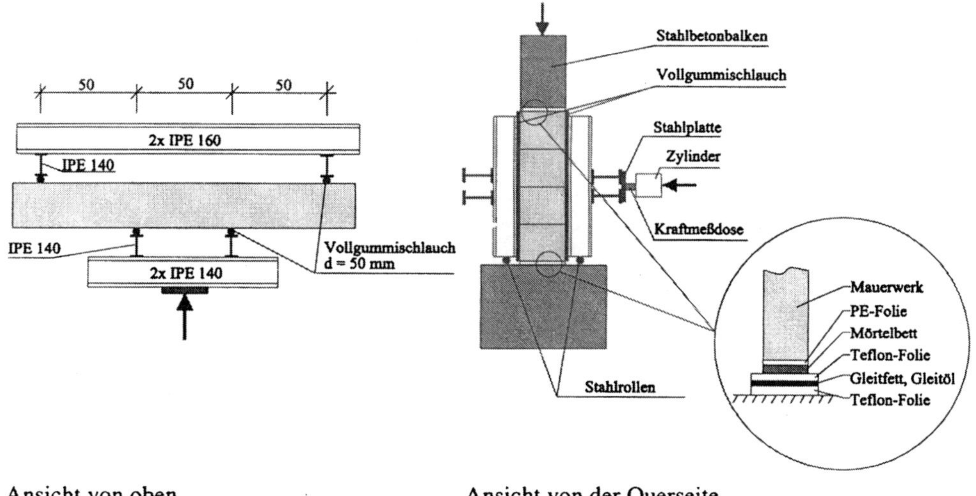

Ansicht von oben   Ansicht von der Querseite

Bild 7.3:   Versuchsaufbau (schematisch)

Von jeder Steinsorte sind insgesamt zwei Versuche durchgeführt worden, die in der Höhe der eingetragenen Vorspannung σ_p voneinander abwichen: $\sigma_p = 0{,}30$ und $1{,}85$ N/mm^2 (KS 12) sowie $\sigma_p = 0{,}20$ und $0{,}90$ N/mm^2 (PPW 4). Die Höhe der Vorspannung war so gewählt worden, daß bei geringerer Vorspannung die Lagerfuge und bei höherer Vorspannung die Mauersteine versagen sollten.

Bild 7.4: Versuchsaufbau für Biegung parallel zur
           Lagerfuge (Lasteinleitungsseite)

Der Eintrag der Prüfbelastung erfolgte in waagerechter Richtung mittels eines manuell gesteuerten Druckzylinders (Bild 7.4), so daß in etwa ein Belastungszuwachs von 0,03 bis 0,05 N/mm^2 je Sekunde erreicht wurde. Das Versagen trat nach etwa 10 bis 20 Minuten mit dem erwarteten Bruchmechanismus ein.

Die Versuche wurden in einem Prüfrahmen durchgeführt, so daß über einen am Rahmen befestigten Druckzylinder die gewünschte Vorspannkraft eingetragen werden konnte.

Die Vorspannkraft wurde zum Versuchsbeginn einreguliert und während der Versuchsdurchführung nicht verändert. Zur Lastverteilung der zentrischen Vorspannkraft senkrecht zu den Lagerfugen diente ein Stahlbetonbalken aus Beton B 45 mit einer Höhe von 50 cm und zusätzlich eine Lastaufteilung über Traversen.

Bild 7.5: Versuchsaufbau für Biegung parallel zur
           Lagerfuge (Queransicht)

Um zu gewähren, daß die Auflagerungs- und Belastungselemente einen vollflächigen Kontakt über die gesamte Prüfkörperhöhe besitzen, wurden Lastverteilungsbalken aus kleinen Stahlträgern eingesetzt, die sich ihrerseits über Stahltraversen und Dreiböcke zum Hallenfußboden abstützten (Bild 7.5).

Etwa 5 cm dicke Vollgummischläuche, die an den Lastverteilungsträgern angeklebt waren, stellten sicher, daß die Mauersteine gleichmäßig gedrückt wurden und keine örtlichen Zerstörungen auftraten. Zur Gewährleistung einer querverschieblichen Lagerung wurde der Kopf- und Fußbereich der Wand durch ein Foliengleitlager vom Prüfrahmen getrennt. Dieses bestand im wesentlichen aus zweilagiger Teflonfolie (Dicke je 1 mm), die eine Gleitfettschicht aus einem Silioconfett-Siliconölgemisch einschlossen (Bild 7.3). Damit ergab sich ein Reibungsbeiwert von unter 0,10.

Etwa vier Wochen vor dem Versuchsbeginn wurden die Mauersteine in einer klimatisierten Prüfhalle (20°C, 55 % relative Luftfeuchtigkeit) eingelagert, um eine annähernd konstante Feuchtigkeitsverteilung in allen Mauersteinen zu erhalten. Zum Prüfzeitpunkt waren die festgestellten Steinfeuchtigkeiten mit 2-4 M.-% beim KS 12-Stein und 5-9 M.-% beim PPW 4-Stein vergleichsweise niedrig. Bevor die Mauersteine trocken aufgesetzt wurden, erfolgte ein Abfegen der Lagerfugen. Mittels einer Wasserwaage konnte ein fluchtgerechter Aufbau der Wände gewährleistet werden.

Die eingetragene Horizontallast wurde stetig von einer zwischen dem Hydraulikkolben und den Lasteinleitungselementen angeordneten Kraftmeßdose gemessen und kontinuierlich von einem Rechner sekündlich aufgezeichnet. Die Verformungsmessung erfolgte in zwei Lagen mittels induktiver Wegaufnehmer W5 in horizontaler Richtung an der lastabgewandten Seite. In vertikaler Richtung wurde nur zu Kontrollzwecken einmal je Wandebene über die gesamte Körperhöhe gemessen, um Verkantungen des Prüfkörpers erkennen bzw. ausschließen zu können.

7.2.2 Versuchsergebnisse

Bei der Prüfung der Biegezugfestigkeit parallel zur Lagerfuge wurden horizontale Wandverschiebungen erzeugt, die in Wandmitte am größten waren. Je nach Auflast führten die Ausbiegungen zu zwei typischen Versagensarten: Fugenversagen oder Steinzugversagen.

7.2.2.1 Versagen des Verbandes (Fugenversagen)

Bei den gering vorgespannten Wänden war der Bruch dadurch gekennzeichnet, daß die Mauersteine ungerissen aus dem Verband gedreht wurden (Bild 7.6). Demzufolge war der maximale Reibwiderstand in den Fugen, der durch die Vorspannung aufgebaut wurde, kleiner als der Widerstand, den die Mauersteine der Biegebeanspruchung entgegensetzten. Dennoch lag die Fugentragfähigkeit oberhalb der Werte, die unter Vernachlässigung der Mörteltraganteile sich nach DIN 1053-1 [AA3] errechnen ließen, auch wenn die experimentellen Reibungsbeiwerte aus den Drei-Stein-Versuchen eingesetzt wurden. Die Versuchswerte übertrafen zum Teil die Rechenwerte. Folglich muß angenommen werden, daß sich in den trockenen Fugen ein zusätzlicher Reibwiderstand aufbaute, der sich - wie in den Schubversuchen - durch einen erhöhten Reibungsbeiwert in den Fugen niederschlägt. Werden die tatsächlichen Bruchlasten zugrunde gelegt, kann der wirksame Reibungsbeiwert mit $\mu > 0{,}9$ beziffert werden. Bei fast allen Versuchen war eine Erhöhung der Vorspannkraft um ca. 1 % festgestellt worden. Damit ergaben sich erneut Parallelen zum Schubtragverhalten.

Wesentliche Versuchsergebnisse der Biegezugversuche parallel zur Lagerfuge sind in Tabelle 7.1 angegeben.

Tabelle 7.1:   Ergebnisse der Biegeversuche parallel zur Lagerfuge

1	2	3	Biegewand Bi-PPW 4-1	Biegewand Bi-PPW 4-2	Biegewand Bi-KS 12-1	Biegewand Bi-KS 12-2
			4	5	6	7
Ausgangszustand bei Versuchsbeginn						
Initialvorspannkraft	P_0	kN	84,66	380,48	131,16	780,56
Initialvorspannung	$\sigma_{p,0}$	N/mm^2	0,196	0,881	0,312	1,858
Bruchzustand						
Vorspannkraft	P_u	kN	91,02	371,83	131,96	782,11
Vorspannung	$\sigma_{p,u}$	N/mm^2	0,211	0,861	0,314	1,861
Bruchmoment	M_u	kNm/m	2,82	4,37	2,27	4,53
Biegezugfestigkeit	f_x	N/mm^2	0,29	0,45	0,24	0,47[1]
Mittenausbiegung	δ_u	mm	1,63	0,83	1,36	0,76[1]
Versagensart			Fuge	Stein	Fuge	--[1]

1) Versuch vorzeitig abgebrochen

Bei der hoch vorgespannten Porenbetonsteinwand Bi-PPW 4-2 fiel dagegen die
Vorspannkraft etwas, was vermutlich auf ein Abschleifen der Fugenunebenheiten
zurückgeführt werden kann.

a) Ansicht von vorn   b) Ansicht von oben

Bild 7.6: Biegezugfestigkeit parallel zu den Lagerfugen - Versagen des Verbandes
           (Fugenversagen)

Hier wird besonders deutlich, daß der Tragwiderstand der Fuge keine absolute
Größe darstellt, sondern immer im Zusammenhang mit der tatsächlich vorhandenen Fugenrauhigkeit gesehen werden muß. Einerseits bedingt eine große Rauhigkeit einen großen Fugenwiderstand, andererseits wird aber durch Schleifprozesse
die Fugenrauhigkeit gemildert, die Fugen werden ebener, aber die zur Spannungsübertragung verfügbare Fläche vergrößert sich.

Obwohl erwartet wurde, daß ein sehr duktiles Versagen eintreten würde, verhinderte die Haftreibung ein allmähliches Ausbiegen der Wandebene, so daß das Versagen eher plötzlich eintrat.

7.2.2.2 Versagen der Mauersteine (Steinzugversagen)

Die höher vorgespannten Wänden bogen sich ebenfalls seitlich aus, aber der Bruch wurde durch das Reißen der Mauersteine im Bereich des maximalen Biegemomentes eingeleitet (Bild 7.7).

a) Ansicht von vorn

b) Ausbiegung der Wand (mittlerer Stoßfugenbereich in der obersten Schicht)

Bild 7.7: Biegezugfestigkeit parallel zu den Lagerfugen - Versagen der Mauersteine (Steinzugversagen)

Die Mauersteine zerrissen schlagartig in der Wandmitte. Infolge der hohen Vorspannung verformten sich die Wände weniger, was an den Biegezugspannung-Ausbiegungskurven im Bild 7.8 beispielhaft für die Porenbetonsteinwände erkennbar ist. Bedingt durch die höhere Vorspannung ertrugen die hoch vorgespannten Wände eine bedeutend höhere Biegebeanspruchung. Dabei konnten je nach Auflasterhöhung Steigerungen von über 50 % verzeichnet werden. Mit höherer Auflast nahm ebenfalls die Sprödigkeit des Bruches zu.

Während die Kurven des gering vorgespannten Probekörpers Bi-PPW 4-1 weniger steil ansteigen und im Bruchzustand ein Reibkraftplateau ausbilden, endet der stetige Verlauf der Spannungs-Verformungskurven der seitlichen Rand- und Mittenausbiegung der Wand Bi-PPW 4-2 schlagartig und die Verformungen wachsen ohne Spannungserhöhung an. Diese Stelle kennzeichnet ein abruptes Steinzugversagen.

Der hoch vorgespannte zweite Biegeversuch an einer Kalksandsteinwand mußte vorzeitig wegen Beschädigung der Lasteinleitungselemente beendet werden.

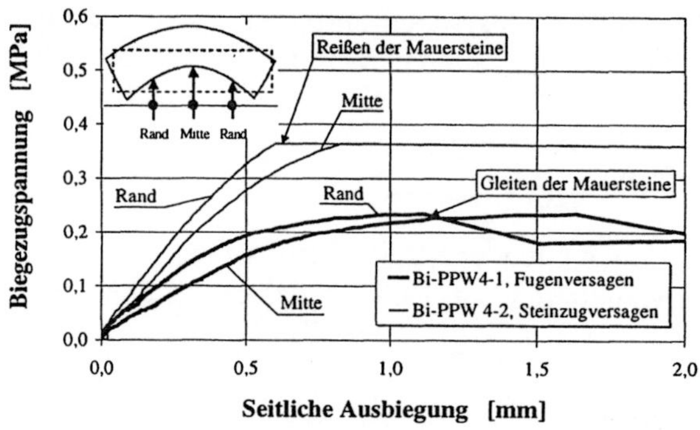

Die Horizontalkraft war so groß, daß eine wichtige Schweißnaht an einem der Dreiböcke zu reißen drohte. Deshalb konnte die Biegefestigkeit der hoch vorgespannten Kalksandsteinwand bei weitem nicht ausgeschöpft werden.

Bild 7.8: Beziehung zwischen Biegezugspannungen und seitlicher Ausbiegung am Rand und in Wandmitte

Die wenige Versuchsanzahl gestattet nur eine qualitative Aussage des Biegetragverhaltens. Die Biegezugfestigkeiten der Versuche mit Steinzugversagen erreichten Werte bis zu 150 % der zentrischen Zugfestigkeit $f_{bt,ax}$ bzw. der an den Mauersteinen bestimmten Biegezugfestigkeit der Mauersteine $f_{bt,fl}$. Neben der Streuung der Ergebnisse sind auch die im Tragmodell getroffenen Annahmen für die verhältnismäßig großen Abweichungen zwischen theoretischen und experimentellen Werten verantwortlich.

7.3　Biegezugbeanspruchung senkrecht zur Lagerfuge

7.3.1　Versuchsaufbau und Versuchsdurchführung

Während Biegeversuche mit einer Biegebeanspruchung senkrecht zur Lagerfuge an vermörteltem Mauerwerk in erster Linie mit dem Ziel durchgeführt werden, die Verbundwirkung zwischen Mauermörtel und Mauerstein im Originalmaßstab beschreiben zu können, war beim Trockenmauerwerk von vornherein klar, daß eine Haftzugfestigkeit nicht vorhanden ist. Vielmehr bestand das Ziel der Versuche darin, zu erfahren, in welchem Maße eine auf Querbiegung beanspruchte Trockenmauerwerkwand, die zudem zentrisch vorgespannt war, Rotationen ausführen kann. Dabei war besonderes Augenmerk darauf gelegt worden, herauszufinden, in welchem Maße das Rotationsverhalten in der Wand durch das Arbeitsvermögen des Mauersteinmaterials (Ausbildung plastischer Gelenke am Druckpunkt) und durch Vorspannung beeinflußt wird.

Es hat sich gezeigt, daß der Versuchsaufbau zur Bestimmung der Biegezugfestigkeit recht einfach als Balken auf zwei Stützen [A2] oder stehend [F5, F6, F7, S27]

unter einer Biegebeanspruchung ermittelt werden kann. Einen verhältnismäßig großen Einfluß auf das Prüfergebnis hat die Belastungsart und damit der Biegemomentenverlauf sowie die Anzahl und Lage der Fugen im Bereich des maximalen Momentes. Der Bruch erfolgt fast immer in einer Fuge, die jedoch nicht zwingend im Bereich des größten Biegemomentes liegen muß. Vielmehr wird die Fuge maßgebend, die das größte Verhältnis von Biegemoment zu Biegefestigkeit aufweist. *Baker* [B3] befaßte sich mit den Einflüssen unterschiedlicher Belastungsarten und wies nach, daß die Ergebnisse bei unterschiedlichen Belastungsanordnungen in dem gleichen Maße streuen wie die Festigkeiten von Stein und Mörtel im Prüfkörper.

Im Sinne einer europäischen Vergleichbarkeit der Versuchsergebnisse wird in DIN EN 1052-2 [AA11] ein Versuchsaufbau empfohlen, der durch seine Körperabmessungen einen repräsentativen Wandausschnitt darstellt.

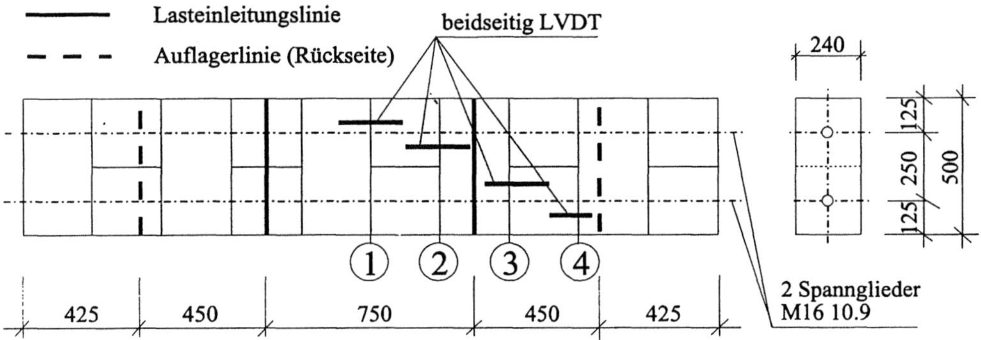

a) Kalksandstein-Trockenmauerwerk KS 12

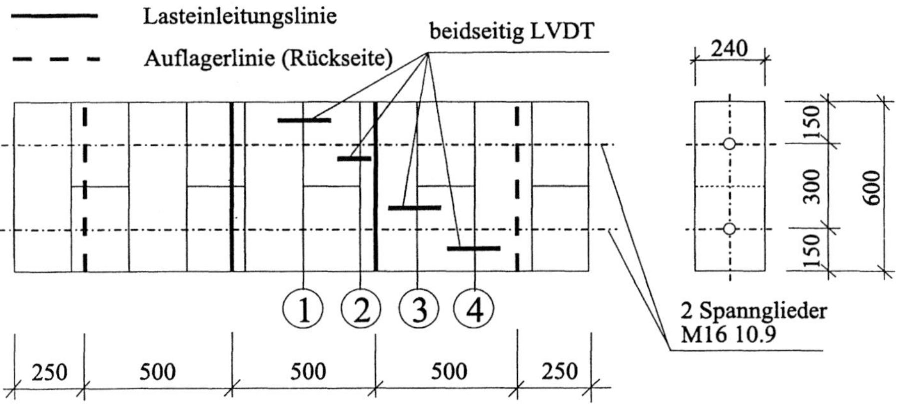

b) Porenbetonstein-Trockenmauerwerk PPW 4

Bild 7.9: Versuchsaufbau für Biegeversuche senkrecht zur Lagerfuge; LVDT = induktive Wegaufnehmer (schematisch, Maße in mm)

Der empfohlene Aufbau läßt hinsichtlich der Auflagergestaltung und Lasteinleitung genügend Spielraum, um den unterschiedlichen Mauersteinabmessungen gerecht zu werden.

Auf dieser Grundlage wurde ein Versuchskörper gewählt, der jeweils 10 Steinhöhen hoch und eine Steinlänge breit war. Damit ergab sich eine Prüfkörperschlankheit von λ = 8,5 bis 10,5. Die Versuche wurden nur mit Kalksandsteinkörpern aus KS 12 und Porenbetonstein-Körpern aus PPW 4 durchgeführt. Aufgrund der unterschiedlichen Steinabmessung hatten die KS 12- und PPW 4-Prüfkörper ein unterschiedliches Aussehen, was Auswirkungen auf die Lage der Lasteinleitungs- und Auflagerträger hatte (Bild 7.9). In der Konzeption der Versuche wurde Wert darauf gelegt, daß im Bereich der Maximalmomente die Fugenbilder der Körper beider Steinsorten identisch waren. Zur besseren Handhabung wurden die Versuchskörper nicht stehend, sondern auf der Schmalseite liegend durch eine Horizontaldruckkraft belastet. Dies hatte zugleich den Vorteil, daß kein Eigengewicht berücksichtigt werden mußte und nur die eingetragene Vorspannung Druckspannungen senkrecht zur Fuge generierte.

In jeder zweiten Schicht wurden zwei Halbsteine eingebaut, um durch die Stoßfuge den Verbandseinfluß zu erfassen. Alle Steine wiesen Kernbohrungen mit einem Durchmesser von 32 mm auf, die aneinandergereiht durchgehende Spannkanäle bildeten, in welchen die Spannglieder geführt wurden. Als Spannglieder kamen hochfeste Gewindestangen M16 10.9 zum Einsatz, die über zwei U300-Endprofile mittels Spannmuttern gegen das Mauerwerk vorgespannt wurden (Bild 7.10).

Die Spannkräfte sind zu Versuchsbeginn eingetragen und während des Versuches nicht verändert worden. Durch die im Querschnitt geführten Spannglieder wurde sichergestellt, daß die Vorspannung zu jedem Zeitpunkt normal zur Fugenfläche gerichtet war und dadurch immer eine zentrische Vorspannung eingeleitet wurde, die das Stabilitätsverhalten der Wand nicht negativ beeinflußte.

Bild 7.10: Versuchsaufbau für Biegung senkrecht zur Lagerfuge

Die Kontrolle der Spannkraft erfolgte über eine Kraftmeßdose je Spannglied, wobei pro Versuch die Vorspannung über den Wandquerschnitt variiert wurde: σ_p = 0,28 und 0,56 N/mm^2 beim Porenbetonmauerwerk und σ_p = 0,50 und 1,00 N/mm^2 beim Kalksandsteinmauerwerk. Mittels symmetrisch angebrachter induktiver Wegaufnehmer W5 senkrecht zu den Lagerfugen konnte die Fugenöffnung wie auch die Krümmung der Wand aufgezeichnet werden. Zusätzlich wurde die Mittenausbiegung in horizontaler Richtung kontinuierlich über einen Wegaufnehmer W10 abgelesen.

Der erforderliche Druckzylinder und auch die auf der gegenüberliegenden Wandseite befindlichen Widerlager stützten sich über Stahlträgertraversen und starre Dreiböcke am Hallenfußboden ab. Auf den kleinen Stahlträgern, die die Lasteinleitungs- und Auflagerlinien bildeten, wurde ein 5 cm dicker Vollgummischlauch aufgeklebt, der einen vollflächigen Kontakt zum Mauerwerk gewähren sollte. Die Belastungsgeschwindigkeit war konstant und so eingestellt, daß eine Zunahme der Biegezugspannung von ca. 0,03 N/mm^2 je Sekunde eingehalten wurde. Die Last wurde über eine zwischen der Belastungseinrichtung und dem Druckzylinder befindliche Kraftmeßdose gemessen und über einen angeschlossenen Computer kontinuierlich aufgezeichnet.

Aus dem Versuchsaufbau heraus ergibt sich, daß der Prüfkörper möglichst zwängungs- und reibungsfrei aufliegen muß. Die Verwendung eines Foliengleitlagers mit gefetteten Teflonfolien (Dicke 1 mm), wie bei den Biegeversuchen parallel zur Lagerfuge, hatte sich gut bewährt und wurde auch bei diesen Versuchen eingesetzt. Auf die Anordnung einer Mörtelausgleichschicht wurde allerdings verzichtet, weil die seitliche Auflagerung der Wand keinen Formschluß erforderte.

Ebenso wie bei den anderen Biegeversuchen lagerten die Mauersteine ca. 4 Wochen vor dem Versuch in einer klimatisierten Prüfhalle (20°C, 55 % relative Luftfeuchtigkeit), so daß sich vergleichbare Feuchtigkeitsverhältnisse einstellten.

7.3.2 Versuchsergebnisse

7.3.2.1 Beschreibung des Trag- und Bruchverhaltens

Das Trag- und Verformungsverhalten wurde weitgehend von der Größe der Axiallast geprägt, während der Einfluß der Materialeigenschaften nur eine untergeordnete Bedeutung besaß.

Unter kleinen Normalspannungen konnten bei beiden Mauersteinmaterialien den Wänden nur kleine Biegeverformungen rissefrei aufgezwungen werden. Es entstanden Risse entlang den Lagerfugen zuerst in den am stärksten beanspruchten Wandbereichen; bei Laststeigerung auch entlang der Fugen in den Randbereichen. Diese blieben in ihrer Größe allerdings sehr beschränkt. Das Versagen der Wand trat durch einen weit klaffenden Riß in der stark beanspruchten Wandmitte entweder in der Fuge 1 oder Fuge 2 ein (Bild 7.9), der eine Rißöffnung an der Wandaußenseite von bis zu 20 mm aufwies. Entsprechend sprunghaft wuchs die seitliche Ausbiegung an. Die Ausbiegungslinie der verformten Wand zeigte einen Knick.

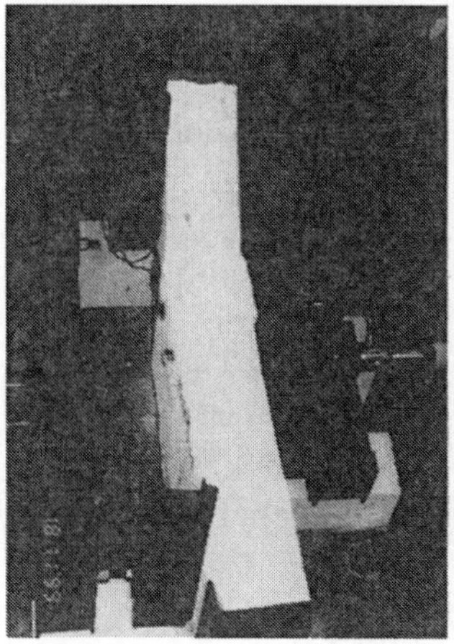

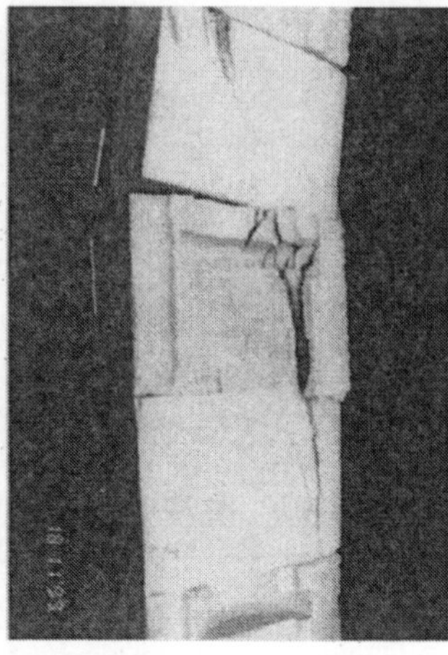

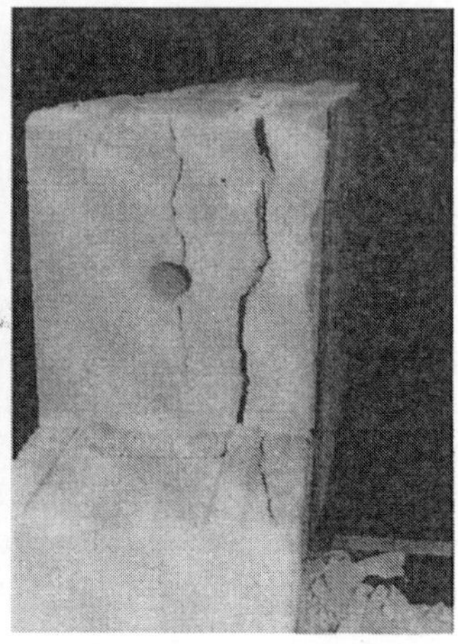

a) Wand im Bruchzustand   b) Abspalten der Druckzone   c) Abspalten der Druckzone
                                 (Draufsicht)   (Queransicht)

Bild 7.11: Vorgespannte Trockenmauerwerkwand nach Biegeversuch senkrecht zur Lagerfuge

Der Bruch der Wand war durch Absplitterungen und letztlich durch ein Abspalten der Druckzone vom Biegequerschnitt im mittleren Wandbereich gekennzeichnet (Bild 7.11).

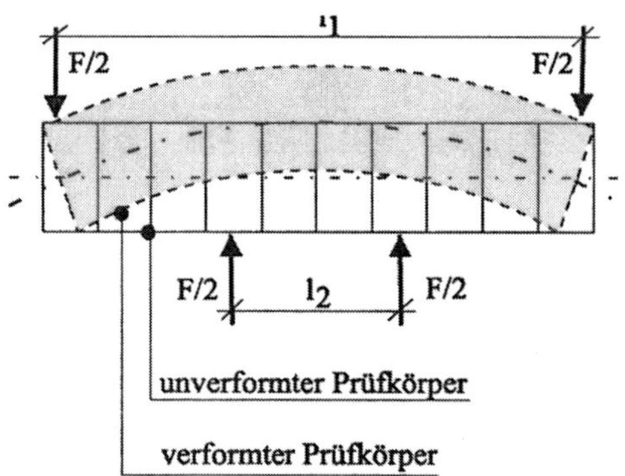

Bild 7.12: Verformungsfigur der biegebeanspruchten Wand

Das maximale Moment ergab sich aus folgender Beziehung:

$$M = \frac{(l_1 - l_2)}{4} \cdot F \,. \tag{7.1}$$

Aus der Wandgeometrie ließen sich daraus Biegezugspannungen σ der Größe ermitteln:

$$\sigma = \frac{1,5 \cdot (l_1 - l_2)}{b \cdot d^2} \cdot F \,. \tag{7.2}$$

Dabei bedeuten: b   Breite der Wand,
                 d   Wanddicke,
                 l_1 Auflagerabstand,
                 l_2 Lasteinleitung,
                 F   Prüflast.

Im Vergleich zu den Versuchen mit geringer Normalkraft bildeten sich bei größerer Vorspannung die ersten Risse sehr viel später, so daß von einem eindeutigen Einfluß der Vorspannung auf den Übergang vom ungerissenen in den gerissenen Zustand bzw. von der ersten zur zweiten Kernweite gesprochen werden kann.

Die wichtigsten Ergebnisse der Biegezugversuche senkrecht zur Lagerfuge enthält Tabelle 7.2.

Tabelle 7.2: Ergebnisse der Biegeversuche senkrecht zur Lagerfuge

			Biegewand B-PPW 4-1	Biegewand B-PPW 4-2	Biegewand B-KS 12-1	Biegewand B-KS 12-2
1	2	3	4	5	6	7
Ausgangszustand zu Versuchsbeginn						
Initialvorspannkraft	P_0	kN	40,70	80,90	60,41	121,84
Initialvorspannung	$\sigma_{p,0}$	N/mm^2	0,283	0,562	0,503	1,051
Bruchzustand						
Vorspannkraft	P_u	kN	107,99	109,73	79,49	213,76
Vorspannung	$\sigma_{p,u}$	N/mm^2	0,750	0,762	0,662	1,781
Bruchmoment	$M_{y,u}$	kNm	8,85	9,88	8,36	20,34
Biegezugfestigkeit	f_y	N/mm^2	1,536	1,715	1,742	4,237
Exzentrizität	e_u	mm	81,91	90,05	105,22	95,15
Krümmung	κ_u	rad	0,0274	0,0718	0,0168	0,0570

Die Vorspannkräfte wuchsen nach einem anfänglichen Abfall infolge Fugenkompression während der Versuche stetig an (Bild 7.13).

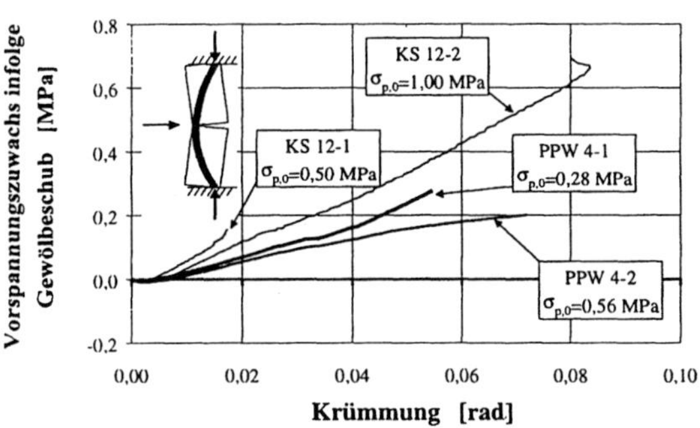

Bild 7.13: Zunahme der Vorspannung infolge des Gewölbeschubes

Dies ist als Zeichen zu werten, daß sich in der Wand eine Gewölbetragwirkung ausbildete und an den Verankerungspunkten der Vorspannung abstützte. Der Zuwachs der Vorspannung verlief annähernd proportional zur Krümmungsentwicklung und überproportional mit der Zunahme des Biegemomentes. Dabei zeichnete sich eine stärkere Spannkrafterhöhung bei den gering vorgespannten Wänden ab.

7.3.2.2 Exzentrizität-Momentenbeziehung (e-M-Kurve)

Infolge der Horizontalkrafteinleitung H entstand zwischen der Krafteinleitung und den Auflagern ein linear anwachsendes Biegemoment, welches zwischen den Lasteinleitungsstellen eine konstante Größe besaß.

Die Vorspannkraft P als Axiallast folgte der verformten Wandachse, so daß nur eine sich einstellende Exzentrizität e aus dem Biegemoment M zu berücksichtigen war:

$$e = \frac{M}{P} = \frac{0,25 \cdot (l_1 - l_2) \cdot F}{P} \; . \tag{7.3}$$

Für die Wandmitte wurde die horizontale Ausbiegung gemessen. Wird die Ausbiegung bei unterschiedlicher Axiallast gegenüber dem Moment aufgetragen, wird deutlich, daß eine wachsende Axiallast zu verkleinerten Ausbiegungen führt. Ebenso kann festgestellt werden (Bild 7.14), daß sich die maximale Exzentrizität e mit größer werdender Axiallast der Wandachse nähert. Die theoretisch maximal mögliche Ausmitte von e = d/2 wird nicht ausgeschöpft, der minimale Randabstand der Normalkraft vom Druckrand liegt bei etwa 20 mm, was etwa 1/10 der Wanddicke ausmacht.

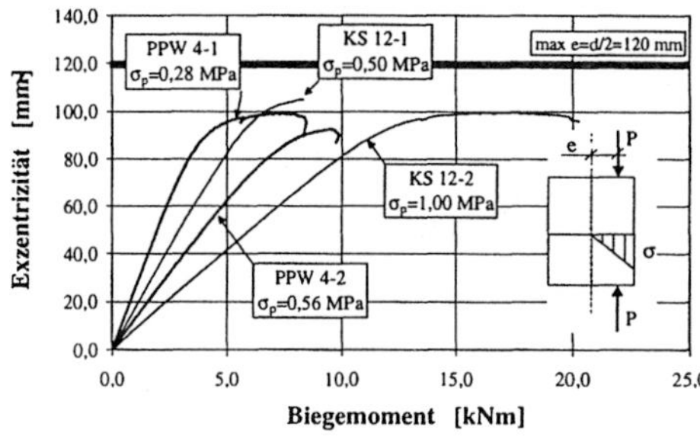

Bild 7.14: Exzentrizität-Momentenbeziehung (e-M-Kurven)

Anfangs besteht zwischen dem Biegemoment M und der Exzentrizität e eine ausgeprägte Linearität, weil sich noch keine Fuge geöffnet hatte und der Querschnitt ungerissen war. Mit weiterer Laststeigerung flachen die anfänglich linearen Kurven ab. Die ersten Fugen haben sich geöffnet und der Druckzonenbereich baut infolge der stärkeren Stauchung eine völligere Spannungsverteilung auf.

Dabei ist der Kalksandstein wesentlich besser in der Lage, Spannungsumlagerungen vorzunehmen, was sich bereits in den einachsigen Zylinderdruckversuchen im Nachbruchbereich des Mauersteinmaterials angedeutet hatte. Mit wachsenden Normalkräften war, unabhängig vom Steinmaterial, eine größere Biegekraftaufnahme bei verkleinerten Ausmitten möglich. Die Übereinstimmung des Bereiches der maximalen Exzentrizität und des Bruches sind gut.

7.3.2.3 Exzentrizität-Krümmungsbeziehung (e-κ-Kurve)

Aus den beidseitigen Verformungsmessungen senkrecht zu den Fugen konnte die Krümmung κ bestimmt werden (Bild 7.15). Die Meßbasis erstreckte sich über eine Mörtelfuge und je zwei Steinhälften und betrug damit in der Regel eine Steinhöhe. Nur an wenigen Stellen wurde wegen der Lasteinleitungsträger die Meßlänge symmetrisch auf beiden Seiten verkürzt.

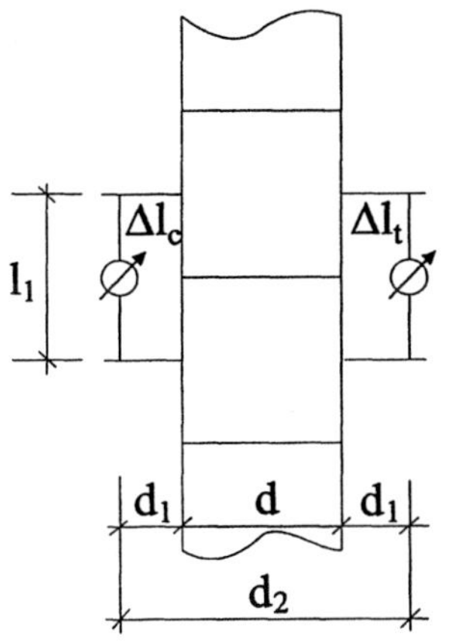

Bild 7.15: Messung der Krümmung

Die Meßanordnung war so gewählt worden, daß das Verhalten von Stein und Fuge bei der Krümmungsmessung zusammen erfaßt wurde. Die induktiven Wegaufnehmer hatten dabei einen Abstand von $d_1 = 15$ mm zur Wandoberfläche. Mit Berücksichtigung der Wandstärke von $d = 240$ mm entsprach der Abstand der beiden Meßebenen $d_2 = 2 \cdot d_1 + 240 = 270$ mm.

Auf diesen Meßabstand werden die Verkürzungen und Verlängerungen bezogen, so daß die Krümmung κ angegeben werden kann mit:

$$\kappa = \frac{\dfrac{\Delta l_t}{l_1} - \dfrac{\Delta l_c}{l_1}}{d_2} . \qquad (7.4).$$

Werden den Krümmungen κ die entsprechenden Exzentrizitäten auf der Höhe der Fuge zugeordnet, lassen sich die Exzentrizität-Krümmungsbeziehungen (e-κ-Kurven) aufstellen. Diese e-κ-Beziehungen wurden beispielhaft für jede Fuge für einen Biegekörper aus PPW 4-Steinen im Bild 7.16 dargestellt. Bedingt durch die einseitig exzentrische Einleitung der Axiallast sind die Ausmitten und damit die Krümmungen in den einzelnen Wandbereichen ungleich groß.

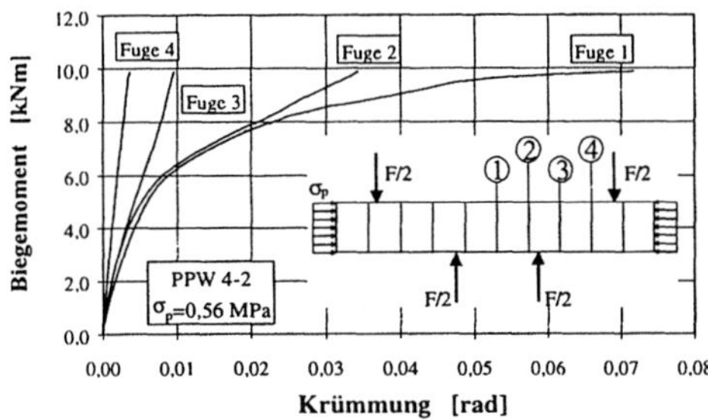

Bild 7.16: Beziehung zwischen Krümmung und Biegemoment in Abhängigkeit von der Fugenlage

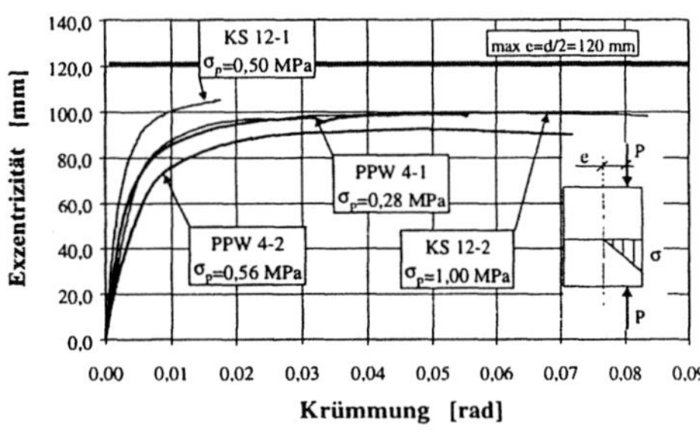

Bild 7.17: Exzentrizität-Krümmungsbeziehung (e-κ-Kurve) für Trockenmauerwerk aus Kalksand- und Porenbetonsteinen bei verschieden hoher Auflast senkrecht zur Lagerfuge (hier Fuge 1)

Die Fugen 1 und 2 wurden gleichermaßen durch das konstante Maximalmoment beansprucht und zeigten vergleichbare Fugenöffnungen. Krümmungsunterschiede traten erst dann ein, als sich eine der beiden Fugen stärker öffnete und dadurch den Versagenszustand signalisierte. Beeinflußt wurde die Fugenöffnung im wesentlichen von der Größe und Ausnutzung der Druckzone. Die Fugen zum Auflager hin blieben weitestgehend "ungerissen". Für einen Vergleich zwischen den unterschiedlichen Steinsorten, aber auch bei gleicher Steinart mit unterschiedlich hoher Vorspannung, wurden im Bild 7.17 für die Fuge 1 in Wandmitte (siehe auch Bild 7.9) die Exzentrizität-Krümmungsbeziehungen (e-κ-Kurven) bis zum Bruch aufgebaut. Die Krümmung κ wurde nach Gleichung (7.4) und die Ausmitte e nach Gleichung (7.3) ermittelt.

Die e-κ-Kurven folgen anfänglich der Tangente im Ursprung der Kurve. Nachdem sich die erste Fuge geöffnet hatte, nahm die Biegesteifigkeit des Querschnitts ab, was zu einem Abflachen der e-κ-Kurven führt. Die Bruchkrümmung wurde je nach Größe der Normalkraft bei kleinen bzw. großen Krümmungen erreicht. Die Steigung der Tangente im Nullpunkt ist ein Maß für die Biegesteifigkeit (E·I) des homogenen idealisierten Querschnitts:

$$\kappa = \frac{M}{E \cdot I}, \tag{7.5}$$

$$E \cdot I = \frac{M}{\kappa} = \frac{e}{\kappa} \cdot P = \tan \alpha \cdot P \qquad \text{mit:} \quad M = P \cdot e. \tag{7.6}$$

Die Biegesteifigkeit ist folglich von der Axiallast abhängig, was auch im Bild 7.17 zum Ausdruck kommt. Um dieselbe Exzentrizität zu erreichen, mußte in die höher vorgespannten Wände eine erheblich größere Krümmung eingetragen werden. Dennoch konnte die Lastausmitte nur soweit anwachsen, daß die Spannungsresultierende nicht die theoretische Endlage auf der Druckkante erreichte.

Furler [F6] berichtete über ähnliches Verhalten von Ziegelmauerwerk mit Mörtelfugen und stellte bei vergleichbaren Normalkräften ein ähnliches Verhalten fest. Bei sehr hoher Auflast ($\sigma_p > 3{,}5$ MPa) trugen sich die ersten Risse an der Lagerfuge erst ein, nachdem die Mauersteine teilweise senkrecht zur Lagerfuge gespalten waren. Entsprechend verformungsarm trat der Bruch ohne jegliche Vorankündigung ein. Für Trockenmauerwerk liegen diesbezüglich keine Versuchsergebnisse vor, doch ist ein ähnliches Verhalten zu erwarten.

8 Diskussion der Ergebnisse und Erarbeitung von Bemessungsvorschlägen für Trockenmauerwerk

8.1 Drucktragverhalten

8.1.1 Vergleich zwischen Trocken- und Dünnbettmauerwerk

Im Vergleich zum Dünnbettmauerwerk weicht das Tragverhalten von Trockenmauerwerk unter zentrischem Druck erheblich von dem des vermörtelten Mauerwerks ab. Trockenmauerwerk stellt einen Einkomponentenbaustoff dar, welcher durch eine Anisotropie gekennzeichnet ist, die im allgemeinen der Fugenausrichtung folgt. Die Trageigenschaften des Trockenmauerwerks werden vorrangig durch die Eigenschaften der Mauersteine und das Zusammenspiel der Mauersteine im trockenen Mauerwerkverband geprägt. Vermörteltes Mauerwerk ist dagegen ein Verbundbaustoff aus Mörtel und Mauersteinen. Hier kommt es vor allem auf die Kombination der Eigenschaften von Mauersteinen und Mauermörtel an, die Einfluß auf das Trag- und Verformungsverhalten ausüben.

Der Bruchmechanismus von zentrisch gedrücktem Mauerwerk mit Mörtelfugen ist durch einen dreiachsigen Spannungszustand gekennzeichnet.

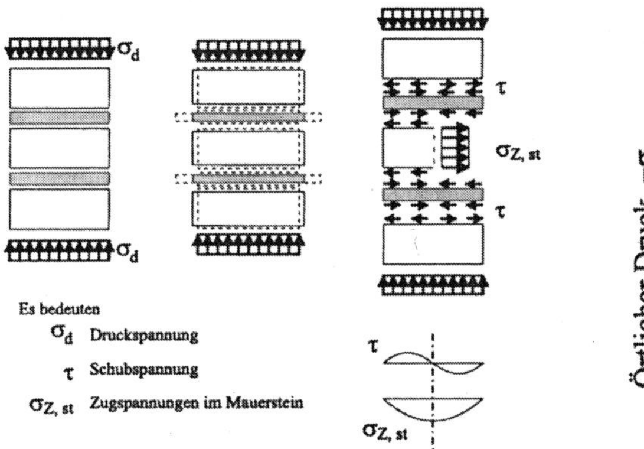

Bild 8.1: Bruchmechanismus von zentrisch gedrücktem Mauerwerk mit Lagerfugenmörtel

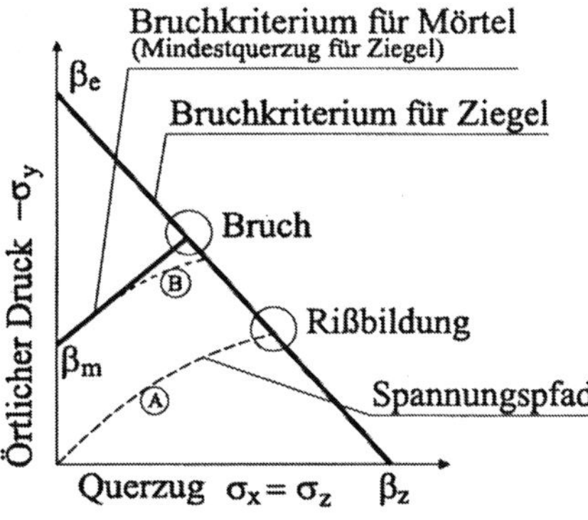

Bild 8.2: Bruchkriterium von Mauerwerk nach *Hilsdorf* [H8]

Diese räumliche Beanspruchung resultiert aus einer Querverformungsdiskrepanz zwischen Mauerstein und Mörtel, weil durch den vollen Verbund zwischen Stein und Mauermörtel keine freie Verformbarkeit gegeben ist und hervorgerufene

Zwangbeanspruchungen die Tragfähigkeit des Mauerwerks vermindern (Bild 8.1). Die Tragfähigkeitsverringerung fällt um so größer aus, je mehr die Querdehnmoduln und vor allem die Querdehnzahlen der Materialien voneinander abweichen. Das Mauerwerk versagt in der Regel durch Überschreiten der Mauersteinzugfestigkeit. Auf der Grundlage von ausgedehnten Messungen an Ziegelprüfkörpern leitete *Hilsdorf* [H8] die Bruchbedingungen ab. Bei der Darstellung der Bruchhypothese wird davon ausgegangen, daß die Brucheinhüllende des Ziegelsteins (Bruchkriterium des Ziegels) durch eine angenäherte Gerade beschrieben werden kann, die durch die einaxiale Druckfestigkeit β_e und die einaxiale Zugfestigkeit β_z begrenzt wird:

$$\sigma_x = \sigma_y = \beta_z \cdot \left(1 + \frac{\sigma_y}{\beta_e}\right). \tag{8.1}$$

Dabei wird vorausgesetzt, daß die Querzugspannungen in der x- und z-Richtung, σ_x und σ_z, gleich sind. Nach *Hilsdorf* folgt der Spannungspfad im Stein bei steigender Vertikalbeanspruchung σ_y einer leicht gekrümmten Kurve (Bild 8.2), die das nichtlineare Verhalten des Mörtels erfassen soll. Sobald der Spannungspfad (Linie A) für das betrachtete Ziegelelement die Bruchumhüllende für den Stein schneidet, bildet sich ein erster Riß parallel zur Kraftrichtung im Stein aus und die Querzugspannung fällt in diesem Punkt auf Null. Dieses örtliche Versagen entspricht jedoch nicht dem Bruch des gesamten Mauerwerks. Es erfolgt eine Spannungsumlagerung zu ungerissenen Bereichen, die noch im Gleichgewicht mit den Querdruckspannungen des Mörtels stehen. Oftmals ist die äußere Last zu diesem Zeitpunkt schon größer als die einaxiale Mörteldruckfestigkeit, so daß offensichtlich bereits eine Querdehnungsbehinderung des Mörtels eingetreten ist. Aus Gleichgewichtsgründen ist die Mörtelbruchkurve gleichzusetzen mit den Mindestquerzugspannungen im Mauerstein. Bei weiterer Laststeigerung über die Erstrißspannung hinaus können sich die Querzugspannungen im Stein im ungerissenen Bereich entlang der Linie B entwickeln, die die Bruchumhüllende erneut einschneidet und einen zweiten Riß verursacht. Dieser Vorgang setzt sich fort und der Ziegel wird in schmale Scheiben aufgespalten. Die theoretische Obergrenze der Bruchlast ist dann erreicht, wenn die Bruchkurve des Mörtels (Mindestquerzugspannungen im Ziegel) die Bruchumhüllende des Ziegels einschneidet. Folglich tritt der Bruch im Idealzustand dann ein, wenn die Querzugfestigkeit des Ziegels kleiner als die Spannung ist, die notwendig wäre, um den Mörtel in Querrichtung genügend zusammenzuhalten. Als typisches Bruchbild tritt in der Regel ein Spalten des Mauerwerkkörpers in seiner Ebene auf, selbst dann, wenn die Qualität einer normgerechten vollfugigen Vermauerung nicht immer gegeben ist, wie *Mann/Betzler* [M6] durch ihre Versuche bestätigten.

Das beobachtete Drucktragverhalten und der daraus abzuleitende Bruchmechanismus von Trockenmauerwerk unter zentrischem Druck zeigen kaum Analogien zum vermörtelten Mauerwerk. Kennzeichnend für das Trockenmauerwerk ist ein ausgeprägtes anfängliches Verformungsverhalten, das durch die Rauhigkeit der Lagerfuge hervorgerufen wird. Durch Kräfte senkrecht zur Lagerfuge drücken die mörtellos verlegten Steine aufeinander und es kommt zu einem mehr oder weniger guten Ausgleich der Unebenheiten, erkennbar an einem allmählichem Schließen der Lagerfuge. Mit dem Schließen der Lagerfugen geht das Trockenmauerwerk sukzessive in das Tragverhalten eines einzelnen, annähernd homogen aufgebauten Mauersteins über, was bedeutet, daß die Spannungs-Dehnungslinie des Trockenmauerwerks sich allmählich der Arbeitslinie des Steinmaterials annähert. Folglich nähert sich Bruchverhalten auch dem der Einzelsteine. Das Arbeitsvermögen des vermörtelten Mauerwerk wird ebenfalls durch das Mauersteinmaterial beeinflußt, dennoch liegen hier grundsätzlich andere Bedingungen vor. Davon zeugen vor allem die Versagensbilder. Ein Spalten des Körpers in der Wandebene als Versagensbruchbild war beim Trockenmauerwerk nicht festgestellt worden. Statt dessen traten Risse senkrecht zur Wandebene auf, die über die gesamte Wanddikke als Trennrisse erkennbar waren. Im Kapitel 5 wurde dazu bereits ausführlich Stellung genommen.

Wie bereits herausgearbeitet wurde, hatte die Fugenkompression einen bedeutenden Einfluß auf das Verformungsverhalten und damit auf das Drucktragverhalten im allgemeinen. Die Druckfestigkeit wurde weniger beeinflußt. Dieses Phänomen besteht in gleicher Weise im Felsbau. Das Gefüge im Fels besteht innerhalb eines bestimmten Bereiches meist aus einem homogenen Festkörper, der durch eine oder mehrere annähernd ebene, zueinander parallele Trennflächen zerteilt ist. Der Zusammenhang des Gesteins in dieser Struktur wird durch die Trennscharen örtlich aufgehoben, so daß ein Korn- und Trennflächengefüge entsteht. Das abgeleitete Gefügemodell basiert auf einem Gebirgsverband, der aus Bausteinen und Fugen besteht und dem Mauerwerkverband sehr ähnlich ist. Bei bevorzugter Ausrichtung der Gesteinsschichten entsteht wie beim Mauerwerk eine ausgeprägte Gefügeanisotropie, die gleichbedeutend mit einer Festigkeitsanisotropie ist. Die Trennflächen können mit eingelagerten Lockergesteinen gefüllt sein oder ungefüllt direkt miteinander in Berührung stehen.

Hinsichtlich der Spannungsübertragung stellen die Trennflächen Schwachstellen dar. Insbesondere ist die Übertragung von Schub- und Zugspannungen an Trennflächen in einem wesentlich geringeren Maße möglich als innerhalb eines massiven Korngefüges. Daher unterscheiden sich auch die mechanischen Eigenschaften wesentlich von denen eines Kontinuums.

Sind die Trennflächen gefüllt, besitzen die mechanischen Eigenschaften des eingelagerten Lockergesteins, ansonsten die Eigenschaften der unmittelbar anliegenden Trennflächen für eine Spannungsübertragung eine wesentliche Bedeutung.

Während vermörteltes Mauerwerk als ein geklüftetes Material mit gefüllten Trennflächen angesehen werden kann, entspricht das Trockenmauerwerk eher dem eines geklüfteten Materials mit ungefüllten Trennscharen. Bedingt durch die fehlende Mörtelschicht in der Lagerfuge, liegen die Mauersteine ohne Füllmaterial direkt aufeinander. Dem Verhalten der "Trennflächen", was den Lagerflächen der Mauersteine gleichzusetzen ist, kommt für das Druck-, Schub- und Biegetragverhalten eine zentrale Bedeutung zu.

8.1.2 Verformungsverhalten unter zentrischem Druck

Die Messungen an den Körpern der dritten Versuchsreihe sowie der Kriechversuche erlaubten einen Vergleich der bei einer bestimmten Spannungsstufe eingetretenen Verformungen sowohl der Mauersteine als auch der daraus geformten Trockenmauerwerkkörper. Sehr anschaulich ist der Verformungsunterschied bei den Kriechkörpern zu sehen, weil diese schon zu Versuchsbeginn deutliche Initialverformungen aufwiesen.

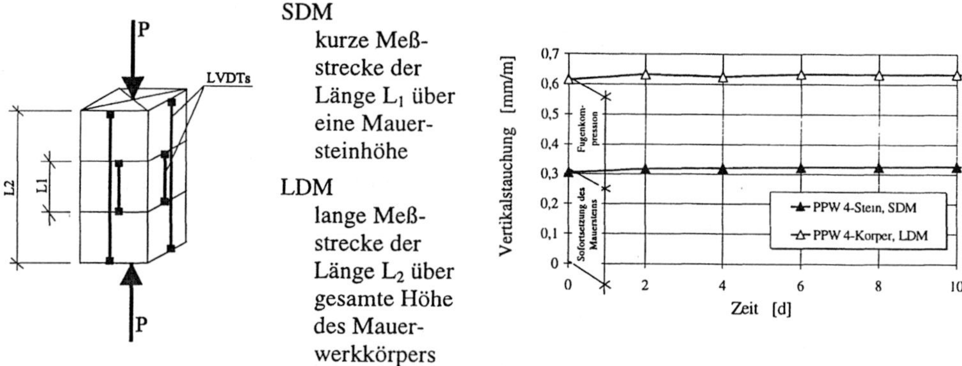

Bild 8.3: Anordnung der Meßstrecken für die Kurzstreckenmessung (SDM) und die Langstreckenmessung (LDM)

Bild 8.4: Darstellung der Verformungsunterschiede zwischen Mauerstein und Lagerfuge unmittelbar nach Lasteintrag (σ = 1,0 N/mm², PPW 4)

Bild 8.3 zeigt die Anordnung der Meßstrecken: Kurzstreckenmessung (SDM) über eine Steinhöhe und Langmeßstrecken (LDM) über die gesamte Mauerwerkhöhe. Im Bild 8.4 sind die Sofortverformungen unmittelbar nach Lasteintrag für den Mauerstein und das Trockenmauerwerk eingetragen. Die Messungen erfolgten jeweils mit induktiven Wegaufnehmern (LVDT). Die konstante Druckspannung betrug in diesem Versuch σ_p = 1,0 N/mm². Von Bedeutung ist insbesondere der Zustand zum Zeitpunkt t = 0, d.h. die Sofortsetzung des Materials gleichzeitig bzw. unmittelbar nach dem Lasteintrag. Die meßbare Verformung des Mauerwerks ΔL_2 setzt sich aus der Verformung der Einzelsteine ΔL_1 und der Lagerfugen ΔF zusammen:

$$\Delta L_2 = \Delta L_1 \cdot \frac{L_2}{L_1} + \Delta F .$$

(8.2)

Die Anzahl der Mauersteine wird über das Höhenverhältnis von Mauerwerk zu Mauerstein L_2/L_1 berücksichtigt. Die zugeordneten Dehnungen ergeben sich wie folgt:

$$\varepsilon_2 = \frac{\Delta L_2}{L_2} = \frac{\Delta L_1}{L_1} + \frac{\Delta F}{L_2}. \tag{8.3}$$

Werden Dehnungsbezeichnungen eingeführt, so läßt sich die Gleichung (8.3) neu formulieren:

$$\varepsilon_m = \varepsilon_b + \varepsilon_F. \tag{8.4}$$

Hierbei bedeuten ε_m die Dehnung des Mauerwerks, ε_b die Dehnung des Mauersteins und ε_F die auf die Mauerwerkhöhe bezogene Fugenkompression. Übereinstimmend mit den anderen Bezeichnungen soll für die auf die Mauerwerkhöhe bezogene Fugenverformung der Begriff Fugendehnung verwendet werden. Für spätere Berechnungen gilt zu beachten, daß sich die Fugendehnung auf die gesamte Höhe der Trockenmauerwerkwand bezieht.

Die Fugendehnung ergibt sich durch Umstellen der Gleichung (8.4):

$$\varepsilon_F = \varepsilon_m - \varepsilon_b. \tag{8.5}$$

Eine Darstellung des Summenansatzes ist im Bild 8.5 wiedergegeben, wo beispielhaft die Dehnungsanteile von Mauersteinen und Lagerfugen an der Gesamtdehnung eines RILEM-Trockenmauerwerkkörper der Versuchsserie 1 dargestellt sind. Zusätzlich wurde in den Wendepunkten, die bei einem Drittel der Trockenmauerwerkdruckfestigkeit definiert wurden $\sigma_{WP} = 1/3 \cdot f$, die Tangente an die Kurve angetragen.

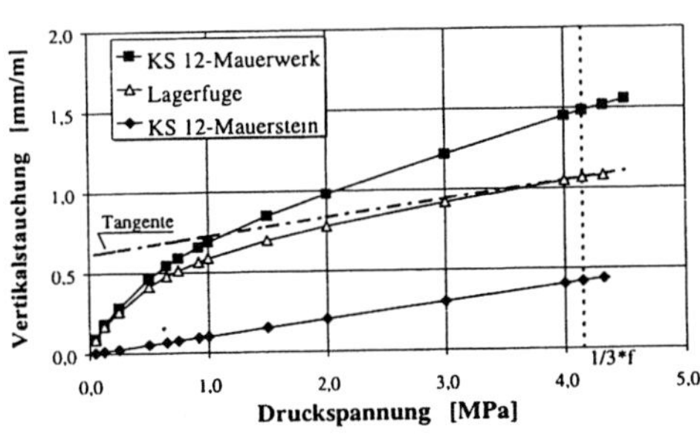

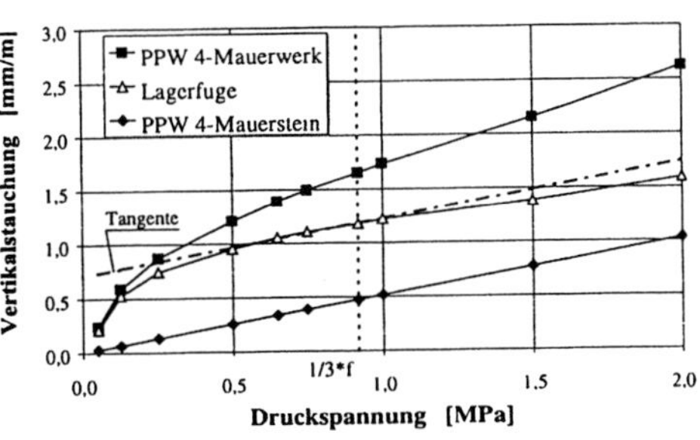

a) Trockenmauerwerk aus Kalksand-Plansteinen KS 12

b) Trockenmauerwerk aus Porenbeton-Plansteinen PPW 4

Bild 8.5: Dehnungsanteile aus Mauersteinen und Lagerfugen an der Gesamtverformung der Trockenmauerwerkkörper aus Kalksand- und Porenbeton-Plansteinen KS 12 und PPW 4

Aufgrund der Tatsache, daß der Hauptanteil der Fugenkompression bereits bei geringen Spannungen eintritt, kann mit guter Näherung angenommen werden, daß die Mauersteine sich nur elastisch verformt haben. Die Gegenüberstellung der bei den Wendepunkten anliegenden Druckspannungen σ_{WP} zur einaxialen Druckfestigkeit der Mauersteine $f_{b,cyl}$ zeigt eine Ausnutzung von $\sigma_{WP}/f_{b,cyl} = 0{,}25$ bis $0{,}30$ für beide Mauersteinarten und beweist die Korrektheit der Annahme. Die Dehnungen der Mauersteine folgen dem Hooke'schen Gesetz und stellen die Funktionsvorschrift für die Mauersteine im unteren Lastbereich dar:

$$\varepsilon_b = \frac{\sigma}{E_b} \, . \tag{8.6}$$

Aus den im Kapitel 5 gemachten Ausführungen zur Lage des Wendepunktes ist bekannt, daß nach Überschreiten von σ_{WP} die Steifigkeit der Fuge soweit angewachsen ist, daß sie die Steifigkeit des Mauersteinmaterials übersteigt. Das bedeutet, daß unterhalb der Wendepunktspannungen die Fugenkompression und oberhalb die Steinverformung maßgeblich die Form der Spannungs-Dehnungslinie des Trockenmauerwerks vorgeben. Im Wendepunkt selbst muß eine Parität zwischen beiden Einflüssen vorliegen. Aus dem Gleichgewicht der Steifigkeiten folgt, daß die Anstiege beider Teilkurven (Kurve 1 im Konsolidierungsbereich und Kurve 2 im Tragbereich) im Wendepunkt identisch sein müssen. Durch einmaliges Differenzieren können sie ermittelt werden. Da die Funktionsvorschrift für das Fugenverhalten noch unbekannt ist, wird allgemein von einer Beziehung $\varepsilon_F(\sigma)$ ausgegangen:

$$\frac{d\varepsilon_b}{d\sigma} = \frac{1}{E_b} = \frac{d\varepsilon_F(\sigma)}{d\sigma} \, . \tag{8.7}$$

Es ist offensichtlich, daß der $E_{33/66}$-Modul des Trockenmauerwerks mit den Steifigkeiten der Lagerfugen und der Mauersteine verknüpft ist, weil er die Steifigkeit des Mauerwerks repräsentiert.

Mit Hilfe der Geradengleichung (5.31) der Sekante für den $E_{33/66}$-Modul aus dem Kapitel 5 läßt sich diese Verbindung darstellen. Durch die Umstellung der Gleichung (5.31) nach der Dehnung ε und der Bildung der ersten Ableitung gelangt man zum gesuchten Gleichgewicht:

$$\sigma = E_{33/66} \cdot (\varepsilon - \varepsilon_{33}) + \frac{f}{3} \, , \qquad \text{(Gleichung (5.31) aus Kapitel 5)}$$

$$\varepsilon(\sigma) = \frac{\sigma - f/3}{E_{33/66}} + \varepsilon_{33} \, , \tag{8.8}$$

$$\frac{d\varepsilon}{d\sigma} = \frac{1}{E_{33/66}} = \frac{d\varepsilon_b}{d\sigma} + \frac{d\varepsilon_F}{d\sigma} = \frac{2}{E_b} \, . \tag{8.9}$$

Demnach ergibt sich der $E_{33/66}$-Modul aus der Hälfte des E-Moduls des Steinmaterials E_b:

$$E_{33/66} = 0,5 \cdot E_b \, . \tag{8.10}$$

Tatsächlich erreichte der $E_{33/66}$-Modul Werte, die etwas oberhalb lagen. Das Verhältnis der E-Moduln $E_{33/66}/E_b$ lag in einer Bandbreite von 0,50 bis 0,70. Der obere Bereich ist den Porenbetonkörpern zuzuordnen. Die Übereinstimmung von gemessenen und analytischen Werte ist zufriedenstellend, wenn berücksichtigt wird, daß die Lage des Wendepunktes bei einem Drittel der Mauerwerkfestigkeit definiert wurde, die tatsächliche Lage jedoch etwas streut.

Aus Gründen der Vergleichbarkeit wird im folgenden Bezug zum Stein-E-Modul E_b genommen, der analog DIN 1048 wie an Betonprüfkörpern ermittelt wurde. Das Verfahren und die ermittelten Werte sind im Kapitel 4 beschrieben worden.

Im Bild 8.6 ist zur Veranschaulichung eine im Druckversuch gemessene σ-ε-Linie vom Kalksandstein-Trockenmauerwerk aufgezeichnet und der entsprechende $E_{33/66}$-Modul eingetragen worden. Für den Konsolidierungsbereich wurden zusätzlich die in den Gleichungen (8.5) und (8.6) mathematisch beschriebenen Dehnungen der Lagerfuge ε_F und der Mauersteine ε_b aufgenommen.

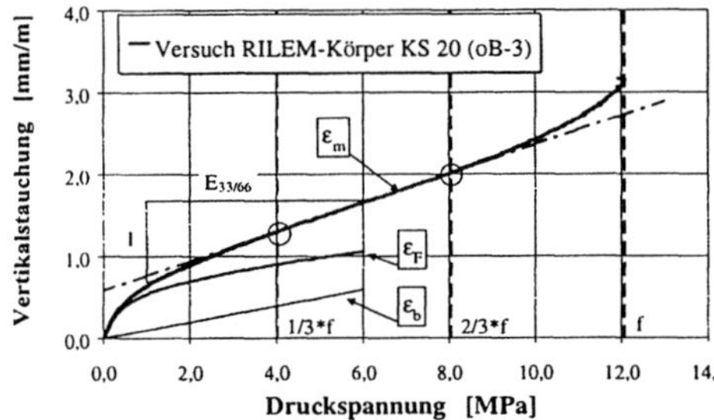

Bild 8.6: Darstellung der Spannungs-Dehnungslinien von Trockenmauerwerk, Lagerfugen und Mauersteinen KS 20 für den Konsolidierungsbereich

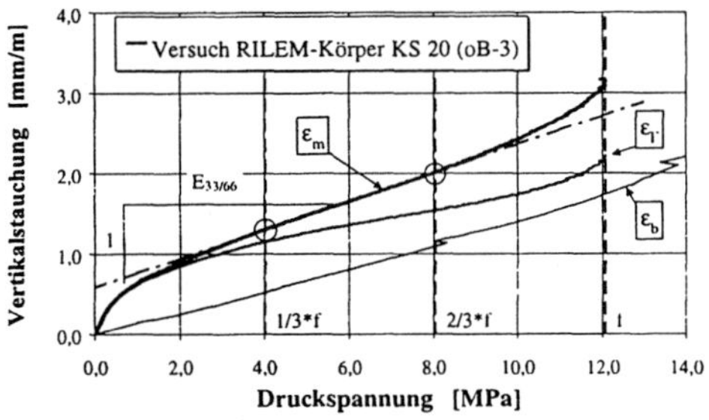

Bild 8.7: Darstellung der Spannungs-Dehnungslinien von Trockenmauerwerk, Lagerfugen und Mauersteinen KS 20 für den gesamten Bereich der Arbeitslinie vom Trockenmauerwerk

Im Tragbereich, also jenem Bereich der Spannungs-Dehnungsbeziehung des Trockenmauerwerks oberhalb der Wendepunktspannung $\sigma_{WP} = 1/3 \cdot f$ ist eine Steifigkeitsverringerung des Steinmaterials mit wachsender Belastung erkennbar (Bild 8.7). Dagegen wächst die Fugensteifigkeit etwas an, so daß die Verformungszunahme der Lagerfugen allmählich abklingt. In steigendem Maße wird das Verformungsverhalten des Trockenmauerwerks durch das Materialverhalten der Mauersteine geprägt. Dies entspricht einer Umkehr des Verhältnisses der Anfangsverformungen. Wie ebenfalls im Bild 8.7 zu erkennen ist, ist das Spannungs-Dehnungsverhalten des Mauersteins, welches im einachsigen Zylinderdruckversuch (hier: Versuch KS 20-3) aufgenommen wurde, anfangs fast linear ausgeprägt. Allerdings übersteigt die Zylinderdruckfestigkeit die Mauerwerkdruckfestigkeit des Mauerwerks und die Stauchung des Zylinders war in diesem Fall kleiner als die vom Trockenmauerwerk. Dies ist auch Grund dafür, warum die Kurven im Bruchzustand nicht zusammenlaufen, was zu erwarten gewesen wäre, wenn gleiche Probekörper und dieselben Prüfbedingungen für Mauerwerk und Mauerstein vorgelegen hätten. Der mit im Bild 8.7 dargestellte Konsolidierungsbereich gibt zu erkennen, daß die gefundenen Beziehungen für den Anfangsbereich mit der Annahme linear elastischer Materialgesetze für die Mauersteine (siehe auch Bild 8.6) eine gute Übereinstimmung mit den Versuchswerten ergibt.

8.1.3 Einfluß der Steinrauhigkeit auf die Anfangsverformung von Trockenmauerwerk

Wie die Druckversuche gezeigt haben, besteht ein enger Zusammenhang zwischen der Verformung von Mauerwerk und der Qualität der Lagerfläche der Mauersteine. Maßtoleranzen, insbesondere in der Steinhöhe, beeinflussen ebenfalls die Ergebnisse, wie die Ausführungen im Kapitel 6 zeigten. Im folgenden soll die Lagerfläche der Mauerstein im Vordergrund stehen und deren Einfluß abgeschätzt werden. Betrachtung finden vorzugsweise die zum Einsatz gelangten Vollsteine.

Veröffentlichungen oder systematische Untersuchungen zum Tragverhalten mörtelloser Lagerfugen im Mauerwerk sind bisher nicht bekannt. Im Felsbau wurde sich dieser Materie relativ schnell zugewandt, weil die Standsicherheit jedes Bauwerks im oder auf Fels durch die Klüftung des Gesteins beeinflußt wird. Von besonderer Bedeutung war dabei das Spannungs-Verschiebungsverhalten von Trennflächen unter kombinierter Wirkung von Schub- und Normalkräften.

Erste systematische Untersuchungen zum Spannungs-Verschiebungsverhalten von Trennflächen im Fels unter einer Druckbeanspruchung gehen auf *Goodman* [G8] zurück. Er verwendete eine Gesteinsprobe, die mit einer Trennflächenwandung auf einer ebenen Unterlage auflag und mit einer Kraft senkrecht zur Unterlage verformt wurde. Die rauhe Trennfläche berührte die Unterlage nur an wenigen, mindestens an drei Punkten. Der gemessene Abstand der Trennflächenwandung verringerte sich, während die Trennfläche durch die anliegende Normalkraft elastisch und plastisch verformt wurde. Zwischen der Normalkraft und der Abstandsverringerung zwischen Trennfläche und Unterlage konnte er eine hyperbolische Funktion ableiten, die er mit Hilfe von einachsigen Druckversuchen verifizierte. Im Bild 8.8 sind die Ergebnisse dieser Versuche an zylindrischen Gesteinsproben dargestellt.

Bei der mit A bezeichneten Kurve handelt es sich um das Ergebnis eines Versuches an einer intakten Probe. Ein weiterer Körper gleicher Abmessungen und gleichen Materials wurde mittels einer zentrischen Zugkraft in zwei Hälften geteilt, wobei eine bruchrauhe Trennfläche entstand. Die mit B bezeichnete Kurve wurde an dem wieder zusammengesetzten Prüfkörper bestimmt, dessen Trennflächen ziemlich exakt ineinandergreifen. Die Kurve C erhielt er, als er die beiden Zylinderhälften leicht gegeneinander seitlich versetzte. Die in den Versuchen B und C gemessenen Verschiebungen δ_n normal zur Trennfläche enthalten neben den Verschiebungen $\delta_{n,t}$ aus der Änderung der Trennflächenöffnungsweite einen Anteil aus der Zusammendrückung des Gesteins δ_G, der durch die Kurve A beschrieben wird. Das Spannungs-Verschiebungsverhalten der Trennfläche ergibt sich somit aus der Differenz $(\delta_n-\delta_G)$, wie im unteren Diagramm dargestellt ist. Es ist ersichtlich, daß $\delta_{n,t}$ mit der Zunahme der Trennflächenöffnungsweite, d.h. der Rauhigheit der Trennfläche, ansteigt. *Goodmann* stellte ferner in seinen Versuchen fest, daß die Verschiebungen der Trennflächenwandungen weitgehend irreversibel sind.

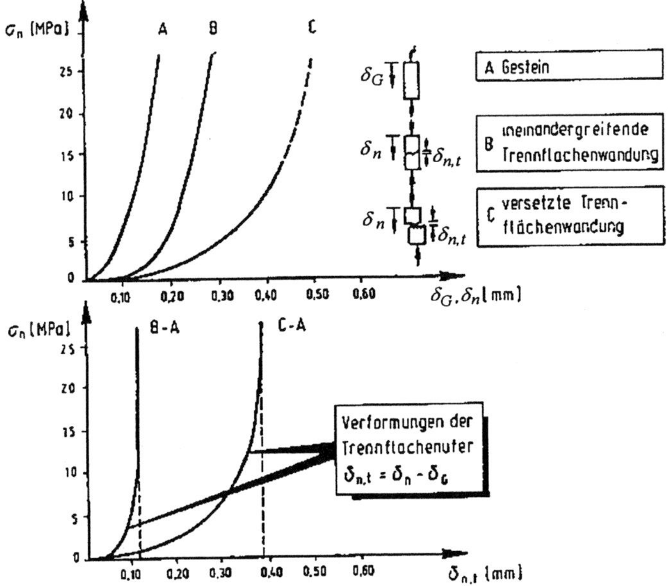

Bild 8.8: Spannungs-Verschiebungsverhalten von Felstrennflächen im einachsigen Druckversuch nach *Goodman* [G8]

Bandis [B5] bestätigte die von *Goodman* gefundene Beziehung durch umfangreiche Versuche an Trennflächen unter einer Druckbeanspruchung in verschiedenen Gesteinen. Für die Darstellung von Spannungs-Verschiebungskurven verwendete er ebenfalls einen hyperbolischen Ansatz, setzte aber andere Parameter ein.

In [H9] wurde von *Brown* das Spannungs-Verschiebungsverhalten mittels der Hertz'schen Pressungen ermittelt. Dabei berechnete er die Änderung der Trennflächenöffnungsweite mittels der Kontaktspannungen in den Berührungspunkten unter der Annahme eines homogenen, isotropen Körpers und der Gültigkeit des

Hooke'schen Materialgesetzes. Dieser Ansatz erweist sich für das Trockenmauerwerk als nur beschränkt tauglich, weil einerseits die elastischen Eigenschaften der Mauersteine in der Lagerfläche bekannt sein müssen und andererseits eine statistische Beschreibung der Steinrauhigkeit zur Abschätzung der Anzahl und Größe der Kontaktstellen erforderlich ist. Deswegen wird dieses Modell nicht weiter verfolgt, statt dessen werden die mechanischen Grundsätze von *Goodman* für Trockenmauerwerk weiterentwickelt.

Um die mechanischen Eigenschaften von Trockenmauerwerk erfassen zu können, müssen die Eigenschaften der Lagerfuge und der angrenzenden Mauersteine bekannt sein. Hier zeigt sich die Notwendigkeit, die Eigenschaftswerte der Mauersteine genau zu kennen. Deshalb waren wesentlich umfassendere Versuche zur Bestimmung der mechanischen Mauersteineigenschaften als bisher erforderlich.

Die mechanischen Eigenschaften einer Fuge werden einerseits durch die Festigkeitseigenschaften des Mauersteins im unmittelbaren Fugenbereich und andererseits durch die geometrische Struktur der Fugenwandungen beeinflußt. Wegen der qualitativ hochwertigen Produktion der heutigen Vollmauersteine kann mit einiger Sicherheit von einem homogenen Gefüge des Steinmaterials ausgegangen werden, welches eine gleichwertige Festigkeit der Steine im Steingefüge als auch im unmittelbaren Lagerflächenbereich gewährt. Auch der Elastizitätsmodul E_b kann innerhalb seiner Gültigkeitsgrenzen als konstanter Materialparameter angesehen werden. Die Analyse der geometrischen Oberflächenstruktur der Lagerfläche der Steine läßt zwei charakteristische Grenzen erkennen. Abweichungen von der Planqualität im kleinmaßstäblichen Bereich (Größenordnung bis 1 mm), die die Oberfläche glatt bis rauh erscheinen lassen, werden als Rauhigkeit zusammengefaßt. Großmaßstäbige Abweichungen (Größenordnung über 1 mm), etwa wie Grate an Kanten und Lochungen oder starke Unebenheiten werden als Unebenheiten zusammengefaßt. Die verwendeten Mauersteine wiesen keine Grate und größere Unebenheiten auf, so daß in den weiteren Betrachtungen nur die Steinrauhigkeit eine Rolle spielt.

Die verschieden rauhe Struktur der Oberflächen spiegelt sich im unterschiedlichen mechanischen Verhalten wider und ist kennzeichnend für unterschiedliche Verformungen.

Das Bild 8.9 zeigt zwei trocken aufeinanderliegende Mauersteine, die jeweils eine mehr oder weniger rauhe Lagerfläche aufweisen. Diese zwei Lagerflächen bilden zusammen eine relativ unebene Lagerfuge. Infolge der Unebenheiten ergeben sich zwangsläufig nur örtlich begrenzte Kontakte der Steinlagerflächen. Je nach Stärke der Rauhigkeit kann die Lagerfuge teilweise offen sein. Dadurch ergibt sich eine Verminderung der tatsächlich belasteten Druckfläche A_{ef} gegenüber der, aus den äußeren Abmessungen errechenbaren Fläche A_{nom}. Die effektive Druckfläche ist um so kleiner, je weniger Kontaktstellen für eine Spannungsübertragung zur Verfügung stehen.

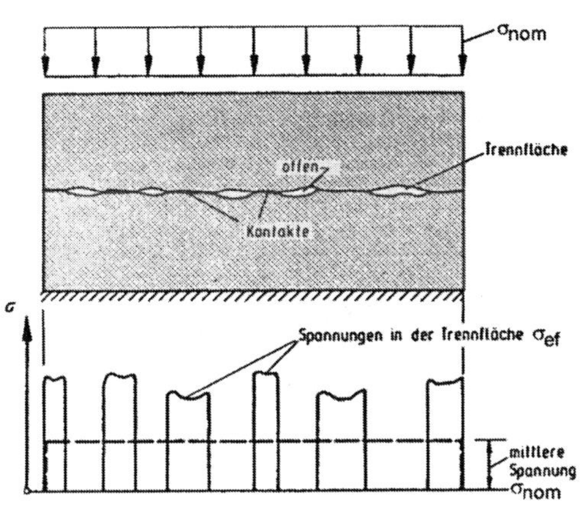

Äußere Beanspruchung:

$$F = \text{const.} = \sigma_{nom} \cdot A_{nom}$$

Reaktion:

$$F = \text{const.} = \int\limits_{(A_{ef})} \sigma_{ef} \, dA$$

Gleichgewicht:

$$F = \text{const.} = \sigma_{nom} \cdot A_{nom} = \sigma_{ef} \cdot A_{ef}$$

$$\eta_0 = \frac{A_{ef}}{A_{nom}}$$

$$\sigma_{ef} = \frac{\sigma_{nom}}{\eta_0}$$

Bild 8.9: Spannungsverteilung an einer unebenen, teilweise hohl liegenden Lagerfuge [E1]

Folglich müssen für die Bemessung von Trockenmauerwerkwänden die effektive Fläche A_{ef} und die Nominalfläche A_{nom} in Beziehung stehen:

$$A_{ef} = A_{nom} - \Delta A \,. \tag{8.11}$$

Der Wert ΔA entspricht der Fehlfläche des nicht geschlossenen Anteils der Lagerfuge und überträgt keine Spannungen. Die Versuchsauswertungen zeigen, daß die Größe der Flächenanteile ΔA und A_{ef} sehr wohl rauhigkeits- und spannungsabhängig sind. Ein Idealzustand wäre erreicht, wenn sich ΔA zu Null ergibt, weil dann die gesamte Lagerfläche eine gleichmäßige Spannung in allen Punkten gewährt.

Gleichgewichtsbetrachtungen zufolge muß die vom Mauerwerk zu übertragende Normalkraft F konstant und damit unabhängig von der für die Übertragung zur Verfügung stehenden Fläche sein. Die äußere Kraft entspricht den über die Effektivfläche A_{ef} integrierten Druckspannungen σ_{ef}:

$$F = \text{const.} = \int\limits_{(A_{ef})} \sigma_{ef} \, dA \,. \tag{8.12}$$

Wird die Kraft F auf die Nominalfläche A_{nom} umgelegt, was einer praktikablen Bemessung entgegenkommt, so besteht Gleichgewicht zwischen den aufsummierten Spannungen über der Nominal- und der Effektivfläche A_{ef}:

$$F = \text{const.} = \sigma_{nom} \cdot A_{nom} = \sigma_{ef} \cdot A_{ef} \,. \tag{8.13}$$

Je kleiner die Unterschiede zwischen A_{ef} und A_{nom} sind, desto weniger unterscheiden sich die Effektivspannungen σ_{ef} von den Nominalspannungen σ_{nom}. Folglich wird das Verhältnis zwischen der Effektiv- und der Nominalfläche als Rauhigkeitsbeiwert η_0 definiert:

$$\eta_0 = \frac{A_{ef}}{A_{nom}} \qquad (8.14)$$

mit: $0 < \eta_0 \leq 1$.

Der Rauhigkeitsbeiwert η_0 symbolisiert die Größe der Rauhigkeit der Lagerfugen und kann Werte zwischen 0 und 1 annehmen. Die untere und obere Grenzen sind nur theoretischer Art für den Fall einer unendlich rauhen bzw. einer ideal glatten Lagerfuge.

Eine Übertragung von Normalspannungen ist auf die örtlich begrenzten Kontakte beschränkt, so daß sich dort Spannungskonzentrationen einstellen, die direkt von der Rauhigkeit abhängen:

$$\sigma_{ef} = \frac{\sigma_{nom}}{\eta_0} \cdot \qquad (8.15)$$

Bei einer Überschreitung der Steindruckfestigkeit führen diese Spannungskonzentrationen zu Plastifizierungen bzw. zum teilweisen Zerstören von einzelnen Kontakten. In der Gesamtheit sind diese Vorgänge gleichbedeutend mit einer erhöhten Verformbarkeit im Bereich der Lagerfugen.

Die Spannungskonzentration an den Kontaktstellen in der Lagerfuge führen zu einer inhomogenen Normalspannungsverteilung. Eine mathematische Erfassung einzelner Spannungsspitzen ist nicht möglich, so daß in der Bemessung von einer korrigierten mittleren Spannungsverteilung ausgegangen werden muß.

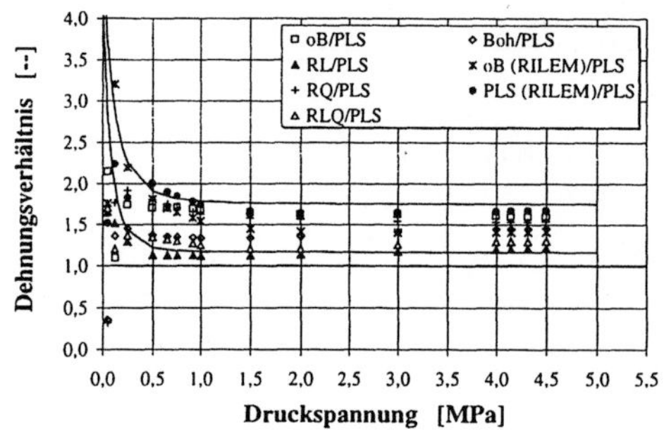

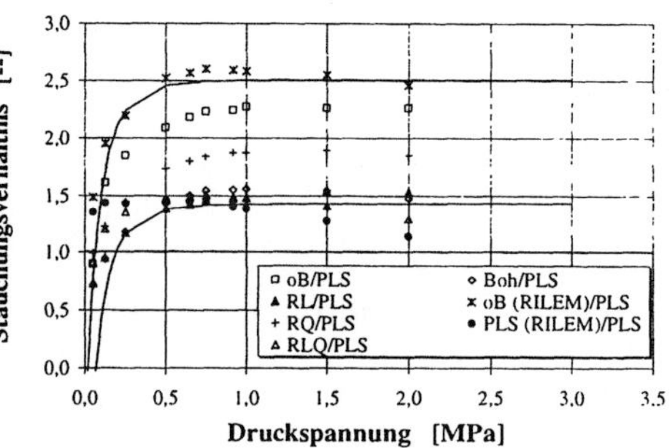

a) Trockenmauerwerk aus Kalksand-Plansteinen

b) Trockenmauerwerk aus Porenbeton-Plansteinen

Bild 8.10: Darstellung der Stauchungsverhältnisse von Lagerfugen in Trockenmauerwerkkörpern aus unterschiedlich bearbeiteten Mauersteinen (oB, RL, RQ, RLQ, Boh, RILEM-Körper) zu Lagerfugen im Fünf-Stein-Körper aus plangeschliffenen Steinen (PLS)

Die Versuchsergebnisse haben bestätigt, daß Mauersteine mit glatter Oberfläche deutlich geringere Verformungen im Fugenbereich aufzeigen als solche mit rauherer Beschaffenheit. Beispielsweise konnten bei allen Mauerwerkkörpern aus plangeschliffenen Mauersteinen (PLS) die geringsten Verformungen gemessen werden. Ein anschaulicher Vergleich läßt sich durch die Gegenüberstellung der Fugenkompressionen der aus PLS-Steinen gefertigten Körper (Fünf-Stein-Körper) im Verhältnis zu den Fugenzusammendrückungen der anderen Prüfkörper (Fünf-Stein-Körper in oB-, RL-, RQ-, RLQ, Boh-Qualität sowie RILEM-Körper in oB- und PLS-Qualität) der ersten und zweiten Versuchsserie im Bild 8.10 herstellen.

Im Vergleich der Kurvenzüge für das Kalksandstein- und Porenbetonsteinmauerwerk ist besonders das unterschiedliche Verhalten unmittelbar zu Belastungsbeginn auffallend. Weil alle betrachteten Kurven der jeweiligen Mauersteinart diese Tendenz aufzeigen, wird von einer gewissen Systematik ausgegangen. Eine schlüssige Erklärung konnte bisher nicht gefunden werden. Es wird vermutet, daß eine verschieden hohe Energieübertragung bei der Zerstörung der gröbsten Unebenheiten für die Verhaltensunterschiede verantwortlich sind. In einem ähnlichen Zusammenhang stellte *Wittmann* [W8] bei Porenbeton, der mit sprunghafter Änderung der Belastungsgeschwindigkeit verformt wurde, einen signifikanten Unterschied zum Verhalten von Normalbeton, Konstruktionsleichtbeton und Mörteln fest. Er vermutete auch eine unterschiedliche Energieübertragungsrate im visko-elastischen Gefüge als Ursache und bezeichnet diese als Differenz der Aktivierungsenergie.

Mit etwa gleicher Intensität jedoch wird bei beiden Steinmaterialien bereits bei niedrigen Spannungen ein konstanter Verformungsunterschied zwischen Körpern aus PLS-Steinen und solchen aus Steinen schlechterer Lagerflächenqualität erreicht. Vereinfachend kann daher von einem konstanten Stauchungsverhältnis ausgegangen werden. Der besondere Wert dieser Gegenüberstellung besteht darin, daß das Stauchungsverhältnis nicht durch die Steinfestigkeit beeinflußt wird.

Mit einem geschätzten Rauhigkeitsbeiwert für plangeschliffene Steine von $\eta_{0,PLS} = 0,95$ lassen sich über die Stauchungsverhältnisse die Rauhigkeiten der anderen verwendeten Steine abschätzen. Für die Stauchungsverhältnisse gilt allgemein:

$$k_i = \frac{\varepsilon_{F,i}}{\varepsilon_{F,PLS}} = \text{const. für i} . \tag{8.16}$$

Dabei steht der Index i für die Kennung der entsprechenden Lagerflächenqualität der Mauersteine: oB, PLS, RL, RQ, RLQ, Boh. Mittels des Stauchungsverhältnisses k_i ergeben sich die Rauhigkeitsbeiwerte wie folgt:

$$\eta_{0,i} = \frac{\eta_{0,PLS}}{k_i - k_i \cdot \eta_{0,PLS} + \eta_{0,PLS}} . \tag{8.17}$$

In Tabelle 8.1 sind die Werte für k_i und $\eta_{0,i}$ angegeben.

Meßverfahren zur Messung der Rauhigkeit an Mauersteinen wurden bisher nicht entwickelt bzw. sind für eine flächenhafte Rauhigkeit nicht einsetzbar. Deshalb wurde versucht, auf optischen Wege eine Abschätzung der Rauhigkeitsbeiwerte für die Lagerflächen zu erzielen.

Tabelle 8.1: Rauhigkeitsbeiwert $\eta_{0,i}$ und Stauchungsverhältnis k_i in Abhängigkeit von der Lagerflächenqualität der Mauersteine

Lagerflächenqualität	Kalksandstein-Trockenmauerwerk		Porenbetonstein-Trockenmauerwerk	
	k_i	$\eta_{0,i}$	k_i	$\eta_{0,i}$
1	2	3	4	5
PLS	1,00	0,95	1,00	0,95
oB	1,65	0,92	2,15	0,90
RL, RQ, RLQ, Boh	1,20...1,75	0,91...0,94	1,45...2,50	0,88...0,93

Dazu wurde in einigen Tastversuchen ein ganz dünnes Blatt Pergamentpapier in die Lagerfuge zwischen zwei Steinen eingelegt und nach Eintrag einer gewissen Druckbelastung herausgenommen und begutachtet. Die Kontaktstellen der Fugenwandung konnten auf diesem Wege sichtbar gemacht werden. Dabei zeigte sich, daß bei kleinen Druckspannungen nur etwa 60 bis 80 % der Lagerflächen der geprüften Steine in Kontakt standen. Bei höheren Normalkräften erhöhte sich der Anteil auf bis zu über 90 %. Dies steht im Einklang mit den aus den Fugendehnungen ermittelten Rauhigkeitsbeiwerten $\eta_{0,i}$.

8.1.4 Entwicklung der Fugensteifigkeit mit wachsender Belastung

Wie vorstehend erläutert, bedingen rauhe Steinoberflächen entsprechend große Fugenbewegungen parallel zur Druckbelastungsrichtung. Mit wachsender Beanspruchung werden die Fugenwandungen gegeneinander gedrückt. Auf diese Weise gleichen sich die Unebenheiten zwischen den Mauersteinen aus.

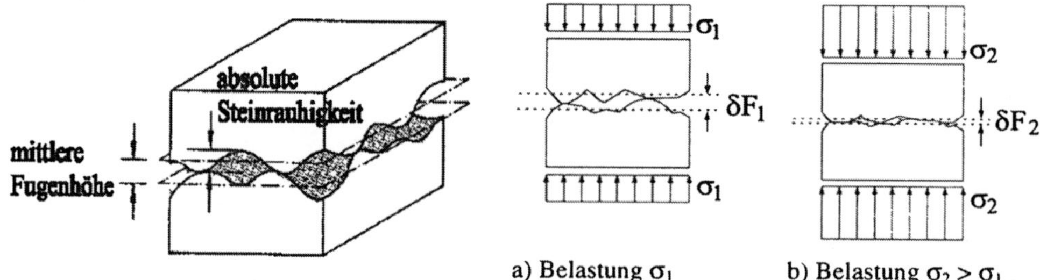

Bild 8.11: Rauhigkeit einer mörtellosen Lagerfuge

Bild 8.12: Verformung der Lagerfuge mit steigender Druckbelastung

Im Bild 8.11 ist ein vergrößerter Ausschnitt der Lagerfuge dargestellt. Jede Steinoberfläche besitzt eine mehr oder weniger starke Rauhigkeit. Diese äußert sich darin, daß ausgehend von einem angenommenen Planum, welches durch die gestrichelten Linien symbolisiert wird, die Unebenheiten in Form von kleinen Hügeln die Planfläche einschneiden bzw. aus ihr herausragen. Die Höhe des größten "Hügels" entspricht der absoluten Rauhigkeit.

In einer mörtellosen Lagerfuge treffen die Lagerflächen mit ihrer spezifischen Rauhigkeit zusammen, und weil diese nicht deckungsgleich sind, entsteht eine Fuge mittlerer Höhe zwischen den angenommenen planebenen Flächen. Zeitgleich mit dem Aufbringen der Druckbelastung führen beide Fugenwandungen elastische und vorwiegend plastische Verformungen aus, die durch eine allmähliche Schließbewegung der Fuge erkennbar sind. Die Verformungen des Mauerwerks wachsen stärker, wenn zusätzlich die Eigenverformungen der Mauersteine berücksichtigt werden. Im Bild 8.12 ist gut zu erkennen, daß die Fugenverformungen um so größer ausfallen, je größer die eingetragenen Druckbelastungen sind. Mit dem Schließen der Lagerfugen vergrößert sich die, an der Lastableitung beteiligte Fläche, so daß bei steigender Belastung zusätzlich zu wachsenden plastischen Verformungen ebenfalls ein stetig wachsender Anteil an elastischer Verformung aufgebracht werden muß, wenn die Fugenwandungen weiter zusammengedrückt werden sollen. Folglich muß die Intensität der elastischen und plastischen Verformungszunahme bei gleichem Lastinkrement abnehmen, was als ein Ansteigen der Fugensteifigkeit interpretiert werden kann.

Ab einer gewissen Spannung und einer zugehörigen Stauchung ist die Lagerfuge bereits soweit geschlossen und verdichtet, daß sie die Druckspannungen ohne größere Verformungszunahme übertragen kann, wohingegen der Mauerstein durch die wachsende Belastung größere Verformungen als die Fuge zeigt. Es kommt zu einem Wechsel des Steifigkeitsverhältnisses von Mauerstein und Lagerfuge. Mittels der Darstellungen der Spannungs-Dehnungslinie von Mauerwerk, Lagerfuge und Mauerstein (Bilder 8.6 und 8.7) konnte bewiesen werden, daß anfangs die Steifigkeit der Fuge sehr klein gegenüber der des Mauersteins war. Mit steigender Belastung schossen sich die Fugen, die Fugensteifigkeit wuchs rasch an und erreichte im Wendepunkt der σ-ε-Linie des Trockenmauerwerks die Steifigkeit des Mauersteins. Nach Durchschreiten des Wendepunktes, der bei etwa einem Drittel der Trockenmauerwerkdruckfestigkeit angenommen wird, besaß der Mauerstein bereits eine geringere Steifigkeit, die mit steigender Belastung weiter abfiel. Die Steifigkeit des Mauerwerk sank in gleicher Weise. Mit Erreichen der Mauerwerkdruckfestigkeit war die Materialsteifigkeit des Mauerwerks und der Mauersteine bereits so gering, daß trotz Verformungszuwachs keine Spannungserhöhung mehr möglich war. Es erfolgte ein Angleichen der Arbeitslinien von Stein und Mauerwerk. Wie im Bild 8.13 dargelegt ist, nähern sich die σ-ε-Linien soweit, daß die erreichten Stauchungen unter der Materialfestigkeit für das Trockenmauerwerk ε_{ml} und für die in einachsigen Zylinderdruckversuchen gemessenen Scheitelstauchungen ε_{bl} vergleichbar werden.

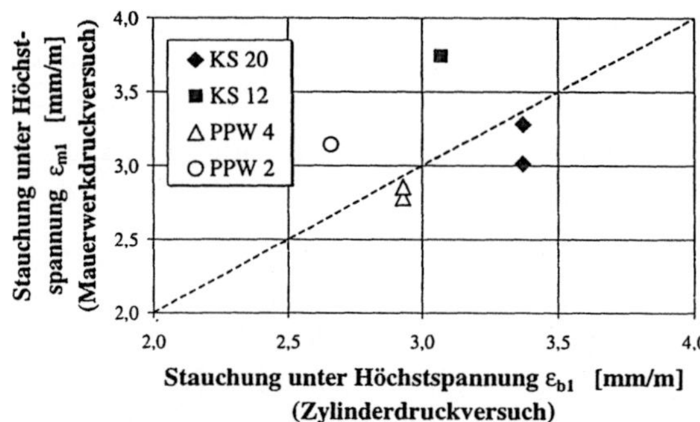

Bild 8.13: Vergleich der Dehnungen unter Höchstspannung von Trockenmauerwerk ε_{m1} (RILEM- und Fünf-Stein-Körper) und Mauersteinzylindern ε_{b1}

Die vorstehenden Erläuterungen lassen den Schluß zu, daß mit zunehmender Rauhigkeit η_0 der Lagerfuge die Fugenkompression ε_F wächst und mit abnehmender fällt. Folglich würde der Einfluß verschwinden, wenn die Steinlagerflächen ideal glatt wären. Dann wären die Lagerfugen im Mauerwerkverband vorhanden, hätten jedoch keinen Einfluß auf die Verformungen des Mauerwerks unter zentrischem Druck, würden also nicht in Erscheinung treten.

Die Spannungen würden so über die Lagerfuge hinweg übertragen werden, als ob sich das angenommene Kontinuum des Mauersteins fortsetzt. Rauhigkeitsbedingte Spannungsspitzen $\Delta\sigma_{ef}$ würden nicht auftreten. Demnach hätten nur die Mauersteine einen Anteil an der Gesamtverformung des Mauerwerks und die Arbeitslinien von Stein und Mauerwerk müßten annähernd gleiche Neigungen aufweisen. In der Baupraxis kann sich diesem Idealzustand nur angenähert werden.

Demnach werden die zusätzlich zur Mauersteinverformung auftretenden Fugenverformungen durch die rauhigkeitsbedingten Spannungsspitzen $\Delta\sigma_{ef}$ generiert. Die Spannungsspitzen lassen sich mathematisch beschreiben:

$$\Delta\sigma_{ef} = \sigma_{ef} - \sigma_{nom} \cdot \tag{8.18}$$

Für die Fugendehnung ε_F folgt daraus:

$$\varepsilon_F = \frac{\sigma_{nom}}{E_{ef}}\left(\frac{1}{\eta_0} - 1\right) = \frac{\sigma_{nom}}{E_{ef}} \cdot \eta_{ef} \, , \tag{8.19}$$

$$\eta_{ef} = \frac{1}{\eta_0} - 1 = \frac{1-\eta_0}{\eta_0} \, . \tag{8.20}$$

Dabei bedeuten σ_{nom} die einwirkenden äußeren Spannungen (Nominalspannung), E_{ef} die effektive Fugensteifigkeit, η_0 der Rauhigkeitsbeiwert und η_{ef} der daraus abgeleitete effektive Spannungsfaktor.

Der effektive Spannungsfaktor η_{ef} bestimmt explizit die Größe der auftretenden Druckspannungsspitzen, die die Fugendehnungen hervorrufen. Im Fall der Deckungsgleichheit von A_{nom} und A_{ef} nimmt der Rauhigkeitsbeiwert η_0 den Wert Null an und es treten keine Fugenverformungen ε_F auf. Für den Fall, daß $A_{ef} = 0$ wird, werden die Fugendehnungen ε_F unendlich groß.

Dem Verlauf der Spannungs-Dehnungslinien von Mauerwerk und Mauerstein folgend ist es naheliegend, die effektive Fugensteifigkeit durch den E-Modul des Mauersteinmaterials in der Form einer Potenzbeziehung auszudrücken:

$$E_{ef} = E_b \cdot y_1 \cdot \sigma_{nom}{}^{y_2} .$$
(8.21)

Wird die Gleichung (8.21) in Gleichung (8.19) eingesetzt, ergibt sich eine Abhängigkeit der Fugendehnung sowohl von der anliegenden äußeren Spannung σ_{nom} als auch vom verwendeten Mauerstein in Form einer hyperbolischen Gleichung:

$$\varepsilon_F = \frac{\sigma_{nom}}{E_b} \cdot \frac{\eta_{ef}}{y_1 \cdot \sigma_{nom}{}^{y_2}} = \frac{\sigma_{nom}}{E_b} \cdot \kappa$$
(8.22)

$$\text{mit:} \quad \kappa = \frac{\eta_{ef}}{y_1 \cdot \sigma_{nom}{}^{y_2}} .$$

Der Einfluß der Steinrauhigkeit auf die Fugenzusammendrückung sowie die Zunahme der Steifigkeit der Lagerfuge mit wachsender Belastung, d.h. mit der Zunahme der Kontaktfläche, kann durch einen Faktor κ, dem Intensitätsfaktor, zusammengefaßt werden.

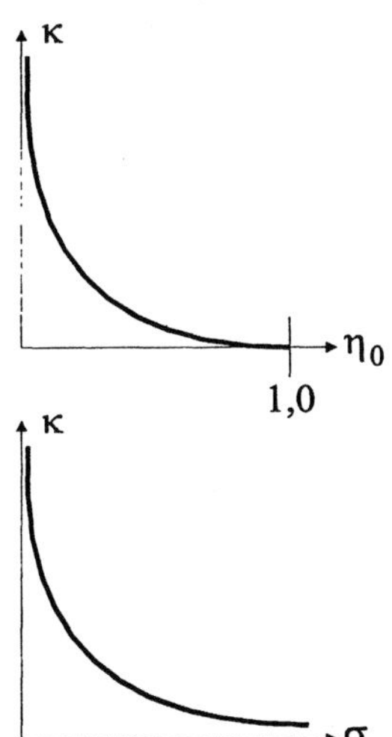

Der Faktor κ beschreibt die Intensität der Fugenkompression und ergibt sich zu Null, sobald die Lagerfuge völlig planeben ist, und dadurch Fugenverformungen nicht zu erwarten sind. Ist die Steinrauhigkeit sehr groß, und wird der Rauhigkeitsbeiwert η_0 dadurch sehr klein, nimmt κ sehr große Werte an (Bild 8.14). Aber auch bei einer gegebenen Steinrauhigkeit η_0 in realen Größenordnungen verringert sich der Faktor mit Zunahme der Belastung, weil die Fugensteifigkeit scheinbar zunimmt.

Bild 8.14: Abhängigkeit des Intensitätsfaktors κ der Fugenkompression von der Steinrauhigkeit η_0 und der anliegenden Druckspannung σ

Wie bereits betont wurde, basiert diese Steifigkeitszunahme vor allem in der Zunahme der Kontaktfläche, um sich dadurch dem Idealzustand einer völlig planebene Fuge, die keine Verformungen unter einer Druckkraft zeigt, anzugleichen.

Mittels einer Regressionsanalyse konnten die Beiwerte y_1 und y_2 ermittelt werden. Es zeigte sich, daß der Exponent y_2 einen konstanten Wert in Abhängigkeit von der Steinsorte annimmt. Für die Kalksandsteine kann $y_2 = 0{,}54$ und für die Porenbetonsteine $y_2 = 0{,}64$ gesetzt werden. Der Exponent y_2 steuert den Grad der Krümmung der vom Intensitätsfaktor κ beschriebenen Kurven und beschreibt dadurch, wie schnell das jeweilige Steinmaterial die zum Ausgleich der Fugenunebenheiten erforderlichen Energien verteilen kann. Dadurch hat y_2 einen direkten Einfluß darauf, wie schnell die Mauersteine den Unterschied zwischen der Anfangsrauhigkeit $\eta_0 < 1$ und dem Idealzustand $\eta_0 = 1$ aufheben können. Der Koeffizient y_1 steht für die Verformungsarbeit, die für den Ausgleich der Fugenunebenheiten geleistet werden muß, und symbolisiert die Größe der Differenz zwischen der Anfangsrauhigkeit $\eta_0 < 1$ und dem Idealzustand $\eta_0 = 1$. Einfluß auf die Größe der Verformungsarbeit hat zweifelsfrei auch der Mauerstein, besonders die Materialparameter, die die Festigkeit und die Verformungsfähigkeit des Materials widerspiegeln. Dazu zählen in erster Linie der Elastizitätsmodul E_b und die Druckfestigkeit. Grundsätzlich ist es vorteilhaft, von der einaxialen Druckfestigkeit $f_{b,cyl}$ auszugehen, weil diese Größe einen tatsächlichen Materialkennwert darstellt und für Vergleiche gut geeignet ist. Für den Faktor y_1 kann geschrieben werden:

$$y_1 = \frac{k}{E_b}\,. \tag{8.23}$$

Der Verformungskoeffizient k ergibt sich dabei aus einem c-fachen Anteil der einaxialen Zylinderdruckfestigkeit:

$$k = c \cdot f_{b,cyl}^{(1-y_2)}\,. \tag{8.24}$$

Der Faktor c nimmt für Kalksandstein Werte um $0{,}046$ und für Porenbetonstein um $0{,}058$ an. Damit entspricht c in etwa dem Verhältnis von Druck- zu Zugfestigkeit. Dies wird dann verständlich, wenn bedacht wird, daß ein wesentlicher Teil der Fugenkompression durch plastisches Zusammendrücken der Fugenunebenheiten erfolgt, wobei der Druckbruch der Kontaktspitzen in der Regel durch Überschreiten der Steinzugfestigkeit charakterisiert ist. Das Bild 8.15 zeigt die Gegenüberstellung der experimentellen Verformungskoeffizienten k zur Zylinderdruckfestigkeit $f_{b,cyl}$ der Mauersteine. Auffällig ist, daß der Koeffizient k nur unterproportional mit der Steindruckfestigkeit ansteigt. Die Ursache dieses Verhaltens wird in der unterproportionalen Zunahme der Zugfestigkeit mit der Druckfestigkeit gesehen, die im Kapitel 4 dokumentiert wurde.

Weil jedoch der Elastizitätsmodul annähernd proportional mit der Druckfestigkeit anwächst, fällt y_1 mit steigender Druckfestigkeit, was im Bild 8.16 veranschaulicht wird.

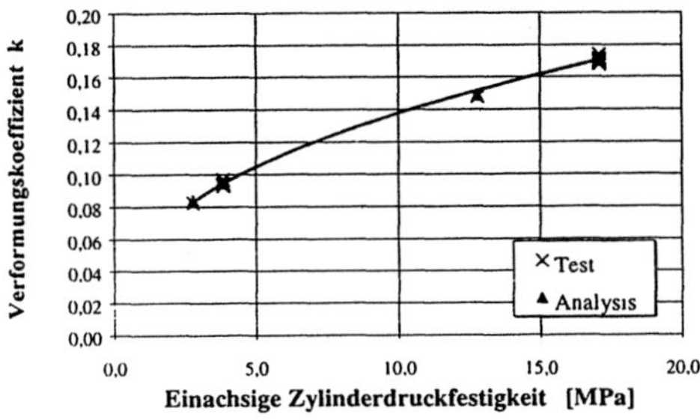
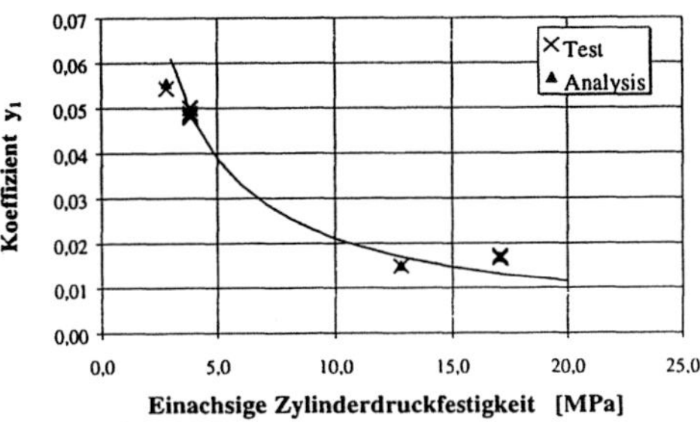

Bild 8.15: Entwicklung des Verformungskoeffizienten k mit der einaxialen Mauersteindruckfestigkeit $f_{b,cyl}$

Bild 8.16: Abfall des Beiwertes y_1 mit wachsender einaxialer Mauersteindruckfestigkeit $f_{b,cyl}$

Werden die Gleichungen (8.20) bis (8.22) zusammengefaßt und in Gleichung
(8.19) eingesetzt, läßt sich für die Fugendehnung ε_F folgender Zusammenhang
schreiben:

$$\varepsilon_F = \frac{\sigma_{nom}}{E_b} \cdot \frac{\eta_{ef} \cdot E_b}{c \cdot f_{b,cyl}^{(1-y_2)} \cdot \sigma_{nom}^{y_2}} = \frac{\eta_{ef}}{c \cdot f_{b,cyl}^{(1-y_2)}} \cdot \sigma_{nom}^{(1-y_2)}. \tag{8.25}$$

Um die Schreibweise zu vereinfachen, wird vereinbart, y_2 durch α und σ_{nom} durch
σ zu ersetzen. Die Fugendehnung läßt sich neu formulieren:

$$\varepsilon_F = \frac{\eta_{ef}}{c} \cdot \left(\frac{\sigma}{f_{b,cyl}} \right)^{(1-\alpha)}. \tag{8.26}$$

Gemäß Gleichung (8.26) ist die Fugenkompression hauptsächlich nur noch durch
die einwirkende Normalspannung σ, die Druckfestigkeit der Mauersteine $f_{b,cyl}$
sowie die Fugenrauhigkeit in Form von η_{ef} bestimmt.

Die grafische Gegenüberstellung der rechnerischen Fugendehnung ε_F nach Gleichung (8.26) und der experimentellen Werte zeigt im Bild 8.17 eine recht gute
Übereinstimmung. Dabei repräsentieren die ausgefüllten Markierungen jene Versuchswerte, die direkt durch einen Kurvenzug nach Gleichung (8.26) nachgestellt
wurden.

Es sei betont, daß sich diese Übereinstimmung nur bis zur Proportionalitätsgrenze
des Mauersteinmaterials aufrechterhalten läßt. Die Gültigkeitsgrenze der Gleichung (8.26) ist folglich mit Erreichen des Wendepunktes der Spannungs-
Dehnungslinie von Trockenmauerwerk festgesetzt.

Die angegebenen Formulierungen gelten nur für den Fall der Erstbelastung. Bei
wiederholter Belastung liegen bereits weniger rauhe Fugen durch die Wirkung der
Erstbelastung vor. Deshalb wird bei wiederholter Belastung sehr viel weniger plastische Verformungsarbeit geleistet, solange das Niveau der vorhergehenden Last-

stufe nicht überschritten wird. Die σ-ε-Linien verlaufen in diesem Abschnitt entsprechend steiler und schneiden die Dehnungsachse bei Entlastung jenseits des Nullpunktes. Mit Erreichen des Spannungsniveaus der Erstbelastung ist auch die eingetretene Gesamtverformung nahezu identisch. Erst mit Überschreiten des vorhergehenden Spannungsniveaus müssen erneut plastische Verformungen in der Lagerfuge erzeugt werden, um einen weiteren Ausgleich der Fugenrauhigkeit herbeizuführen.

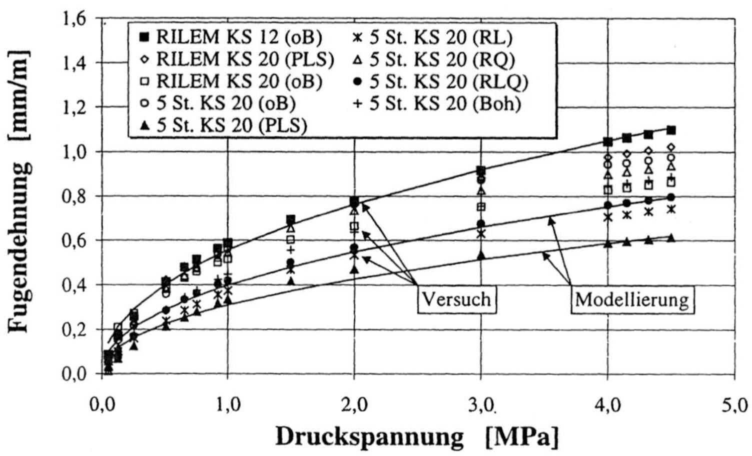

a) Kalksandstein-Trockenmauerwerk

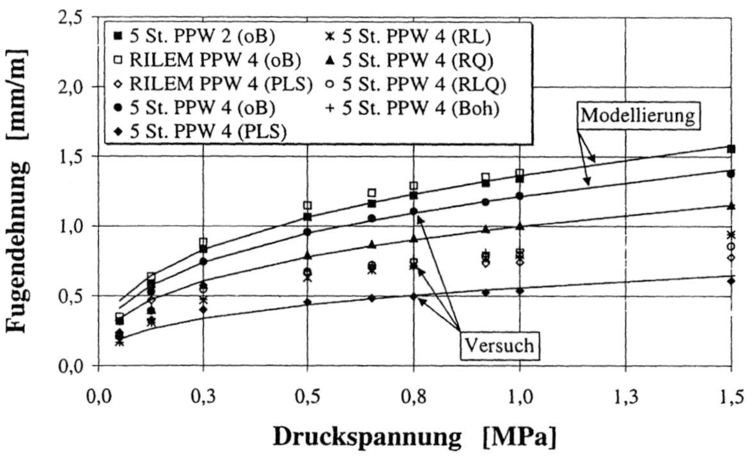

b) Porenbetonstein-Trockenmauerwerk

Bild 8.17: Vergleich der Fugendehnung aus den Versuchen an RILEM- und Fünf-Stein-Körpern unter einer Erstbelastung mit denen aus der Modellierung nach Gleichung (8.26)

Folglich muß für die Berechnung der Verformungen die Belastungsgeschichte bekannt sein. Für Verformungsberechnungen bei einer zyklischen Belastung wird daher unterschieden, ob das Niveau der vorhergehenden Belastung überschritten wird oder nicht. Solange die vorhergehenden Spannungen nicht erreicht werden, wachsen die Verformungen weniger stark an. Folglich kann von einer Versteifung der Lagerfugen ausgegangen werden, die durch den Wert ζ repräsentiert wird:

$$\varepsilon_F = \frac{\eta_{ef}}{\varsigma \cdot c} \cdot \left(\frac{\sigma}{f_{b,cyl}} \right)^{(1-\varsigma \cdot \alpha)} \tag{8.27}$$

mit: $\varsigma = 1{,}25...1{,}40$ für wiederholte Belastung und

         $\varsigma = 1{,}0$ für Erstbelastung.

Eine Darstellung der Modellierungen für den Erst- und wiederholten Belastungszustand ist im Bild 8.18 gegeben. Die Darstellung bezieht sich auf einen Versuch mit Kalksandsteinmauerwerk KS 12 (Serie 3; 5 Steine hoch) und steht stellvertretend für die anderen Versuche aus Kalksand- und Porenbetonstein-Trockenmauerwerk.

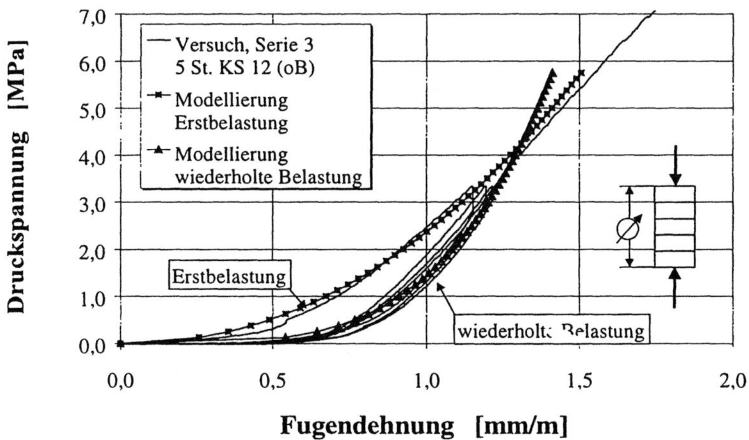

Bild 8.18: Rechnerische Erfassung des Erst- und wiederholten Belastungszustandes

Der Wert ζ berücksichtigt die gegenüber dem Ausgangszustand veränderten Steifigkeitsverhältnisse und kann einheitlich mit $\zeta = 1{,}25...1{,}40$ angenommen werden. Erst nach Überschreiten des vorhergehenden Spannungsniveaus wird $\zeta = 1{,}0$ gesetzt und die Lagerfugen verhalten sich so, als ob sie sich im Erstbelastungszustand befinden.

Zu jedem Zeitpunkt der Belastung ergeben sich die Verformungen des Trockenmauerwerks ε_m aus der Summe der Einzelverformungen von Stein ε_b und Fuge ε_F. Werden die Einzelverformungen durch Funktionsvorschriften ausgedrückt, so können für den Konsolidierungsbereich, der durch den Wendepunkt der σ-ε-Linie bei $\sigma = 1/3 \cdot f$ und der zugehörigen Mauerwerkstauchung ε_{33} begrenzt wird, die Gleichungen (8.4) und (8.27) zusammengeführt werden:

$$0 \leq \varepsilon_m \leq \varepsilon_{33}:$$

$$\varepsilon_m = \frac{\sigma}{E_b}\left(1 + \frac{\eta_{ef} \cdot E_b}{\varsigma \cdot c \cdot f_{b,cyl}^{(1-\varsigma \cdot \alpha)} \cdot \sigma^{(\varsigma \cdot \alpha)}}\right). \tag{8.28}$$

Übersteigt die Belastung die Wendepunktspannung, treten zunehmend überproportionale Steinverformungen in den Vordergrund, die einen maßgeblichen Einfluß auf die Mauerwerkverformungen ausüben. Die Fugenkompression tritt jenseits des Wendepunkt zunehmend in den Hindergrund und strebt asymptotisch einem Endwert zu.

Folglich lassen sich die Mauerwerkverformungen oberhalb des Wendepunktes aus den Verformungen der Lagerfuge gemäß Gleichung (8.27) und den Verformungen der Mauersteine, die mit Hilfe der technischen Spannungs-Dehnungslinien, die im Kapitel 4 erarbeitet wurden, vorhersagen. Dabei muß jedoch beachtet werden, daß mit einer verminderten Steindruckfestigkeit in die Rechnung hineingegangen werden muß, um den Festigkeitsabfall beim Übergang vom Stein zu Mauerwerk bei gleicher Stauchung zu erfassen.

8.1.5 Bemessungsvorschlag für die Tragfähigkeit infolge Druck

Die quantitative Beschreibung der Mauerwerkdruckfestigkeit läßt sich anschaulich in Abhängigkeit von der Steindruckfestigkeit angegeben. Aufgrund der Struktur von Trockenmauerwerk kann nur das Mauersteinmaterial einen Einfluß haben. Rauhigkeitsbedingte Einflüsse der Lagerfuge sind, wie gezeigt werden konnte, weniger bedeutsam. Wesentlich für die Druckfestigkeit ist jedoch, ob Vorschädigungen infolge von Rissen im Mauerwerk vorhanden sind. Diese können durch Maßtoleranzen, vor allem in der Steinhöhe, bedingt worden sein, wie im Kapitel 5 dargelegt wurde. Dieser nachhaltige Einfluß läßt sich allerdings sehr schwer quantifizieren und muß vorerst durch einen pauschalen Abminderungsfaktor in expliziter oder impliziter Form erfaßt werden.

Aufgrund der guten Erfahrungen beim Dünnbettmauerwerk bietet es sich an, die Druckfestigkeit des Trockenmauerwerks durch folgende potentielle Beziehung zu beschreiben:

$$f = a \cdot f_{b,cyl}^{\,b}. \tag{8.29}$$

Dabei bedeuten f die Mauerwerkdruckfestigkeit und $f_{b,cyl}$ die einaxiale Zylinderdruckfestigkeit der Mauersteine. Die Zylinderdruckfestigkeit scheint für direkte Festigkeitsvergleiche besser geeignet zu sein, da sie einen unverfälschten Materialkennwert repräsentiert. Für praktikable Ansätze wird jedoch die einaxiale

Druckfestigkeit häufig durch die normierte Steindruckfestigkeit substituiert, weil diese wesentlich einfacher zu bestimmen ist. Aus diesem Grunde erscheint es sinnvoll, für beide Größen einen Bezug zur Mauerwerkdruckfestigkeit herzustellen.

Tabelle 8.2: Trockenmauerwerk-Druckfestigkeit unter Berücksichtigung der Schlankheit
Stein und Lagerflächenqualität; Prüfkörperschlankheit λ; Mauerwerkdruckfestigkeit f bei λ; Umrechnungsfaktor η_1; Mauerwerkdruckfestigkeit f bei $\lambda = 0$; Faktor η_2; Mauerwerkdruckfestigkeit f bei $\lambda = 10$; relative Mauerwerkdruckfestigkeit

Stein u. Lagerfläche	Versuche		Umrechnung ($\lambda = 0$)		Umrechung ($\lambda = 10$)		Verhältnis	
	λ	f	$\eta_1 = f/f_{\lambda=0}$	$f_{\lambda=0}$	$\eta_2 = f_{\lambda=10}/f$	$f_{\lambda=10}$	$f_{\lambda=0}/f_b$	$f_{\lambda=0}/f_{b.cyl}$
	--	N/mm^2	--	N/mm^2	--	N/mm^2	--	--
1	2	3	4	5	6	7	8	9
Erste Versuchsserie (RILEM-Körper)								
KS 20								
oB	4,96	12,12	0,90	13,40	0,88	10,67	0,51	0,78
PLS	4,96	11,76	0,90	12,59	0,88	10,05	0,48	0,74
KS 12								
oB	5,20	12,44	0,90	13,83	0,87	10,84	0,62	1,00
PPW 4								
oB	4,16	2,34	0,92	2,55	0,90	2,10	0,63	0,66
PLS	4,16	2,93	0,92	3,18	0,89	2,60	0,79	0,82
PPW 2								
oB[1]	4,16	1,96	0,92	2,13	0,90	1,76	0,66	0,76
Zweite Versuchsserie (Fünf-Stein-Körper)								
KS 20								
oB	4,16	13,94	0,90	15,42	0,88	12,20	0,58	0,90
PLS	4,16	13,60	0,90	15,05	0,88	11,92	0,57	0,88
RL	4,16	13,07	0,90	14,46	0,88	11,47	0,55	0,85
RQ	4,16	13,55	0,90	14,98	0,88	11,87	0,57	0,87
RLQ	4,16	13,57	0,90	15,01	0,88	11,89	0,57	0,87
Boh	4,16	12,65	0,88	13,98	0,88	10,77	0,53	0,82
PPW 4								
oB	4,16	2,67	0,92	2,90	0,89	2,39	0,72	0,76
PLS	4,16	2,96	0,92	3,21	0,89	2,63	0,80	0,83
RL	4,16	2,69	0,92	2,93	0,89	2,41	0,73	0,76
RQ	4,16	2,67	0,92	2,90	0,89	2,39	0,72	0,75
RLQ	4,16	3,01	0,92	3,27	0,89	2,67	0,81	0,85
Boh	4,16	2,83	0,89	3,07	0,89	2,44	0,76	0,80
Dritte Versuchsserie (hier nur Fünf-Stein-Körper)								
KS 12	5,20	13,82	0,90	15,38	0,88	11,97	0,69	1,20
PPW 4	4,16	3,06	0,92	3,33	0,89	2,72	0,83	0,87

1) Prüfung erfolgte wegen der Steingröße nur an Fünf-Stein-Körpern.

Die aufgestellten Regressionsrechnungen gelten für Bruchfestigkeiten bei einer theoretischen Schlankheit $\lambda = 0$. Mittels des von *Mann* [M3] abgeleiteten Abminderungsfaktor η konnte der Knickeinfluß für verschiedene Schlankheiten abgeschätzt werden. Die Ableitung des Faktors η kann in beiden Richtungen eingesetzt werden, so daß aus den Versuchswerten die Mauerwerkdruckfestigkeit sowohl für Wände kleinerer (z.B. $\lambda = 0$) als auch größerer Schlankheit (z.B. $\lambda = 10$) ermittelt werden können.

Die Mauerwerkprüfkörper der Serie 1, 2 und 3 wiesen eine konstante Schlankheit von $\lambda = 5,0$ (Körper KS 20), $\lambda = 5,2$ (Körper KS 12) bzw. $\lambda = 4,2$ (Körper aus PPW 4 und PPW 2) auf. Von der dritten Versuchsserie sind nur die Ergebnisse der Körper herangezogen werden, die eine Körperhöhe gleich der 5-fachen Steinhöhe aufwiesen, weil damit vergleichbare Körperhöhen zu den beiden vorrangegangenen Versuchsserien vorhanden waren.

Zur Ermittlung der Eulerknicklast wurden die $E_{33/66}$-Moduln mit 5900 N/mm^2 (KS 20), 5500 N/mm^2 (KS 12), 1100 N/mm^2 (PPW 4) und 900 N/mm^2 (PPW 2) eingesetzt. Es wird darauf verzichtet, mit einem kleineren ideellen E-Modul zu rechnen, da nur eine Abschätzung der Druckfestigkeiten vorgeführt werden sollte, um einen ersten Vergleich zu bauaufsichtlich zugelassenen Druckspannungen zu ermöglichen. Des weiteren werden die Abminderungsfaktoren η, ausgehend von der theoretischen Schlankheit $\lambda = 0$, auf die Ergebnisse der untersuchten Wandschlankheiten ($\lambda = 4$ bis 5) sowie auf die Bruchfestigkeiten für schlanke Wände mit $\lambda = 10$ ermittelt und bewertet. Die Bruchfestigkeiten für Wände der Schlankheit $\lambda = 10$ sind im Mauerwerkbau wichtige Größen, weil alle Grundwerte der zulässigen Druckspannungen für die Bemessung nach dem vereinfachten Nachweisverfahren der DIN 1053-1 [AA3] auf Untersuchungen an geschoßhohen Wänden mit einer Schlankheit von $\lambda = 10$ fußen.

Die Trockenmauerwerk-Druckfestigkeit $f_{\lambda=0}$ ohne Schlankheitseinfluß entspricht dem Mittelwert der rechnerischen Bruchfestigkeit des Materials. Dieser kann gemäß Gleichung (8.30) bzw. Gleichung (8.31) aus der Steindruckfestigkeit bzw. Zylinderdruckfestigkeit ermittelt werden. Die Mauerwerkdruckfestigkeit $f_{\lambda=0}$ ergibt sich demnach aus der normierten Steindruckfestigkeit f_b wie folgt:

$$f_{\lambda=0} = 0,75 \cdot f_b^{0,90} \, . \tag{8.30}$$

Wird statt der normierten die einaxiale Zylinderdruckfestigkeit $f_{b,cyl}$ eingesetzt, erhält man folgende Beziehung:

$$f_{\lambda=0} = 0,85 \cdot f_{b,cyl}^{0,98} \, . \tag{8.31}$$

Beide Gleichungen wurden so aufgebaut, daß vorrangig die Druckfestigkeiten der RILEM-Körper wiedergegeben werden, um dadurch den Einfluß von Vorschädigungen durch Biegerisse infolge ungleicher Steinhöhen zu erfassen. Anderenfalls müßten die Festigkeiten nicht vorgeschädigter Körper explizit um ca. 3 bis 6 %

abgemindert werden, wie der Vergleich der entsprechenden Versuchswerte ergab.

Prinzipiell wäre die einaxiale Zylinderdruckfestigkeit der Mauersteine der bessere Parameter, mit der die Druckfestigkeit des Trockenmauerwerks vorhergesagt werden kann. Der Prüfaufwand zur Ermittlung der einaxialen Druckfestigkeit ist jedoch ungleich höher als für die normgerechte Ermittlung der Steindruckfestigkeit und bedarf entsprechender Versuchstechnik. Für eine praktikable Bemessung wäre als Bezugswert die normierte Steindruckfestigkeit der geeignetere Wert. Abhilfe würde eine, durch ausreichende Versuche abgesicherte Korrelation zwischen Zylinder- und Steindruckfestigkeit schaffen, die letztlich eine gegenseitige Substitution ermöglichen würde.

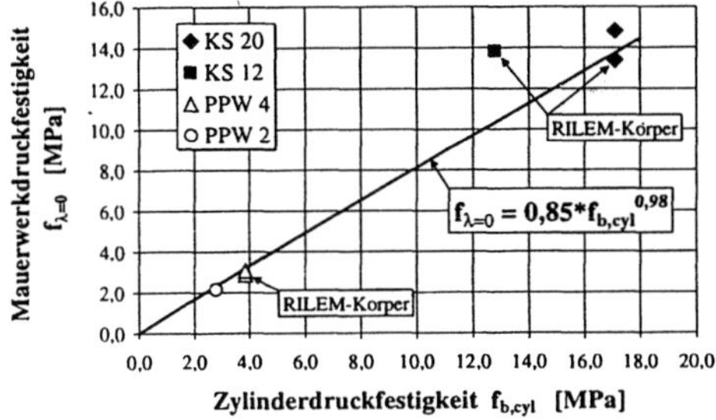

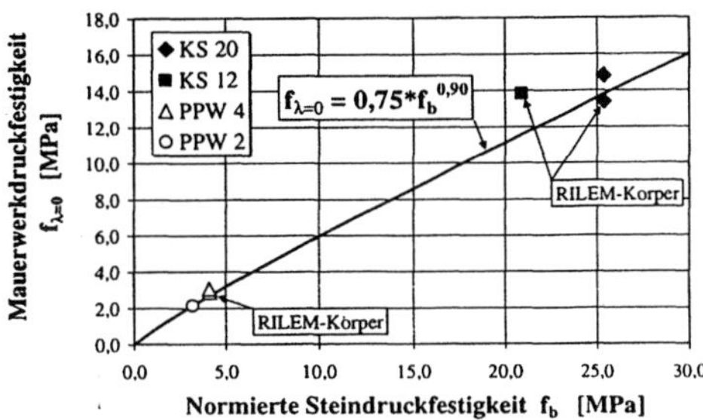

Bild 8.19: Beziehung zwischen der Mauerwerkdruckfestigkeit f bei einer theoretischen Schlankheit $\lambda = 0$ und der einaxialen Zylinderdruckfestigkeit $f_{b,cyl}$

Bild 8.20: Beziehung zwischen der Mauerwerkdruckfestigkeit f bei einer theoretischen Schlankheit $\lambda = 0$ und der normierten Steindruckfestigkeit f_b

In den Bildern 8.19 und 8.20 sind neben den Versuchswerten auch die grafischen Auswertungen der Gleichungen (8.30) und (8.31) eingetragen.

Bei der Ableitung von Rechenwerten der Materialfestigkeit aus den Versuchsergebnissen muß beachtet werden, daß die Rechenwerte als untere 5 %-Fraktilwerte definiert sind und damit charakteristischen Festigkeiten entsprechen. Wird näherungsweise das Verhältnis Fraktilwert zu Mittelwert gleich 0,8 gesetzt, lassen sich durch Multiplikation mit dem Faktor 0,8 aus den Gleichungen (8.30) und (8.31) die unteren 5 %-Fraktilwerte ermitteln. Außerdem ist der Einfluß der Langzeitwirkung durch einen weiteren Faktor α zu berücksichtigen, der wie im Betonbau mit $\alpha = 0{,}85$ angenommen werden kann. Die Rechenwerte der Mauerwerkdruckfestigkeit können daher angegeben werden:

$$\alpha \cdot f_{k,\lambda=0} = \alpha \cdot 0{,}8 \cdot 0{,}75 \cdot f_{b}^{0,90} , \qquad (8.32)$$

$$\alpha \cdot f_{k,\lambda=0} = \alpha \cdot 0{,}8 \cdot 0{,}85 \cdot f_{b,cyl}^{0,98} . \qquad (8.33)$$

Weil die verfügbaren bauaufsichtlichen Zulassungen [G5, H3, H4, K1] mit zulässigen Spannungen arbeiten, ist die Angabe und der Vergleich mit zulässigen Spannungen besonders lohnenswert. Für die Angabe von Grundwerten der zulässigen Druckspannung gemäß dem Vorgehen des vereinfachten Nachweisverfahrens nach DIN 1053-1 [AA3] muß beachtet werden, daß sich die zulässigen Spannungen auf Ergebnisse beziehen, die an Wandkörpern der Schlankheit $\lambda = 10$ ermittelt wurden. Des weiteren werden die Sicherheitsabstände nicht explizit durch einen Sicherheitsbeiwert γ_m erfaßt, sondern diese sind in den zulässigen Spannungen enthalten.

Tabelle 8.3:   Grundwerte σ_0 der zulässigen Druckspannungen für Trockenmauerwerk

Stein	KS 20		KS 12		PPW 4		PPW 2[1)]	
	Einzel-werte $\sigma_{0,i}$ N/mm^2	Mittel-wert σ_0 N/mm^2	Einzel-werte $\sigma_{0,i}$ N/mm^2	Mittel-wert σ_0 N/mm^2	Einzel-werte $\sigma_{0,i}$ N/mm^2	Mittel-wert σ_0 N/mm^2	Einzel-werte $\sigma_{0,i}$ N/mm^2	Mittel-wert σ_0 N/mm^2
1	2	3	4	5	6	7	8	9
Erste Versuchsserie (RILEM-Körper, einmalige Belastung)								
oB	3,63	3,52	3,68	3,68	0,72	0,80	0,60	0,60
PLS	3,42		--		0,88		--	
Zweite Versuchsserie (Fünf-Stein-Körper, einmalige Belastung)								
oB	4,15	3,97	--	--	0,81	0,85	--	--
PLS	4,05				0,89			
RL	3,90				0,82			
RQ	4,03				0,81			
RLQ	4,04				0,91			
Boh	3,66				0,83			
Dritte Versuchsserie (nur Fünf-Stein-Körper, wiederholte Belastung)								
oB	--	--	4,07	4,07	0,92	0,92	--	--

1) Wegen der Steinabmessungen wurden nur Fünf-Stein-Körper geprüft.

Der im Mauerwerkbau anzusetzende Sicherheitsbeiwert beträgt nach deutscher Norm $\gamma_m = 2,0$ [AA3]. Unter Einschluß der Betrachtungen zum Langzeiteinfluß (Abminderungsfaktor 0,85) und zum unteren Fraktilwert (Verhältnis Fraktilwert/Mittelwert = 0,8) ergeben sich die Grundwerte der zulässigen Druckspannungen σ_0 wie folgt:

$$\sigma_0 = \frac{0,85 \cdot 0,8}{2,0} \cdot f_{\lambda=10} \approx \frac{f_{\lambda=10}}{3,0} . \tag{8.34}$$

Die σ_0-Werte sind in Tabelle 8.3 wiedergegeben. Diese Betrachtungsweise ist konsistent mit dem Vorgehen von DIN 1053-1 [AA3] hinsichtlich des Sicherheitsniveaus von genauem und vereinfachtem Nachweisverfahren.

Werden die Grundwerte der zulässigen Druckspannungen aus Tabelle 8.3 den Angaben der ·bauaufsichtlichen Zulassungen gegenübergestellt, ergeben sich deutliche Abweichungen. So betragen die Grundwerte der zulässigen Spannungen für Einstein-Trockenmauerwerk aus Kalksandsteinen der Festigkeitsklasse 20 in der Rohdichteklasse 1,8 nur $\sigma_0 = 0{,}9$ MN/m^2 [K1]. Für Trockenmauerwerk aus Porenbetonsteinen werden für zwei Festigkeitsklassen ausnutzbare Druckspannungen angegeben: $\sigma_0 = 0{,}4$ MN/m^2 (Festigkeitsklasse 2) und $\sigma_0 = 0{,}5$ MN/m^2 (Festigkeitsklasse 4).

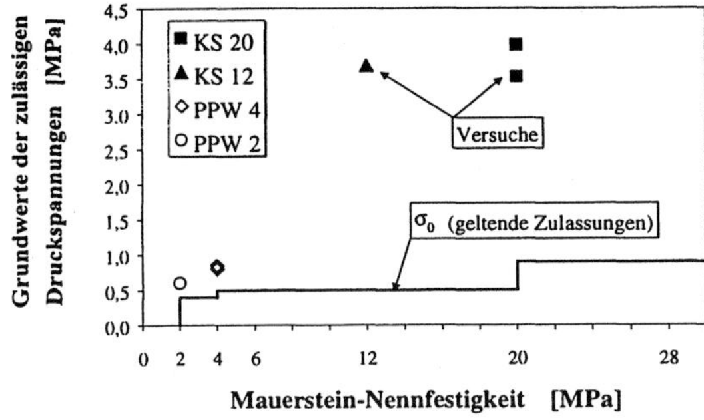

Bild 8.21: Vergleich der Grundwerte σ_0 der zulässigen Druckspannungen aus Versuchen und Vorgaben geltender bauaufsichtlicher Zulassungen [H3, H4, K1, K13]

Im Bild 8.21 sind sowohl die aus den Versuchen umgerechneten Druckfestigkeiten als auch die Angabe der Grundwerte der zulässigen Druckspannungen σ_0 für Kalksandstein- und Porenbetonstein-Trockenmauerwerk entsprechend den gültigen bauaufsichtlichen Zulassungen für Trockenmauerwerk grafisch gegenübergestellt. Zum Teil ergeben sich deutliche Unterschiede.

Während die Angaben für Trockenmauerwerk aus Porenbetonsteinen akzeptabel sind, zeigen die Vorgaben für Trockenmauerwerk aus Kalksandsteinen erhebliche "Reserven". Der Vollständigkeit halber soll erwähnt werden, daß die Mauersteinformen aus den Zulassungen und den vorliegenden Versuchen nicht identisch waren, z. B. enthielt das Porenbetonsteinmauerwerk der Zulassungen zum Teil Zentrierhilfen oder die Kalksandsteine wiesen Noppen auf, so daß dadurch Abweichungen unvermeidlich waren. Das Verhältnis $k = \sigma_{0,exp}/\sigma_{0,Zul}$ der vorhandenen Festigkeit $\sigma_{0,exp}$ zu den derzeitigen Zulassungswerten $\sigma_{0,Zul}$ beträgt beim Porenbeton-Trockenmauerwerk $k = 1{,}5$ bis $1{,}6$ und beim Kalksandstein-Trockenmauerwerk $k = 3{,}9$ bis $4{,}4$. Hier ergibt sich erheblicher Forschungsbedarf, um diese Unterschiede abzubauen.

8.2 Schubtragverhalten

8.2.1 Grundlagen der Schubfestigkeit von Mauerwerk

Im Zusammenhang mit der Erforschung von Erdbebenbeanspruchung auf Bauwerke wurden zahlreiche Versuche an Mauerwerkwänden unter gleichzeitiger horizontaler und vertikaler Lasteinwirkung untersucht. Ziel dieser Untersuchungen war es, das Mauerwerk in den Bemessungsgleichungen als Kontinuum zu behandeln zu.

Aus den beobachteten Versagensbildern für zweiachsig beanspruchte Wände ließen sich verschiedene Versagensformen unterscheiden, die im wesentlichen auf:

a) Reibversagen ganzer Lagerfugen,
b) Biegeversagen der Scheibe (Klaffen der Fugen oder Zerstörung des Mauerwerks auf der Druckseite) oder
c) Schubversagen mit treppenartig auftretenden Rissen.

zurückzuführen waren (Bild 8.22). Das Schubversagen umfaßte sowohl Fugenversagen als auch ein Versagen der Mauersteine auf Zug. Welche der beschriebenen Versagensformen (a bis c) sich einstellte, hing von der Kombination der generierten Hauptspannungen ab.

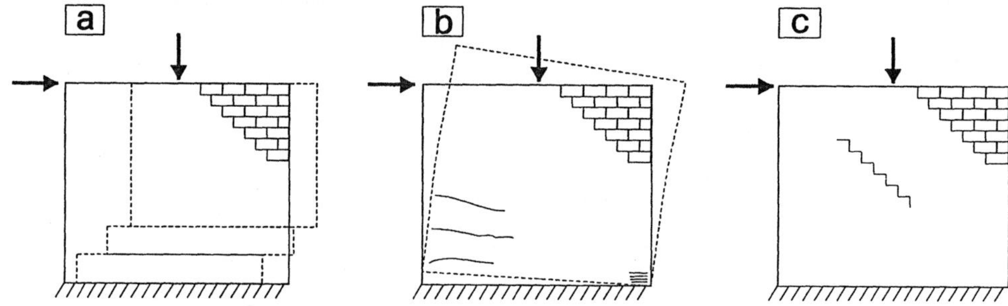

Bild 8.22: Versagensformen von Schubwänden aus Mauerwerk

Das erste Kriterium des Schubversagens, das entdeckt wurde, war das Reibversagen als "Mohr-Coulomb-Kriterium". Lange Zeit wurde es als das einzige Bruchkriterium von schubbeanspruchten Mauerwerkscheiben angesehen, was sich noch heute in Normen zahlreicher Länder sowie in einigen Forschungsbeiträgen [W2] widerspiegelt:

$$\tau_u = \tau_0 + \mu \cdot \sigma_d \ . \tag{8.35}$$

Hierbei bedeutet τ_u die auf den ganzen Querschnitt verteilte, maximal aufnehmbare Schubspannung, τ_0 die Verbundfestigkeit (Kohäsion) zwischen Mörtel und Mauerstein, μ der Reibungsbeiwert der Lagerfuge sowie σ_d die aus den Auflasten generierten Drucknormalspannungen.

Stafford-Smith/Carter [S32] schlossen erstmals aus Versuchsbeobachtungen, daß die Annahme des Reibversagens für eine vollständige Beschreibung des Schubversagens nicht zutreffend ist, da eine Proportionalität zwischen τ_u und σ_d nicht immer galt.

Riddington/Ghazali [R5] schlugen vor, das Mohr-Coulomb-Kriterium auf kleine Druckspannungen $\sigma_d \le 2$ MPa zu begrenzen.

Vratsanou [V3] stellte eine Übersicht über verschiedene Ansätze für τ_0 und μ auf, die zum Teil deutlich voneinander abweichen. Sie kommt zum Schluß, daß aufgrund der unterschiedlichen Versuchsaufbauten die Werte nur bedingt vergleichbar sind. Im allgemeinen entsprach die Schubfestigkeit in den Versuchen rund 5 bis 10 % der Mauerwerkdruckfestigkeit und belegte einen Bereich zwischen 0,2 und 2,5 N/mm^2.

Erste systematische Untersuchungen an Mauerwerkscheiben führten *Page et al.* [P1, P2, P3, P6, P7] und *Dhanasekar* [D2] durch. Dabei variierten sie nicht nur das Belastungsverhältnis von horizontalen zu vertikalen Spannungen, sondern auch die Lagerfugenneigung gegenüber der horizontalen Lage. Verschiedene Beanspruchungsrichtungen: Druck-Druck, Druck-Zug wurden in die Untersuchungen am Modellmauerwerk an 36 cm langen, quadratischen Scheiben einbezogen. Die Lasteinleitung erfolgte über Stahlbürsten in einem Prüfrahmen. Aus den Versuchsergebnissen entwickelten sie dreidimensionale Versagenskriterien, die durch die Hauptspannung σ_1 und σ_2 und in der dritten Achse durch den Fugenneigungswinkel ϕ der Lagerfugen bestimmt werden. Das rechnerische Versagen stellt sich für die gegebene Lagerfugenorientierung bei einer bestimmten Kombination der Hauptspannungen ein.

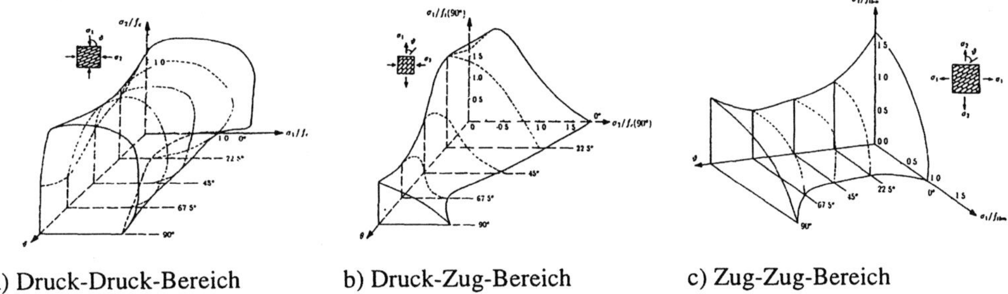

a) Druck-Druck-Bereich   b) Druck-Zug-Bereich   c) Zug-Zug-Bereich

Bild 8.23: Versagenshüllflächen von *Page et al.* [P1, P2, P3, P6, P7] in Abhängigkeit von der Belastungskombination

Die dabei entstehenden Versagenshüllflächen sind im Bild 8.23 für verschiedene Belastungskombinationen und unterschiedliche Fugenneigungswinkel dargestellt. Bei einer Fugenneigung von 45° ist die Versagensumhüllende symmetrisch, ansonsten verläuft diese asymmetrisch. Während im Druck-Druck-Bereich ein Spaltversagen in der Ebene des Körpers dominierend war, versagte das Mauerwerk bei einer Druck-Zug-Beanspruchung durch verstärkte Rißbildung senkrecht zur Scheibenebene. Bei einer Kombination von Druck- und Zugspannungen trat in der Regel der Bruch abrupt und ohne Vorankündigung durch ein kombiniertes Fugen-Stein-Versagen ein. Als sehr wesentlich wurde die Lagerfugenneigung sowie das wirkende Hauptspannungsverhältnis herausgestellt. Im Druck-Druck-Bereich gewann die Lagerfugenneigung erst mit kleinen Hauptspannungsverhältnissen ($\sigma_1/\sigma_2 \leq 0{,}10$) an Bedeutung. Die Festigkeit des Mauerwerks im Zug-Zug-Bereich konnte nur analytisch bestimmt werden und war immer eine Funktion der Lagerfugenneigung und der Haftzug- und Haftscherfestigkeit in den Lagerfugen.

Die unregelmäßigen Formen der Versagenshüllflächen erschwerten eine analytische Auswertung. Von *Page/Kleemann/Dhanasekar* [P4] wurde deshalb eine alternative Versagenshüllfläche geschaffen, die die experimentellen Spannungspunkte (σ_1, σ_2, ϕ) zu Punkten (σ_x, σ_y, τ_{xy}) transformierte (Bild 8.24). Die Hüllfläche wird dabei durch drei elliptische Kegel, die symmetrisch zur τ_{xy}-Ebene liegen, repräsentiert.

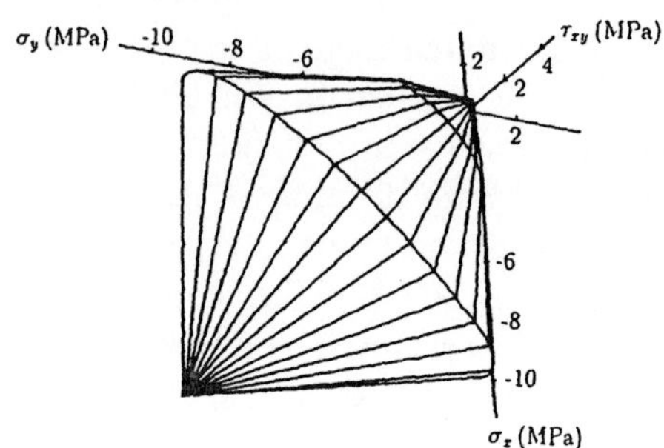

Bild 8.24: Versagenshüllfläche nach *Page/Kleeman/Dhanasekar* [P4]

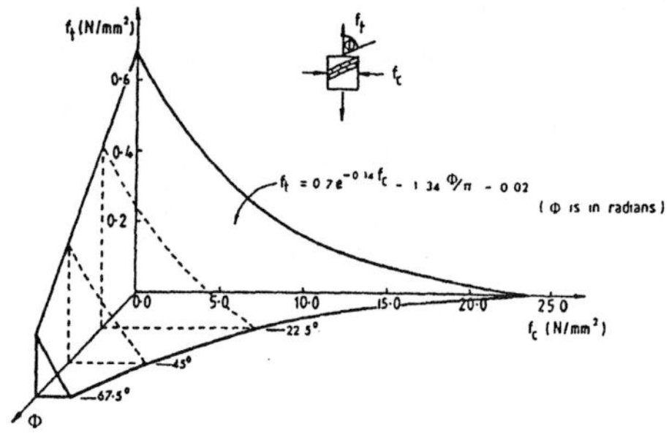

Bild 8.25: Bruchfläche nach *Samarasinghe* (in [D3])

Das Bild 8.25 zeigt die gewonnenen Versuchsergebnisse von *Samarasinghe* (in [D3]) in Form einer dreidimensionalen Bruchfläche in Abhängigkeit der äußeren Hauptspannungen und der Lagerfugenneigung ϕ. Die Hüllfläche berücksichtigt im Druck-Zug-Versagen sowohl ein Reißen der Steine allein als auch Brüche entlang der Lager- und Stoßfugen.

Mehrheitlich hat sich inzwischen die Ansicht durchgesetzt, daß sich aufgrund der Inhomogenität das Bruchverhalten von Mauerwerk nicht auf ein einzelnes Versagenskriterium beschränken läßt, sondern Mauersteine und Mörtelfuge für sich versagen können. Die ungünstigste Bedingung bestimmt die Höhe der Bruchlast.

Ganz/Thürlimann [G2] formulierten aufgrund ihrer Versuche Bruchbedingungen für zweiachsig beanspruchte Mauerwerkscheiben mit und ohne Berücksichtigung einer Zugfestigkeit des Materials. Aus einer Linearkombination der Bruchbedingungen der Komponenten Mörtel und Stein leiteten sie das Versagen von Mauerwerk ab und trennten sich bewußt von der Betrachtung des Mauerwerks als Kontinuum. Wie *Page/Dhanasekar* variierten sie ebenfalls die Fugenneigung ϕ, die aufgrund der Anisotropie des Mauerwerks, die in der Regel dem Fugenbild folgt, immer von Bedeutung ist. So existieren in Abhängigkeit von ϕ verschiedene Umhüllende der zweiaxialen Festigkeit. Die aufgestellten Versagenskriterien beschreiben 12 mögliche Bruchbedingungen, die bei Vernachlässigung einer Zugfestigkeit auf sechs reduziert werden können:

<u>Steinversagen</u>

(1) Zugversagen: $\qquad \tau_{xy}{}^2 - \sigma_x \cdot \sigma_y \le 0,$ $\qquad$ (8.36)

(2) Druckversagen: $\qquad \tau_{xy}{}^2 - (\sigma_x + f_{mx})(\sigma_y + f_{my}) \le 0,$ $\qquad$ (8.37)

(3) Schubversagen: $\qquad \tau_{xy}{}^2 + \sigma_x (\sigma_x + f_{mx}) \le 0,$ $\qquad$ (8.38)

<u>Fugenversagen</u>

(4a) Gleiten der Lagerfuge: $\qquad \tau_{xy}{}^2 - (c - \sigma_y \cdot \tan\varphi)^2 \le 0,$ $\qquad$ (8.39)

(4b) Trennbruch der Lagerfuge: $\quad \tau_{xy}{}^2 + \sigma_y \cdot \left[\sigma_y + 2 \cdot c \cdot \tan\left(\dfrac{\pi}{4} + \dfrac{\varphi}{2} \right) \right] \le 0.$ $\quad$ (8.40)

Ein Druckversagen des Mörtels in der Fuge kann wegen der festigkeitssteigernden Wirkung dreiachsigen Drucks als maßgebende Bruchbedingung ausgeschlossen werden.

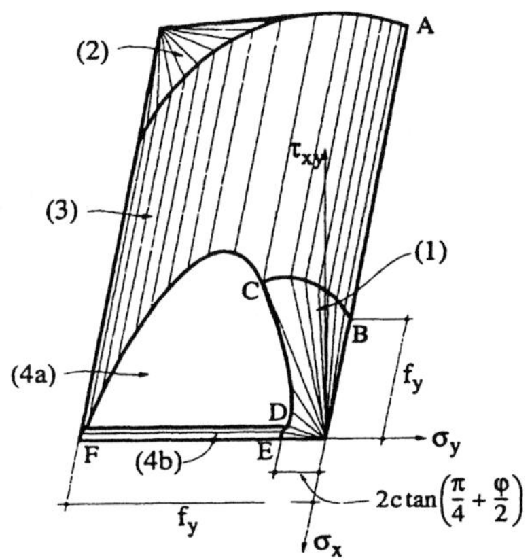

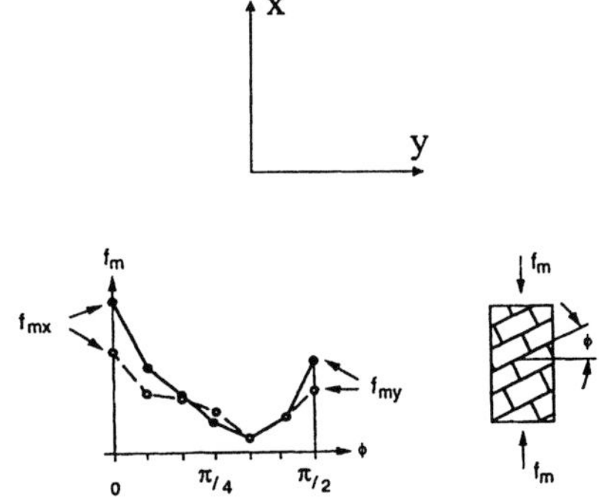

Bild 8.26: Bruchbedingungen für unbewehrtes Mauerwerk unter einer zweiachsigen Beanspruchung nach *Ganz/Thürlimann* [G2]

Bild 8.27: Richtungsabhängige Druckfestigkeit von Mauerwerk (nach [B1])

Im dreidimensionalen Spannungsraum werden die Bruchkriterien durch zwei elliptische Kegel, zwei Kreiszylinder und eine Ebene dargestellt (Bild 8.26). Ihren Versuchen kann weiterhin entnommen werden, daß die zweiaxiale Druckfestigkeit stets oberhalb der einaxialen Festigkeit für dieselbe Fugenneigung liegt. Die minimale Druckfestigfestigkeit ergab sich bei einer Lagerfugenneigung von ($\pi/4 + \phi/2$), weil normalerweise der Verbund zwischen Stein und Mörtel versagt und ein Gleiten in der Lagerfuge einsetzt (Bild 8.27).

Mann/Müller [M4, M17] leiteten aus ihren Beobachtungen am Versagensbild unter einer Schubbeanspruchung ab, daß in den Stoßfugen keine Schubspannungen übertragen werden. Diese Annahme war insofern berechtigt, weil wegen der glatten Stirnseite der Mauersteine, der zum Teil mangelhaften Qualität der Stoßfugenvermörtelung sowie des Schwindens des Fugenmörtels keine Schubspannungsübertragung gewährleistet werden konnte. Die in der Lagerfuge wirkenden Schubspannungen erzeugen somit ein Drehmoment am Einzelstein (Bild 8.28), welches ein entgegendrehendes, gleichgroßes Gegenmoment aus Vertikalspannungen hervorruft. Diese zusätzlichen Vertikalspannungen überlagern sich mit den Spannungen aus Eigengewicht und Auflast und führen bei der einen Steinhälfte zu einer Reduktion und bei der anderen Steinhälfte zu einer Vergrößerung der Vertikalspannungen. Das Bild 8.28 zeigt eine durch Horizontal- und Vertikalkräfte belastete Wandscheibe aus Mauerwerk, die resultierenden Spannungen an einem kleineren Wandausschnitt und letztlich die Spannungen am Einzelstein.

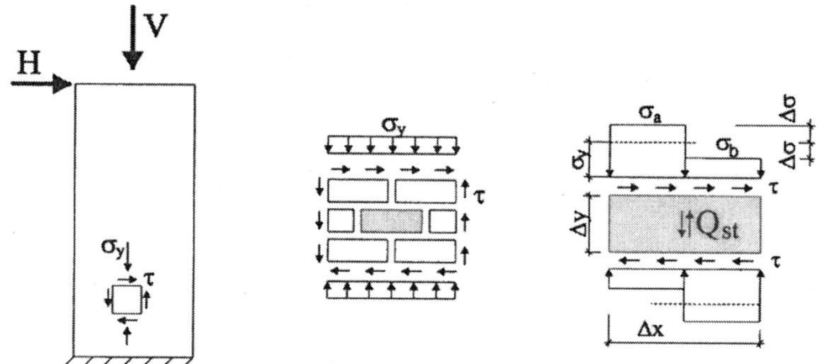

Bild 8.28: Schubbeanspruchung von Mauerwerk [M4]

Je nach Größe des Verhältnisses von Schub- zu resultierenden Vertikalspannungen wird das Bauteilversagen unterschiedlich eingeleitet. Das Schubbruchversagen für Mauerwerk entspricht einer Brucheinhüllenden (Bild 8.29), welche vier Versagensbereiche umschreibt:

a) Versagen durch Klaffen der Lagerfuge

$$\max \tau = \left(\beta_{HZ} + \sigma_y\right) \cdot \frac{l_{st}}{2 \cdot h_{st}} \qquad \text{mit: } \beta_{HZ} = \text{Haftzugfestigkeit,} \qquad (8.41)$$

b) Versagen der Lagerfuge auf Reibung

$$\max \tau = \beta_{HS} + \mu \cdot \sigma_b = \beta_{HS,red} + \mu_{red} \cdot \sigma_y \quad \text{mit: } \beta_{HS} = \text{Haftscherfestigkeit,} \qquad (8.42)$$

c) Versagen des Steins auf Zug

$$\max \tau = \frac{\beta_{Z,st}}{2,3} \cdot \sqrt{1 + \frac{\sigma_y}{\beta_{Z,st}}} \qquad \text{mit: } \beta_{Z,st} = \text{Steinzugfestigkeit,} \qquad (8.43)$$

d) Versagen des Mauerwerks auf Druck

$$\max \tau = \left(f - \sigma_y\right) \cdot \frac{l_{st}}{2 \cdot h_{st}} \qquad \text{mit: } f = \text{Mauerwerkdruckfestigk.} \qquad (8.44)$$

Das Versagen durch Klaffen der Lagerfuge (Versagen a) tritt vor allem bei geringer Auflast ein, wenn auf der einen Steinhälfte die Vertikalspannung in eine resultierende Zugspannung umschlägt und die Haftzugfestigkeit des Mörtels überschreitet. Das Versagen der Lagerfuge auf Reibung (Versagen b) ist dadurch gekennzeichnet, daß die Steinhälfte mit der geringeren Vertikalspannung σ_b auf Reibung versagt.

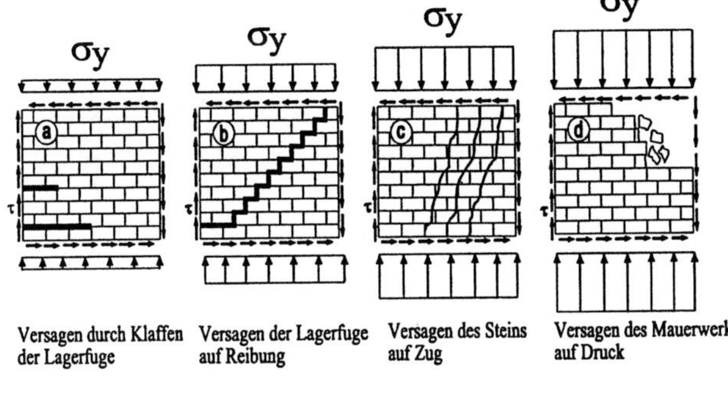

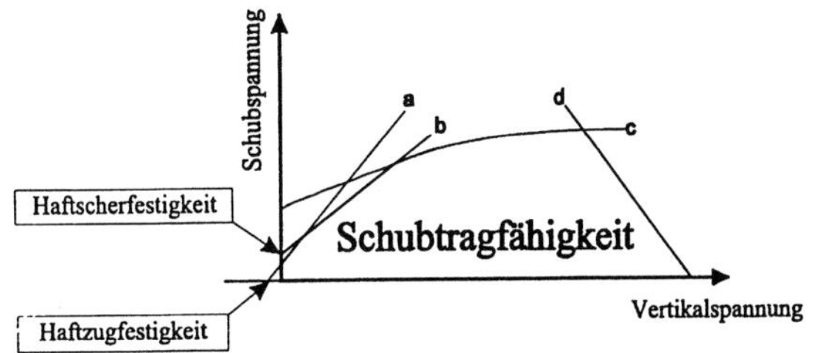

Es stellen sich wanddiagonale Risse entlang der Stoß- und Lagerfugen ein. Dieses Bruchverhalten ist immer dann zu beobachten, wenn geringe Auflasten wirken und die Steine eine gewisse Zugfestigkeit aufweisen. Im allgemeinen deckt diese Versagensart die Grenzwerte für das Klaffen der Lagerfuge ab. Bei größerer Auflast wird der Reibwiderstand so groß, daß kein Versagen der Lagerfuge eintritt, sondern infolge der schiefen Hauptzugspannungen entweder der Stein reißt (Versagen c) oder bei sehr hoher Auflast das Mauerwerk auf Druck versagt (Versagen d).

Bild 8.29: Brucheinhüllende und zugeordnete Versagensbilder [M4]

In diesem Fall wird das Bruchkriterium durch das Erreichen der Steinzugfestigkeit $\beta_{Z,st}$ bzw. das Überschreiten der Druckfestigkeit des Mauerwerks f (Bild 8.29) charakterisiert.

Zur rechnerischen Vereinfachung berücksichtigten *Mann/Müller* die treppenförmige Normalspannungsverteilung durch eine Abminderung der Haftscherfestigkeit $\beta_{HS,red}$ und des Reibungsbeiwertes μ_{red}, so daß weiterhin mit konstanter Normalspannungsverteilung σ_y gerechnet werden konnte:

$$\beta_{HS,red} = \beta_{HS} \cdot \frac{1}{1+\mu \cdot 2 \cdot \dfrac{h_{st}}{l_{st}}}, \qquad (8.45)$$

$$\mu_{red} = \mu \cdot \frac{1}{1+\mu \cdot 2 \cdot \dfrac{h_{st}}{l_{st}}} \cdot \qquad (8.46)$$

Zur Absicherung der in [M4, M17] beschriebenen Theorie wurden Versuche an verkleinertem Modellmauerwerk im Maßstab 1:2 durchgeführt. Die Versuche waren so aufgebaut, daß Mauerwerk mit vermörtelten und unvermörtelten Stoßfugen getestet werden konnte.

In [M7] erweiterten *Mann/Müller* die Schubbruchtheorie um die Tragwirkung der Stoßfugen. Diese ist dann anwendbar, wenn Querdruckkräfte in Scheibenebene, z.B. infolge von waagerechten Vorspannkräften, einwirken und sich die Stoßfugen merklich an der Lastableitung beteiligen (Bild 8.30). Zur Verifizierung diente wiederum verkleinertes Modellmauerwerk. Der Einfluß der Stoßfugenvermörtelung auf das Trag- und Verformungsverhalten wurde punktuell mit untersucht. Generell ergaben sich bei fehlender Stoßfugenvermörtelung geringere Schubbruchspannungen.

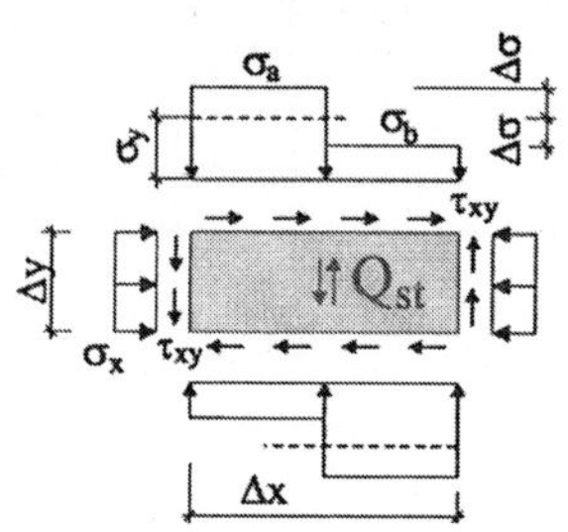

Bild 8.30: Spannungsverteilung am Stein bei erweiterter Schubbruchtheorie

Die erweiterte Bruchhypothese lautet demnach:

a) Fugenversagen

$$\tau_{xy} \le \frac{c_x + \mu_x \cdot \sigma_x + 2 \cdot \mu_x \cdot \Delta x / \Delta y \cdot \left(c_y + \mu_y \cdot \sigma_y\right)}{1 + 2 \cdot \mu_x \cdot \Delta x / \Delta y}, \qquad (8.47)$$

b) Steinzugversagen

$$\tau_{xy} \le 0{,}5\left(c_y + \mu_y \cdot \sigma_y\right) + \frac{\beta_{Z,st}}{2{,}3}\sqrt{1 + \frac{\sigma_x + \sigma_y}{\beta_{Z,st}} + \frac{\sigma_x \cdot \sigma_y}{\beta_{Z,st}^2}}, \quad (8.48)$$

c) Druckversagen des Mauerwerks

$$\tau_{xy} \le \left(f - \sigma_y\right)\frac{\Delta x}{2 \cdot \Delta y}. \qquad (8.49)$$

Neuere Versuche von *Dialer* [D3, D4] an Modellmauerwerk unter zweiachsiger Beanspruchung bestätigten die von *Mann/Müller* bzw. die von *Ganz/Thürlimann* formulierten Bruchbedingungen.

König/Mann/Ötes [K10] untersuchten das dynamische Verhalten von Schubwänden und stellten fest, daß die Bruchkriterien von *Mann/Müller* für statische Beanspruchungen auf dynamisch beanspruchte Mauerwerkwände übertragen werden können. Die zyklische Beanspruchung bewirkte eine kreuzweise Rißbildung.

8.2.2 Schubtragfähigkeit der Lagerfugen im Trockenmauerwerk

Die Schubtragfähigkeit von Trockenmauerwerk ist gleichbedeutend mit einer zweiaxialen Festigkeit und kann als Funktion des Hauptspannungsverhältnisses σ_1/σ_2 und des Fugenneigungswinkels ϕ ausgedrückt werden. Für die vorliegenden Untersuchungen wurde der Normalfall gewählt und eine horizontal ausgerichtete Lagerfuge vorausgesetzt ($\phi = 0$). Die Art der Lasteintragung war so gewählt worden, daß ein praxisüblicher Druck-Zug-Bereich erfaßt wurde. Den Druck-Zug-Bereich kennzeichnet zunächst nach übereinstimmender Erfahrung ein Versagen der Lagerfugen, welches mit der Coulomb'schen Reibungsgerade zutreffend beschrieben werden kann.

Die Schubversuche an den Mauerwerkscheiben im Originalmaßstab waren so ausgeführt worden, daß mit dem jeweils geringeren Vorspanngrad bei jeder Steinsorte die Lagerfugen hätten versagen und somit die Schubtragfähigkeit begrenzen müssen. Die Bemessungsgleichungen nach DIN 1053-1, die auf der Theorie von *Mann/Müller* [M4] fußen, ergaben unter Ausschluß der Mörteltraganteile rechnerische Schubbruchlasten in Höhe von S = 170 kN (KS 12) und S = 145 kN (PPW 4). Dabei wurden die an den Drei-Stein-Körpern ermittelten Reibungsbeiwerte μ = 0,70 (KS 12) und μ = 0,92 (PPW 4) sowie die realen Steinabmessungen für die Ermittlung des abgeminderten Reibungsbeiwertes μ_{red} nach Gleichung (8.46) berücksichtigt. In jenen Fällen sollte das Versagen dadurch erkennbar sein, daß ganze Steine aus dem Verband gelöst werden und das Mauerwerk entlang der Druckdiagonalen zahnartig aufreißt. Die tatsächlich gemessenen Bruchkräfte erreichten mit S_{exp} = 280 kN (KS 12) und S_{exp} = 175 kN (PPW 4) eine um 63 bzw. 20 % höhere Ausnutzbarkeit. Bei den Versuchen mit höheren Vorspannungen fiel das Verhältnis mit S_{exp}/S = 1,38 (KS 12) bzw. S_{exp}/S = 1,11 (PPW 4) kleiner aus. Ein Fugengleiten als maßgebendes Versagenskriterium konnte nur ansatzweise beobachtet werden. Der Bruch wurde stets durch Risse im Stein eingeleitet.

Die vorstehenden Veröffentlichungen zum Schubtragverhalten von Mauerwerk zeigen übereinstimmend, daß die Lagerfugen hinsichtlich der Spannungsübertragung in der Regel als Schwachstellen gelten. Insbesondere ist die Übertragung von Schubspannungen bei gewöhnlichen Auflastverhältnissen nur in einem geringerem Maße möglich als innerhalb der Mauersteine. Dieses Verhalten kehrt sich erst bei höheren Auflasten um. Die maximal übertragbare Schubspannung hängt beim Trockenmauerwerk in erster Linie von der geometrischen Struktur der Fugenwandung und den Festigkeiten der Mauersteine ab. Die Rauhigkeit der trockenen Fugen bewirkte, daß, wie bei der Druckübertragung, anfangs nur vereinzelte Kontaktstellen für eine Spannungsübertragung zur Verfügung standen.

Aufgrund der Rauheit der Steinlagerflächen lagen die Steine nicht planeben aufeinander, sondern es stellte sich stellenweise eine gewisse Verzahnung zwischen den Steinen ein. Bei der Übertragung von Schubspannungen vollführten die Mauersteine eine Bewegung in Richtung der Schubspannungen τ, die als Gleitbewegung δ_s wahrnehmbar war. Zusätzlich vollführten die Mauersteine eine Bewegung δ_n senkrecht zur Fuge aus (Bild 8.31), die gemessen werden konnte und sich in den Versuchen durch eine Steigerung der Vorspannkräfte äußerte. Diese orthogonalen Bewegungskomponenten ergaben sich aus der unregelmäßigen geometrischen Struktur der Steinlagerflächen.

In Anlehnung an den Felsbau, wo dieselben Erscheinungen an schubbeanspruchten Trennflächen eines geklüfteten Felsens beobachtet werden können, wird die durch die Orthogonalbewegung verursachte Volumenzunahme des Körpers als Dilatanz und der Vorgang selbst als Dilatation bezeichnet. Die Dilatanz bewirkt, daß auf die gegeneinander gleitenden Steinlagen oberhalb und unterhalb der Lagerfugen eine zusätzliche Vorspannung eingetragen wird, sobald die Orthogonalbewegung etwas behindert wird.

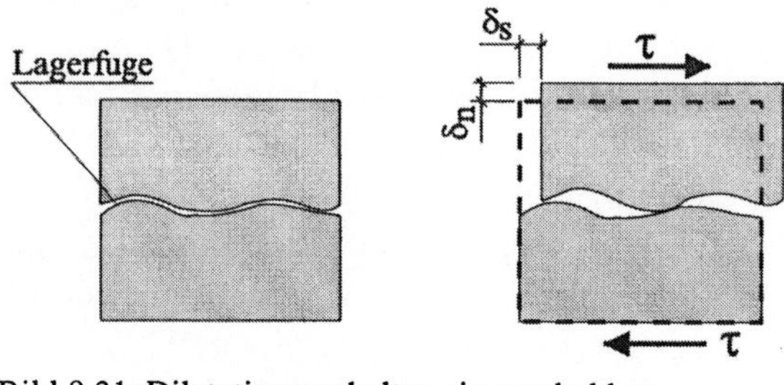

Bild 8.31: Dilatationsverhalten einer schubbeanspruchten, mörtellosen Lagerfuge

So war übereinstimmend in allen Versuchen registriert worden, daß die Spannkraft mit Erreichen der Schubfestigkeit des Trockenmauerwerks um bis zu 6 % größer war als die eingeleitete Initialspannkraft. Dabei wuchsen die Vorspannkräfte nicht kontinuierlich, sondern erst im Bruchzustand übermäßig an.

Dieser Anstieg war beim Porenbetonmauerwerk wesentlich stärker ausgeprägt, wie die Darstellung der bezogenen Vorspannkraft als Verhältnis der Spannkraft im Bruchzustand zur Initialspannkraft P_u/P_0 gegenüber der Schubspannung τ herausstellt (Bild 8.32). Ebenfalls ist ersichtlich, daß mit wachsender Initialvorspannung die Dilatation und damit der Vorspannungszuwachs stetig kleiner ausfällt.

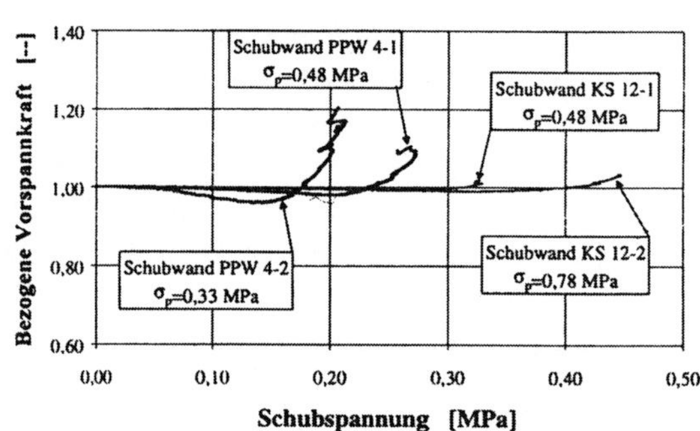

Bild 8.32: Anstieg der Vorspannkraft infolge der Dilatation des Mauerwerks

Infolge der höheren Druckspannungen senkrecht zur Lagerfuge erhöhte sich der Reibwiderstand und damit die aufnehmbare Schubspannung. Auf diese Weise konnte sich ein neues Gleichgewicht auf höherem Spannungsniveau zwischen den wirkenden Schubspannungen in den Lagerfugen und der Scherfestigkeit entlang der Lagerfugen einstellen.

In den Schubversuchen wurde letztlich der Reibwiderstand in den Fugen so groß, daß dieser den Schubwiderstand der Mauersteine überstieg. Dadurch war das Bauteilversagen nicht durch ein Gleiten in den Fugen, sondern durch ein Reißen der Steine gekennzeichnet. Dies ist eine ganz entscheidende Feststellung, weil selbst bei vermeintlich niedrigen Initialauflasten nicht wie gewohnt die Fuge, sondern der Mauerstein maßgebend werden kann.

Wie aus den vorstehenden Betrachtungen deutlich wird, ist die Abhängigkeit der in den Lagerfugen auftretenden Verschiebungen von den vorhandenen Spannungen wesentlich für das mechanische Verhalten der Fugen im Trockenmauerwerk. Im Gegensatz dazu treten beim vermörtelten Mauerwerk Dilatationen nicht oder nur minimal auf, weil der Mörtel als Füllmaterial in der Fuge im Regelfall schubweicher ist als der angrenzende Stein, so daß alle wesentlichen Scherverformungen beim Fugengleiten innerhalb des Mörtels bzw. an der Kontaktfläche Stein-Mörtel auftreten, ohne dabei die Fuge zu öffnen. In den überwiegenden Fällen ist der Scherwiderstand der Fugen deutlich kleiner als der Widerstand, den die Steine der Schubbeanspruchung entgegensetzen.

Die Abhängigkeitsbeziehung zwischen Schubspannung, Scherweg und Dilatation ist bisher an Mauerwerk nicht beobachtet und untersucht worden. Im Felsbau werden direkte Scherversuche oft in-situ angewandt, um Aussagen über das Scherverhalten von Trennflächen treffen zu können. Die eingetragenen Vorspannkräfte können dabei variiert werden, so daß die Dilatation teilweise oder vollständig verhindert wird [E1]. Das bedeutet, daß die Dilatation zum einen von der Rauhigkeit der Lagerfuge und zum anderen von der Größe der wirkenden Auflast abhängt.

Scherversuche an Felstrennflächen wurden in verschiedenen Veröffentlichungen beschrieben, jedoch nehmen nur wenige Bezug zum Kraft-Verschiebungsverhalten. *Leichnitz* [L3] berichtet von drei an Sandsteinkörpern durchgeführten Schubversuchen SN3, SN10 und SN15. Jeder der drei Versuche wurde mit einer anderen, während des Versuchs konstant gehaltenen Normalspannung durchgeführt.

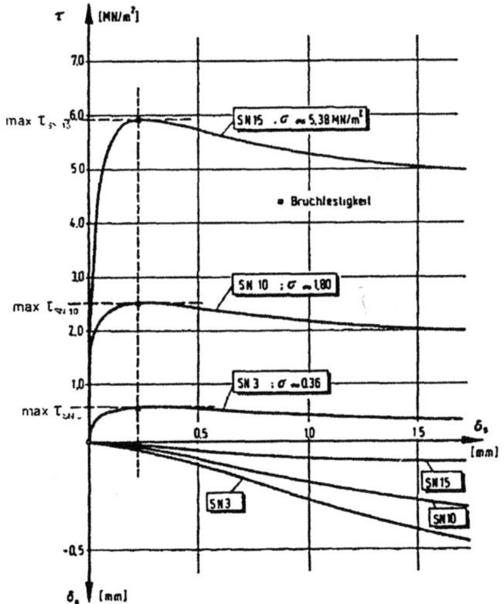

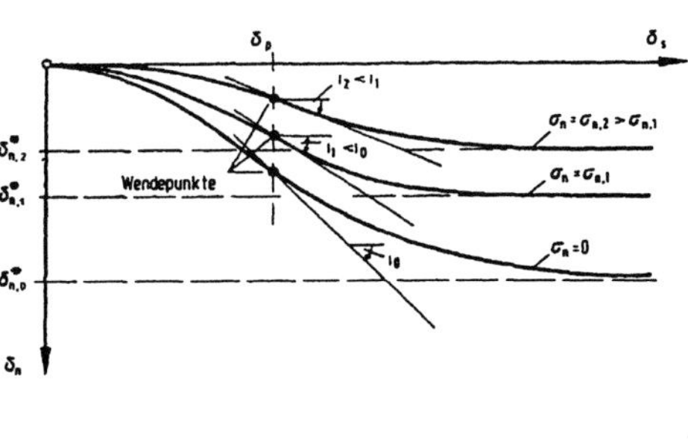

Bild 8.33: Abhängigkeit der Schubspannung τ und Orthogonalverschiebung δₙ von der Scherverschiebung δₛ bei Sandstein-Trennflächen nach *Leichnitz* [L3]

Bild 8.34: Orthogonale Verschiebungskomponente δₙ in Abhängigkeit von der Scherverschiebung δₛ und der Auflast σₙ (schematisch nach [E1])

Die im Bild 8.33 dargestellten Kurven, die den Zusammenhang zwischen der Schubspannung τ und der Scherverschiebung δ_s wiedergeben (τ-δ_s-Kurven), steigen zunächst im Bereich kleiner Scherverschiebungen steil an, werden aber zunehmend flacher, um nach Überschreiten der Schubfestigkeit sich asymptotisch der Restfestigkeit anzunähern. Bruch- und Restfestigkeit waren um so größer, je höher die eingetragene Normalspannung σ_n war. Auch verliefen die τ-δ_s-Kurven bei höheren Vorspannungen wesentlich steiler, was darauf zurückzuführen sein dürfte, daß bei höheren Normalspannungen die Anzahl und Ausdehnung der Kontaktstellen zwischen den Fugenwandungen zunehmen, wodurch die Verformbarkeit normal und parallel zur Trennfläche abnimmt. Die Dilatation senkrecht zur Trennfläche δ_n nahm mit wachsender Querverschiebung zu und näherte sich asymptotisch einem oberen Grenzwert δ_n^*. Der Zusammenhang zwischen δ_n und δ_s ergibt sich an der Stelle der maximalen Schubspannung, weil die δ_n- δ_s-Kurve dort einen Wendepunkt besitzt (Bild 8.34).Die Steigung der Dilatationskurve ist durch den Differentialquotienten $d\delta_n/d\delta_s$ charakterisiert und wird als Dilatanzrate bezeichnet. Sobald die Querverschiebung den Punkt der maximalen Schubspannung überschritten hat, nimmt der Betrag der Dilatanzrate bei zunehmender Scherverschiebung kontinuierlich ab. Die Steigung der Kurven im Wendepunkt wird durch den Winkel i gekennzeichnet und entspricht der Dilatanzrate an der Stelle der maximalen Schubspannung. Der Winkel i ist um so kleiner und die δ_n- δ_s-Kurve verläuft um so flacher, je größer die Normalspannung σ_n ist. Für den Wert $\sigma_n = 0$ nimmt der Winkel i einen Maximalwert i_0 an.

Es ist vorstellbar und durch die Schubversuche an Trockenmauerwerkscheiben belegt, daß bei rauhen, unebenen Lagerfugen die Scherbeanspruchung parallel zur Lagerfuge ein gegenseitiges Aufgleiten der Steinlagen auf die Unebenheiten bewirkt. Während eines Schervorganges kommt es in Abhängigkeit von den Festigkeitseigenschaften der Mauersteine und der Rauhigkeit teilweise auch zu Abschervorgängen von größeren Unebenheiten. Dabei entscheidet die Größe der normal zur Lagerfuge wirkenden Druckspannungen darüber, ob ein Aufgleiten oder ein Abscheren eintritt.

Werden die Unebenheiten in der Lagerfuge abgeschert, so rücken die Steinlagerflächen näher aneinander und die Fugendilatation nimmt zwangsläufig ab. Dies würde auch erklären, warum die Vorspannkraft in allen Versuchen zunächst unter das Niveau der Initialspannkraft absank (Bild 8.32), bevor sie in der Nähe der Bruchfestigkeit enorm anstieg. Die Fugenkompression δ_n läßt sich aus der Differenz der zugehörigen Vorspannkräfte und der Material- und Querschnittswerte des seitlichen Spanngehänges zurückrechnen. Der δ_n-Wert bewegt sich nur in minimalen Größenordnungen, die als Dilatation gegenüber dem Ausgangszustand für den betrachteten Zeitpunkt in Tabelle 8.4 angegeben ist. Zur Übersicht sind die Schubspannungen, die bereits im Kapitel 6 wiedergegeben wurden, nochmals mit aufgeführt.

Tabelle 8.4: Veränderung der Vorspannung durch Dilatation infolge des Fugengleitens

Eigenschaftsgröße			Schubwand S-PPW 4-1	Schubwand S-PPW 4-2	Schubwand S-KS 12-1	Schubwand S-KS 12-2
1	2	3	4	5	6	7
Ausgangszustand zu Versuchsbeginn						
Initialvorspannkraft	P_0	kN	283,72	195,77	288,09	465,54
Initialvorspannung	$\sigma_{p,0}$	N/mm^2	0,473	0,326	0,480	0,776
Minimaler Vorspannungszustand durch Fugenkompression						
Vorspannkraft	P_{min}	kN	278,20	187,93	285,74	460,78
Vorspannung	$\sigma_{p,min}$	N/mm^2	0,464	0,313	0,476	0,768
Schubspannung	τ_{Pmin}	N/mm^2	0,211	0,136	0,247	0,298
Dilatation	$\delta_{n,min}$	mm	-0,05	-0,06	-0,02	-0,04
Zustand bei Eintreten des Erstrisses						
Vorspannkraft	P_{cr}	kN	287,08	197,44	291,39	471,25
Vorspannung	$\sigma_{p,cr}$	N/mm^2	0,478	0,329	0,486	0,785
Schubspannung	τ_{cr}	N/mm^2	0,243	0,180	0,329	0,430
Dilatation	$\delta_{n,cr}$	mm	0,03	0,01	0,03	0,13
Bruchzustand der Wand						
Vorspannkraft	P_u	kN	309,94	213,86	291,39	471,25
Vorspannung	$\sigma_{p,u}$	N/mm^2	0,517	0,356	0,486	0,785
Schubspannung	τ_u	N/mm^2	0,274	0,203	0,329	0,447
Dilatation	$\delta_{n,u}$	mm	0,22	0,15	0,03	0,13

Im Bild 8.35 sind die Dilatationen in Abhängigkeit vom Spannkraftverlust bzw. Spannkraftzuwachs ΔP gegenüber der Initialspannkraft P_0 aufgetragen. Dabei wurde der Zustand mit der geringsten Vorspannkraft (P_{min}), der Zustand der Erstrißbildung (P_{cr}) und der Versagenszustand (P_u) für die Mauerwerkscheiben aus Kalksand- und Porenbetonsteinen betrachtet. Obwohl die Dilatationen nur Bruchteile eines Millimeters ausmachen, ist die zugehörige Spannkraftdifferenz beträchtlich. So betrugen die auf die Initialvorspannung P_0 bezogenen Spannkraftdifferenzen zwischen 1 und 4 % beim Spannkraftverlust und zwischen 1 und 9 % beim Spannkraftzuwachs im Bruchzustand. Die höheren Werte gelten jeweils für das Porenbetonsteinmauerwerk.

Es zeigte sich, daß die Größe der Dilatanz von der aufgebrachten Normalspannung abhängt. Bei geringer Drucknormalspannung ergab sich eine größere Orthogonalverformung als bei höheren Normalspannungen. Darüber hinaus ist im Bild 8.35 anhand der skizzierten Regressionslinie zu erkennen, daß der Zuwachs der Dilatanz (Dilatanzrate) in den meisten Fällen in gleicher Weise wie die Dilatanz selbst von der Größe der Vorspannung bestimmt wird.

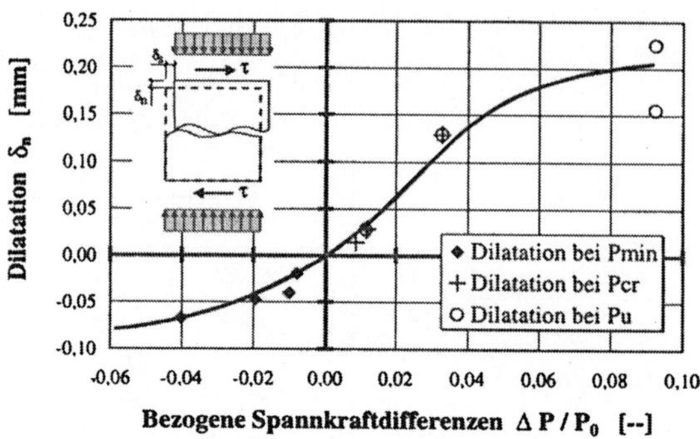

Bild 8.35: Abhängigkeit der Dilatation von der Auflast senkrecht zu den Lagerfugen zu unterschiedlichen Zeitpunkten bezogen auf die Initialvorspannkraft

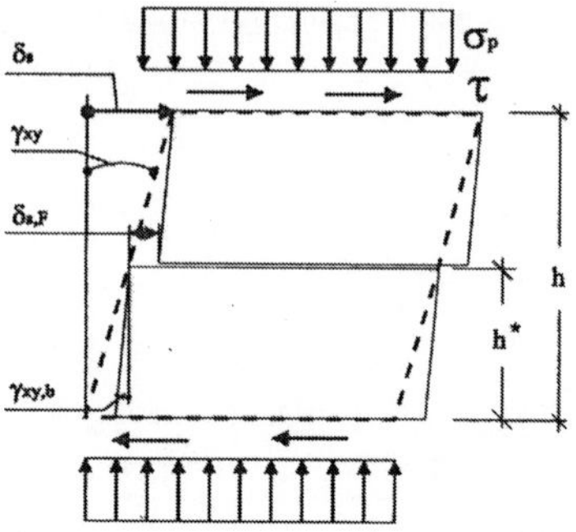

Bild 8.36: Zusammenhang zwischen der Schubverzerrung des Mauerwerks und den Scherwegen der Einzelsteine

Zugleich wird die Dilatation auch vom zurückgelegten Scherweg beeinflußt. Anhand des Bildes 8.36 läßt sich nachweisen, daß der Scherweg eine Funktion der Gleitung des gesamten Mauerwerks darstellt. Eine aus zwei Mauersteinen bestehende quadratische Wand wird durch eine horizontale Schubspannung sowie eine anliegende Normaldruckspannung belastet. Die Schubspannungen rufen eine Verzerrung des Mauerwerks γ_{xy} und der Mauersteine $\gamma_{xy,b}$ hervor, die in der Regel nicht gleich groß sind. Es gilt $\gamma_{xy} > \gamma_{xy,b}$. Die Gesamtgleitung des Mauerwerks setzt sich demnach als Summe der Mauersteinverzerrung $\gamma_{xy,b}$ und des vom Stein zurückgelegten bezogenen Scherweges $\delta_{s,F}/h^*$ zusammen:

$$\gamma_{xy} = \gamma_{xy,b} + \frac{\delta_{s,F}}{h^*}. \tag{8.50}$$

Bedingt durch die Kleinheit der betrachteten Verformungen kann h^* gleich der Mauersteinhöhe h_{st} gesetzt werden.

Unter Berücksichtigung, daß die Scherverschiebungen $\delta_{s,F}$ in jeder Lagerfugenebene auftreten, ist ihr Anteil an der Gesamtverformung beträchtlich. Die Scherverformung jeder Fuge ergibt sich bei Verwendung gleichhoher Mauersteine aus der Division der Summe aller Fugengleitwege $\Sigma\delta_{s,F}$ durch die Anzahl n der Steinlagen:

$$\delta_s = \gamma_{xy,b} \cdot h + \Sigma\, \delta_{s,F}, \tag{8.51}$$

$$\delta_{s,F} = \frac{\delta_s - \gamma_{xy,b} \cdot h}{n} = \frac{\delta_s - \gamma_{xy,b} \cdot h}{h/h^*} \quad \text{mit: } \delta_s = \gamma_{xy} \cdot h \text{ und } n = \frac{h}{h^*} \approx \frac{h}{h_{st}}. \tag{8.52}$$

Wird die Orthogonalverformung δ_n explizit berücksichtigt, ergibt sich die jeweilige Höhe h aus der Schiefstellung der Mauerwerkkörper und der sich einstellenden Dilatation:

$$h = \frac{D \cdot Z}{2 \cdot h_0} = \frac{(1+\varepsilon_{cd}) \cdot (1+\varepsilon_{td})}{h_0} + \delta_n \,. \tag{8.53}$$

Es bedeuten:
D   Länge der Druckdiagonale,
Z   Länge der Zugdiagonale,
h_0 Seitenlänge der Mauerwerkscheibe,
h   Bauteilhöhe im verzerrten Zustand,
ε_{cd} Dehnung der Druckdiagonale unter Schub,
ε_{td} Dehnung der Zugdiagonale unter Schub,
δ_n orthogonale Wandverformung (Dilatation).

Für eine Abschätzung der Scherwege jeder Lagerfuge wird vorerst angenommen, daß keine Gleitung der Mauersteine selbst auftritt: $\gamma_{xy,b} = 0$.

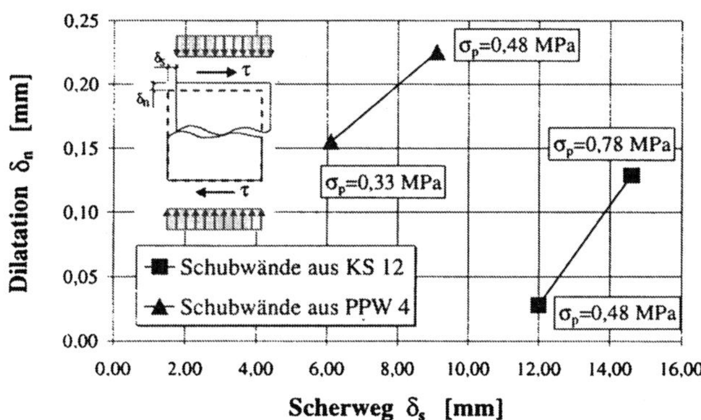

Bild 8.37: Beziehung zwischen Scherweg und Dilatation in Abhängigkeit von der Auflast; beispielhaft für den Bruchzustand

Des weiteren soll vorausgesetzt werden, daß keine zusätzlichen Schlupfverformungen an den Stoßfugen auftreten. Mittels dieser Vereinfachungen ergeben sich rechnerische Scherwege der einzelnen Lagerfugen $\delta_{s,F}$ unter der maximalen Schubspannung von 0,50 bis 0,80 mm für die Wände aus Porenbetonsteinen sowie 1,20 bis 1,50 mm für die Wände aus Kalksandsteinen.

Werden die Scherwege der Einzelfugen mit der Anzahl der Steinlagen multipliziert, ergeben sich horizontale Kopfverschiebungen der Mauerwerkscheiben zwischen 8 und 10 mm (PPW 4) bzw. zwischen 10 und 15 mm (KS 12). Dabei fällt auf, daß die Scherwege um so größer ausfielen, je höher die senkrechte Druckbelastung zu den Lagerfugen war. Diese Aussage wird durch die gemessenen Schubspannungs-Diagonaldehnungskurven, die im Kapitel 6 dargestellt wurden, bestätigt. Im Bild 8.37 wurden diesbezüglich die bei der maximalen Schubspannung vorliegenden Scherwege δ_s gegenüber der eingetretenen Dilatation δ_n angetragen und zusammengehörende Werte linear miteinander verbunden. Unter Vernachlässigung nichtelastischer Dehnungsanteile der Mauersteine ergibt sich die Horizontalverschiebung der Mauerwerkkrone aus der Mauersteinverzerrung und elastischer sowie plastischer Fugenverformungen ($\delta_{s,F,el}$ bzw. $\delta_{s,F,pl}$):

$$\delta_s = \gamma_{xy,b} \cdot h + \Sigma\, \delta_{s,F,el} + \Sigma\, \delta_{s,F,pl} \,. \tag{8.54}$$

Sind die Schubspannungen so klein, daß keine plastischen Verformungen an den Fugenwandungen vorgenommen werden, ergibt sich $\delta_{s,F,pl} = 0$. In diesem Fall kann die Verschiebung δ_s mittels des Hooke'schen Gesetzes bestimmt werden:

$$\delta_s = \gamma_{xy,b} \cdot h + \Sigma\, \delta_{s,F,el} = \frac{\tau}{G}\, h\,. \tag{8.55}$$

Dabei steht G für den Schubmodul, der bereits im Kapitel 6 abgeleitet wurde und vom E-Modul E und der Querdehnzahl ν des Trockenmauerwerks abhängt. In gleicher Weise läßt sich die Steinverzerrung $\gamma_{xy,b}$ durch den Schubmodul der Mauersteine G_b ausdrücken:

$$\gamma_{xy,b} = \frac{\tau}{G_b}\,. \tag{8.56}$$

Durch Einsetzen der Gleichung (8.56) in Gleichung (8.55) und nachfolgendes Umformen kann die Scherverschiebung jeder Lagerfuge angegeben werden:

$$\delta_{s,F} = h \cdot \left(\frac{G_b}{G} - 1 \right) \cdot \tau\,. \tag{8.57}$$

Es bedeuten:
$\quad$ h $\qquad$ Bauteilhöhe im verzerrten Zustand,
$\quad$ G_b $\qquad$ Schubmodul des Mauersteinmaterials,
$\quad$ G $\qquad$ Schubmodul des Trockenmauerwerks,
$\quad$ τ $\qquad$ angreifende Schubspannung,
$\quad$ $\delta_{s,F}$ $\quad$ Scherverschiebung in einer Lagerfugenebene.

Diese Gleichung beschreibt die Abhängigkeit zwischen der Schubspannung τ und der in einer Lagerfuge vor Erreichen der Bruchfestigkeit des Steinmaterials auftretenden Scherverschiebungen $\delta_{s,F,el}$. Sie ist insbesondere dann zutreffend, wenn die vor der Überschreitung der Materialbruchfestigkeit in der Lagerfuge auftretenden Verschiebungen bedeutsam sind. Ähnliche Ableitungen für klüftigen Fels sind zur Vorbereitung von numerischen Berechnungsverfahren von *Wittke* [W6] ausgeführt worden.

Durch die Vernachlässigung der plastischen Verschiebungsanteile $\delta_{s,F,pl}$ wurden die zur Schubspannung gehörenden Verformungen etwas zu klein errechnet. Für plastische Verformungsberechnungen sind genauere Kenntnisse über das Dilatationsverhalten der Lagerfugen und damit über Festigkeit, geometrische Struktur und statistische Verteilung von Unebenheiten an den Steinlagerflächen erforderlich.

Aus den vorstehenden Erläuterungen kann gefolgert werden, daß die Schubfestigkeit der Lagerfugen max τ sowohl von der Größe der Scherverschiebung δ_s als auch von der Größe der orthogonal zur Fuge gerichteten Dilatation δ_n abhängt, weil δ_n selbst in Beziehung zur Scherverschiebung δ_s steht.

In der Literatur werden verschiedene Modelle und mathematisch beschriebene Kurvenverläufe für den meßtechnisch nachweisbaren Zusammenhang zwischen max τ, δ_s und δ_n gegeben. *Goodman* [G9] legte die Beziehung zwischen der Scherverschiebung δ_s und der Dilatation δ_n durch drei Geradenabschnitte fest. *Leichnitz* [L3] erreichte durch eine quadratische Funktion eine deutlich bessere Anpassung an vorhandene Versuchsergebnisse vom Fels. Beide beziehen sich in ihren Angaben auf eine vollständige Beschreibung des Schubtragverhaltens bis zum Erreichen der Restfestigkeit. Einen einfachen bilinearen Ansatz zur Formulierung der Abhängigkeit zwischen der Bruchfestigkeit der Fuge max τ und der einwirkenden Normalspannung verwendet *Patton* [P8], der aus einer im Bild 8.38 angegebenen Modellvorstellung zwei Grenzzustände beschreibt.

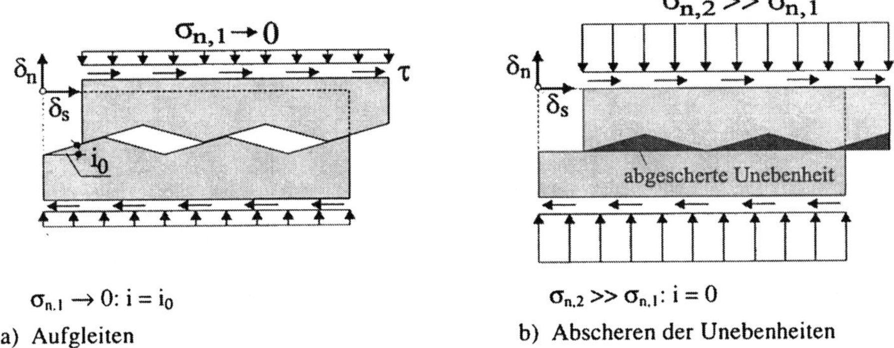

$\sigma_{n,1} \to 0 : i = i_0$ $\sigma_{n,2} \gg \sigma_{n,1} : i = 0$

a) Aufgleiten   b) Abscheren der Unebenheiten

Bild 8.38: Mechanisches Modell zum Scher-Verschiebungsverhalten von Trennflächen [P8]

An einer Lagerfugenfläche mit regelmäßigen, sägezahnförmigen Unebenheiten wirken eine Normalspannung σ_n und eine Schubspannung τ. Bei kleiner Normalspannung gleiten die Fugenflanken infolge einer gegenseitigen Verschiebung unter einem Neigungswinkel i_0 der sägezahnförmigen Unebenheiten einander auf. Eine Gleichgewichtsbetrachtung führt zur Bruchfestigkeit der Fuge:

$$\max \tau = \sigma_n \cdot \tan\left(\phi_F + i_0\right). \tag{8.58}$$

Der Wert ϕ_F stellt in dieser Gleichung den Reibungswinkel zwischen den Fugenwandungen dar. Der Tangens dieses Winkels entspricht in etwa der Neigung der in den Nebenversuchen am Drei-Stein-Körper bestimmten Coulomb'schen Reibungsgeraden und damit dem Reibungsbeiwert μ.

Das Aufgleiten führt zur Fugendilatation, die, wenn die Vertikalausdehnung z.B. durch eine Vorspannkraft behindert ist, zu einem Anstieg der Vorspannung und damit zu einer Erhöhung des Reibwiderstandes der Lagerfuge führt. Ab einer gewissen Größe der Normalspannung σ_n gleiten die Fugenflanken nicht mehr auf, sondern die Unebenheiten werden vollständig abgeschert und orthogonal zur Trennfuge gerichtete Verschiebungen finden nicht mehr statt. Die Bruchfestigkeit ergibt sich in diesem Fall zu:

$$\max \tau = \sigma_n \cdot \tan \phi_b + c_b. \tag{8.59}$$

In dieser Gleichung bedeuten ϕ_b und c_b die Mohr-Coulomb'schen Scherparameter: Reibungswinkel und Kohäsion (Verbundfestigkeit) des Mauersteinmaterials.

Wie aus der Veränderung der Vorspannkraft bei wachsenden Schubspannungen (Bild 8.32) zu erkennen ist, treten beide Versagensarten anfangs gemischt und gegebenenfalls in wechselnder Reihenfolge auf, bevor ein Grenzzustand für die Bruchfestigkeit der Fuge maßgebend wird. Im Bild 8.39a sind beide Grenzzustände schematisch dargestellt.

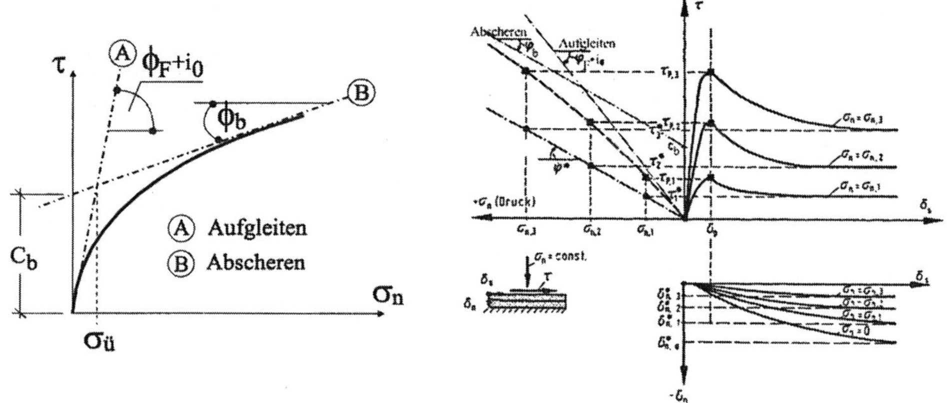

a) Scherfestigkeit der Lagerfuge (schematisch)

b) Versuchsauswertung von *Erban* [E1] an geklüftetem Fels

Bild 8.39: Grenzzustände der Schubtragfähigkeit von überdrückten Lagerfugen

Der Spannungswert $\sigma_{\ddot{u}}$ kennzeichnet den Übergangspunkt, wo aufgrund der höheren Auflast ein Abscheren eintritt. Die Verwandtschaft mit Ergebnissen von *Erban* [E1], die an geklüftetem Fels ermittelt und in einem τ-σ_n-δ_s-Diagramm verarbeitet wurden, wird im Vergleich zum Bild 8.39b deutlich.

Erban untersuchte das Spannungs-Verschiebungsverhalten an unebenen, rauhen Trennflächen kleiner Felskörper und ermittelte wesentliche Zusammenhänge zur Bruch- und Restfestigkeit der Trennfläche. Die von ihm im τ-σ_n-Diagramm dargestellte lineare Abhängigkeit der Restschubspannung τ^* von der Auflast σ_n entspricht dem Vorgehen zur Ermittlung der Reibungsbeiwerte μ an Drei-Stein-Körpern aus Trockenmauerwerk. Über die Größe des Aufgleitwinkels i bzw. des Größtwertes i_0 im Mauerwerk gibt es bisher keine Untersuchungen. Daß dieser Winkel mit der im Kapitel 5 beschriebenen Fugenrauhigkeit η_0 in Verbindung steht, scheint durch die Schubversuche nachgewiesen. Die Rauhigkeit der Lagerfläche läßt sich an Mauersteinen bisher nur ungenügend bestimmen.

Dialer [D4] berichtet über Rauhigkeitsmessungen mittels einer Apparatur, die einen Taststift mit einer Kugelspitze von 2 mm Durchmesser über die Lagerfläche zog und dabei die Unebenheiten aufzeichnete (Bild 8.40). Bei allen Steinen lag die absolute Rauhigkeit unter einem Millimeter. Diese Verfahrensweise erlaubt einen groben Vergleich zwischen verschiedenen Steinoberflächen, führt aber zu keinen allgemeinen Aussagen.

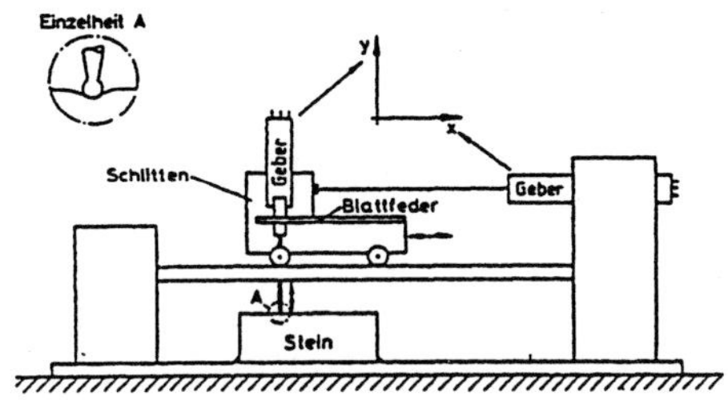

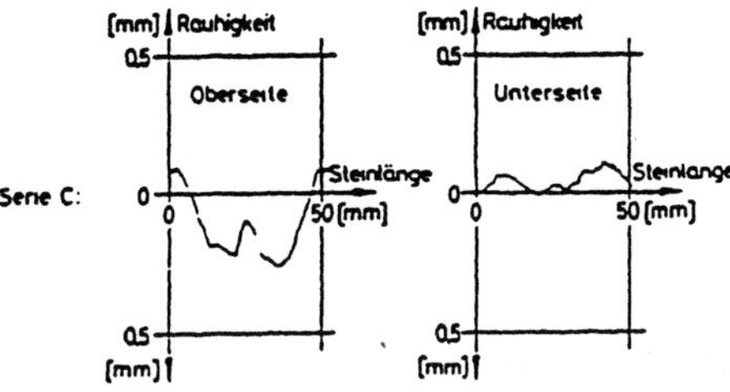

a) Apparatur zur Messung der Rauhigkeit an Mauersteinen

b) Meßergebnisse der Rauhigkeitsprüfung an Ziegeln

Bild 8.40: Verfahren zur Messung der Rauhigkeit der Mauersteinlagerflächen nach *Dialer* [D4]

Günstiger wäre ein Kennwert, der - wie im Felsbau - die geometrische Struktur der Steinlagerflächen mit all ihren Unebenheiten sowie die Festigkeitseigenschaften der angrenzenden Mauersteine erfaßt. Die Ermittlung eines fugenbeschreibenden Parameters ist kompliziert, daher wird in diesem Zusammenhang nur auf die Ausführungen von *Barton* [J1] verwiesen, der für geklüfteten Fels den Koeffizienten JRC (engl.: joint roughness coefficient) ableitete.

Anhand des beobachteten Schubversagens kann jedoch festgehalten werden, daß der Winkel i mindestens so groß sein mußte, daß der Fugenwiderstand den Steinwiderstand überstieg.

Aus den am Drei-Stein-Körper ermittelten Reibungsbeiwerten μ führt eine Umformung zum entsprechenden Reibungswinkel ϕ_F in der Fuge:

$$\phi_F = \arctan(\mu). \tag{8.60}$$

Dieser beträgt rund 37° für das Kalksandstein- und ca. 43° für das Porenbetonstein-Trockenmauerwerk (KS 12, PPW 4).

Wird Gleichung (8.60) in Gleichung (8.58) eingesetzt, ergibt sich der Winkel i zu:

$$i = \arctan\left(\frac{\max \tau}{\sigma_p}\right) - \phi_F. \tag{8.61}$$

Der beobachtete Aufgleitwinkel konnte bei den gering vorgespannten Mauerwerkscheiben mit i = 14° (S-PPW 4-2) bzw. i = 3° (S-KS 12-1) fixiert werden. Für die höher vorgespannten Wände war der Winkel i = 15° (S-PPW 4-1) bzw. i = 7° (S-KS 12-2). Der Winkel i verändert sich mit der Größe der Auflast, dennoch gibt der errechnete Winkel keinen Aufschluß über die maximale Größe der Fugentragfähigkeit, weil letztlich die Mauersteine des Schubbruchversagen einleiteten bevor die Fugentragfähigkeit erreicht war. Deshalb läßt sich anhand der wenigen Ergebnisse bisher nicht abschließend einschätzen, ob und inwieweit der Aufgleitwinkel mit steigender Vorspannung fällt.

Die Größenunterschiede im Aufgleitwinkel zwischen Kalksandstein- und Porenbetonsteinmauerwerk sind beachtlich und auf die unterschiedlich starke Rauhigkeit der Steinlagerflächen zurückzuführen. Die Porenbetonsteine besitzen folglich rauhere Lagerflächen. Dies würde auch begründen, warum in den Druckversuchen die Anfangsverformung der Porenbetonsteinkörper stets größer ausfiel als bei den Kalksandsteinkörpern.

Eine wiederholte Scherbelastung führte zu einem geringfügigen Abfall der übertragbaren Schubspannungen, wie die Drei-Stein-Versuche beweisen. Bei erstmaliger Scherung ist die Verzahnung der Steinlagerflächen in der Fuge noch intakt und es können entsprechend große Schubspannungen übertragen werden. Bei wiederholter Belastung haben die Fugenwandungen oftmals größere Scherwege zurückgelegt, so daß die Rauhigkeiten abgeschliffen und die Verzahnung abgeschert wurde. Auch bei wiederholter Belastung kann die Festigkeit der Lagerfuge durch ein Mohr-Coulomb-Kriterium beschrieben werden, jedoch stellt sich in der Regel eine etwas geringere Restfestigkeit ein und der Restreibungswinkel in der Fuge ist geringfügig kleiner als der Spitzenreibungswinkel der Erstbelastung.

Schlußfolgernd läßt sich festhalten, daß die Rauhigkeit der Steinlagerflächen einen entscheidenden Einfluß auf die Schubfestigkeit der Lagerfugen hat.

8.2.3 Schubtragfähigkeit der Mauersteine im Trockenmauerwerk

Durch die mehrachsige Beanspruchung einer schubbelasteten Mauerwerkscheibe werden auch die Mauersteine mehrachsig belastet. Dabei kann aufgrund der geringen Scheibendicke im Verhältnis zu den Kantenabmessungen in Längen- und Höhenrichtung mit hinreichender Genauigkeit eine Spannungsentwicklung quer zur Scheibenebene vernachlässigt werden. Damit wird es zulässig, den mehrdimensionalen Beanspruchungsfall auf einen zweidimensionalen zu reduzieren und gleichzeitig vorauszusetzen, daß die Normal- und Schubspannungen über die Scheibendicke konstant verteilt sind.

Der Bruch eines Materials erfolgt aus mikroskopischer Sichtweise durch eine dem Stoff aufgezwungene Verformung, die den Abstand der Einzelbausteine des Stoffes vergrößert und dadurch die Anziehungsenergie verringert, bis schließlich der Bruch eintritt. Durch Zugkräfte geschieht dies auf direktem Wege, bei Druckkräften führt vor allem die aus der Längsverformung resultierende Querverformung bei mineralischen Stoffen zum Bruch. Dem Bruchzustand liegen folglich entsprechende Formänderungen zugrunde, die analysiert werden müssen, um Festigkeitsprobleme lösen zu können. In der Regel versagen mineralische Werkstoffe durch plötzlichen Bruch (Trennbruch) ohne nennenswert bleibende Verformungen. Mehrachsige Spannungszustände erfordern einen verhältnismäßig hohen Prüfaufwand, so daß für Materialprüfungen bevorzugt einachsige Versuche durchgeführt werden. In der Regel wird dann der mehrachsige Spannungszustand rechnerisch auf einen einachsigen transformiert und die dabei erhaltene Spannung mit der Festigkeit aus einachsigen Versuchen verglichen. Für die Berechnung dieser Vergleichsspannung σ_v wurden verschiedene Festigkeitshypothesen entwickelt, die im folgenden in kurzer Form erläutert werden.

Für spröde Werkstoffe mit einem Trennbruch, zu denen die mineralischen Baustoffe gezählt werden können, ist die auf *Navier* zurückgehende Hypothese der größten Normalspannung entwickelt worden. Danach tritt der Bruch ein, wenn eine der drei Hauptspannungen σ_1, σ_2, σ_3 im Raum die Zugfestigkeit des Materials f_t übersteigt. Für $\sigma_1 > \sigma_2 > \sigma_3$ gilt:

$$\sigma_v = \sigma_1 = f_t. \tag{8.62}$$

Auch ist die Hypothese der größten Dehnung, die auf *Mariotte* und *St. Venant* fußt, für die Beschreibung des Bruchverhaltens spröder Stoffe geeignet. Bei dieser Hypothese werden alle drei Hauptspannungen berücksichtigt und das Versagen tritt ein, wenn eine maximale elastische Dehnung überschritten worden ist. Mittels des auf alle drei Hauptachsen erweiterten Hooke'schen Gesetzes gilt für die Bruchdehnung ε_1:

$$\varepsilon_1 = \frac{1}{E}\left[\sigma_1 - \upsilon \cdot (\sigma_2 + \sigma_3)\right]. \tag{8.63}$$

Durch Multiplikation mit dem E-Modul läßt sich die Vergleichsspannung isolieren, die der Materialzugfestigkeit f_t gleichgesetzt werden kann:

$$\sigma_v = \left[\sigma_1 - \upsilon \cdot (\sigma_2 + \sigma_3)\right] = f_t. \tag{8.64}$$

Ein Schubbruch ist bei homogenem Material stets in der Hauptschubspannungsebene zu erwarten, was den Schluß zuläßt, die Hypothese der größten Schubspannung, die auf den Arbeiten von *Treska* und *Coulomb* basiert, für Schubprobleme anzuwenden. Nach der Elastizitätstheorie gilt hierbei für die größte Hauptschubspannung:

$$\sigma_v = \max \tau = \frac{\sigma_1 - \sigma_3}{2}. \tag{8.65}$$

Die Hauptspannung σ_2 wirkt in der unbeachteten Richtung quer zur Scheibenebene und hat keinen Einfluß.

Der entwickelte Versuchsaufbau zur Prüfung der geschoßhohen Wände war so angelegt, daß die Hauptschubspannung in Richtung der Lagerfugen wirken sollte.

Aus diesem Grunde ist es gerechtfertigt, die Hauptschubspannung gleich der größten auftretenden Schubspannung des einachsigen Zugbelastungsfalles max τ_e zu setzen, so daß sich die Vergleichsspannung σ_v ergibt:

$$\max \tau = 0{,}5 \cdot f_t = \max \tau_e$$
$$\sigma_v = \sigma_1 - \sigma_3 = f_t \ . \tag{8.66}$$

Beim ebenen Zugspannungszustand wird $\sigma_3 = 0$ und die Gleichung (8.66) reduziert sich auf die Form der Gleichung (8.63). Die Hypothese der größten Schubspannung geht für diesen Fall in die Hypothese der größten Normalspannung über.

Eine Verbindung von Normal- und Schubspannungen kann grafisch in einem σ-τ-Diagramm durch einen Mohr'schen Spannungskreis (Bild 8.41) dargestellt werden.

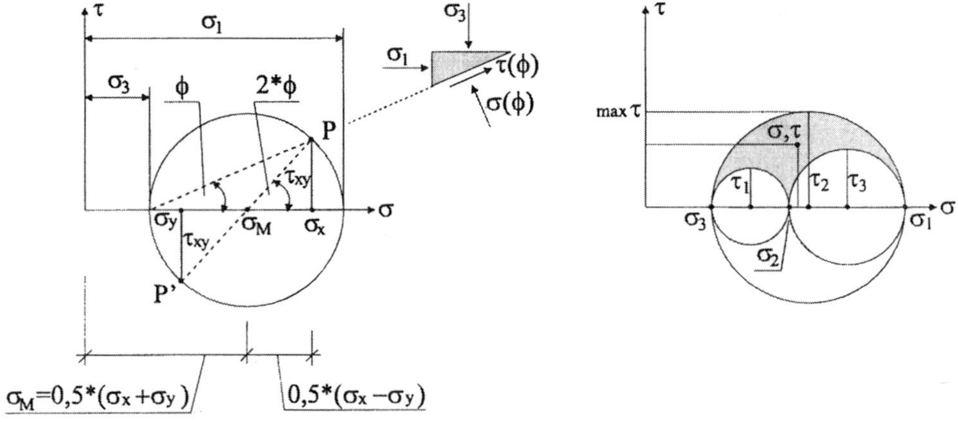

a) Mohr'scher Spannungskreis für einen ebenen
    Spannungszustand

b) Mohr'scher Spannungskreis für
    einen räumlichen Spannungszustand

Bild 8.41: Darstellung des Mohr'schen Spannungskreises für einen ebenen und räumlichen Beanspruchungsfall

Aus dem Spannungskreis können für beliebige Schnittrichtungen die zugehörigen Schub- und Normalspannungen sowie die Extremalwerte der Spannungen und die zugehörigen Schnittebenen bestimmt werden. So steht der Punkt P (Bild 8.41a) für eine Schnittebene, in der σ_x und τ_{xy} wirken, und der Punkt P' für einen Schnitt senkrecht dazu. Bekanntlich kann jeder Schubspannungszustand durch eine Transformation auf einen schubspannungsfreien Hauptspannungszustand überführt werden, wie im Bild 8.41a durch die größte Hauptspannung σ_1 und die kleinste Hauptspannung σ_3 symbolisiert wird.

Zwei wesentliche Sonderfälle lassen sich beim ebenen Spannungszustand unterscheiden. Liegt ein einachsiger Zugbeanspruchungsfall in x-Richtung vor (Bild 8.42), wird die maximale Zugspannung $\sigma_x = \sigma_0$ durch die einaxiale Zugfestigkeit des Materials $\sigma_1 = f_t$ begrenzt. Weil die Schubspannung $\tau_{xy} = 0$ ist, ergeben σ_x und σ_y die Hauptspannungen σ_1 und σ_3 und der Spannungskreis tangiert die τ-Achse auf der rechten Seite. Folglich gilt:

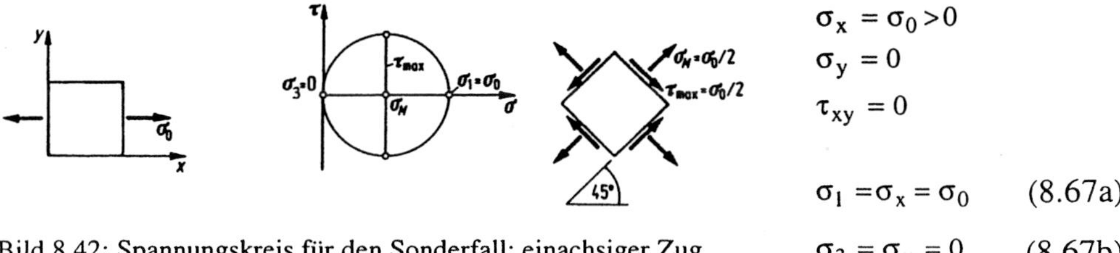

$$\sigma_x = \sigma_0 > 0$$
$$\sigma_y = 0$$
$$\tau_{xy} = 0$$

$$\sigma_1 = \sigma_x = \sigma_0 \qquad (8.67a)$$

Bild 8.42: Spannungskreis für den Sonderfall: einachsiger Zug

$$\sigma_3 = \sigma_y = 0 \qquad (8.67b)$$

Die maximale Schubspannung $\tau_{max} = \sigma_0/2$ tritt unter einem Winkel von 45° auf und entspricht der Mittelpunktspannung σ_M des Kreises.

Liegt ein reiner Schubspannungszustand $\tau_{xy} = \tau_0$ vor, haben beide Normalspannungen σ_x und σ_y den Wert Null. Der Mittelpunkt des Spannungskreises fällt wegen $\sigma_M = 0$ mit dem Koordinatenursprung zusammen (Bild 8.43). Die Hauptspannungen entsprechen in diesem Fall den Schubspannungen selbst und sind unter 45° gegenüber der Horizontalen geneigt. Im Hauptspannungszustand verschwinden die Schubspannungen:

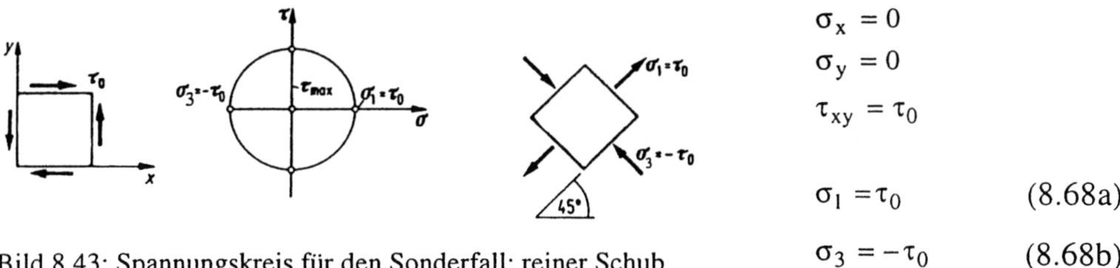

$$\sigma_x = 0$$
$$\sigma_y = 0$$
$$\tau_{xy} = \tau_0$$

$$\sigma_1 = \tau_0 \qquad (8.68a)$$

Bild 8.43: Spannungskreis für den Sonderfall: reiner Schub

$$\sigma_3 = -\tau_0 \qquad (8.68b)$$

Die grafische Veranschaulichung eines dreiachsigen Spannungszustandes (Bild 8.41b) erfolgt mit drei Spannungskreisen. Es konnte gezeigt werden, daß die Normalspannung σ und die zugehörige Schubspannung τ in einem beliebigen Schnitt im schattierten Bereich liegen kann, der von den Kreisen begrenzt wird. Alle anderen Spannungskombinationen führen zum Bruch. Die Kreise selbst sind durch die Hauptspannungen σ_1, σ_2 und σ_3 eindeutig definiert und kennzeichnen Schnitte, deren Flächennormale jeweils senkrecht auf einer der drei Hauptachsen steht.

Jede ebene und räumliche Spannungskombination, die zum Bruch führt, kann durch einen Kreis veranschaulicht werden. Alle Spannungskreise bilden in ihrer Gesamtheit eine Hüllkurve, die das Bruchverhalten eines Materials beschreibt und alle genannten Sonderfälle mit einschließt (Bild 8.44). Jene Spannungskreise, die diese Hüllkurve berühren oder schneiden, führen zum Bruch. Für Stoffe mit annähernd gleicher Zug- und Druckfestigkeit entspricht die Hüllkurve zwei parallelen

Geraden. Für die mineralischen Baustoffe mit verhältnismäßig kleiner Zugfestigkeit entstehen parabelförmige Kurven.

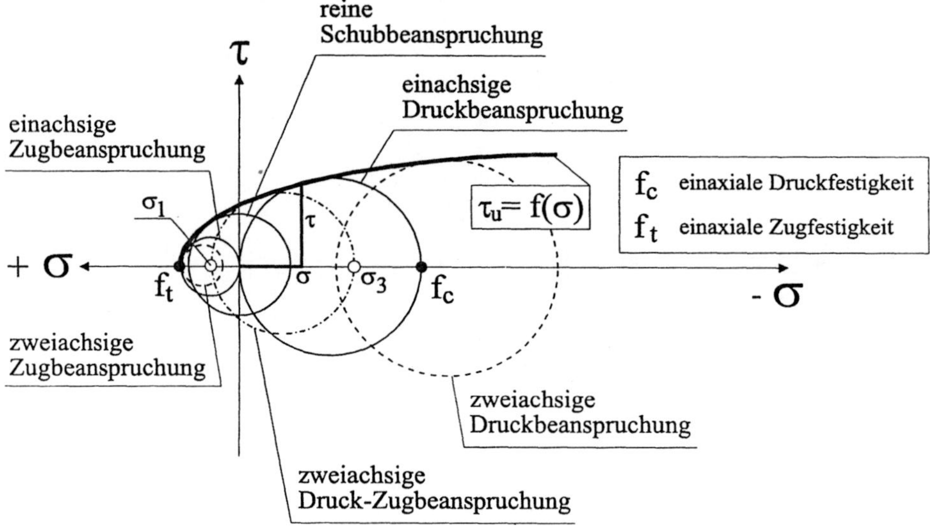

Bild 8.44: Versagenshüllkurve nach der Mohr'schen Bruchtheorie

Unterscheiden sich die wirkenden Hauptspannungen im Vorzeichen, versagt das Material mit überwiegender Druckbeanspruchung durch Überschreiten der Scherfestigkeit. Bei überwiegender Zugbeanspruchung nähert sich mit steigendem Verhältnis von Druck- zu Zugfestigkeit das Versagen dem reinen Zugbruch. *Mitchell* [M13] folgert daraus, daß die Bruchtheorie sehr gut bei spröden Stoffen anwendbar ist, deren Druckfestigkeit mindestens dem Zehnfachen der Zugfestigkeit entspricht, was für die Mauersteine im allgemeinen zutrifft. Deshalb ist die Mohr'sche Theorie vor allem bei nichtmetallisch-anorganischen Stoffen mit großer Druck-, aber kleiner Zugfestigkeit anwendbar. Sie hat den Vorteil, verschiedene Stoffeigenschaften gleichzeitig zu berücksichtigen [B6].

Die Bruchformen der geschoßhohen Mauerwerkscheiben belegen eindeutig, daß das Schubbruchversagen des Trockenmauerwerks durch ein Versagen der Mauersteine eingeleitet wurde. Aufgrund der vorhergehenden Betrachtungen zu Spannungszuständen liegt die Vermutung nahe, daß das Mauersteinmaterial durch Überschreiten der Zugfestigkeit zu Bruch ging. Zwar konnten nur vier Wände mit unterschiedlich hohen Auflasten geprüft werden, dennoch lassen sie den Schluß zu, daß das sonst übliche Fugenversagen bei geringen Auflasten für Trockenmauerwerk nicht unbedingt das maßgebende Kriterium darstellt. Das Reibversagen hängt neben vielen fugenspezifischen Parametern auch davon ab, inwieweit eine orthogonal zur Fuge gerichtete Ausdehnung be- oder verhindert wird. In diesem Zusammenhang wird auf den vorhergehenden Abschnitt verwiesen.

Von diesem Gesichtspunkt her erscheint eine zutreffende Bestimmung der Festigkeit von Mauersteinen im mehrachsigen Beanspruchungszustand sehr bedeutsam. Das Mauersteinmaterial versagt in einem unter dem Winkel ϕ geneigten Schnitt, wenn in ihm die Schubspannung den Grenzwert τ_u der Mohr'schen Hülllinie überschreitet. Die Grenzschubspannung τ_u ist dabei eine Funktion der senkrecht zum Schnitt wirkenden Normalspannung $\sigma(\phi)$. Folglich stellt die gesamte Hüllkurve eine Funktion der Normalspannung dar und kann versuchstechnisch bestimmt werden:

$$\tau_u = f(\sigma). \tag{8.69}$$

Wie sich aus den Untersuchungen von *Sell* [S29] an zweiachsig auf Druck und Zug belasteten Porenbeton-Modellscheiben ergab, vermag die Parabelkurve das Bruchverhalten von Porenbeton nicht genau zu beschreiben (Bild 8.45).

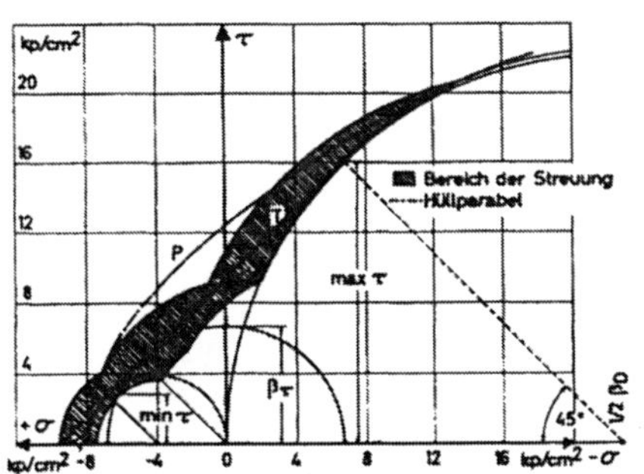
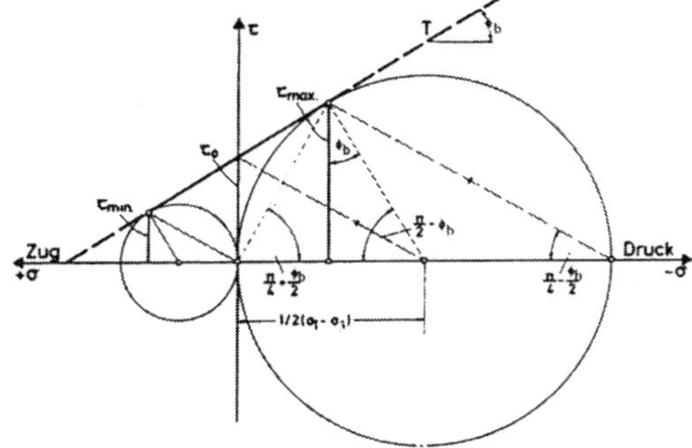

Bild 8.45: Vergleich der experimentellen zweiaxialen Porenbetonfestigkeit mit der Mohr'schen Hüllparabel [S29] (T = Tangente, P = Parabel)

Bild 8.46: Coulomb'sche Reibungsgerade als Hüllkurve für zweiaxiale Festigkeiten von Mauersteinen (schematisch)

Selbst unter Berücksichtigung der unvermeidbaren Streuungen, die im Bild 8.45 durch die schraffierten Bereiche gekennzeichnet sind, ist ein gestreckter, nahezu gerader Bereich erkennbar. Dies ist im Einklang mit den bisherigen Erkenntnissen, daß die Hüllkurve um so mehr von der Parabelform abweicht und eine gestrecktere Form annimmt, je weniger plastisch das Material reagiert. Da es sich bei Porenbeton um einen ausgesprochen spröden Werkstoff handelt, ist die Darstellung der Hüllkurve durch eine Gerade zulässig. Auch erscheint es nach *Schulenberg* [P10] generell gerechtfertigt zu sein, die Parabel bereichsweise durch eine Gerade anzunähern. Die Gültigkeit erstreckt sich dann automatisch auf den betrachteten Bereich. Die bekannte Coulomb'sche Reibungsgerade ist eine solche Näherung.

Für den hier betrachteten Bereich einer kombinierten Druck-Zug-Beanspruchung, der zwischen reiner Druck- und reiner Zugbeanspruchung liegt, wird als Näherungsgerade für die Hüllkurve die gemeinsame Tangente der beiden Spannungskreise für reinen Zug und reinen Druck gewählt. Im Bild 8.46 sind zusätzlich die Neigungswinkel der Tangente ϕ_b eingetragen, die den Winkeln der inneren Reibung des Materials entsprechen. Die auf diese Weise festgelegte Gerade ist insofern eigentlich eine Sekante der tatsächlich Umhüllenden, die angenähert der Hüllkurve entspricht.

Unverkennbar läßt sich der Bruch von Mauersteinen mit derselben Hypothese beschreiben, mit der in der Bodenmechanik die Bruchbedingung für Böden formuliert wird. Aus diesem Grunde wird vorgeschlagen, die dort verwandten Bezeichnungen zu übernehmen und die Kohäsion (Verbundfestigkeit) mit c_b sowie den Winkel der inneren Reibung mit ϕ_b zu bezeichnen.

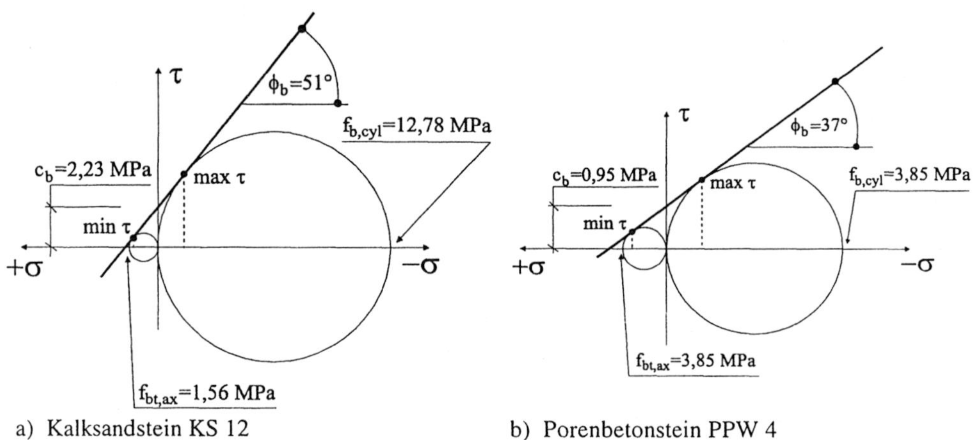

a) Kalksandstein KS 12   b) Porenbetonstein PPW 4

Bild 8.47: Die Coulomb'sche Reibungshypothese angewandt auf die Beschreibung der Bruchbedingungen von Kalksandstein KS 12 und Porenbetonstein PPW 4

Beispielhaft sind für KS 12 und PPW 4 die Spannungskreise bei einachsiger Zug- und Druckbeanspruchung im Bild 8.47 aufgetragen. Die Relationen zwischen den Spannungskreisen, die die einaxiale Druck- und Zugfestigkeit liefern, unterscheiden sich zwischen Kalksandstein und Porenbetonstein sehr. Der Porenbetonstein besitzt, bezogen auf seine Druckfestigkeit, ein deutlich stärker ausgeprägtes Zugtragvermögen als der Kalksandstein. Den Grafiken können auch direkt die Kohäsion c_b, der Reibungswinkel ϕ_b sowie die übertragbaren Schubspannungen min τ und max τ der Materialien entnommen werden.

Der Bruch im Mauerstein wird ausgelöst, wenn im Querschnitt Schubspannungen auftreten, die größer sind als diejenigen nach Gleichung (8.72). Die Ebene, in der der Bruch stattfindet, liegt zwischen den Spannungsebenen σ_1 und σ_3 und ist unter ϕ zur Horizontalen geneigt. Die mittlere Hauptspannung σ_2 hat bei dieser Bruchhypothese keinen Einfluß.

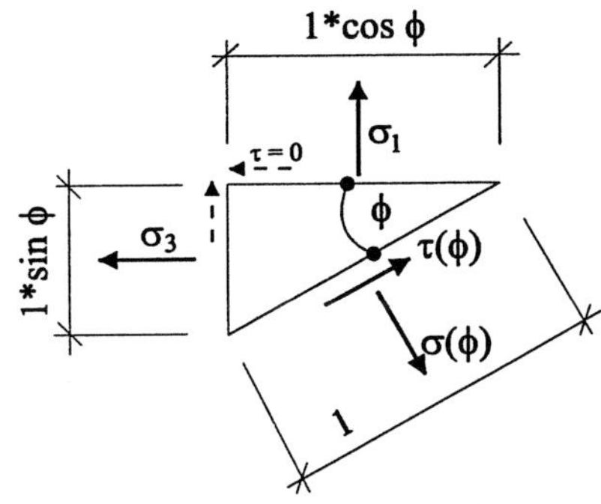

Bild 8.48: Gleichgewicht am Element

Aus der Gleichgewichtsbetrachtung am Element im Hauptachsensystem (Bild 8.48) ergeben sich für den Schnitt unter ϕ die Spannungen:

$$\sigma(\phi) = 0{,}5 \cdot (\sigma_1 + \sigma_3) + 0{,}5 \cdot (\sigma_1 - \sigma_3) \cdot \cos 2\phi, \qquad (8.70)$$

$$\tau(\phi) = 0{,}5 \cdot (\sigma_1 - \sigma_3) \cdot \sin 2\phi. \qquad (8.71)$$

Im Bruchzustand herrscht Gleichgewicht zwischen $\tau(\phi)$ nach Gleichung (8.71) und der Bruchschubspannung τ_u nach Gleichung (8.35):

$$\tau(\phi) = c - \sigma(\phi) \cdot \tan \phi_b . \qquad (8.72)$$

Hierbei entspricht ϕ_b dem Reibungswinkel des Materials, während ϕ den Schnittwinkel repräsentiert.

Der kritische Schnittwinkel ϕ ergibt sich als ein lokales Minimum der Gleichung (8.72) an der Stelle, an der die erste Ableitung verschwindet. Das Ergebnis entspricht der Neigung der Bruchfläche und entsteht aus folgender Beziehung:

$$\tan 2\phi = \frac{1}{\tan \phi_b} . \qquad (8.73)$$

Im Mohr'schen Spannungskreis (Bild 8.46) ist diese Beziehung durch die Gleichheit der Winkel $2\phi = \pi/2 - \phi_b$ gegeben, so daß aus der Komplementwinkelbeziehung $\tan(\pi/2 - \phi_b) = 1/\tan \phi_b$ die Gleichung (8.73) direkt ablesbar ist.

Werden Gleichung (8.70) und (8.71) in Gleichung (8.72) eingesetzt und ϕ durch den Reibungswinkel ϕ_b nach der Komplementwinkelbeziehung ausgedrückt, so erhält man nach einigen Umformungen:

$$(\sigma_1 - \sigma_3) + (\sigma_1 + \sigma_3) \cdot \sin \phi_b = 2 \cdot c \cdot \cos \phi_b . \qquad (8.74)$$

Um die Kohäsion c_b und den Reibungswinkel ϕ_b bestimmen zu können, werden die Hauptspannungen im jeweiligen einachsigen Bruchzustand durch die entsprechenden einaxialen Festigkeiten $\sigma_1 = f_{bt,ax}$ und $\sigma_3 = -f_{b,cyl}$ substituiert:

$$f_{bt,ax} = \sigma_1 = \frac{2 \cdot c \cdot \cos \phi_b}{1 + \sin \phi_b} , \qquad (8.75)$$

$$f_{b,cyl} = -\sigma_3 = \frac{2 \cdot c \cdot \cos \phi_b}{1 - \sin \phi_b} . \qquad (8.76)$$

Aus den experimentell bestimmten Werten für $f_{bt,ax}$ und $f_{b,cyl}$ lassen sich daraus die Werte für Kohäsion c_b und Reibungswinkel ϕ_b bestimmen:

$$c_b = \frac{(1-\sin\phi_b)}{2\cdot\cos\phi_b}\, f_{b,cyl} = \frac{(1+\sin\phi_b)}{2\cdot\cos\phi_b}\, f_{bt,ax}\, , \tag{8.77}$$

$$\phi_b = \arcsin\left(\frac{f_{b,cyl}-f_{bt,ax}}{f_{b,cyl}+f_{bt,ax}}\right). \tag{8.78}$$

Der Mohr'sche Spannungskreis verdeutlicht, daß die Normalspannung $\sigma(\phi)$ unter Berücksichtigung der Komplementwinkelbeziehung durch Hauptspannungen σ_1 und σ_3 in Abhängigkeit zum inneren Reibungswinkel ϕ_b ersetzt werden kann:

$$\sigma(\phi) = \sigma(\phi_b) = 0{,}5\cdot\sigma_1\cdot(1+\sin\phi_b)+0{,}5\cdot\sigma_3\cdot(1-\sin\phi_b). \tag{8.79}$$

Diese Normalspannung wird in Gleichung (8.72) eingesetzt, so daß sich die Gleichung der Hüllgeraden ergibt:

$$\tau = c_b - \tan\phi_b\cdot 0{,}5\cdot[\sigma_1\cdot(1+\sin\phi_b)+\sigma_3\cdot(1-\sin\phi_b)] \tag{8.80}$$

mit: $\qquad\sigma_1 \geq \sigma_3$,

$\qquad\qquad 0 \leq \sigma_1 \leq f_{bt,ax}$,

$\qquad\qquad 0 \leq |\sigma_3| \leq f_{b,cyl}$.

(Spannungen vorzeichenbehaftet einsetzen)

Aus der Geometrie des Mohr'schen Spannungskreises können zudem noch die bei einachsiger Zugbeanspruchung wirkenden Schubspannungen $\min\tau$ und die bei einachsigem Druck vorhandenen Schubspannungen $\max\tau$ bestimmt werden:

$$\min\tau = 0{,}5\cdot f_{bt,ax}\cdot\cos\phi_b\, , \tag{8.81}$$

$$\max\tau = 0{,}5\cdot f_{b,cyl}\cdot\cos\phi_b. \tag{8.82}$$

In Tabelle 8.5 erfolgt eine Zusammenstellung der Werte für die im Versuch verwendeten Mauersteine.

Die angegebenen Winkel der inneren Reibung ϕ_b liegen zwischen 45° und 60° zur Horizontalen und stimmen annähernd mit der Neigung der Scherfuge überein, die in den einachsigen Zylinderdruckversuchen an Mauersteinproben zum Versagen führten.

Sell [S29] fand in seinen Untersuchungen einen Reibungswinkel für Porenbeton von ebenfalls 45° und zeigte sich sehr überrascht, weil an Normalbetonproben mit einem W/Z-Wert von 0,70 nur ein Winkel von etwa 34° und Normalbeton mit W/Z = 0,40 ein Winkel von nur ca. 40° gemessen wurde.

Tabelle 8.5:   Kohäsion und Reibungsbeiwerte von Kalksand- und Porenbetonsteinen

Mauerstein			KS 20	KS 12	PPW 4	PPW 2
1	2	3	4	5	6	7
Kohäsion	c_b	N/mm²	2,45	2,23	0,95	0,55
Reibungswinkel	ϕ_b	Grad	57,8	51,5	37,2	45,8
Schub bei einachsigem Druckversuch	max τ	N/mm²	4,60	3,95	1,53	0,98
Schub bei einachsigem Zugversuch	min τ	N/mm²	0,38	0,48	0,38	0,20

Aus dem Mohr'schen Spannungskreis (Bild 8.46) geht hervor, daß die Hauptspannungen σ_1 und σ_3 annähernd vergleichbare Bruchschubspannungen liefern:

$$\tau = -0,5 \cdot \cos \phi_b \cdot (\sigma_3 - \sigma_1) \tag{8.83}$$

mit:
$$\sigma_1 \geq \sigma_3,$$
$$0 \leq \sigma_1 \leq f_{bt,ax},$$
$$0 \leq |\sigma_3| \leq f_{b,cyl}.$$

(Spannungen vorzeichenbehaftet einsetzen)

In jedem Fall lösen die Hauptspannungen den Bruch aus, sobald die Schubspannung die Scherfestigkeit des Mauersteinmaterials übersteigt.

8.2.4   Bemessungsvorschlag für die Tragfähigkeit infolge Schub

Hinsichtlich der Schubbemessung von Trockenmauerwerk kann auf der Theorie von *Mann/Müller* [M4] aufgebaut werden.

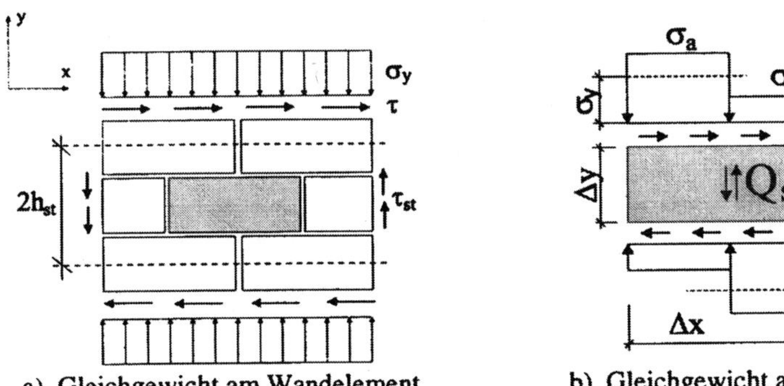

a) Gleichgewicht am Wandelement   b) Gleichgewicht am Stein

Bild 8.49: Spannungszustand an einem Wandausschnitt

So ist wegen der unvermörtelten Stoßfuge keine nennenswerte Spannungsübertragung zu erwarten, sofern die Fugen nicht durch horizontale Kräfte überdrückt sind und merkliche Reibungskräfte erzeugen.

Wie im Bild 8.49a an einem kleinen Wandausschnitt, welcher in lotrechter Richtung durch Normalspannungen und an den Rändern durch Schubspannungen beansprucht wird, zu sehen ist, können die lotrechten Schubspannungen τ_{st} nur durch jede zweite Mauersteinlage aufgenommen werden. Demzufolge muß jeder Mauerstein die Schubspannungen aus zwei Lagen aufnehmen.

Infolge der fehlenden Schubübertragung in den Stoßfugen muß das notwendige Gleichgewicht gegen Verdrehen durch ein vertikal wirkendes Kräftepaar aus den Druckspannungen senkrecht zur Lagerfuge erreicht werden. Dieses Kräftepaar entsteht dadurch, daß in einem Steinbereich die Druckspannung größer (σ_a) und im anderen Steinbereich kleiner (σ_b) als die gleichmäßig verteilte Normalspannung aus den Auflasten σ_y ist. Diese ungleiche Druckspannungsverteilung ist versuchsmäßig nachgewiesen und wird für die Formulierung von Bruchbedingungen vereinfacht in Form eines Spannungssprunges dargestellt. Aus der Gleichgewichtsbetrachtung am Einzelstein im Bild 8.49b folgt:

$$\Delta\sigma_y = \tau \cdot 2 \cdot \frac{\Delta y}{\Delta x} . \tag{8.84}$$

Dieser Spannungssprung ist Ursache des abgetreppten Normalspannungsverlaufes in schubbeanspruchten Mauerwerkscheiben:

$$\sigma_{a,b} = \sigma_y \pm \tau \cdot 2 \cdot \frac{\Delta y}{\Delta x} . \tag{8.85}$$

Durch Normal- und Schubkräfte in Scheibenebene belastetes Trockenmauerwerk kann, wie auch vermörteltes Mauerwerk, im wesentlichen dadurch versagen, daß

a) die Lagerfugen klaffen,
b) der Reibwiderstand der Fugen überschritten wird,
c) die Mauersteine reißen oder
d) das Mauerwerk örtlich zerdrückt wird.

8.2.4.1 Versagen durch Klaffen der Lagerfugen

Sind die Druckspannungen aus Auflasten σ_y und gegebenenfalls aus Vorspannung σ_p senkrecht zur Lagerfuge sehr gering, so kann theoretisch die kleinere Normalspannung σ_b auf der einen Steinhälfte in eine Zugspannung umschlagen und die Druckspannungen aufbrauchen:

$$\sigma_b = \sigma_y + \sigma_p ,$$

$$\tau \le f_v = \left(\sigma_y + \sigma_p\right) \cdot \frac{\Delta x}{2 \cdot \Delta y} \tag{8.86}$$

Es bedeuten: τ außen angreifende Schubspannung,
            f_v Schubfestigkeit des Trockenmauerwerks,
            σ_y Normalspannungen aus Auflast (Druck positiv),

σ_p vertikale Vorspannung (Druck positiv),

Δx Steinlänge,

Δy Steinhöhe.

Sofern keine Druckkräfte die Lagerfuge überdrücken, kann rechnerisch ein Klaffen auftreten.

8.2.4.2 Versagen der Lagerfugen

Für Schubbeanspruchungsfälle mit üblichen Auflasten wird das Trockenmauerwerk dadurch versagen, daß entweder die aufnehmbaren Schubspannungen in der Lagerfuge (Versagen b) oder in den Mauersteinen (Versagen c) überschritten werden. Folglich müssen die Bemessungsgleichungen beide Versagensarten erfassen.

Versagen b) wird dann auftreten, wenn die Lagerfuge mäßig überdrückt ist und die Steine eine gewisse Zugfestigkeit aufweisen. In diesem Fall wird die Scherfestigkeit der Fuge überschritten und der Bruch verläuft im Bereich der Lager- und Stoßfugen und ist als diagonal verlaufender, abgetreppter Riß erkennbar.

Der Fugenwiderstand setzt sich aus Reibungsspannungen zusammen, die von der wirkenden Auflast generiert werden und im wesentlichen von der Rauhigkeit der Lagerflächen beeinflußt werden. Je nach Höhe der Auflast sind zwei Fälle zu unterscheiden:

a) Aufgleiten auf den Unebenheiten,
b) Abscheren der Unebenheiten.

Dabei spielt nicht nur die Höhe der vertikalen Auflast eine Rolle, sondern wesentlich ist auch, ob der Körper in der Dilatanz beim Aufgleiten behindert wird oder nicht. Ist die Verformungsbehinderung stark ausgeprägt und sind die Normaldruckspannungen sehr groß, so hängt es im erheblichen Maße von der Festigkeit der Mauersteine ab, ob ein Abscheren oder Aufgleiten stattfindet.

In der Regel wird eine Behinderung der Orthogonalverformung in beschränktem Maße zu erwarten sein, so daß ein Aufgleiten bei üblichen Normalspannungen eher als ein Abscheren stattfinden wird. In diesem Fall ergibt sich die aufnehmbare Schubspannung τ in der Fuge zu:

$$\tau \le f_v = \kappa_1 \cdot \sigma_n \cdot \tan\left(\phi_F + i_0\right) \le \kappa_2 \cdot \left(\sigma_n \cdot \tan\phi_b + c_b\right) \qquad \text{mit: } \sigma_n = \sigma_y + \sigma_p. \qquad (8.87)$$

Es bedeuten: κ_1, κ_2 Faktoren zur Erfassung des abgetreppten Normalspannungsverlaufes,

σ_n Druckspannungen senkrecht zur Lagerfuge,

σ_y Normalspannungen infolge Auflast (Druck positiv),

σ_p vertikale Vorspannung (Druck positiv),

ϕ_F Reibungswinkel glatter Fugen,

i_0 maximaler Aufgleitwinkel,

ϕ_b innerer Reibungswinkel des Steinmaterials,

c_b Kohäsion des Steinmaterials.

Der Reibungswiderstand entspricht dem Produkt von Drucknormalspannung σ_n und dem wirkenden Reibungsbeiwert, der sich aus dem Reibungswinkel zwischen den glatten Fugenflanken ϕ_F und einem rauhigkeitsabhängigen Aufgleitwinkel i_0 zusammensetzt. Die Drucknormalspannungen setzen sich aus den Spannungen infolge Auflasten σ_y und der Vorspannung σ_p zusammen: $\sigma_n = \sigma_y + \sigma_y$.

Die obere Begrenzung der aufnehmbaren Schubspannung in der Lagerfuge wird durch das Abscheren der Unebenheiten gesetzt. Die maßgebenden Parameter dieser Versagensart werden durch die Schubfestigkeit der eingesetzten Mauersteine vorgegeben. Insbesondere sind der Winkel der inneren Reibung ϕ_b und die Kohäsion c_b von Bedeutung.

Wegen des abgetreppten Verlaufs der Normalspannungen sind die Reibungsbeiwerte durch einen Faktor κ abzumindern, wenn mit konstant verteilten Normalspannungen gerechnet werden soll:

$$\kappa_1 = \frac{1}{1+\tan(\phi_F + i_0)\,\dfrac{2\cdot\Delta y}{\Delta x}} \quad \text{bzw.} \quad \kappa_2 = \frac{1}{1+\tan\phi_b\,\dfrac{2\cdot\Delta y}{\Delta x}}. \tag{8.88}$$

$$\tag{8.89}$$

Für Angaben zu der Größe der Reibungswinkel und der Kohäsion wird auf Tabelle 8.5 verwiesen.

Die zulässigen Schubspannungen der bauaufsichtlichen Zulassungen [H3, H4, K1, K13] basieren auf Reibungsbeiwerten der Fugen von 0,08 für KS-, 0,1 für KLB- und 0,2 für Porenbetonstein-Trockenmauerwerk. Für die verwendeten Steinabmessungen ergeben sich unter Berücksichtigung der Faktoren κ_1 und κ_2 aus dem experimentell bestimmten Reibungswinkel glatter Fugen ϕ_F und dem Aufgleitwinkel i_0 effektive Reibungsbeiwerte von 0,84 für Kalksandstein- und rd. 1,00 für Porenbetonstein-Trockenmauerwerk. Der grafische Vergleich (Bild 8.50) mit den zulässigen Werten nach den bauaufsichtlichen Zulassungen für Trockenmauerwerk in Deutschland zeigt, daß die zulässigen Spannungen weit unterhalb der Versuchswerte liegen. Für einen direkten Vergleich sind gleiche Sicherheitsniveaus erforderlich. Deshalb wurden sowohl die experimentellen Bruchfestigkeiten der Versuchswände als auch die Reibungsbeiwerte und die Kohäsionsfestigkeiten der beobachteten Aufgleitungs- und Abschervorgänge durch den Sicherheitsfaktor von $\gamma_m = 2{,}0$ geteilt, so daß ein Niveau zulässiger Spannungen erreicht wurde. Auf demselben Sicherheitsniveau befinden sich die eingetragenen Angaben von DIN 1053-1 und Eurocode 6.

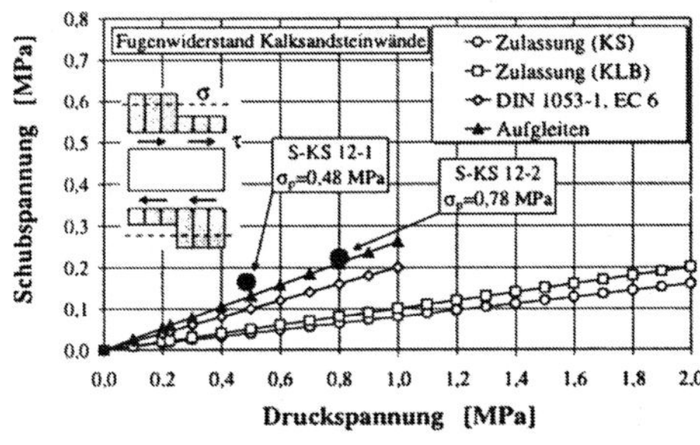
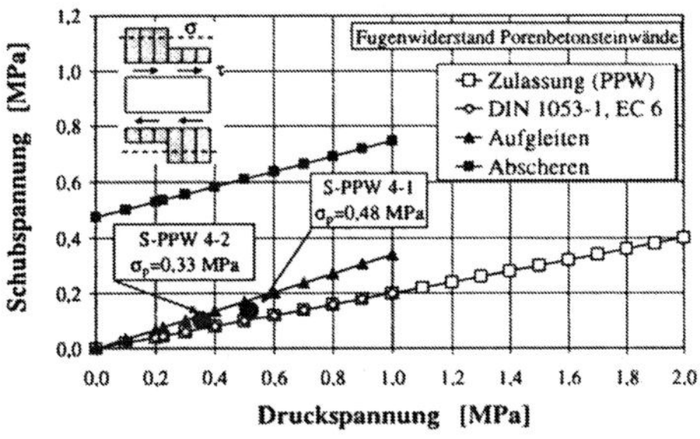

a) Kalksandstein-Trockenmauerwerk   b) Porenbetonstein-Trockenmauerwerk

Bild 8.50: Zulässige Schubspannungen im Vergleich (nur Fugenversagen unter Berücksichtigung des abgetreppten Normalspannungsverlaufes)

Sehr gut ist auch zu erkennen, daß der Abscherwiderstand deutlich oberhalb des Aufgleitwiderstandes liegt. Deshalb wurde der Abscherwiderstand des Kalksandsteinmauerwerks nicht eingetragen, um das Diagramm nicht zu sehr zu verzerren, weil allein die Kohäsion 1,0 MPa übersteigt.

8.2.4.3 Versagen der Mauersteine auf Schub

Bei einer sehr hohen Scherbeanspruchbarkeit der Lagerfuge kann ein Versagen im Mauerstein maßgebend werden. Dabei unterliegen die Mauersteine einer mehrachsigen Beanspruchung, die im Hauptachsensystem durch die Hauptspannungen σ_1 und σ_3 dargestellt werden kann. Für die Bestimmung der Hauptspannungen muß berücksichtigt werden, daß die Mauersteine jeweils die Querkraft von zwei Schichten aufnehmen müssen, so daß für die Beanspruchung des Einzelsteins gilt: max $\tau_{st} = 2{,}3 \cdot \tau$ [M3]. Den Kurven im Bild 8.51 liegt die Spannungskombination des Bruchzustandes zugrunde:

$$\sigma_{1,3} = \frac{\sigma_y + \sigma_p}{2} \pm \sqrt{0{,}25\left(\sigma_y + \sigma_p\right)^2 + (2{,}3 \cdot \tau)^2}\ . \tag{8.90}$$

Diese führt bei Überschreiten der aufnehmbaren Schubspannung zum Versagen:

$$\tau \le f_v = k \cdot \left[c_b - \tan\phi_b \cdot 0{,}5 \cdot \left[\sigma_1 \cdot (1 + \sin\phi_b) + \sigma_3 \cdot (1 - \sin\phi_b)\right]\right]. \tag{8.91}$$

(Spannungen vorzeichenbehaftet einsetzen)

Hierbei muß allerdings noch ein Abminderungsfaktor k eingeführt werden, der berücksichtigt, daß die Annahme eines inneren homogenen Spannungszustandes für Mauerwerk so nicht zutrifft. Regressionsrechnungen ergaben eine Abminderung von k = 0,25 bis 0,50. Dies erscheint auf den ersten Blick sehr hoch, wird aber durch den Spannungsfluß erklärbar. Wenn bedacht wird, daß durch die Vorspannung das Hauptachsensystem in der Schubwand soweit gedreht wird, daß die Hauptzugspannung σ_1 fast parallel zur Lagerfuge wirkt, kommt dies einer zentrischen Zugbeanspruchung des Mauerwerks parallel zur Lagerfuge gleich. Dadurch, daß die Stoßfugen keine Zugspannungen aufnehmen, muß jeder Stein die Zugkräfte von zwei Schichten aufnehmen, so daß die Zugfestigkeit des Mauerwerks maximal die halbe Zugfestigkeit des Mauersteins erreicht. Weitere Abminderungen ergeben sich aus der Vorschädigung des Mauerwerks, weil bereits beim Vorspannen einige Steine durch Biegerisse senkrecht zur Hauptzugrichtung geschwächt wurden. Dadurch ergeben sich verhältnismäßig kleine Schubfestigkeiten der Mauersteine. Kalksandstein zeigte sich sehr anfällig.

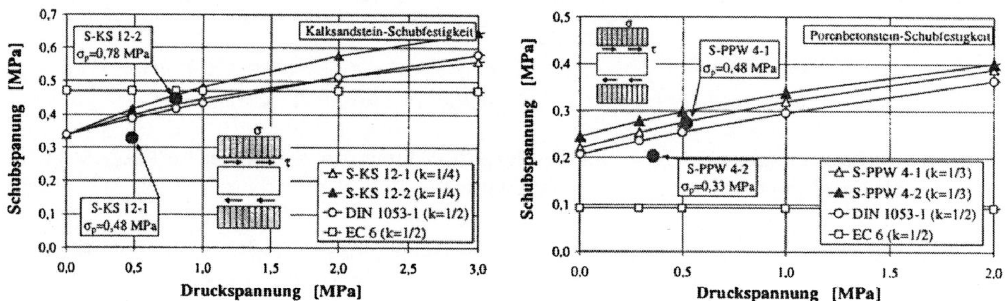

a) Kalksandstein-Trockenmauerwerk (KS 12)   b) Porenbetonstein-Trockenmauerwerk (PPW 4)

Bild 8.51: Schubbruchfestigkeiten der Mauersteine im Vergleich

Wie im Bild 8.51 zu erkennen ist, läßt sich mit der von *Mann/Müller* [M4] hergeleitete Formel ebenfalls der Versagenszustand der Mauersteine zufriedenstellend bestimmen. Die Bruchbedingung beruht darauf, daß durch die Schubspannung τ und die Normalspannung σ_y sowie gegebenenfalls eine Vorspannung σ_p schiefe Hauptzugspannungen σ_1 erzeugt werden, die die Mauersteinzugfestigkeit $f_{bt,ax}$ übersteigen. Wiederum ist die Schubbeanspruchung des Einzelsteins mit max $\tau_{st} = 2,3 \cdot \tau$ anzunehmen:

$$\sigma_1 = \frac{\left(\sigma_y + \sigma_p\right)}{2} - \sqrt{0,25 \cdot \left(\sigma_y + \sigma_p\right)^2 + \left(2,3 \cdot \tau\right)^2} = -f_{bt,ax} \, ,$$

$$\tau \le f_v = k \cdot \frac{f_{bt,ax}}{2,3} \sqrt{1 + \frac{\left(\sigma_y + \sigma_p\right)}{f_{bt,ax}}} \, . \tag{8.92}$$

Es bedeuten: σ_1 Hauptzugspannung,
  $f_{bt,ax}$ einaxiale Zugfestigkeit,
  σ_y, σ_p Normalspannungen (Druck positiv),
  k Faktor zur Berücksichtigung des inneren Spannungszustandes.

Ebenfalls muß ein Anpassungsfaktor k eingeführt werden, der die erhöhte Zugbeanspruchung der Einzelsteine erfaßt und mit k = 0,5 angegeben werden kann. Gleichung (8.92) entspricht unter Vernachlässigung von k der Schubbemessungsgleichung für Mauersteine nach DIN 1053-1, Abschnitt 7.9.5 (genaueres Nachweisverfahren) und erfaßt die mehraxiale Spannungsentwicklung im Stein, stellt aber als Widerstand nur die einaxiale Zugfestigkeit $f_{bt,ax}$ entgegen. Der Unterschied zur mehraxialen Festigkeit ist im allgemeinen vernachlässigbar, insbesondere wenn die Auflasten größer werden, weil dadurch die fugenparallele Zugbeanspruchung der Steine wächst und sich das mehrachsige Bruchverhalten dem des reinen Zugbruches nähert. Ähnliche Ergebnisse erbrachten Wandscheiben aus Dünnbettmauerwerk mit einer zentrischen Auflast, wo ebenfalls die Steine maßgebend waren [K8].

Der Eurocodes 6 setzt als Steinzugfestigkeit vereinfachend ein konstantes Verhältnis zur normierten Steindruckfestigkeit an: $\tau = 0{,}045 \cdot f_b$. Mit dieser Vereinfachung ist bei gleichem Anpassungsfaktor $k = 0{,}5$ wie bei der nach DIN 1053-1 errechneten Zugbeanspruchbarkeit nur eine grobe Annäherung an die tatsächliche Festigkeit möglich. Mit ähnlichen Werten erfolgt die Bemessung nach DIN 1053, Abschnitt 6.9.5 (vereinfachtes Nachweisverfahren), die für Vollsteine eine Zugfestigkeit von $\gamma \cdot (0{,}014 \cdot f_b) = 2{,}0 \cdot (0{,}014 \cdot f_b) = 0{,}028 \cdot f_b$ vorgibt.

8.2.4.4 Druckversagen des Trockenmauerwerks

Sind die Druckspannungen senkrecht zur Lagerfuge sehr hoch, so versagt das Trockenmauerwerk auf Druck, wenn die größere Normalspannung auf der einen Steinhälfte σ_a die Druckfestigkeit des Mauerwerks f übersteigt. Das zugeordnete Bruchkriterium ergibt sich dann zu:

$$\sigma_a = \sigma_y + \sigma_p + \tau \cdot 2 \cdot \frac{\Delta y}{\Delta x} \, ,$$

$$\tau \leq f_v = \left(f - \sigma_y - \sigma_p \right) \cdot \frac{\Delta x}{2 \cdot \Delta y} \, . \tag{8.93}$$

Es bedeuten: σ_y, σ_p Normalspannungen (Druck positiv)

Hierbei zeigt sich, daß eine Vorspannung σ_p der Schubtragfähigkeit auch abträglich sein kann. Jedoch ist dieses Versagen nur bei sehr hohen Druckspannungen zu erwarten und wird in der Regel durch die Einhaltung der zuvor genannten Bruchbedingungen ausgeschlossen.

8.2.5 Hüllkurven der Schubbruchfestigkeit von Trockenmauerwerk

Unter üblichen Auflasten wird ein Versagen eintreten, welches im wesentlichen auf ein Gleiten der Lagerfugen zurückzuführen ist. Aber auch wenn die Auflasten nur mäßig groß sind, kann ein Aufgleiten der Lagerfuge bei behinderter orthogonaler Dilatanz zu einer Erhöhung der Normaldruckspannungen in der Lagerfuge führen, die den Fugenwiderstand so anwachsen lassen, daß die gesteigerte Schubkraftaufnahme zu einem Mauersteinversagen führt (Bild 8.52).

Im Bild 8.52 sind diesbezüglich die Bruchumhüllenden aus Aufgleiten bzw. Abscheren und dem Reißen der Steine eingetragen, denen zulässige Schubspannungen zugrunde liegen. Die zulässigen Schubspannungen entsprechen dabei den mit einem Faktor von $\gamma_m = 2{,}0$ abgeminderten Schubbruchspannungen aus den Versuchen bzw. die halbierten Steinfestigkeiten nach Gleichung (8.91) und Gleichung (8.92).

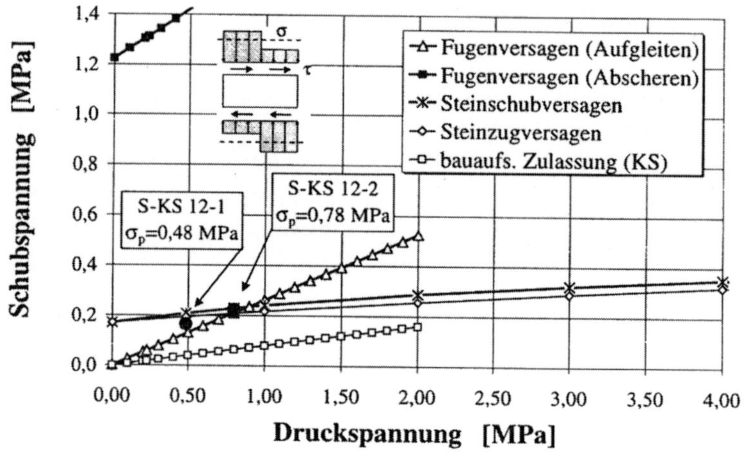

a) Kalksandstein-Trockenmauerwerk (KS 12)

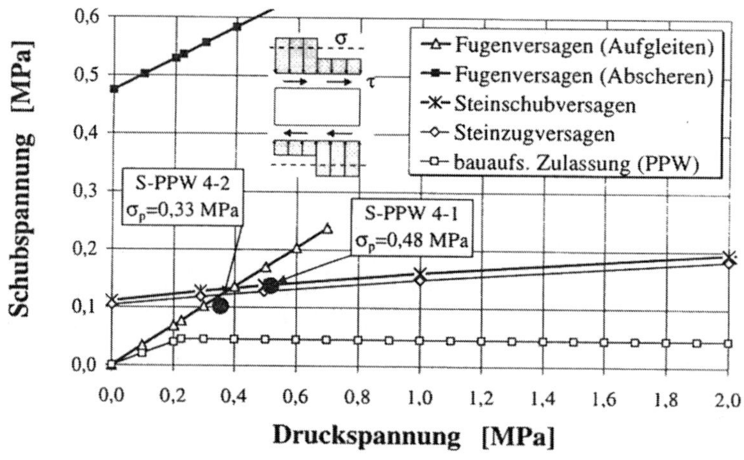

b) Porenbetonstein-Trockenmauerwerk (PPW 4)

Bild 8.52: Brucheinhüllende für schubbeanpruchtes Trockenmauerwerk
(Bruchspannungen auf dem Niveau zulässiger Schubspannungen ohne Darstellung des Versagens durch Klaffen der Lagerfugen und des Mauerwerkdruckversagens)

Die dargestellten Zusammenhänge gelten für Trockenmauerwerk als Einsteinmauerwerk im Läuferverband. Für andere Verbandsarten existieren bisher keine Versuche oder gesicherten Erkenntnisse.

8.3 Biegetragverhalten

8.3.1 Grundlagen der Biegezugfestigkeit von Mauerwerk parallel zur Lagerfuge

Grundlegende Überlegungen zum Biegetragverhalten von Mauerwerk wurden von *Mann* [M3, M5] dargelegt. Seine Arbeiten haben den Vorteil, daß sie mechanisch abgeleitet wurden und deshalb sehr gut erweiterbar und für neue Anforderungen modifizierbar sind. Sie bilden den Grundstock der Bemessungsgleichungen nach DIN 1053-1 [AA3] für Biegezugbeanspruchungen. Voraussetzung zur Aufnahme von Biegezugspannungen parallel zur Lagerfuge ist die Verbandsausführung im Mauerwerk und eine ausreichende Zugfestigkeit der Mauersteine. Die Biegezugfestigkeit von Mauerwerk ist im wesentlichen erschöpft, wenn entweder die Lagerfuge (Verband) oder der Mauerstein versagt.

Wie auch beim Schub können die grundlegenden Versagensmechanismen des biegebeanspruchten Mauerwerks mit Mörtelfugen auf das Trockenmauerwerk übertragen werden. Dabei sind nicht nur die Mörteltraganteile zu vernachlässigen, sondern auch die Besonderheiten des Trockenmauerwerks, insbesondere das Reibverhalten der Lagerfugen, zu betrachten.

Hinsichtlich des Versagens muß unterschieden werden, ob die unvermörtelten Stoßfugen im Trockenmauerwerk in der Lage sind, ohne größeren Schlupf Druckspannungen zu übertragen. Aus diesem Grund ist eine Unterteilung der Bemessungsgleichungen zwischen Versagen mit offenen und geschlossenen Stoßfugen sinnvoll.

8.3.2 Bemessungsvorschlag für die Tragfähigkeit infolge Biegung parallel zur Lagerfuge (mit offenen Stoßfugen)

Ein aus einer Wand herausgeschnittenes Mauerwerk-Element (Bild 8.53) wird durch Biegemomente m_x senkrecht zu seiner Ebene belastet. Die am ungerissenen, homogenen Querschnitt angreifende Biegezugspannung σ_x entspricht pro Meter laufende Wandlänge:

$$\sigma_x = \frac{m_x}{W_x} = \frac{6 \cdot m_x}{1{,}0 \cdot d^2}. \tag{8.94}$$

Zur Aufnahme der Biegezugspannung wird vom Mauerwerk die Biegezugfestigkeit aktiviert, die einerseits durch die Fugentragfähigkeit und andererseits durch den Tragwiderstand der Mauersteine bestimmt wird. Beide Traganteile und die zugehörigen Versagenskriterien sollen nachstehend erläutert werden.

8.3.2.1 Versagen der Mauersteine

Infolge der offenen Stoßfugen müssen die Biegespannungen σ_x an den Stoßfugen über die Lagerfugen umgeleitet werden, so daß die durchgehenden Mauersteine die Spannungen aus zwei Schichten aufnehmen müssen (Bild 8.53).

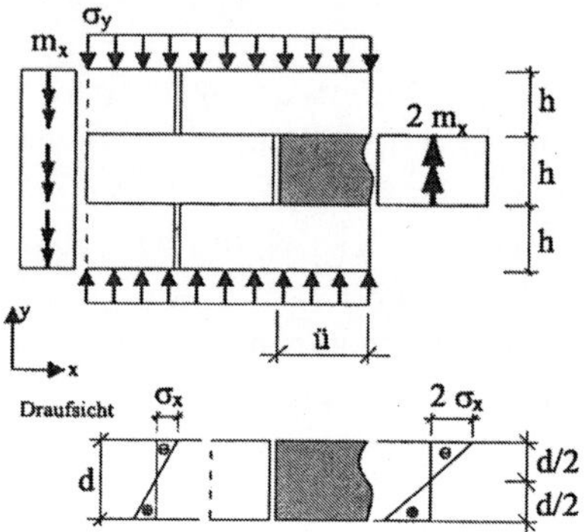

Bild 8.53: Gleichgewicht am Einzelstein im Versagenszustand
des Mauersteins

Daher kann die Biegezugfestigkeit der Trokkenmauerwerkwand nur halb so groß wie die Biegezugfestigkeit der Mauersteine sein:

$$\sigma_x \le f_x = k \cdot 0{,}5 \cdot f_{bt,fl} = k_1 \cdot f_{bt,fl} \,. \qquad (8.95)$$

Es bedeuten:

σ_x	Biegezugspannung,
f_x	Biegezugfestigkeit des Mauerwerks
$f_{bt,fl}$	Biegezugfestigkeit des Mauersteins,
d	Wanddicke,
h	Mauersteinhöhe zuzüglich der absoluten Fugenrauhigkeit,
k, k_1	Abminderungsfaktoren.

Zusätzlich muß ein tragfähigkeitsmindernder Einfluß von Vorschädigungen erfaßt werden, da die Risse infolge der Vorschädigungen gleichgerichtet zu den erwarteten Biegerissen verlaufen. Die Abminderung beträgt in diesem Fall bis zu 5 % und ist im Faktor k enthalten. Beide Tragfähigkeitseinbußen können zum Faktor k_1 zusammengefaßt werden.

8.3.2.2 Versagen des Verbandes

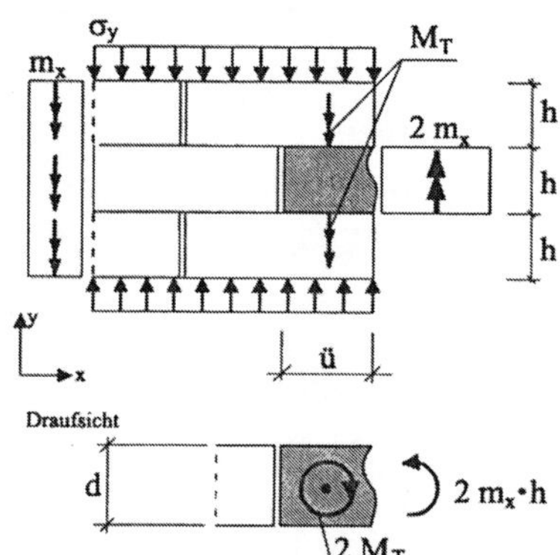

Bild 8.54: Gleichgewicht am Einzelstein im Versagenszustand
der Lagerfugen

Dadurch, daß die Mauersteine knirsch verlegt wurden, können kaum Druck- und vor allem keine Zugkräfte senkrecht zur Stoßfuge aufgenommen werden. Dementsprechend müssen die auf eine Schicht entfallenden Biegemomente $M_T = m_x \cdot h$ über Schubspannungen τ in der Lagerfuge im Bereich der Überdeckungslänge ü in die angrenzenden Steinschichten übertragen werden. Anderenfalls löst sich der Verband auf, weil die Steine als Ganzes aus dem Verband herausgedreht werden (Bild 8.54).

Folglich ist die Biegezugfestigkeit durch die Schubfestigkeit, eigentlich Torsionsschubfestigkeit, in der Lagerfuge vorgegeben. Vereinfachend kann angenommen werden, daß die Festigkeit der Fuge gegenüber beiden Schubbeanspruchungsarten gleich ist. Die Höhe h umfaßt die Summe aus Steinhöhe h_{st} und einer durch die Fugenrauhigkeit bedingten Fugenhöhe. Diese ist allerdings sehr klein und verringert sich durch Auflast (siehe Kapitel 5), so daß genügend genau gilt: $h = h_{st}$.

Das Drillmoment M_T erzeugt in der Fuge über die Länge ü einen Torsionsschubfluß τ:

$$\tau = \frac{M_T}{W_T} = \frac{m_x \cdot h}{\text{ü} \cdot d^2 / 6} \,. \tag{8.96}$$

Das Torsionswiderstandsmoment W_T kann entsprechend den Bredt'schen Formeln für einen Quadratquerschnitt zu $W_T = \beta_T \cdot \text{ü} \cdot d^2 = \text{ü} \cdot d^2/6$ mit $\beta_T \cong 1/6$ für eine Überbindelänge von einer halben Steinlänge ($\text{ü}/d \cong 1{,}0$) gesetzt werden. Damit liegt man auf der sicheren Seite, weil eine lineare Schubspannungsverteilung vorausgesetzt wurde. Bei parabolischer Verteilung sind die β_T-Werte größer.

Für eine Berechnung von τ ist es vorteilhaft, anstelle des Biegemomentes m_x die Biegespannung σ_x einzusetzen:

$$\tau = \frac{6 \cdot h \cdot \sigma_x \cdot \dfrac{d^2}{6}}{\text{ü} \cdot d^2} = \frac{h}{\text{ü}} \cdot \sigma_x \,. \tag{8.97}$$

Der Bruchzustand ist erreicht, wenn die maximale Randschubspannung τ den Schubwiderstand der Fuge, der nur ein Reibwiderstand sein kann, erreicht. Der Reibwiderstandes wurde für eine Scheibenschubbeanspruchung abgeleitet und ist hier in gleicher Weise in Form des Aufgleitens und des Abscherens wirksam:

$$\tau \leq f_v = \left(\sigma_y + \sigma_p\right) \cdot \tan\left(\phi_F + i_0\right) \leq \left(\sigma_y + \sigma_p\right) \cdot \tan\phi_b + c_b \,. \tag{8.98}$$

Es bedeuten: $\quad \sigma_y \quad$ Normalspannungen infolge Auflast (Druck positiv),

$\qquad\qquad\quad\ \sigma_p \quad$ vertikale Vorspannung (Druck positiv),

$\qquad\qquad\quad\ \phi_F \quad$ Reibungswinkel glatter Fugen,

$\qquad\qquad\quad\ i_0 \quad$ maximaler Aufgleitwinkel infolge Fugenrauhigkeit,

$\qquad\qquad\quad\ \phi_b \quad$ innerer Reibungswinkel des Steinmaterials,

$\qquad\qquad\quad\ c_b \quad$ Kohäsion des Steinmaterials.

Durch Zusammenfügen von Gleichung (8.97) und (8.98) ergibt sich die Begrenzung der Biegezugspannung σ_x:

$$\sigma_x \leq f_x = \left(\sigma_y + \sigma_p\right) \cdot \tan\left(\phi_F + i_0\right) \cdot \frac{\text{ü}}{h} \leq \left[\left(\sigma_y + \sigma_p\right) \cdot \tan\phi_b + c_b\right] \cdot \frac{\text{ü}}{h} \,. \tag{8.99}$$

Es bedeuten: $\quad \text{ü} \quad$ Überbindelänge im Mauerwerkverband,

$\qquad\qquad\quad\ h \quad$ eine Mauersteinhöhe.

Inwieweit sich Reibkraftunterschiede bei einer Torsionsbeanspruchung in den Fugen gegenüber einer linear gerichteten Fugenbewegung, z.B. bei Scheibenschub, ergeben, wurde nicht untersucht. Es werden auch keine markanten Unterschiede erwartet. Weiterhin ist den Versuchsergebnissen zufolge ein Aufgleiten auf die Fugenunebenheiten bei einer Plattenbeanspruchung nur schwach ausgeprägt, weil die Gleitwege auch sehr kurz sind. Der Winkel i_0 kann hier vernachlässigt werden.

8.3.3 Bemessungsvorschlag für die Tragfähigkeit infolge Biegung parallel zur Lagerfuge (mit geschlossenen Stoßfugen)

Wenn die Mauersteine sehr sorgsam gesetzt werden, so ist es denkbar, daß die Stoßfugen soweit geschlossen sind, daß sie Druckspannungen, aber keine Zugspannungen übertragen können.

8.3.3.1 Versagen der Mauersteine

Die Biegeverformung der Wand bewirkt, daß der eine Querschnittsteil gezogen und der andere gedrückt wird. Dank der geschlossenen Stoßfuge werden die Biegedruckkräfte im gedrückten Bereich ohne Umlenkungen über die gesamte Wandhöhe weitergeleitet.

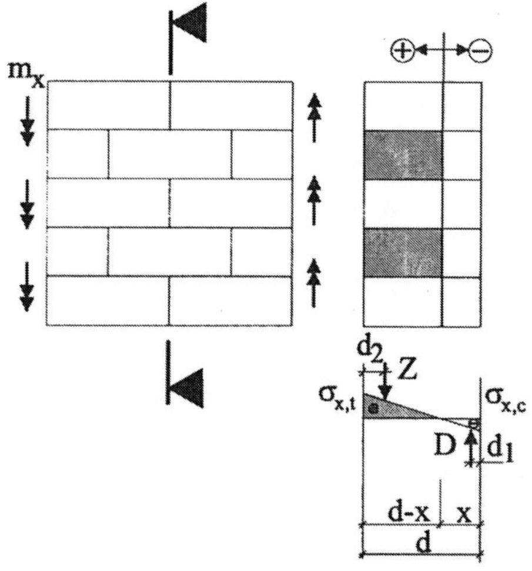

Im Querschnitt entsteht eine Plattenbalkenwirkung (Bild 8.55). *Mann* [M5] gibt für die Druckzonenhöhe x folgendes Maß an:

$$x = 0{,}4142 \cdot d .$$

Die Zugzonentiefe entspricht $0{,}5858 \cdot d$. Im Vergleich dazu wurde bei offenen Stoßfugen von einer gleichen Höhe für die Druck- und Zugzone von $0{,}50 \cdot d$ ausgegangen. Folglich fällt wegen der vergrößerten Zugzone die Randzugspannung im Verhältnis der Längen der Spannungsdreiecke $0{,}5/0{,}5858$ kleiner aus als bei offenen Stoßfugen.

Bild 8.55: Plattenbalkenwirkung bei Mauerwerk mit geschlossenen Stoßfugen

Die Biegezugspannungen können wegen der zugweichen Stoßfugen weiterhin nur in jeder zweiten Lage von den durchgehenden Steinen aufgenommen werden und müssen über die Lagerfugen umgeleitet werden. Unter diesen Voraussetzungen lassen sich die Randspannungen auf der Zugseite $\sigma_{x,t}$ und der Druckseite $\sigma_{x,c}$ berechnen. Unter Beachtung, daß jeder einzelne Mauerstein die Biegezugspannungen von zwei Schichten aufnehmen muß, folgt:

$$\sigma_{x,t} = \frac{d-x}{x} \cdot \sigma_{x,c} = \sqrt{2} \cdot \sigma_{x,c} \,, \tag{8.100}$$

$$\sigma_{x,t} = \frac{0{,}5}{0{,}5858} \cdot 2 \cdot \sigma_x = 0{,}8535 \cdot \frac{2 \cdot m_x}{d^2/6} = 1{,}707 \cdot \frac{m_x}{d^2/6} \,. \tag{8.101}$$

Folglich ist die Biegetragfähigkeit des Mauerwerks erreicht, sobald die Biegezugspannung $\sigma_{x,t}$ die Biegezugfestigkeit des Mauersteins $f_{bt,fl}$ übersteigt:

$$\sigma_x \leq f_x = k \cdot \frac{1}{1{,}707} \cdot f_{bt,fl} = k \cdot 0{,}5858 \cdot f_{bt,fl} = k_2 \cdot f_{bt,fl} \,. \tag{8.102}$$

Gegenüber dem Mauerwerk mit offenen Stoßfugen entspricht dies einer Tragfähigkeitssteigerung von 17 %. Der Korrekturfaktor k erfaßt wiederum die Vorschädigungen der Steine und hat dieselbe Größe wie beim Modell mit offenen Stoßfugen. Der Faktor k_2 vereinigt beide Tragfähigkeitseinbußen.

8.3.3.2 Versagen des Verbandes

Wenn die Mauersteine eine verhältnismäßig hohe Zugfestigkeit besitzen, dann können sich die Steine ungerissen aus dem Verband lösen.

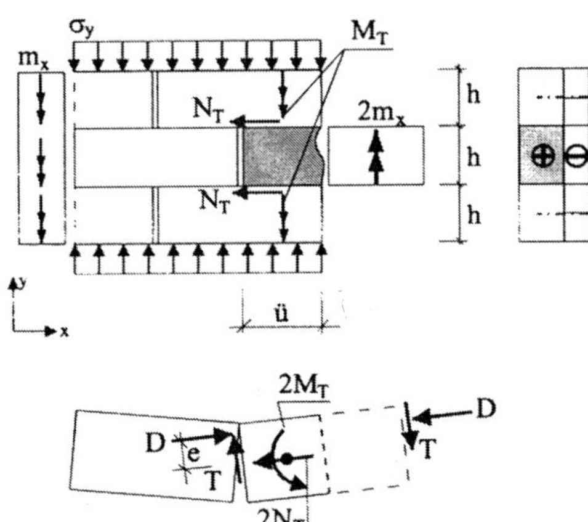

Bild 8.56: Gleichgewicht am Einzelstein im Versagenszustand der Lagerfuge

Dazu wird der Stein aus seiner Lage gedreht und erzeugt in den angrenzenden Lagerfugen Torsionsmomente M_T (Bild 8.56). Zusätzlich ist durch die Berührung der Steinstirnseiten eine Druckspannungsübertragung möglich. Aus dem Gleichgewicht zwischen der vom Stein aufzunehmenden Zugkraft Z aus zwei Steinschichten ergibt sich eine gleichgroße Druckkraft D ebenfalls für zwei Schichten. Während Z von einem Stein abgetragen werden muß, kann D auf zwei Steinhöhen verteilt werden, so daß pro Stein eine Druckkraft von nur $0{,}5 \cdot D$ aufzunehmen ist.

An den Stoßfugen muß Z - im Gegensatz zu D - über die Lagerfugen hinweg durch zwei Kräfte $2 \cdot N_T = Z$ umgeleitet werden. Für die Ermittlung der Kräfte D, N_T und Z werden Gleichgewichtsbedingungen am Einzelstein genutzt. Die Zugkraft Z kann nur so groß sein, daß der Mauerstein nicht reißt. Mittels der Gleichung (8.102) ergibt sich unter Vernachlässigung des Faktors k:

$$Z = 1,707 \cdot 6 \cdot \frac{m_x}{d^2} \cdot 0,5 \cdot 0,5858 \cdot d \cdot h = 3 \cdot m_x \frac{h}{d} = D , \qquad (8.103)$$

$$N_T = 0,5 \cdot Z = 1,5 \cdot m_x \frac{h}{d} = 0,5 \cdot D . \qquad (8.104)$$

Zusätzlich wird in der Stoßfugenebene durch die Druckkraft D und den Fugenreibungswinkel ϕ_F eine Reibungskraft T aufgebaut, die einen zusätzlichen Tragwiderstand erzeugt:

$$T = 0,5 \cdot D \cdot \tan \phi_F = 0,5 \cdot Z \cdot \tan \phi_F . \qquad (8.105)$$

Das Torsionsmoment M_T wird durch die in der Lagerfuge exzentrisch wirkenden Kräfte N_T geweckt:

$$M_T = \left(0,5 - \frac{0,5858}{3}\right) \cdot d \cdot 0,5 \cdot Z - 0,5 \cdot \ddot{u} \cdot T = 0,1524 \cdot d \cdot Z - 0,5 \cdot \ddot{u} \cdot T , \qquad (8.106a)$$

$$M_T = \left(0,4572 - 0,75 \cdot \frac{\ddot{u}}{d} \cdot \tan \phi_F\right) \cdot m_x \cdot h . \qquad (8.106b)$$

Die Komponenten N_T, M_T bilden in der Lagerfuge eine Schubspannung τ, die über Gleichgewichtsbetrachtungen eliminierbar ist:

$$\tau = \frac{N_T}{\ddot{u} \cdot d} + \frac{M_T}{\ddot{u} \cdot d^2 / 6} . \qquad (8.107)$$

Wird das Biegemoment m_x durch die Biegezugspannung σ_x substituiert, folgt aus Gleichung (8.107) für die vorhandene Schubspannung:

$$\tau = \left(0,25 + 0,4572 - 0,75 \cdot \frac{\ddot{u}}{d} \cdot \tan \phi_F\right) \sigma_x \cdot \frac{h}{\ddot{u}} = \left(0,7072 - 0,75 \cdot \frac{\ddot{u}}{d} \cdot \tan \phi_F\right) \sigma_x \cdot \frac{h}{\ddot{u}} . \qquad (8.108)$$

Der Bruchzustand ergibt sich bei Gleichheit zwischen vorhandener und aufnehmbarer Schubspannung $\tau = f_v$. Die Schubfestigkeit f_v wird durch die Gleichung (8.98) definiert. Allerdings erfolgt die Bemessung in der Regel nicht auf Basis der Schubspannung τ, sondern mit der Biegezugspannung σ_x. Deshalb wird Gleichung (8.108) in Gleichung (8.98) eingesetzt und nach σ_x umgestellt:

$$\sigma_x \leq f_x = \frac{\left(\sigma_y + \sigma_p\right) \cdot \tan\left(\phi_F + i_0\right)}{\left(0,7072 - 0,75 \cdot \frac{\ddot{u}}{d} \cdot \tan \phi_F\right)} \cdot \frac{\ddot{u}}{h} \leq \frac{\left(\sigma_y + \sigma_p\right) \cdot \tan \phi_b + c_b}{\left(0,7072 - 0,75 \cdot \frac{\ddot{u}}{d} \cdot \tan \phi_F\right)} \cdot \frac{\ddot{u}}{h} . \qquad (8.109)$$

Bisher wurde vorausgesetzt, daß vergleichbare Reibungsverhältnisse in der Lager- und Stoßfuge vorliegen. Genauere Kenntnisse über das Reibverhalten in den Stoßfugen existieren bisher nicht. Die Annahme $\mu = \tan \phi_F$ liegt jedoch auf der sicheren Seite, weil die günstig wirkende Stoßfugenverzahnung, die einen sehr großen Aufgleitwinkel i_0 beisteuern würde ($i_0 \gg 0$) bisher nicht betrachtet wurde. Auch sollte in den Stoßfugen von Abscherfestigkeiten abgesehen werden.

Im Vergleich zur Biegezugfestigkeit von Trockenmauerwerk mit offenen Stoßfugen ergibt sich mit Berücksichtigung der Tragwirkung der Stoßfugen insgesamt ein Tragfähigkeitsgewinn von über 50 %.

8.3.4 Hüllkurve der Biegezugfestigkeit parallel zur Lagerfuge

Werden die Hüllkurven der Biegetragfähigkeit sowohl für offene als auch geschlossene Stoßfugen zusammen mit den Versuchswerten in einem Diagramm aufgetragen (Bild 8.57), so wird offenkundig, daß die Verwendung des Modells mit geschlossenen Stoßfugen (geschlossene SF) zu günstige Werte liefert.

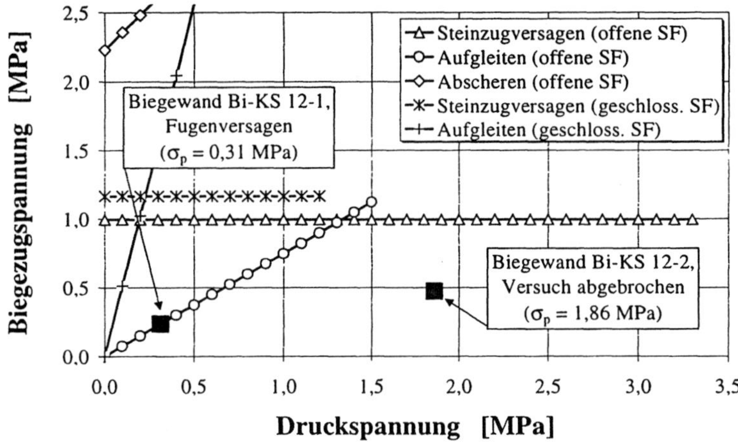

a) Kalksandstein-Trockenmauerwerk (KS 12)

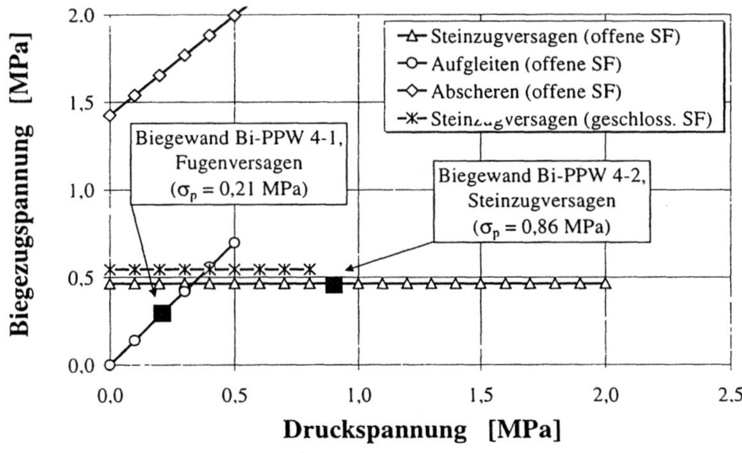

b) Porenbetonstein-Trockenmauerwerk (PPW 4)

Bild 8.57: Brucheinhüllende für biegebeanspruchtes Trockenmauerwerk (Bruchspannungen)

Insbesondere die Fugentragfähigkeit von Trockenmauerwerk wird überschätzt. Die Annahme, daß die Stoßfugen ohne jegliche Schlupfbewegung Druckkräfte übertragen, trifft in diesem Sinne nicht zu. Die rechnerischen Tragfähigkeiten würden teilweise so groß, so daß auf ihre Darstellung im Diagramm verzichtet wurde.

Für weitere Untersuchungen wird deshalb die Verwendung des Modells mit offenen Stoßfugen (offene SF) empfohlen. Aber auch dieses Modell zeigt hinsichtlich einer zutreffenden Mauersteinbeanspruchung und der quantitativen Berücksichtigung von Vorschädigungen Schwächen, die Anlaß zu weiterer Forschungstätigkeit geben.

8.3.5 Grundlagen der Biegezugfestigkeit von Mauerwerk senkrecht zur Lagerfuge und Bemessungsvorschlag

8.3.5.1 Einführung und Ableitung der Bezugsgrößen

Aus den Tragsystemen im üblichen Hochbau ergeben sich allein aus der einseitigen Deckenauflagerung mehr oder weniger große Exzentrizitäten der Deckenauflagerkräfte, die zu einer Biegebeanspruchung des Mauerwerks senkrecht zur Lagerfuge führen (Bild 8.58).

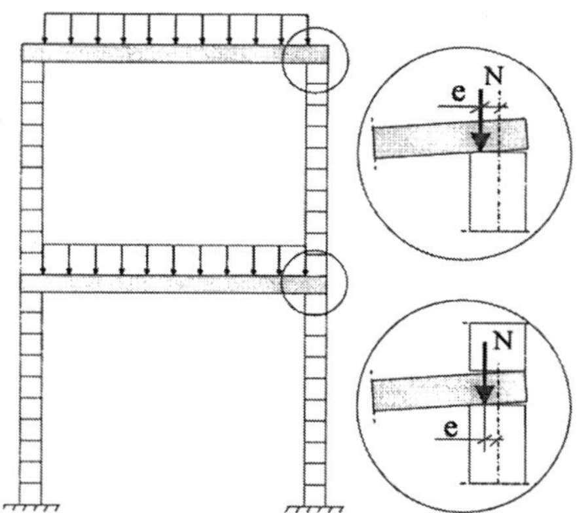

Die dargestellten Deckenauflagerungen sind für die Beanspruchung der Mauerwerkwände von Bedeutung. Im Gegensatz zum oberen Dachdeckenauflager wird im Zwischenauflager durch die aufgehende Wand für die Geschoßdecke eine Einspannwirkung erzeugt, die die Lastausmitte der Resultierenden etwas verkleinert. Die Größe der Lastexzentrizität ist vom Grad der Einspannung bzw. von der Verdrehung des Deckenauflagers abhängig.

Bild 8.58: Wandbeanspruchungen

Das Tragverhalten derartig belasteter Wände aus vermörteltem Mauerwerk wurde in zahlreichen experimentellen und theoretischen Arbeiten behandelt. Die Biegeverformung ist als Anteil der Verformung des Systems nach Theorie II. Ordnung in allen Stabilitätsuntersuchungen von Bedeutung. Beispielhaft werden die Ausführungen von *Haller* [H2], *Mann* [M3], *Schöner* [S9], *Gremmel* [G12] und *Furler* [F5] genannt. Die Überlegungen von *Furler* sind sehr gut geeignet, um sie auf das Trockenmauerwerk zu übertragen.

Zwischen der Deckenauflagerverdrehung und den Lastexzentrizitäten bestehen Beziehungen, die durch die Größe der Axiallast N, der Wandschlankheit sowie durch Materialkennwerte und Querschnittsform der Wand bestimmt werden. Wegen der nicht vorhandenen Zugfestigkeit senkrecht zur Lagerfuge ist die kombinierte Wirkung von Axiallast und Biegemomenten von besonderer Bedeutung.

Bei zentrischer Führung der Spannglieder innerhalb des Querschnitts leistet die Vorspannkraft keine zusätzlichen Verformungen, die der Stabilität abträglich sind, so daß in den folgenden Untersuchungen kein Bezug zu Stabilitätskriterien genommen wird. Statt dessen wird auf die genannte Literatur verwiesen.

Die Moment-Krümmungsbeziehung bildet die Grundlage für die Lösung vieler Biegeprobleme, weil das Kräftespiel durch die Verformungseigenschaften der Wand mitbestimmt wird. Unter der Vorraussetzung der Gültigkeit des Hooke'schen Materialgesetzes und dem Ebenbleiben der Querschnitte lassen sich M-N-Interaktionskurven in Abhängigkeit von der Spannungsverteilung aufstellen. Dabei ist es günstig, nicht mit absoluten, sondern mit bezogenen Größen zu arbeiten, um die Gesetzmäßigkeiten materialunabhängig zu gestalten. Die Bezugsgrößen basieren auf den Bruchschnittgrößen eines nicht knickgefährdeten Stabes gleichen Querschnitts (Bild 8.59).

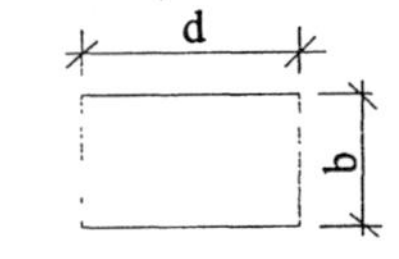
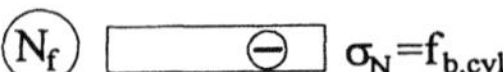
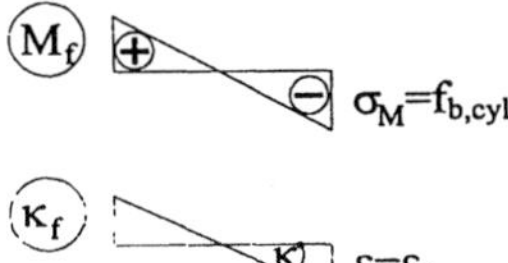

Bild 8.59: Bezugsgrößen

Die Bruchlast eines zentrisch gedrückten Stabes ergibt sich aus:

$$N_f = b \cdot d \cdot f_{b,cyl} \, . \tag{8.110}$$

Dabei bedeuten b und d die Querschnittsabmessungen und $f_{b,cyl}$ die einaxiale Materialfestigkeit unter einer Druckbeanspruchung. Die Festigkeit $f_{b,cyl}$ wird auch erreicht, wenn ein Biegemoment M_f angreift:

$$M_f = \frac{b \cdot d^2}{6} \cdot f_{b,cyl} \, . \tag{8.111}$$

Unter Wirkung des Momentes M_f erleidet der Stab an den Querschnittskanten eine Dehnung ε_f, die zu einer Verkrümmung κ_f führt:

$$\kappa_f = \frac{2 \cdot \varepsilon_f}{d} = \frac{2 \cdot f_{b,cyl}}{d \cdot E_{33}} \, . \tag{8.112}$$

In Tabelle 8.6 sind die Bezugsgrößen für die verwendeten Mauersteine eingetragen. Es zeigte sich, daß als Mauersteindruckfestigkeit die einaxiale Zylinderdruckfestigkeit $f_{b,cyl} = 3{,}85$ N/mm^2 (PPW 4) und $f_{b,cyl} = 12{,}78$ N/mm^2 (KS 12) das Festigkeitsverhalten der Mauersteine in der Wand sehr gut widerspiegeln. Für die Krümmungen wurde die beste Annäherung erreicht, wenn der an Mauersteinzylindern experimentell bestimmte Sekantenmodul (ablesbar aus den Spannungs-

Dehnungsbeziehungen) $E_{33} = 1729\ \text{N/mm}^2$ (PPW 4) und $E_{33} = 5790\ \text{N/mm}^2$ (KS 12) eingesetzt wurde.

Tabelle 8.6: Bezugsgrößen eines nicht knickgefährdeten Stabes aus Mauersteinen KS 12 und PPW 4 im Bruchzustand

Bezugsgröße			Porenbetonstein PPW 4	Kalksandstein KS 12
1	2	3	4	5
Normalkraft	N_f	kN/m	554,40	1533,6
Biegemoment	M_f	kNm/m	22,18	61,34
Krümmung	κ_f	rad	0,0186	0,0184

Das Materialgesetz soll vereinfacht linear elastisch angenommen werden, wobei eine Zugfestigkeit senkrecht zur Lagerfuge ausgeschlossen ist. Auch wird die Breite b vorerst mit der Einheitsbreite von 1 angenommen, um alle Größen auf den zweidimensionalen Fall zurückführen zu können.

Der betrachtete Wandquerschnitt entspricht einem Vollquerschnitt der Dicke d und der Breite b = 1 und wird durch eine Linienlast $N = q \cdot b$ parallel zur Wandachse beansprucht. Infolge der Ausmitte e stellt sich zusätzlich zu N noch eine Biegebeanspruchung $M = N \cdot e$ ein, die zu über den Querschnitt linear veränderlichen Dehnungen ε führt. Die Krümmung κ ist durch die Neigung der Dehnungsebene zum Querschnitt bestimmt. Hinsichtlich des Querschnittswiderstandes ist zwischen ungerissenem und gerissenem Querschnitt, d.h. zwischen erster und zweiter Kernweite der Normalkraftlage im Querschnitt, zu unterscheiden.

8.3.5.2 Ungerissener Querschnitt

Für eine axiale Lage von N nimmt das Moment M den Wert Null an, die Dehnungen ε sind konstant über den Querschnitt und es ist keine Krümmung κ vorhanden. Rückt N aus der Achslage zum Querschnittsrand, so darf N nur soweit von der Wandachse entfernt liegen, daß der Querschnitt nicht aufreißt. Die am wenigsten gedrückte Faser kann maximal den Spannungswert Null annehmen. Für diesen Grenzfall liegt N auf dem Rand der ersten Kernweite.

Solange die Normalkraft N innerhalb der ersten Kernweite wirkt, erfährt jede Querschnittsfaser eine Stauchung, wobei die Randstauchung ε_R am größten wird (Bild 8.60). Nach dem Hooke'schen Gesetz ergibt das Produkt von Stauchung und E-Modul die Spannung σ mit dem Maximalwert σ_R am Querschnittsrand.

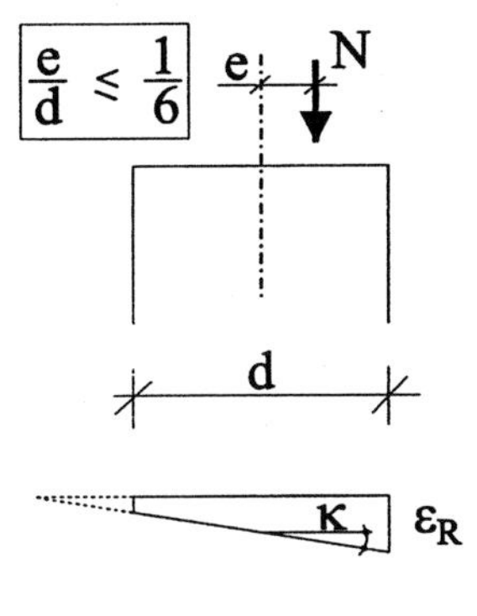

Bild 8.60: Spannungsverlauf bei ungerissenem Querschnitt

Dadurch ist es möglich, die Krümmung κ durch das wirkende Moment M auszudrücken:

$$\kappa = \frac{2 \cdot \varepsilon}{d} = \frac{2 \cdot \sigma}{d \cdot E_{33}} = \frac{6 \cdot M}{d^2} \cdot \frac{2}{d \cdot E_{33}} \qquad \text{mit: } \sigma = \frac{6 \cdot M}{d^2}. \tag{8.113}$$

Wird κ auf die Materialfestigkeit $f_{b,cyl}$ bezogen und werden die Bezugsgrößen M_f und κ_f eingeführt, ergibt sich die Moment-Krümmungsbeziehung im ungerissenen Zustand:

$$\frac{\kappa}{\kappa_f} = \frac{M}{M_f} \qquad \text{mit: } f_{b,cyl} = \frac{6 \cdot M}{d^2}. \tag{8.114}$$

Die größte Randspannung σ_R resultiert aus der ausmittigen Lage von N. Sie besitzt die Größe:

$$\sigma_R = \frac{N}{d} + \frac{M}{d^2/6} = \frac{N}{d} + \kappa \cdot \frac{d \cdot E_{33}}{2} \qquad \text{mit: } M = \kappa \cdot \frac{d^2}{6} \cdot \frac{d \cdot E_{33}}{2}. \tag{8.115}$$

Dabei kann das wirkende Moment M durch die Krümmungsbeziehung nach Gleichung (8.113) ersetzt werden. Um die relative Querschnittsbeanspruchung zu erhalten, wird σ_R auf die Materialfestigkeit $f_{b,cyl}$ bezogen. Nach Einführung der Bezugsgrößen N_f und κ_f ergibt sich die Normalkraft-Krümmungsbeziehung für die erste Kernweite:

$$\frac{\sigma_R}{f_{b,cyl}} = \frac{N}{N_f} + \frac{\kappa}{\kappa_f}. \tag{8.116}$$

Durch Zusammenführung von Gleichung (8.114) und (8.116) wird für den ungerissenen Querschnitt die Gleichung für die Moment-Normalkraft-Interaktion aufgebaut:

$$\frac{M}{M_f} = \frac{\sigma_R}{f_{b,cyl}} - \frac{N}{N_f}. \tag{8.117}$$

Hierbei ist vor allem der Bruchzustand $\sigma_R = f_{b,cyl}$ bedeutsam.

Aus der Moment-Krümmungsbeziehung kann die Exzentriztät-Krümmungsbeziehung abgeleitet werden, wenn beachtet wird, daß das Biegemoment aus dem ausmittigen Lastangriff von N resultiert:

$$\frac{\kappa}{\kappa_f} = \frac{N}{N_f} \cdot \frac{6 \cdot e}{d} \qquad\qquad \text{mit: } M = N \cdot e,\ M_f = \frac{N_f}{d} \cdot \frac{d^2}{6},$$

$$\frac{e}{d} = \frac{1}{6} \cdot \frac{\sigma_R / f_{b,cyl}}{N/N_f} \le \frac{1}{6}. \qquad\qquad (8.118)$$

8.3.5.3 Gerissener Querschnitt

Sobald die Lastexzentrizität e größer als 1/6 der Querschnittsdicke d wird, entstehen auf der Zugseite Dehnungen ε_{RZ}, die die Lagerfugen wegen der fehlenden Zugfestigkeit sofort horizontal aufreißen lassen (Bild 8.61).

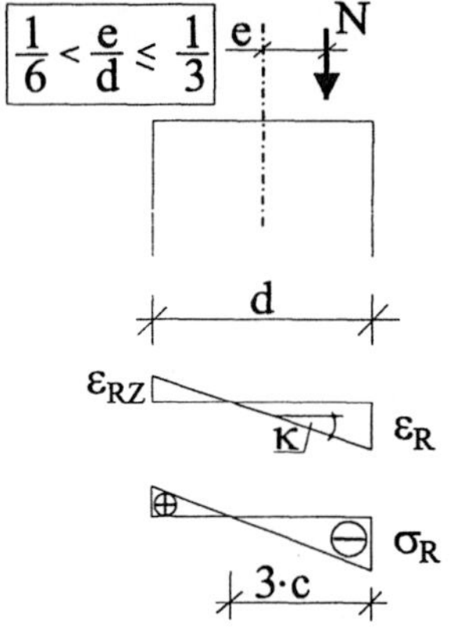

Bild 8.61: Spannungsverlauf bei gerissenem Querschnitt

Mit gerissenen Fugen verringert sich der wirksame Querschnitt, der gedrückte Bereich erstreckt sich nur noch über eine Länge von $3 \cdot c$, wobei c der Randabstand der Normalkraft N ist. Ebenso kann die Druckzonenhöhe über die Krümmung ausgedrückt werden:

$$3 \cdot c = \frac{\varepsilon_R}{\kappa} = \frac{\sigma_R}{\kappa \cdot E_{33}}. \qquad (8.119)$$

Aus dem Gleichgewicht zwischen Normalkraft N und dem Druckspannungskeil folgt:

$$N = \frac{\sigma_R^2}{2 \cdot \kappa \cdot E_{33}} \ \text{bzw.}\ \sigma_R = \sqrt{2 \cdot \kappa \cdot E_{33} \cdot N}. \qquad (8.120)$$

Die Ausmitte darf jedoch nur so groß sein, daß der Querschnitt maximal bis zur Schwerachse aufreißt. Dies ist gegeben, solange $e \le 1/3 \cdot d$ ist. In Bezug zur Normalkrafttragfähigkeit des Querschnitts bei zentrischer Belastung N_f läßt sich der Ausnutzungsgrad feststellen:

$$\frac{N}{N_f} = \frac{\sigma_R^2}{2 \cdot \kappa \cdot E_{33} \cdot \left(f_{b,cyl} \cdot d \right)}. \qquad (8.121)$$

Wird Gleichung (8.117) erweitert mit $(2 \cdot f_{b,cyl})$ und die Bezugsgrößen N_f und κ_f eingeführt, läßt sich daraus die Normalkraft-Krümmungsbeziehung für den gerissenen Querschnitt ableiten:

$$\frac{N}{N_f} = \frac{\left(\sigma_R / f_{b,cyl} \right)^2}{4 \cdot \kappa / \kappa_f}. \qquad (8.122)$$

Die Exzentrizität e, die die Verbindung zwischen Normalkraft und Biegemoment herstellt, ergibt sich aus:

$$e = \frac{d}{2} - c = \frac{d}{2} - \sqrt{\frac{2 \cdot N}{9 \cdot \kappa \cdot E_{33}}} \leq \frac{d}{3} . \tag{8.123}$$

Die bezogene Ausmitte e/d errechnet sich analog:

$$\frac{e}{d} = \frac{1}{2} - \sqrt{\frac{2}{E_{33} \cdot d} \cdot \frac{N}{9 \cdot \kappa \cdot d}} \leq \frac{1}{3} . \tag{8.124}$$

Werden zusätzlich die Bezugsgrößen κ_f und N_f eingeführt, entspricht das Ergebnis der Exzentrizitäts-Krümmungsbeziehung des gerissenen Querschnitts:

$$\frac{e}{d} = \frac{1}{2} - \sqrt{\frac{1}{9} \cdot \frac{\kappa_f}{\kappa} \cdot \frac{N}{N_f}} = \frac{1}{2}\left(1 - \sqrt{\frac{4}{9} \cdot \frac{\kappa_f}{\kappa} \cdot \frac{N}{N_f}}\right) \leq \frac{1}{3} . \tag{8.125}$$

Durch Erweiterung der Gleichung (8.125) mit $(3 \cdot N/N_f)$ und die Einführung des Bezugsmomentes M_f sowie der Normalkraft N_f wird die Moment-Krümmungsbeziehung für gerissene Querschnitte erlangt:

$$\frac{M}{M_f} = \frac{e \cdot N}{f_{b,cyl} \cdot d^2/6} = 3 \cdot \frac{N}{N_f}\left(1 - \sqrt{\frac{4}{9} \cdot \frac{\kappa_f}{\kappa} \cdot \frac{N}{N_f}}\right) . \tag{8.126}$$

Die Moment-Normalkraft-Interaktion ergibt sich, wenn in Gleichung (8.126) die nach κ umgestellte Gleichung (8.122) eingesetzt wird:

$$\frac{M}{M_f} = 3 \cdot \frac{N}{N_f}\left(1 - \sqrt{\frac{4}{9} \cdot \frac{N}{N_f} \cdot \frac{4 \cdot N/N_f}{\left(\sigma_R/f_{b,cyl}\right)^2}}\right) = 3 \cdot \frac{N}{N_f}\left(1 - \frac{4}{3} \cdot \frac{N/N_f}{\sigma_R/f_{b,cyl}}\right) . \tag{8.127}$$

Hierbei ist wieder der Bruchzustand mit $\sigma_R = f_{b,cyl}$ maßgebend. Aus der ersten Ableitung folgt, daß an der Stelle $N = 3/8 \cdot N_f$ das aufnehmbare Biegemoment seinen Größtwert max $M = 9/16 \cdot M_f$ besitzt.

Wird Gleichung (8.122) in die Gleichung (8.125) der bezogenen Ausmitte eingesetzt, ergibt sich die Exzentrizität-Krümmungsbeziehung in Abhängigkeit des Randspannungsverhältnisses $\sigma_R/f_{b,cyl}$:

$$\frac{e}{d} = \frac{1}{2}\left(1 - \sqrt{\frac{4}{9} \cdot \frac{\kappa_f}{\kappa} \cdot \frac{\left(\sigma_R/f_{b,cyl}\right)^2}{4 \cdot \kappa/\kappa_f}}\right) = \frac{1}{2} - \frac{1}{6} \cdot \frac{\sigma_R/f_{b,cyl}}{\kappa/\kappa_f} \leq \frac{1}{3} . \tag{8.128}$$

Bei Betrachtung des Dehnungsverhältnisses der Randdehnung von der Zugseite zur Bruchstauchung des Querschnitts $\varepsilon_{RZ}/\varepsilon_f$, kann die Exzentrizität-Krümmungsbeziehung nach Gleichung (8.125) in Abhängigkeit vom Dehnungsverhältnis dargestellt werden:

$$\frac{e}{d} = \frac{1}{6}\left(1 - \frac{\varepsilon_{RZ}/\varepsilon_f}{\kappa/\kappa_f}\right) \qquad \text{mit:} \quad \frac{\sigma_R}{f_{b,cyl}} = \frac{\varepsilon_{RZ}}{\varepsilon_f} + \frac{2\cdot\kappa}{\kappa_f}. \qquad\qquad (8.129)$$

8.3.5.4 Moment-Krümmungsbeziehung (M-κ-Kurve)

Im Bild 8.62 sind die M-κ-Kurven nach Gleichung (8.114) und Gleichung (8.126) dargestellt. Bei den stark nachgezogenen Linien hat die auf N_f bezogene Normalkraft N einen jeweils konstanten Wert von N/N_f = 0,25 und 0,50. Sofern e die erste Kernweite nicht überschreitet, folgen die M-κ-Kurven der eingezeichneten e/d-Gerade nach Gleichung (8.118). Die e/d-Gerade bei e/d = 1/6 kennzeichnet folglich den Punkt in der M-κ-Kurve, wo durch den verminderten Querschnitt infolge Rißbildung ein fortschreitender Steifigkeitsverlust eintritt und die Kurve abflacht. Die Krümmungen nehmen dann überproportional zum Moment zu.

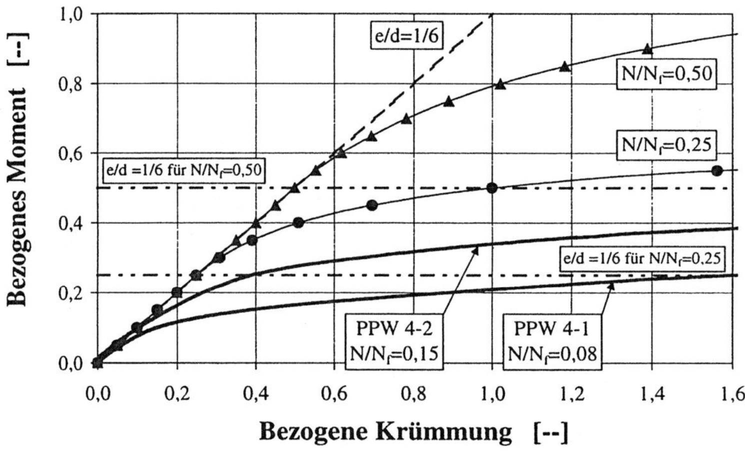

Bild 8.62: Moment-Krümmungsbeziehung (M-κ-Kurve)

Zusätzlich sind zwei Kurven der Biegeversuche mit Porenbetonsteinen PPW 4 eingetragen. Für die Berechnung von M_f und κ_f wurden die einaxiale Druckfestigkeit $f_{b,cyl}$ = 3,85 N/mm^2 und der E-Modul aus den ermittelten Spannungs-Dehnungslinien der Zylinderdruckversuche E_{33}=1729 N/mm^2 eingesetzt. Die mit dem Moment anwachsenden Krümmungen wurden an der Fuge 1 in Wandmitte abgelesen. Den Kurven liegt ein kleines N/N_f-Verhältnis von 0,08 (PPW 4-1) und 0,15 (PPW 4-2) zugrunde. Die Übereinstimmung mit den theoretischen Werten ist befriedigend. Ähnliches gilt für die Versuchsergebnisse der Kalksandsteinkörper.

8.3.5.5 Exzentrizität-Krümmungsbeziehung (e-κ-Kurve)

Ähnliche Aussagen wie bei den M-κ-Kurven lassen sich auch durch die Exzentrizität-Krümmungsbeziehungen (e-κ-Kurven) treffen, die im Bild 8.63 wiedergegeben sind. Die Normalkraft ist entlang den stark ausgezogenen Kurven konstant (N/N_f = 0,01...0,10...0,25...0,50). Die Grenzen der ersten und zweiten Kernweite sind eingetragen. Je kleiner die Auflast ist, desto geringere Verkrümmungen sind erforderlich, um den Querschnitt aufreißen zu lassen. Unterschiedlich stark wächst demzufolge die bezogene Exzentrizität e/d, die jedoch in keinem Fall die Obergrenze e/d = 0,50 erreicht, bei der die Normalkraft theoretisch auf der Druckkante des Querschnitts stehen würde. Je kleiner die Axiallast ausfällt, desto mehr schmiegt sich die e-κ-Kurve an die Obergrenze an.

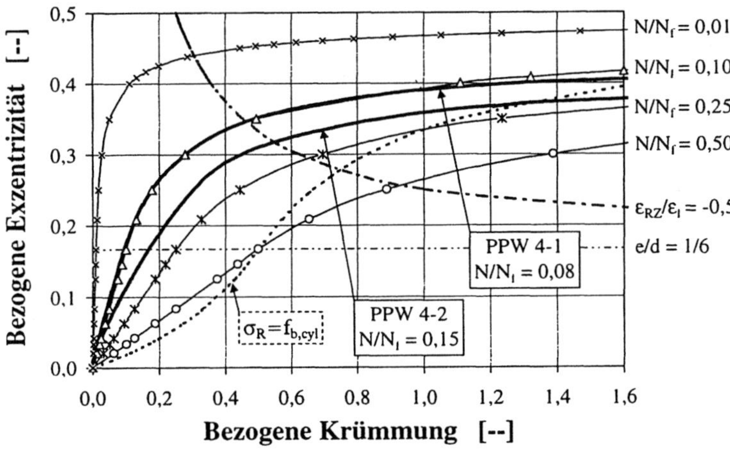

Bild 8.63: Exzentrizität-Krümmungsbeziehung (e-κ-Kurve)

Die e-κ-Kurven der Versuche an Porenbetonwänden passen sich sehr gut entsprechend ihres N/N_f-Verhältnisses in die Kurvenschar ein. Die Ergebnisse der Kalksandsteinwände liegen ähnlich gut.

Als gestrichelte Linie ist die Kurve konstanter Randspannungen $\sigma_R = f_{b,cyl}$ eingetragen worden, die sich aus den Gleichungen (8.118) und (8.128) zusammensetzt. Diese Linie macht deutlich, daß Querschnitte mit kleiner Überdrückung ($N/N_f < 0,25$) die Randspannung erst bei sehr viel größerer Krümmung erreichen. Demgegenüber nehmen die Krümmungen für konstante Randdehnungsverhältnisse $\varepsilon_{RZ} = -0,5 \cdot \varepsilon_f$ mit wachsender Axiallast zu (Gleichung (8.129)). Dieser Sachverhalt läßt sich sehr gut durch die Beziehung zwischen Normalkraft und Krümmung erläutern.

8.3.5.6 Normalkraft-Krümmungsbeziehung (N-κ-Kurve)

Entsprechend Gleichung (8.116) und (8.122) ergibt sich für den Bruchzustand $\sigma_R = f_{b,cyl}$ eine Normalkraft-Krümmungsbeziehung, die im Bild 8.64 wiedergegeben wurde (stark ausgezogene Linie). Diese Kurve wird von gestrichelt gezeichneten Linien konstanter Randdehnung geschnitten. Zwei Fälle sind dargestellt: $\varepsilon_{RZ} = 0$ und $\varepsilon_{RZ}/\varepsilon_f = -0,5$. Die angegebenen Dehnungsverhältnisse sind in Gleichung (8.129) und Gleichung (8.125) eingesetzt und umgeformt worden. Die gestrichelten Linien machen deutlich, daß die Krümmungen bei konstanter Randdehnung mit steigender Normalkraft anwachsen, aber um so stärker, je mehr die Biegebeanspruchung beim Querschnitt überwiegt.

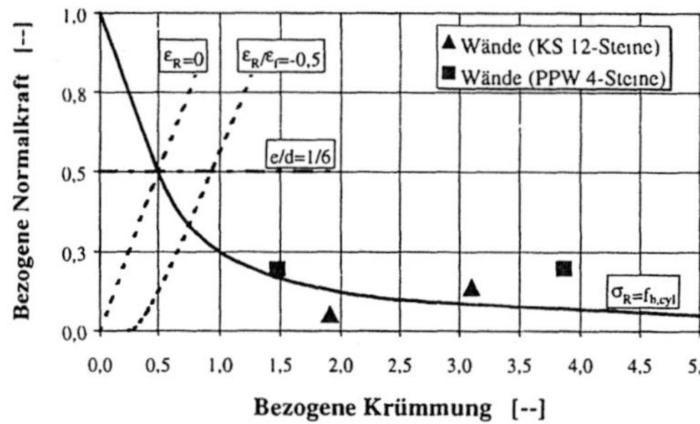

Bild 8.64: Normalkraft-Krümmungsbeziehung
     (N-κ-Kurve)

Aus diesem Grunde fällt die aufnehmbare Normalkraft sehr stark im Bereich der ersten Kernweite, während sie bei gerissenen Querschnitten weniger stark abfällt, weil die Wand größere Verformungen ausführen kann. Umgekehrt folgt daraus, daß bei einer sehr hoch vorgespannten Trockenmauerwerkwand das Rotationsvermögen unter Umständen sehr stark eingeschränkt ist.

Dies ist in der Bemessung zu beachten, weil Brüche nur schwach durch eine Verformungszunahme angekündigt werden.

8.3.5.7 Moment-Normalkraft-Interaktion (M-N-Interaktionskurve)

Die Interaktion von Biegemoment und Normalkraft besitzt für den Bruchzustand große Bedeutung, weil sie es ermöglicht, die Tragfähigkeit einer vorgespannten Trockenmauerwerkwand gegenüber einer Biegebeanspruchung senkrecht zu den Lagerfugen zu bestimmen (Bild 8.65). Sie baut auf den zuvor genannten Krümmungsbeziehungen auf und kann explizit nach der Gleichung (8.117) für den ungerissenen Bereich und Gleichung (8.127) für den gerissenen Bereich ermittelt werden. Sie gilt als Bemessungskurve für Biegung mit Normalkrafteinfluß.

Die stark ausgezogene Kurve markiert die Tragfähigkeit bei kombinierter Beanspruchung aus Biegung und Normalkraft. Alle Punkte innerhalb der eingeschlossenen Fläche sind sicher. Außerhalb der Fläche liegende Punkte führen zum Bruch. Da das Trockenmauerwerk keine Zugfestigkeit senkrecht zur Lagerfuge aufweist, verläuft die Interaktionskurve durch den Ursprung. Der Ursprungspunkt ist dadurch gekennzeichnet, daß weder eine Normalkraft noch ein Biegmoment aufgenommen werden kann, weil die Exzentrizität e = d/2 beträgt und dadurch die resultierende Last auf der Querschnittskante steht. Folglich müßten die Spannungen unendlich groß sein.

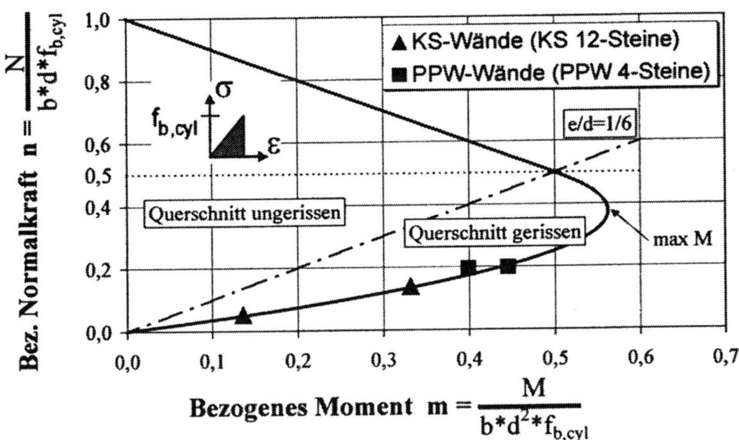

Bild 8.65: Moment-Normalkraft-Interaktion (M-N-Interaktionskurve als Bemessungsdiagramm für Biegung senkrecht zur Lagerfuge mit Normalkrafteinfluß; Bruchspannungen)

Die eingetragene Linie der bezogenen Dehnung e/d = 1/6 markiert den Übergang zwischen ungerissenem und gerissenem Querschnitt. Oberhalb der Linie traten für alle M-N-Kombinationen keine Dehnungen auf, unterhalb der Linie ist der Querschnitt gerissen und die Lagerfugen klaffen.

Alle Versuchsergebnisse zeigen eine erstaunlich gute Übereinstimmung mit den theoretischen Ableitungen. Gut ist zu erkennen, daß eine Vorspannung die Biegetragfähigkeit von Trockenmauerwerk deutlich anzuheben vermag, allerdings nicht über den Punkt des maximal vom Querschnitt aufnehmbaren Momentes max M von 122,7 kNm/m (KS 12) und 37,0 kNm/m (PPW 4) hinaus. Dieser Punkt wird in der Literatur als "balance point" bezeichnet. Anhand der wenigen Versuchsergebnisse ist zu vermuten, daß Trockenmauerwerk ein etwas anderes Tragverhalten als vermörteltes Mauerwerk besitzt. So konnte *Zelger* [Z1], der sich intensiv mit der Spannungsverteilung in der Druckzone von vermörteltem Mauerwerk bei exzentrischem Druck befaßte, nachweisen, daß der Ansatz einer Parabel-Rechteckform der Arbeitslinie die beste Übereinstimmung mit den Versuchsergebnissen ergab. Wahrscheinlich leistet der Fugenmörtel infolge seines vergleichsweise weichen Materialverhaltens einen nicht unwesentlichen Beitrag an der plastischen Druckverformung des Mauerwerks. *Sabha* [S1, S2] stellte in seinen exzentrischen Druckversuchen an Natursteinmauerwerk diesbezüglich ein Ausquellen und anschließendes Abbröckeln des Lagerfugenmörtels an den Druckrändern fest. Hier müssen weitere Versuche zur Absicherung des Tragverhaltens von Trockenmauerwerk folgen.

9 Vorgespanntes Trockenmauerwerk - Konstruktionshinweise

9.1 Anforderungen an die Mauersteine

Trockenmauerwerk ist ein Mauerwerk, bei dem die Mauersteine ohne jeglichen Mörtel in den Fuge im Verband gesetzt werden. Die Qualität der Mauersteine hat deshalb einen entscheidenden Einfluß auf das Trag- und Verformungsverhalten von Trockenmauerwerk. Mußten bereits für die Einführung von Mauerwerk im Dünnbettverfahren die Herstelltoleranzen der Mauersteine verringert werden, so gelten für das mörtellose Mauerwerk verschärfte Anforderungen. In der Regel erfüllen die auf dem Markt befindlichen Plansteine die erforderlichen Kriterien. Werden Nocken oder andere Zentrierhilfen verwendet, sind hierfür ebenfalls sehr enge Toleranzgrenzen anzusetzen, die überwiegend in den bauaufsichtlichen Zulassungen geregelt sind.

Für eine Spanngliedführung im Querschnitt müssen die Mauersteine parallel zur Steinhöhe durchgehende Öffnungen aufweisen, die vorteilhaft an den Kopfseiten und in der Mitte anzuordnen sind (Bild 9.1). Auf diese Weise ergeben sich bei den im Verband vermauerten Steinen (Überbindelänge von einer halbe Steinlänge) automatisch über die gesamte Wandhöhe reichende Spannkanäle, die eng genug liegen, um bei Bedarf eine konzentrierte Vorspannwirkung zu erreichen.

9.2 Herstellung

Grundsätzlich muß bei der Errichtung einer Trockenmauerwerkkonstruktion auf eine planparallele Ausführung der ersten Steinlage geachtet werden, da durch die folgenden Steinschichten fast kein Ausgleich für Bauungenauigkeiten geschaffen werden kann. Deshalb ist die erste Steinlage in einem Mörtelbett aus Normalmörtel MG III zu verlegen. Im noch frischen Zustand des Mörtels sind die Steine hinsichtlich ihrer korrekten Lage, insbesondere einer waagerechten Ausführung der Lagerflächen, auszurichten. Mit dem Vermauern weiterer Schichten ist solange zu warten, bis der Mörtel ausreichend erhärtet ist und keine Gefahr für die Standsicherheit der ersten Lage besteht. Die weiteren Steinschichten sind trocken, unter regelmäßiger Kontrolle der Maßgenauigkeit des Mauerwerks und der waagerechten Fugen zu versetzen. Die Steine sind so zu verlegen, daß beide Wandaußenseiten bündig abschließen. Vor dem Versetzen der nächsten Steinlage sind die Lagerfugen sorgfältig mir einem Besen abzukehren. Zur Sicherung einer ausreichenden Zug- und Schubfestigkeit ist ein Überbindemaß von einer halben Steinlänge einzuhalten. Die in der Praxis mit Trockenmauerwerk gewonnenen Erfahrungen belegen, daß Trockenmauerwerkkonstruktionen im unbelasteten Zustand gewöhnlich stabiler sind als frisch vermörtelte Wände. Dies war bereits in früheren Generationen bekannt, denn eine alte Regel aus dem Natursteinmauerwerk besagt "Eine Mauer ist nur dann richtig geschichtet, wenn sie auch ohne Mörtel standfest ist..." (nach [L1]). Dennoch muß bei großen Wandflächen auf eine ausreichende Windaussteifung im Bauzustand geachtet werden.

Werden innerhalb eines Geschosses tragende Wände sowohl aus vermörteltem als auch Trockenmauerwerk errichtet, so sind beide Mauerwerkarten mit Steinen derselben Nennfestigkeit auszuführen. Eine direkte Verzahnung von Wänden aus Trockenmauerwerk und vermörteltem Mauerwerk sollte wegen vertikaler Verformungsdifferenzen unterbleiben. Statt dessen kann die bei vermörteltem Mauerwerk bewährte Stumpfstoßtechnik angewendet werden (Bild 9.2).

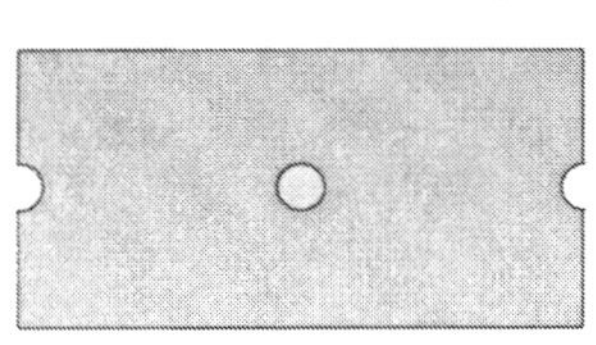

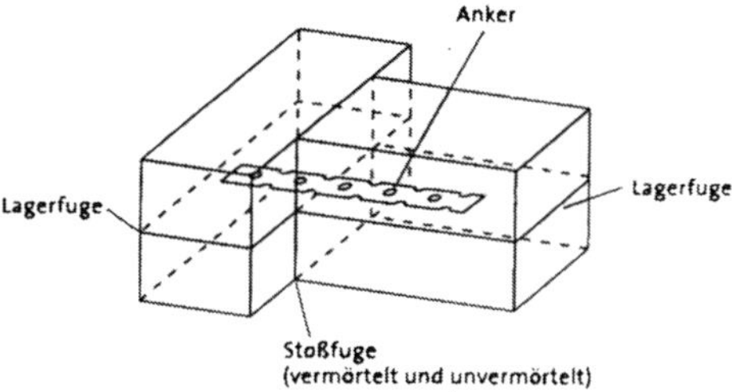

Bild 9.1: Mauerstein mit Öffnungen für Spanngliedführungen

Bild 9.2: Stumpfstoßtechnik

Für Geschoßdecken ergeben sich unter Umständen zusätzliche Schnittgrößen durch das unterschiedliche Verformungsverhalten der Auflagerwände, wenn sowohl Trockenmauerwerk als auch vermörteltes Mauerwerk in einem Geschoß angeordnet werden. Diese sind jedoch ohne umfangreiche Zusatzmaßnahmen von der Massivdecke aufnehmbar.

Gemäß den bautechnischen Regelungen müssen Trockenmauerwerkwände in jedem Geschoß gegen seitliches Ausweichen durch geeignete Maßnahmen gehalten werden. Als günstig hat sich erwiesen, die erste Steinschicht in einer Mörtelfuge MG III zu verlegen und auszunivellieren. Der Raumabschluß zur Geschoßdecke sollte ebenfalls mit einer Mörtelfuge MG III erfolgen. Die Mörtelfugen erfüllen damit zwei Aufgaben: sie stellen die seitliche Wandhalterung sicher und zugleich ermöglichen sie, eventuelle Bauungenauigkeiten in begrenzter Größenordnung auszugleichen.

Sollen die Trockenmauerwerkkonstruktionen vorgespannt werden, empfiehlt es sich, Monolitzen mit selbstsichernden Verankerungen zu verwenden, so wie sie im Kapitel 3 beschrieben wurden. Die Spannglieder werden vorteilhaft in Hüllrohren aus stabilem Kunststoff oder Stahlblech verbundlos zum Mauerwerk geführt und werden entsprechend dem Baufortschritt der Mauerwerkhöhe angepaßt. Dadurch kann auch die Stabilität des Trockenmauerwerks im Bauzustand bedeutend erhöht werden.

Die Spannglieder und Verankerungen müssen einen dauerhaften Korrosionsschutz aufweisen. Vorzugsweise sind die Spannkräfte immer in Abschnitten einer Geschoßhöhe einzutragen, um einerseits die Spannwege nicht zu groß werden zu lassen und andererseits die Möglichkeit eines sukzessiven Rückbaus der Konstruktion zu erhalten. Werden größere Spannlängen bevorzugt, so sollten die Spannglieder gekoppelt werden. Die Verankerung der Spannglieder kann in den angrenzenden Geschoßdecken erfolgen, so daß keine zusätzlichen Anstrengungen unternommen werden müssen, um die Wand vor übermäßiger Einzellastbeanspruchung an den Verankerungsstellen zu schützen. Erfolgt eine Verankerung im Wandbereich, sind die Verankerungsstellen aus Stahlbetonformteilen auszubilden, in welche der Spannkopf des Spanngliedes formschlüssig anliegt. Die Formteile müssen von der Bemessung her den Spaltzugkräften entsprechend bewehrt sein.

Werden die Wände aus zentrisch vorgespanntem Trockenmauerwerk nur einseitig durch Decken belastet, so wird eine Mindestdicke der Wand von 240 mm vorgeschlagen. Die durchgeführten Biegeversuche an 240 mm dicken, vorgespannten Trockenmauerwerkwänden stimmen zuversichtlich, dünnere Wände auszuführen zu können, wenn genügend Bestätigungsversuche vorliegen.

Werden die Trockenmauerwerkwände beidseitig durch Deckenlasten beansprucht, wird die Auflagerkraft mehr oder weniger zentrisch eingeleitet, so daß generell schlankere Wände möglich werden. Es wäre denkbar, die bisher nach DIN 1053-1 [AA3] geltende Mindestwanddicke für tragende Wände von 115 mm ebenfalls als untere Grenze der Wanddicke für Trockenmauerwerk anzusetzen. Bestätigungsversuche müssen für eine grundsätzliche Eignung noch durchgeführt werden.

Unabhängig von einer Vorspannung kann die Biegetragfähigkeit durch zugfeste Beschichtungen auf der Wandoberfläche gesteigert werden. Diese besteht in der Regel aus einem engmaschigen Bewehrungsnetz alkaliresistenter Glasfasern, welches in den Wandputz eingelegt wird und durch die Materialzugfestigkeit und der verschiebefesten Maschen des Gewebes in horizontaler, vertikaler und auch geneigter Richtung Zugspannungen an der Wandoberseite sehr gut aufnehmen kann. Die Akzeptanz von glasfaserbewehrten Putzen zur Erhöhung der Tragfähigkeit von Trockenmauerwerk ist in Deutschland allerdings nicht sehr ausgeprägt. Nach Feststellung von *Langer* [L1] wird in Deutschland zu sehr die Meinung vertreten, daß bewehrte Putze als entfernbare Systeme keinen Beitrag zur Standfestigkeit des Gebäudes leisten könnten, sondern nur zu Reparaturzwecken einsetzbar sind.

9.3 Anwendungsdetails

9.3.1 Witterungsschutz

Zur Sicherung eins ausreichenden Witterungsschutzes sind alle Außenwände vollflächig mit einem dichten Witterungsschutz zu versehen. Dabei ist insbesondere dafür Sorge zu tragen, daß die Fugenbereiche (Stoß- und Lagerfuge) dauerhaft vor Feuchtigkeit geschützt werden. Mineralische oder Kunstharzputze erfüllen in der Regel diese Anforderung. Werden zudem Mineralfasern dem Putzmörtel beigemischt oder ein Glasfasergewebe eingeputzt, ergeben sich dauerhafte Überbrückungen, die auch mechanischen Beanspruchungen einen gewissen Widerstand entgegensetzen.

9.3.2 Wärmeschutz

Den Wärmeschutz betreffend ist anzumerken, daß grundsätzlich keine Verschlechterung gegenüber dem vermörtelten Mauerwerk zu erwarten ist. Insgesamt wird der wärmetechnisch problematische Fugenanteil im Trockenmauerwerk gegenüber dem weit verbreitetem Dickbettmauerwerk verringert, so daß Verbesserungen zu erwarten wären. Eine versuchstechnische Bestätigung steht allerdings noch aus.

9.3.3 Schallschutz

Auch bezüglich der Anforderungen an den Schallschutz ist eine Verbesserung zu erwarten, da durch den Wegfall der Mörtelfugen das flächenbezogene Wandgewicht größer und dadurch das Schalldämmaß angehoben wird. Dies setzt voraus, daß alle Fugen im Trockenmauerwerk geschlossen sind. Um dieser Forderung nachzukommen, wird von den bautechnischen Zulassungen verlangt, das Trockenmauerwerk mindestens einseitig mit einem Putz zu versehen. Experimentelle Versuchsergebnisse zum Schallschutz von Trockenmauerwerk existieren derzeit noch nicht.

9.3.4 Brandschutz

Da Trockenmauerwerkwände aus nicht brennbaren Baustoffen bestehen, ist im allgemeinen zu erwarten, daß sie im Brandfall eine hohe Widerstandsdauer aufweisen. Dies trifft insbesondere für die untersuchten Mauersteinarten zu. Sowohl Kalksandstein als auch Porenbetonstein besitzen, bedingt durch das Herstellverfahren, einen relativ hohen Kristallwassergehalt, der im Brandfall zuerst abgebaut werden muß, bevor eine Materialschädigung eintreten kann.

Hinsichtlich einer brandschutztechnischen Bemessung von Trockenmauerwerk liegen Erfahrungen bisher nur im Rahmen der bautechnischen Zulassungen vor. So dürfen beispielsweise tragende, raumabschließende Wände aus Kalksandsteinmauerwerk mit einer Mindestdicke von 250 mm der Feuerwiderstandsdauer F30 zugeordnet werden, wenn sie beidseitig mit einem Putz versehen sind.

Zu brandschutztechnischen Belangen von vorgespanntem Trockenmauerwerk liegen derzeit noch keine Erfahrungen vor. Das Brandverhalten von vorgespanntem Trockenmauerwerk kann nur in Brandversuchen ermittelt werden.

Zusammenfassung und Ausblick

Das Trag- und Verformungsverhalten von Trockenmauerwerk wurde bisher nur vereinzelt untersucht. Im Vergleich zum vermörtelten Mauerwerk konnten insbesondere bei Druckprüfungen deutliche Unterschiede im Verformungsverhalten beobachtet werden. Systematische Untersuchungen, auch für andere Beanspruchungsarten wie Schub- und Biegebeanspruchung, existierten bisher nicht. Der Schwerpunkt der vorliegenden Arbeit liegt daher auf der systematischen Erkundung und Beschreibung des Trag- und Verformungsverhaltens von Trockenmauerwerk unter einer Druck-, Schub- und Biegebeanspruchung. Dazu werden Versuchsergebnisse vorgestellt, die letztlich in Bemessungsansätze für Trockenmauerwerkkonstruktionen münden.

Trockenmauerwerk entspricht einem Einkomponentenbaustoff, bei dem die Mauersteine und das Zusammenwirken dieser in den mörtellosen Fugen alle mechanischen Eigenschaften des Mauerwerks bestimmen. Folglich ist eine zutreffende Erfassung der Materialparameter der Mauersteine essentiell für die Beschreibung der Trageigenschaften des Mauerwerks. Im Kapitel 4 werden diesbezüglich Versuche vorgestellt, die Aussagen zur Druck- und Zugfestigkeit verschiedener Mauersteinarten ermöglichen. Von besonderer Bedeutung ist dabei, daß verschiedene Arten sowohl der Zugfestigkeit (Biegezug-, Spaltzug-, zentrische Zugfestigkeit) als auch der Druckfestigkeit (normierte Mauersteindruckfestigkeit, Steinlängsdruckfestigkeit, einaxiale Zylinderdruckfestigkeit) untersucht werden, die über Korrelationsbeziehungen miteinander verknüpft werden konnten. Erstmals werden vollständige Spannungs-Dehnungsbeziehungen aus einachsigen Zylinderdruckversuchen an Mauersteinproben beschrieben, die eine Erkundung des Materialverhaltens im Nachbruchbereich gestatten. Aufbauend auf diesen Untersuchungen werden technische Spannungs-Dehnungsbeziehungen formuliert, die das reale Materialverhalten sehr gut adaptieren. Kriechversuche an Mauersteinen und Trockenmauerwerk geben Einblick in das Langzeitverformungsverhalten unter einer Dauerlast.

Um die Druckfestigkeit von Trockenmauerwerk abschätzen zu können, werden im Kapitel 8 Bemessungsansätze formuliert, die auf zahlreichen Druckversuchen an repräsentativen Wandausschnitten einer Trockenmauerwerkwand fußen. In der Regel kamen Wandprüfkörper gemäß DIN 18554-1 [AA5] zum Einsatz, die durch Versuche an Fünf-Stein-Körpern mit gleicher Schlankheit ergänzt wurden. Im Kapitel 5 sind die Einflußgrößen auf das Verformungsverhalten und die Druckfestigkeit von Trockenmauerwerk dargelegt, die sich bei monotoner und zyklischer Druckbelastung einstellen. Im Vergleich zu Dünnbettmauerwerk ergeben sich bis zu 15 % geringere vertikale Tragfähigkeiten, die vorrangig auf Maßabweichungen der Mauersteine beruhen. Während beim Dünnbettmauerwerk kleine Maßungenauigkeiten, insbesondere in der Steinhöhe, durch die Mörtelfuge ausgeglichen werden können, ist dies beim Trockenmauerwerk nicht mehr möglich, so daß selbst kleinste Abweichungen negative Auswirkungen haben. Die

Rauhigkeit der Lagerfugen, die durch das Zusammentreffen der mehr oder weniger unebenen Steinlagerflächen gebildet wird, wirkt sich weniger auf die Druckfestigkeit als vielmehr auf das Verformungsverhalten des Mauerwerks aus. So ergibt sich eine Spannungs-Dehnungsbeziehung, die durch zwei Bereiche unterschiedlicher Krümmung charakterisiert ist. Der erste Kurvenbereich zeichnet sich durch starke Verformungszunahme bei geringer Lastaufnahme aus und ist im wesentlichen durch die Fugenkompression der Lagerfugen bestimmt. Deshalb wird dieser Bereich im allgemeinen als Konsolidierungsbereich bezeichnet und stellt einen markanten Unterschied zum Spannungs-Dehnungsverhalten des vermörtelten Mauerwerks dar. Der zweite Kurvenbereich entspricht dem Tragbereich, weil die Fugenkompression bereits soweit abgeschlossen ist, daß das Mauerwerk bis zum Eintreten des Bruchzustandes in gewohnter Weise Last aufnimmt. Der Wendepunkt zwischen beiden Kurvenbereichen nimmt in etwa eine konstante Lage bei einem Drittel der Mauerwerkdruckfestigkeit ein und stellt einen charakteristischen Punkt für die Formulierung von Materialgesetzen von Trockenmauerwerk dar. Die Sekante des Druck-E-Moduls $E_{33/66}$ besitzt im Wendepunkt ihren Ursprung und verläuft durch einen weiteren Spannungspunkt, der bei 2/3 der Mauerwerkdruckfestigkeit festgelegt wurde. Damit ergibt sich eine gute Übereinstimmung zur gemessenen σ-ε-Linie im Tragbereich. Im Konsolidierungsbereich beträgt der E-Modul nur noch etwa 1/5 des $E_{33/66}$-Moduls.

Der Bruchmechanismus von druckbelastetem Trockenmauerwerk ist gekennzeichnet durch Trennrisse senkrecht zur Wandebene und ist ähnlich dem Druckversagen schlanker Mauersteinproben.

Für die Schubbemessung von Trockenmauerwerk ergeben sich ähnliche Ansätze wie beim Mauerwerk mit Mörtelfugen. Folglich wird die Schubfestigkeit im wesentlichen durch den Reibwiderstand der Lagerfugen oder die Steinzugfestigkeit bestimmt. Für eine gezielte Nutzung der Tragfähigkeit gegenüber einer Schubbeanspruchung ist eine Vorspannung senkrecht zu den waagerechten Fugen erforderlich. Nur auf diese Weise kann eine hohe Reibkraft in den Lagerfugen aktiviert werden, die der Schubbeanspruchung in den Lagerfugen entgegenwirkt. Das Reibverhalten wird außerdem durch den Reibungsbeiwert μ, der sich aus dem Winkel der Reibungsgeraden nach dem Coulomb'schen Reibungsgesetzt ergibt, beeinflußt. Für vergleichsweise glatte Fugenwandungen konnte der Reibungsbeiwert μ in Kleinkörperversuchen (Drei-Stein-Körper) ermittelt werden, der in etwa die Größenordnung der Werte vom vermörtelten Mauerwerk trifft.

Versuche an vorgespannten Trockenmauerwerkscheiben im Originalmaßstab haben gezeigt, daß für eine richtige Erfassung des Schubtragverhaltens von Bauteilen weitere Parameter berücksichtigt werden müssen. So kommt es beim Gleiten der rauhen Fugenwandungen bei geringer Auflast zu Aufgleitungen, die eine orthogonale Ausdehnung (Dilatation) der Fugen und damit einen Höhenzuwachs des gesamten Mauerwerks bewirkt. Wird die Dilatation behindert, erhöht sich im gleichen Maße die wirkende Vorspannung und schließlich die Fugenreibkraft.

Dadurch kann der Reibwiderstand soweit anwachsen, daß nicht mehr die Fuge, sondern der Mauerstein infolge der schiefen Hauptzugspannungen reißt. Ist die Auflast der Fugen sehr groß, kann es auch zum Abscheren der Unebenheiten in der Fuge kommen. Der Abscherwiderstand ist dann maßgeblich durch die Kohäsion (Verbundfestigkeit) und den inneren Reibungswinkel des Mauersteinmaterials bestimmt und liegt gewöhnlich weit oberhalb des Aufgleitwiderstandes der Fugen bzw. des Widerstandes der Mauersteine. Der Tragwiderstand der Mauersteine im Schublastfall wird im Kapitel 8 abgeleitet und ergibt sich wegen der fast horizontalen Ausrichtung der wirkenden Hauptzugspannungen infolge der merklichen Vorspannwirkung annähernd aus einer zentrischen Zugbeanspruchung der Mauersteine parallel zur Lagerfuge. Entsprechend den möglichen Bruchmechanismen werden Versagenskriterien formuliert, mit denen die Schubtragfähigkeit in Abhängigkeit von der Art des Versagens ermittelt werden kann.

Gleitvorgänge in den Lagerfugen spielen bei einer Biegebeanspruchung parallel zur Lagerfuge ebenso eine Rolle wie bei einer Schubbeanspruchung. Deshalb läßt sich die Biegetragfähigkeit gezielt erhöhen, wenn die Trockenmauerwerkwand vorgespannt wird. Infolge der rauhen Lagerfugen als Gleitebene konnte wiederum ein Aufgleiten in den Biegeversuchen an Wandausschnitten beobachtet werden. Bei sehr hoher Vorspannwirkung oder bei behinderter Dilatation kann folglich der Fugenwiderstand soweit gesteigert werden, daß die Mauersteine vor Eintreten eines Reibversagens der Fugen reißen. Demnach ergibt sich für die Biegebemessung der Tragwiderstand der Lagerfugen in ähnlicher Weise wie für eine Schubbeanspruchung, nur daß statt einer Scheiben- eine Plattenbeanspruchung vorliegt.

Sobald die Mauersteine reißen, ist die Biegezugfestigkeit der Mauersteine überschritten worden. Folglich wird die Biegezugfestigkeit des Mauerwerks ebenfalls durch die Tragfähigkeit der Mauersteine begrenzt. Die Bruchbedingungen der Lagerfuge (Aufgleiten und Abscheren) und des Mauersteins werden in zwei Modellen abgeleitet, die sich durch die Tragwirkung der Stoßfugen unterscheiden. Durch Vergleich mit den Versuchsergebnissen kann gezeigt werden, daß sich die Stoßfugen anfangs nur unwesentlich an der Lastableitung beteiligen und deshalb ihre Tragwirkung vernachlässigt werden kann. Erst bei genügend großen Verschiebungen sind die Stoßfugen soweit geschlossen, daß sie sich an der Lastableitung merklich beteiligen. Die Versagensmechanismen der Lagerfugen und der Mauersteine werden in Bemessungsgleichungen zusammengefaßt und anhand der Versuchsergebnisse verifiziert.

Das Biegetragverhalten senkrecht zu den Lagerfugen von vorgespannten Trockenmauerwerkkonstruktionen wird in Versuchen an Trockenmauerwerkwänden mit verschieden hoher Vorspannung überprüft und ist im wesentlichen durch eine Interaktion von Normalkraft und Biegemoment gekennzeichnet. Die Querschnittstragfähigkeit wird unter Beachtung eines ungerissenen Querschnitts (Normalkraft innerhalb der ersten Kernweite) und eines gerissenen Querschnitts (Normalkraft innerhalb der zweiten Kernweite) abgeleitet. Der wachsende Steifigkeitsverlust von gerissenen Querschnitten äußert sich in den Biegeversuchen in einer zunehmenden Wandkrümmung, so daß die Pressungen in der Druckzone zu einem Abspalten dieser vom übrigen Querschnitt führen und damit den Bruch der Wand einleiten. Für das Steinmaterial wird für die theoretische Ableitung ein linear elastisches Materialverhalten vorausgesetzt. Die Festigkeit des Materials entspricht der einaxialen Druckfestigkeit $f_{b,cyl}$ und der Elastizitätsmodul E_{33} wird den aufgezeichneten Spannungs-Dehnungslinien der zugehörigen Zylinderdruckversuche entnommen. Der Vergleich der theoretischen mit den experimentellen Bruchschnittgrößen liefert eine sehr gute Übereinstimmung. Die aufgestellte M-N-Interaktionskurve ist Grundlage des Bemessungsansatzes für vorgespanntes Trockenmauerwerk unter einer Biegebeanspruchung senkrecht zur Lagerfuge. Durch die Verwendung von bezogenen Bruchschnittgrößen ist das Bemessungsdiagramm materialunabhängig und allgemein für Trockenmauerwerk einsetzbar.

Die Gültigkeit der Versagenskriterien infolge Druck, Schub und Biegung ist bisher nur für Kalksandstein und Porenbetonstein nachgewiesen. Für andere Mauersteinarten steht der Nachweis noch aus.

Insgesamt besitzt das vorgespannte Trockenmauerwerk gute Trageigenschaften, um üblichen Beanspruchungen, beispielsweise im Wohnungsbau, gerecht zu werden. Die Besonderheiten in der Bemessung und in der Ausführung werden in Bemessungsvorschlägen und Konstruktionshinweisen zusammengefaßt. Wenn es gelingt, noch offene Fragen hinsichtlich des bauphysikalischen Verhaltens, insbesondere des Brandschutzes, zu klären, stehen dem Trockenmauerwerk weite Anwendungsfelder zur Verfügung. Die Wirtschaftlichkeit spricht für das Trockenmauerwerk.

Mit der vorliegenden Arbeit dürften wesentliche Gründe, die bisher einer breiteren Anwendung von Trockenmauerwerk entgegenstanden, ausgeräumt worden sein. Die Grundlagen des Tragverhaltens sind geklärt und durch Versuche im wesentlichen abgesichert. Die heute verfügbaren Mauersteine in Plansteinqualität erfüllen die Mindestanforderungen in bezug auf die Maßhaltigkeit und Planparallelität, weitere Verbesserungen sind in Zukunft zu erwarten. Hinsichtlich der Standsicherheit ist Trockenmauerwerk durchaus mit dem herkömmlichen Mauerwerk mit Mörtelfugen vergleichbar. Teilweise weist es sogar höhere Tragfähigkeiten auf, wenn eine Vorspannung eingetragen wird.

Aus den Erfahrungen mit der Einführung unvermörtelter Stoßfugen beim vermörtelten Mauerwerk kann gefolgert werden, daß die Winddichtheit aller Fugen im Trockenmauerwerk sowie die Rißsicherheit aufgebrachter Putze gewährleistet ist, solange die Fugenbreiten nicht zu groß ausfallen. Als obere Grenze wird im allgemeinen eine Fugenbreite von 5 mm angesehen. Anderenfalls müssen die Fugen beidseitig mit Mörtel oder dergleichen geschlossen werden.

Es bleibt zu hoffen, daß die Vorzüge des Trockenmauerwerks erkannt werden und daß sich innovative Bauherren finden, diese Bauweise anzuwenden.

Literatur

[A1]   Ahner, C.: Untersuchung zum Trag- und Verformungsverhalten von Porenbeton unter Teilflächenbelastung. Diplomarbeit, unveröff., Hochschule für Architektur und Bauwesen Weimar, 1995

[A2]   Anstötz, W.: Zur Ermittlung der Biegetragfähigkeit von Kalksand-Plansteinmauerwerk. Dissertation, Universität Hannover, 1990

[A3]   Atkinson, R.H.; Noland, J.L.; Abrams D. P.: A deformation failure capacity theory for stack-bond brick masonry prism. In: Proc. 7th IBMaC, Melbourne, 1985, pp. 577-592

[B1]   Bachmann, H.: Hochbau für Ingenieure. In: vdf – Verlag der Fachvereine Zürich, 1994

[B2]   Backes, W.: Traglastprobleme im Mauerwerksbau. In: Die Bautechnik 71 (1994), Heft 6, S. 325-337

[B3]   Baker, L.: Variation in flexure strength of brickwork with beam span and loading. In: Journal of the Australian Ceramic Society, Vol. 10, No. 2, Aug. 1974

[B4]   Ballio, G. Calvi, G. M.: Effect of horizontal confinement on the behavior of ancient masonry towers. In: TMS Journal, August 1996

[B5]   Bandis, S.C.; Lumsden, A.C.; Barton, N.R.: Fundamentals of rock joint deformation. In: Int. Journal of Rock Mech. and Min. Sc. & Geomech. Abstr. 20 (1983)

[B6]   Barton, N.; Chouby, V.: The shear strength of rock joints in theory and practice. In: Rock Mechanics 10 (1977)

[B7]   Bazant; P.: Practical prediction of time dependent deformations of concrete. In: Materiaux et Constructions, Vol. 11, No. 65 (1978)

[B8]   Bergmeister, K.: Vorspannung von Kabeln und Lamellen aus Kohlestofffasern. In: Beton- und Stahlbetonbau 94 (1999), Heft 1, S. 20-26

[B9]   Betzler, M.: Untersuchungen zur Auswirkung unterschiedlicher Formen von Versuchskörpern bei der Ermittlung der Druckfestigkeit von Mauerwerk. Dissertation, TH Darmstadt 1995

[B10]   Bonzel, J.: Ein Beitrag zur Frage der Verformung des Betons. In: beton 21 (1971), Heft 1, S. 57-60 und Heft 3, S. 105-109

[B11]   Bonzel, J.: Über die Biegezugfestigkeit des Betons. In: beton 63 (1963), Heft 4, S. 179-182 und Heft 5, S. 227-232

[B12]   Bonzel, J.: Über die Biegezugfestigkeit des Betons. In: beton 64 (1964), Heft 3, S.108-114 und Heft 4, S. 150-157

[B13]   Brenner, A.: Trockenziegel-Mauerwerk - Eine neue Waffe im Kampf gegen Konkurrenzbaustoffe. In: Ziegelindustrie International 10 (1981), S. 560-562

[B14]   Briesemann, D.: Biegezugfestigkeit des dampfgehärteten Gasbetons. In: Fortschritte im konstruktiven Ingenieurbau, , S. 169-174, Berlin: Ernst & Sohn 1984

[B15]   Briesemann, D.: Spaltzugfestigkeit des Gasbetons. In: Die Bautechnik 51 (1974), Heft 5, S. 4-8

[D1]   Davey, P.; Thomas, H.R.: The structural uses of brickwork. In: Structural and Building Paper No. 24, Proc. Inst. Civil Eng. 1959

[D2]   Dhanasekar, M.; Page, A. W.; Kleeman, P. W.: The failure of brick masonry under biaxial stresses. In: Proc. Inst. Civil Eng. 79, Part 2 June 1985, pp. 295-313

[D3]   Dialer, C.: Bruch- und Verformungsverhalten von schubbeanspruchten Mauerwerkscheiben. In: Mauerwerk-Kalender 1992, S. 609-613, Berlin: Ernst & Sohn 1992

[D4]   Dialer, C.: Bruch- und Verformungsverhalten von schubbeanspruchten Mauerwerksscheiben; zweiachsige Versuche an verkleinertem Modellmauerwerk. Dissertation, TU München 1990

[E1]   Erban, P.J.: Räumliche FEM-Berechnung an idealisierten Diskontinua unter Berücksichtigung des Scher- und Dilatationsverhaltens von Trennflächen. In: Veröffentlichung des Instituts für Grundbau, Bodenmechanik, Felsmechanik, Verkehrswasserbau, Heft 14, RWTH Aachen 1986

[F1]   Florwand. In: Schweizer Baublatt Nr. 87, Okt. 1979, S. 58

[F2]   Francis, A.J.; Horman, C.B.; Jerrems, L.E.: The effect of joint thickness and other factors on the compressive strength of brickwork. In: Proc. 2nd IBMaC, Stoke-on-Trent, 1970

[F3]   Franz, G.; Möhler, K.: Versuche mit Mauerwerk unter statischer und dynamischer Belastung. In: Baupraxis (1969), Heft 3

[F4]   Freres, G.: Raumhohe Verbundziegelemente. In: GF Tuileres Briqueteries du Lauegais

[F5]   Furler, R.: Tragverhalten von Mauerwerkswänden unter Druck und Biegung. In: IBK Berichte ETH Zürich, Bericht Nr. 109, Feb. 1981

[F6]   Furler, R.; Thürlimann, B.: Versuche über die Rotationsfähigkeit von Backsteinmauerwerk. In: IBK Berichte ETH Zürich, Bericht Nr. 7502-1, Sep. 1977

[F7]   Furler, R.; Thürlimann, B.: Versuche über die Rotationsfähigkeit von Kalksandsteinmauerwerk. In: IBK Berichte ETH Zürich, Bericht Nr. 7502-2, Sep. 1980

[G1]   Ganz, H.; Thürlimann, B.: Versuche an Mauerwerksscheiben unter Normalkraft und Querkraft. In: IBK Berichte ETH Zürich, Bericht Nr. 7502-4, Mai 1984

[G2]   Ganz, H.; Thürlimann, B.: Versuche über die Festigkeit von zweiachsig beanspruchtem Mauerwerk. In: IBK Berichte ETH Zürich, Bericht Nr. 7502-3, Feb. 1982

[G3]   Ganz, H.R.: Post-tensioned masonry structures. In: VSL Report Series, No. 2, Berne 1990

[G4]   Gazzola, E.A.; Drysdale, R.G.: Strength and deformation properties of dry stacked surface bonded low density block masonry. In: Proc. 5th Canadian Masonry Symposium, Vancouver, June 1989, pp. 609-618

[G5]   Glitza, H.: Druckbeanspruchung parallel zur Lagerfuge. In: Mauerwerk-Kalender 1988, S. 489-496, Berlin: Ernst & Sohn 1988

[G6]   Glitza, H.: Stand und Entwicklungstendenzen bei Trocken-Mauerwerk. In: BBauBl, Heft 10, Okt. 1991

[G7]   Glitza, H.: Stand und Entwicklungstendenzen bei Trocken-Mauerwerk. In: Proc. 9th IBMaC 1991, Berlin

[G8]   Goodman, R. E.: The mechanical properties of joints. In: Proc. 3rd Congress ISRM, Denver 1974

[G9]   Goodman, R.E.: Duplication of dilatancy in analysis of jointed rocks. In: Journal Soil Mechanics & Foundation Division ASCE 4 (1972)

[G10]   Gopalaratman, V.S.; Shah, S.P.: Softening response of plain concrete in direct tension. In: ACI Journal, Vol. 82, No. 3, May-June 1985, pp. 310-322

[G11]   Graf, O.: Gasbeton. In: Gasbeton, Schaumbeton, Leichtkalkbeton, S. 40 und S. 70, Stuttgart: Verlag Konrad Wittwer 1949

[G12]   Gremmel, M.: Zur Ermittlung der Tragfähigkeit schlanker Mauerwerkswände an Bauteilen in wirklicher Größe. Dissertation, TU Braunschweig 1978

[G13]   Grzeschkowitz, R.: Zum Trag- und Verformungsverhalten schlanker Stahlbetonstützen unter besonderer Berücksichtigung der schiefen Biegung. Dissertation, TU Braunschweig 1988

[G14]   Gunkler, E.: Vorgespanntes Mauerwerk. In: Braunschweiger Bauseminar "Aus der Forschung in die Praxis", Heft 113, 1994

[G15]   Ganz, H.R.: Mauerwerksscheiben unter Normalkraft und Schub. In: IBK Bericht ETH Zürich, Bericht Nr. 148, Sept. 1985

[H1]   Haller, J.: Untersuchungen zum Vorspannen von Mauerwerk historischer Bauten. Dissertation, Universität Karlsruhe 1981

[H2]   Haller, P.: Die Knickfestigkeit von Mauerwerk aus künstlichen Steinen. In: Schweizerische Bauzeitung 67 (1949), Nr. 38

[H3]   Hebel AG: Hebel Tasta Trockenbausystem, Bauaufsichtliche Zulassung, DIBt Zulassungsbescheid Z-17.1-403, 20.05.94

[H4]   Hebel AG: Hebel Trockenmauerwerk, Bauaufsichtliche Zulassung, DIBt Zulassungsbescheid Z-17.1-438, 20.05.94

[H5]   Hendry, A.W.; Sinha, B.P.: Full scale tests on the lateral strength of brick walls with precompression. In: Proc. 4th Symposium on load-bearing brickwork, London 1971

[H6]   Hendry, A.W.; Sinha, B.P.: Shear tests on full-scale single storey brick-work structures subjected to precompression. In: The British Ceramic Research Ass., Techn. Note No.134, 1969

[H7]   Hierl, J.; Pfeiffer, H.; Rasch, C.: Dauerstandfestigkeit von Mauerwerk: Festigkeit, Schwinden und Kriechen von Hohlblock-Mauerwerk. In: Berichte aus der Bauforschung, Heft 89

[H8]   Hilsdorf, H.: Untersuchungen über die Grundlagen der Mauerwerkfestigkeit. In: Bericht Nr. 40, Materialprüfamt für das Bauwesen TH München, 1965

[H9]   Hilsdorf, H.K.; Reinhardt, H.-W.: Beton. In: Beitrag im Beton-Kalender 1997, Teil 1, S. 1-150, Berlin: Ernst & Sohn 1997

[H10]   Hodgkinson, H.R.; West, H.W.H.; Haseltine, B.A.: Preliminary tests on the effect of arching in lateral loaded walls. Proc. 4th IBMaC, Brügge, 1976

[H11]   Hofmann, P.; Stöckl, S.: Tests on the shear bond behaviour in the bed joints of masonry. In: Proc. 5th IBMaC, Washington D. C., 1979

[H12]   Hofmann, P.; Stöckl, S.: Versuche zum Haftscherverhalten in den Lagerfugen. In: Proc. 6th IBMaC, Rome, 1982

[H13]   Hummel, A.: Versuche an Mörteln für freistehende Schornsteine. In: Bericht über Versuche des ibac der RWTH Aachen, 1952/1953

[J1]   Deutsche Gesellschaft für Mauerwerksbau e.V.: Jahresbericht 1998

[K1]   Rüskamp GmbH & Co. KG: KS-Trockenmauerwerk. Bauaufsichtliche Zulassung, DIBt Zulassungsbescheid Z-17.1-639, 01.04.1999

[K2]   Kang-Ho Oh: Development and investigation of failure mechanism of interlocking mortarless block masonry systems. In: Ph.D. Thesis, Drexel University, Philadelphia 1994

[K3]   Kasten, D.: Zur Druckfestigkeit von Mauersteinen – Eine Standortbestimmung für Europa `92. In: Der Bauingenieur 65 (1990), S. 11-16

[K4]   Kendel, F.: Zugfestigkeit von Kalksandsteinen, Teil 2: Einfluß ausgewählter Herstellungsparameter, Untersuchung an Prismen. In: Forschungsbericht Nr. 40, Sept.1976, Forschungsvereinigung Kalk-Sand e.V.

[K5]   Khoo, C.L; Hendry, A.W.: A Failure criterion for brickwork in axial compression. In: The British Ceramic Research Ass., Techn. Note No.179, 1972

[K6]   Kirtschig, K.: Baukostendämpfung durch Ermittlung des Einflusses der Güte der Ausführung auf die Druckfestigkeit von Mauerwerk. In: Forschungsbericht F2141, Institut für Baustoffkunde und Materialprüfung der Universität Hannover, 1989

[K7]   Kirtschig, K.; Kasten, D.: Formfaktoren für die Prüfung von Mauersteinen. In: Mauerwerk-Kalender 1981, S. 687-703, Berlin: Ernst & Sohn 1981

[K8]   Knödler, J.; Zeus, K.: Schubtragverhalten von Mauerwerk aus Hebel-Porenbeton-Plansteinen und Dünnbettmörtel. In: Untersuchungsbericht, 13-25087/Kn/Ki Otto-Graf-Institut, Stuttgart 1997

[K9]   König, G.; Grimm, R.: Hochleistungsbeton. In: Beton-Kalender 1996, S. 441-546, Berlin: Ernst & Sohn 1996

[K10]   König, G.; Mann, W.; Ötes, A.: Versuche zum Verhalten von Mauerwerk unter seismischer Beanspruchung. In: Mauerwerk-Kalender 1989, S. 483-488, Berlin: Ernst & Sohn 1995

[K11]   Kordina, K.; Westphal, T.; Gunkler, E.: Untersuchungen zur Standsicherheit von Wänden in alter Bausubstanz unter Horizontaldruck. In: Forschungsbericht S. 8-122-42 des Bundesinnenministeriums

[K12]   Kupfer, H.: Das Verhalten von Beton unter mehrachsiger Kurzzeitlast. In: DAfStb Heft 229, Berlin: Beuth-Verlag 1973

[K13]   KLB Klimaleichtblock GmbH: KLB-Trockenmauerwerk, Bauaufsichtliche Zulassung, DIBt Zulassungsbescheid Z-17.1-373, 29.04.98

[L1]   Langer, P.: Trockenmauerwerk. In: Bautechnik 69 (1992), Heft 6, S. 300-304

[L2]   Langer, P., Vratsanou, V.: Schubtragfähigkeit von Porenbeton-Plansteinmauerwerk. In: das Mauerwerk (1998), Heft 3, S. 116-122

[L3]   Leichnitz, W.: Mechanische Eigenschaften von Felstrennflächen im direkten Scherversuchen. In: Veröffentlichung des Instituts für Bodenmechanik und Felsmechanik, Heft 89, TH Karlsruhe 1981

[L4]   Lenczner, D.: Creep and prestress losses in brick masonry. In: The Structural Engineer, Vol. 64 B, No. 3, September 1986, pp. 57-62

[L5]   Lenczner, D.: Creep and stress relaxation in brick masonry. In: Structural Eng. Review 2, 1990, pp. 161-168

[L6]   Low-cost housing systems. In: Proc. International Construction Conf.. London 1983

[M1]   Mann, W.: Druckfestigkeit von Mauerwerk – Eine statistische Auswertung von Versuchsergebnissen in geschlossener Darstellung mit Hilfe von Potenzfunktionen. In: Mauerwerk-Kalender 1983, S. 687-699, Berlin: Ernst & Sohn 1983

[M2]   Mann, W.: Festigkeit des Mauerwerks – Grundlagen des genaueren Bemessungsverfahrens nach DIN 1053. In: Mauerwerk-Kalender 1997, S. 1–28, Berlin: Ernst & Sohn 1997

[M3]   Mann, W.: Grundlagen für die ingenieurmäßige Bemessung von Mauerwerk nach DIN 1053 Teil 2. In: Mauerwerk-Kalender 1994, S. 19-42, Berlin: Ernst & Sohn 1994

[M4]   Mann, W.: Müller, H.: Schubtragfähigkeit von gemauerten Wänden und Voraussetzung für das Entfallen des Windnachweises. In: Mauerwerk-Kalender 1985, S. 95-114, Berlin. Ernst & Sohn 1985

[M5]   Mann, W.: Zug- und Biegezugfestigkeit von Mauerwerk – Grundlagen
         und Versuchsergebnisse. In: Mauerwerk-Kalender 1992, S. 601-607,
         Berlin: Ernst & Sohn 1992

[M6]   Mann, W.; Betzler M.: Auswirkung verschiedener Formen von Probekör-
         pern zur Prüfung der Druckfestigkeit von Mauerwerk. In: Mauerwerk-
         Kalender 1996, S. 607-613, Berlin: Ernst & Sohn 1996

[M7]   Mann, W.; Müller, H.: Nachrechnung der Wandversuche mit einem er-
         weiterten Schubbruchmodell unter Berücksichtigung der Spannungen in
         den Stoßfugen. In: Anlage 2 zu König/Mann/Ötes "Versuche zum Ver-
         halten von Mauerwerk unter seismischer Beanspruchung" [K10]

[M8]   Mann, W.; Müller, H.: Versuche zur Bruchtheorie von querkraftbean-
         spruchtem Mauerwerk. In: Proc. of 4th IBMaC, Brügge, 1976

[M9]   Mann, W.; Tonn, V.: Das Tragverhalten von zweiachsig gespannten ge-
         mauerten Wänden unter gleichzeitig wirkender horizontaler und vertikaler
         Belastung. In: Mauerwerk-Kalender 1989, S. 489-497, Berlin: Ernst &
         Sohn 1989

[M10]   Mehlhorn, G.; Schack, R.: Betrachtung zur wirklichkeitsnahen Ermittlung
         des Schubtragverhaltens von Mauerwerkswänden. In: ZI Ziegelindustrie
         International, Heft 8, 1973, S. 280-287

[M11]   Metzemacher, H.; Krähe, M.; Schubert, P.: Versuchseinrichtung zur Prü-
         fung der Zugfestigkeit von Mörtelprismen. In: ibac Kurzberichte 3
         (1990), Nr. 19

[M12]   Meyer, U.; Schubert, P.: Spannungs-Dehnungslinien von Mauerwerk. In:
         Mauerwerk-Kalender 1992, S. 615-622, Berlin: Ernst & Sohn 1992

[M13]   Mitchell, N. B.: The indirect tension test for concrete. In: Materials Re-
         search and Standards ASTM, No. 10, 1961, pp. 780/788

[M14]   Monk, C.B.: Testing high-bond clay masonry assemblages. In: ASTM,
         No. 320, 1962, pp. 30-65

[M15]   Morton, J.: An initial investigation of the shape factor platen effects when
         testing masonry units to determine the material compressive strength. In:
         Proc. 9th IBMaC, Vol. II, Berlin, 1991, pp. 653-661

[M16]   Müller, H.S.: Zur Vorhersage des Kriechens von Konstruktionsbeton.
         Dissertation, Universität Karlsruhe (TH) 1986

[M17]   Müller, H.: Bruchverhalten von Mauerwerk unter zweiachsigem Druck.
         In: Bauingenieur 58 (1983), S. 457-458

[N1]   Nerenst, P.: Determination of modulus of rupture of gasconcrete. In:
         Mitteilungen an Rilem Technical Committee 51-ALC, 1982

[O1]   Ohler, A.: Berechnung der Druckfestigkeit von Mauerwerk unter Berück-
         sichtigung der mehrachsigen Spannungszustände. In: Die Bautechnik 63
         (1986), Heft 5, S. 163-169

[O2] Oppermann, H.U.: Der Einfluß der Prüfkörperfeuchtigkeit auf die Stein-druckfestigkeit. In: Bericht Forschungsvereinigung Kalk-Sand e.V., Hannover, 1966

[P1] Page, A.W.: A biaxial failure criterion for brick masonry in the tension – tension range. In: International Journal of Masonry Constr., Vol. 1, No. 1, Mar. 1980, pp.26-29

[P2] Page A.W.: The biaxial compressive strength of brick masonry. In: Proc. Inst. Civil Eng. 71, Part 2, 1981, Sep., pp. 893-906

[P3] Page A.W.: The strength of brick masonry under biaxial tension – compression. In: International Journal of Masonry Construction, Vol. 3, No. 1, 1983, pp. 26-31

[P4] Page, A.W.; Kleemann, P.W.; Dhanasekar, M.: An in - plane finite element model for brick masonry. In: ASCE Special Publ., New York, 1985, pp. 1-18

[P5] Page, A.W.; Kleemann, P.W.; Dhanasekar, M.: Biaxial stress – strain relationship for brick masonry. In: Journal of Structural Engineering, Vol. 111, No. 5, May 1984, pp. 1085-1100

[P6] Page, A.W.; Samarasinghe, W.; Hendry, A.W.: The failure of masonry shear walls. In: International Journal of Masonry Constr., Vol. 1, No. 1, Mar. 1980, pp. 52-57

[P7] Page, A.W.: An experimental investigation of the biaxial strength of brick masonry. In: Proc. 6th IBMaC, Rome, 1982

[P8] Patton, F.D.: Multiple modes of shear failure in rock. In: Proc. 1st Congress ISMR, Lissabon 1966

[P9] PREMUR - Mauerwerk vorgespannt. ZZ Zürcher Ziegeleien, 1989

[P10] Probst, P.: Ein Beitrag zum Bruchmechanismus von zentrisch gedrücktem Mauerwerk. Dissertation, TU München 1979

[Q1] Quast, U.: Zur Mitwirkung des Betons in der Zugzone. In: Beton- und Stahlbetonbau 10 (1981), S. 247-250

[R1] Reeh, H.: Biegetragfähigkeit von Mauerwerk aus Porenbeton-Plansteinen; Auswertung von Zugversuchen. In: Gutachten, G 95 1331, Forschungsvereinigung Porenbetonindustrie e.V., Wiesbaden, 1995

[R2] Reeh, H.: Biegetragfähigkeit von Mauerwerk aus Porenbeton-Plansteinen; Auswertung von Zugversuchen. In: Ergänzungsgutachten, G 92 1164, Forschungsvereinigung Porenbetonindustrie e.V., Wiesbaden, 1992

[R3] Reeh, H.: Biegetragfähigkeit von Mauerwerk aus Porenbeton-Plansteinen; Auswertung von Zugversuchen. In: Gutachten, G 92 1164, Forschungsvereinigung Porenbetonindustrie e.V., Wiesbaden, 1992

[R4] Reina, P.: Brick boxes form bridge abutments. In: Eng. News Rec. 29 (1988)

[R5] Riddington, J.R.; Ghazali, M.Z.: Hypothesis for shear failure in masonry joints. In: Proc. Inst. Civil Eng., 1990, pp. 89-102

[R6]   Riddington, J.R.; Jukes, P.: A comparison between panel, joint and code shear strength. In: Proc. 10th IBMaC, Calgary, 1994

[R7]   Ross, A.D.: Concrete creep data. In: The Structural Engineer 15 (1937), No. 8

[R8]   Rostasy, F.S.: Grundlagen des Baustoffverhaltens. In: Baustoffe, Stuttgart: Kohlhammer Verlag 1983

[R9]   Rüsch, H., Kordina, K.; Hilsdorf, H.: Der Einfluß des mineralogischen Charakters der Zuschläge auf das Kriechen von Beton. In: DAfStb Heft 146, Berlin: Beuth-Verlag 1962

[R10]   Rüsch, H.: Physikalische Fragen der Betonprüfung. In: Zement-Kalk-Gips 12 (1959), Heft 1, S. 1-9

[S1]   Sabha A.; Pöschel, G.: Ein theoretisches Modell zum Tragverhalten von Elbsandsteinmauerwerk. In: SFB 315, Jahrbuch 1993

[S2]   Sabha, A.: Eccentrically loaded historic masonry. In: Proc. of 5th International Masonry Conference, London 1998

[S3]   Sahlin, S.: Design methods for walls with special reference to the load-carrying capacity. In: Royal Inst. of Technology, Report No. 34/1966, Stockholm

[S4]   Schickert, G.: Formfaktoren der Betondruckfestigkeit. In: Die Bautechnik 2 (1981), S. 52-57

[S5]   Schickert, G.: Schwellenwerte beim Betondruckversuch. In: DAfStb, Heft 312, Berlin: Beuth-Verlag 1980

[S6]   Schleeh, W.: Theorie und Praxis bei der Druckfestigkeitsprüfung. In: beton 25 (1975), Heft 4, S. 132-138

[S7]   Schmidt, T.J.H.: Untersuchung zum Tragverhalten von Stahlbetonrahmen mit Ausfachungen aus Mauerwerk. Dissertation, TH Darmstadt 1993

[S8]   Schnackers, P.J.H.: Mauerwerk und seine Berechnung. Dissertation, RWTH Aachen 1973

[S9]   Schöner, W.: Zur Biegetragfähigkeit von Mauerwerk unter Berücksichtigung axialer Auflasten. Dissertation, Universität Hannover 1978

[S10]   Schubert, P. Einfluß des Feuchtegehaltes auf die Druckfestigkeit von Mauersteinen. In: ibac Forschungsbericht F277, RWTH Aachen 1989

[S11]   Schubert, P.: Biegezugfestigkeit von Mauerwerk - Untersuchungsergebnisse an kleinen Wandprüfkörpern. In: Mauerwerk-Kalender 1997, S. 611-629, Berlin: Ernst & Sohn 1989

[S12]   Schubert, P.: Biegezugfestigkeit von Mauerwerk senkrecht und parallel zur Lagerfuge. In: ibac Forschungsbericht F275, RWTH Aachen 1988

[S13]   Schubert, P.: Eigenschaftswerte von Mauerwerk, Mauersteinen und Mauermörtel. In: Mauerwerk-Kalender 1999 S. 93-108, Berlin: Ernst & Sohn 1999

[S14]   Schubert, P.: Mauerwerk mit Dünnbettmörtel – Festigkeits- und Verfor-
        mungseigenschaften. In: Mauerwerk-Kalender 1996, S. 665-672, Berlin:
        Ernst & Sohn 1996

[S15]   Schubert, P.: Mauerwerk mit Mittelbettmörtel. In: Mauerwerk-Kalender
        1995, S.703-707, Berlin: Ernst & Sohn 1995

[S16]   Schubert, P.: Zur Biegezugfestigkeit von Mauerwerk. In: Mauerwerk-
        Kalender 1991, S. 669-684, Berlin: Ernst & Sohn 1991

[S17]   Schubert, P.: Zur Haftscherfestigkeit zwischen Mörtel und Mauerstein. In:
        Mauerwerk-Kalender 1994, S.497-506, Berlin: Ernst & Sohn 1994

[S18]   Schubert, P.; Friede, H.: Spaltzugfestigkeitswerte von Mauersteinen. In:
        Die Bautechnik 57 (1980), Heft 4, S. 117-122

[S19]   Schubert, P.; Glitza, H.: E-Modul-Werte, Querdehnungszahlen und
        Bruchdehnungswerte von Mauerwerk. In: Die Bautechnik 58 (1981), Heft
        6, S. 181-185

[S20]   Schubert, P.; Glitza, H.: Festigkeits- und Verformungskennwerte von
        Mauersteinen und Mauermörtel. In: Die Bautechnik 56 (1979), Heft 10,
        S. 332-341

[S21]   Schubert, P.; Glitza, H.: Mauerwerksversuche zum Einfluß der Prüfkör-
        pergröße auf die Druckfestigkeit und Verformungseigenschaften bei
        kurzzeitiger Lasteinwirkung. In: Die Bautechnik 60 (1983), Heft 10, S.
        349-353

[S22]   Schubert, P.; Gonzales, A. C.: Zugfestigkeit von Porenbeton und Haft-
        scherfestigkeit von Dünnbettmörtel auf Porenbeton. In: Mauerwerk-
        Kalender 1997, S. 629-643, Berlin: Ernst & Sohn 1997

[S23]   Schubert, P.; Caballero Gonzales, A.: Vergleichende Untersuchungen zur
        Haftscherfestigkeitsprüfung nach DIN 18555-5 und DIN EN 1052-3. In:
        ibac Forschungsbericht F449, RWTH Aachen 1993

[S24]   Schubert, P.; Wolfgang v. B.: Rückkriechversuche an Mauerwerk. In: Die
        Bautechnik, 58 (1981), Heft 9, S. 289-295

[S25]   Schubert; P.: Zur Schubfestigkeit von Mauerwerk. In: Mauerwerk-
        Kalender 1998, S. 733-747, Berlin: Ernst & Sohn 1998

[S26]   Schulenberg, W.: Theoretische Untersuchungen von zentrisch gedrück-
        tem Mauerwerk aus künstlichen Steinen unter besonderer Berücksichti-
        gung der Qualität der Lagerfugen. Dissertation, TH Darmstadt 1982

[S27]   Schwartz, J.; Thürlimann, B.: Versuche über die Rotationsfähigkeit von
        Zementsteinmauerwerk. In: IBK Berichte ETH Zürich, Bericht Nr. 8401-
        1, Sep. 1986

[S28]   Sell, R.: Einfluß der Zwischenlage auf Streuung und Größe der Spaltzug-
        festigkeit von Beton. In: DAfStb, Heft 155, Berlin: Beuth-Verlag 1963

[S29]   Sell, R.: Festigkeit und Verformung von Gasbeton unter zweiaxialer Druck-Zug-Beanspruchung; Untersuchung über die Gasbeton-Schubfestigkeit zum Studium des Bruchverhaltens. In: DAfStb Heft 209, Berlin: Beuth-Verlag 1970

[S30]   Setzer, M.J.: Einfluß des Wassergehaltes auf die Eigenschaften des erhärteten Betons. In: DAfStb Heft 280, Berlin: Beuth-Verlag 1977

[S31]   Siebel, E.: Verformungsverhalten, Energieaufnahme und Tragfähigkeit von Normal- und Leichtbeton im Kurzzeitdruckversuch. In: Schriftenreihe der Zementindustrie, Heft 50 (1989)

[S32]   Stafford-Smith, B.; Carter, C.: Hypothesis for shear failure of brickwork. In: ASCE Journal of the Struct. Division, Vol. 97, ST4, 1971

[S33]   Stegbauer, A.; Linse, D.: Das Verhalten von Leichtbeton, Gasbeton, Zementstein und Gips unter zweiachsiger Beanspruchung. In: Bericht des Lehrstuhls Massivbau, TU München 1972

[S34]   Stöckl, S.; Hofmann, P.; Mainz, J.: Methoden für Haftscherversuche. In: Mauerwerk-Kalender 1990, S. 507-511, Berlin: Ernst & Sohn 1990

[T1]   Thomas, W.: Zugfestigkeit von Kalksandsteinen, Teil 1: betriebsgefertigte Steine. In: Forschungsbericht Nr. 41, Forschungsvereinigung Kalk-Sand e.V., Hannover, 1976

[T2]   Tonn, V.: Ein Beitrag zum Tragverhalten von zweiachsig gespannten gemauerten Wänden unter gleichzeitig wirkender horizontaler und vertikaler Belastung. Dissertation, TH Darmstadt 1991

[T3]   Trautsch, W.; Pieper, K.: In: Versuche zum Schertragverhalten von Mauerwerk. In: Forschungsbericht des Lehrstuhls für Hochbaustatik, TU Braunschweig

[T4]   Trost, Z.: Rheologische Beschreibung des Werkstoffes Beton. In: Beton- und Stahlbetonbau 7 (1967), S. 165-170

[V1]   Vinberg, H.A.: Compressive strength of lightweight concrete brick walls. In: Bulletin No. 13, Division of Building Statistics and Struct. Eng., 1953

[V2]   Volec, J.: Entstehen von Schwindrissen in Gasbetonelementen durch Feuchtigkeitsverlust. In: Baustoffindustrie 3 (1971), S. 77-81

[V3]   Vratsanou, V.: Das nichtlineare Verhalten unbewehrter Mauerwerksscheiben unter Erdbebenbeanspruchung - Hilfsmittel zur Bestimmung der q-Faktoren. In: Schriftenreihe des Institutes für Massivbau und Baustofftechnologie, Heft 16, Universität (TH) Karlsruhe 1994

[W1]   Wand, P.T.; Shah, S.P.; Naaman, A.E.: Stress-strain curves of normal and lightweight concrete in compression. In: Proc. ACI 75 (1978), Vol. 11, pp. 603-611

[W2]   Wankang, L.; Xicheng, Z.; Chunsheng, L.: Stress correlation combined shear – compression of brick masonry and the determining of friction coefficient. In: Proc. 11th IBMaC, Shanghai, 1997

[W3]   Weigler, H.; Karl S.: Beton - Arten, Herstellung, Eigenschaften. Berlin: Ernst & Sohn 1989

[W4]   Wesche, K.: Beton, Mauerwerk. In: Baustoffe für tragende Bauteile, Band 2, Wiesbaden: Bauverlag 1993

[W5]   Wischers, G.: Aufnahme und Auswirkungen von Druckbeanspruchung auf Beton. In: beton 28 (1978), Heft 2, S. 63-67 und Heft 3, S. 98-103

[W6]   Wittke, W.: Felsmechanik. In: Grundlagen für wirtschaftliches Bauen im Fels. Berlin: Springer Verlag 1984

[W7]   Wittmann, F.: Bestimmung der physikalischen Eigenschaften des Zementsteins. In: DAfStb Heft 232, Berlin: Beuth-Verlag 1974

[W8]   Wittmann, F.; Zaitsev, J.: Verformung und Bruchvorgang poröser Baustoffe bei kurzzeitiger Belastung und Dauerlast. In: DAfStb, Heft 232, S. 67-141, Berlin: Beuth-Verlag 1974

[W9]   Wohnanlage für die Sicherheitskräfte in Riyadh. In: DBZ Deutsche Bauzeitung 1 (1980), S. 65-68

[W10]   Wollenberg, H. D.: Mauern ohne Mörtel. In: Baumarkt 16-17 (1988); Bauhandwerk 3 (1995), S. 61-63; Bauzeitung 4 (1995), S. 54

[W11]   Wollenberg, H. D.: Ohne Mörtel Stein auf Stein. In: Baumarkt 1 (1987), S. 22-25

[W12]   Wollenberg, H. D.: Trocken ging`s schneller. In: Baugewerbe 12 (1991), S. 19-20

[W13]   Wölfel von, W.: Mauerwerksbau in der Antike. In: Bautechnik 72 (1995), Heft 6, S.

[Y1]   Yokel, F.Y.: Strength of masonry walls under compressive and transverse loads. In: Building Science Series 34 (1971), National Bureau of Standards (US)

[Z1]   Zelger, C.: Versuche zum Verhalten der Biegedruckzone von bewehrtem Mauerwerk. In: Festschrift zum 60. Geburtstag von Prof. Karl Kordina, S. 293-299

[Z2]   Zelger, C.: Untersuchungsbericht Nr. 78400, EMPA Dübendorf, 1970

[AA1]   DIN 106-1: Kalksandsteine – Vollsteine, Lochsteine, Blocksteine, Hohlblocksteine, Ausgabe 09/1980

[AA2]   DIN 1048-5: Prüfverfahren für Beton – Festbeton, gesondert hergestellte Probekörper, Ausgabe 06/1991

[AA3]   DIN 1053-1: Mauerwerk – Berechnung und Ausführung, Ausgabe 11/1996

[AA4]   DIN 4165: Gasbeton-Blocksteine und Gasbeton-Plansteine, Ausgabe 12/1986

[AA5]   DIN 18554-1: Prüfung von Mauerwerk – Ermittlung der Druckfestigkeit und des Elastizitätsmoduls, Ausgabe 12/1985

[AA6]   DIN 18555-5: Prüfung von Mörtel mit mineralischen Bindemitteln –
         Festmörtel. Bestimmung der Haftscherfestigkeit von Mauermörteln, Aus-
         gabe 03/1986

[AA7]   DIN EN 772-1: Prüfverfahren für Mauersteine – Bestimmung der Druck-
         festigkeit, Ausgabe 09/1992 (Entwurf)

[AA8]   DIN EN 772-6: Prüfverfahren für Mauersteine – Bestimmung der Biege-
         zugfestigkeit von Mauersteinen aus Porenbeton und Beton, Ausgabe
         09/1992 (Entwurf)

[AA9]   DIN EN 772-13: Prüfverfahren für Mauersteine – Bestimmung der Netto-
         und Brutto-Trockenrohdichte von Mauersteinen, Ausg. 10/1992 (Entw.)

[AA10]   DIN EN 772-16: Prüfverfahren für Mauersteine – Bestimmung von Größe
         und Maßen (ausgenommen Mauersteine aus Naturstein), Ausgabe
         10/1992 (Entwurf)

[AA11]   DIN EN 1052-2: Prüfverfahren für Mauerwerk - Bestimmung der Biege-
         zugfestigkeit, Ausgabe 03/1993 (Entwurf)

[AA12]   DIN EN 1052-3: Prüfverfahren für Mauerwerk - Bestimmung der An-
         fangs- Scherfestigkeit (Haftscherfestigkeit), Ausgabe 07/1993 (Entwurf)

[AA13]   prEN 1052-3: Methods of test for masonry – Determination of initial
         strength. Draft for public comment, Ausgabe 1996 (Entwurf)

[AA14]   DIN ENV 1991-1: Grundlagen der Tragwerksplanung (Eurocode 1),
         Ausgabe 08/1994

[AA15]   DIN V ENV 1996-1-1: Bemessung und Konstruktion von Mauerwerks-
         bauten, Teil 1-1: Allgemeine Regeln – Regeln für bewehrtes und unbe-
         wehrtes Mauerwerk (Eurocode 6), Ausgabe 12/1996 (Entwurf)

[AA16]   ASTM C 190: Tensile strength of hydraulic cement mortars, Ausgabe
         07/1972

[AA17]   ASTM E 519-81: Standard test method for diagonal tension (shear) in
         masonry assemblages, Ausgabe 1991

[AA18]   ASTM C1006-84: Standard test method for splitting tensile strength of
         masonry units, Ausgabe 1991

[AA19]   BS 5628-1: Code of practice for use of masonry - Structural use of unre-
         inforced masonry, Ausgabe 1992

[AA20]   BS 5628-2: Code of practice for use of masonry - Structural use of rein-
         forced and prestressed masonry, Ausgabe 1995

[AA21]   BS 5628-3: Code of practice for use of masonry – Materials and compo-
         nents, design and workmanship, Ausgabe 1985

[AA22]   RILEM LUM 01.88: Test of small walls and prisms - diagonal tensile
         strength.

[AA23]   RILEM TC 76 - LUM.A.2 01.88 Load-bearing unit masonry; Test of
         units and materials; Determination of flexural strength of units.

[AA24]   SIA V 177: Mauerwerk, Schweizerischer Ingenieur- und Architekten-
         Verein, Ausgabe 11/1995

Symbole

Große lateinische Buchstaben

A	Fläche
A_{ef}	wirksame Querschnittsfläche einer Wand
A_{nom}	nominelle Querschnittsfläche einer Wand
A_p	Querschnittsfläche vom Spannstahl
D	Druckkraft, Länge der Druckdiagonalen
E	Elastizitätsmodul
E_b	Elastizitätsmodul von Mauersteinen
$E_{bq,b}$	Querdehnungsmodul von Mauersteinen in Richtung der Steinbreite
$E_{bq,l}$	Querdehnungsmodul von Mauersteinen in Richtung der Steinlänge
E_{bt}	Zug-Elastizitätsmodul von Mauersteinen
E_{ef}	effektive Fugensteifigkeit
E_i	ideeller Elastizitätsmodul
E_m	Elastizitätsmodul von Mauerwerk
E_0	Tangentenursprungsmodul
E_{33}	Sekantenmodul bei 1/3 der Höchstspannung
$E_{33,q}$	Sekantenmodul (quer) bei 1/3 der Höchstspannung
$E_{33/66}$	Sekantenmodul zwischen 1/3 und 2/3 der Mauerwerkdruckfestigkeit
$E_{33/66,q}$	Querdehnungsmodul zwischen 1/3 und 2/3 der Mauerwerkdruckfestigk.
E_p	Elastizitätsmodul vom Spannstahl
F	Einwirkung, Kraft
G	Schubmodul
G_b	Schubmodul des Mauersteins
H	Höhe eines Prüfkörpers, Horizontalkraft, Energie
L	Länge eines Prüfkörpers
M	Biegemoment
M_f	Biegemoment als Bezugsschnittgrößen
M_u	Bruchmoment
M_T	Torsionsmoment
N	Normalkraft
N_k	Eulerknicklast
N_0, N_f	Normalkraft ohne Knickeinfluß (Bezugsschnittgröße)
N_T	Normalkraft infolge Torsionsmoment
Q	Querkraft
Q_{st}	Querkraft im Mauerstein
P	Vorspannkraft

P_0	Initialspannkraft
P_{min}	minimale Spannkraft
P_{cr}	Spannkraft im Erstrißzustand
P_u	Spannkraft im Bruchzustand
P_∞	verbleibende Spannkraft nach Kriechen und Schwinden
R_m	Nennzugfestigkeit der stählernen Gewindestangen
$R_{p,02}$	Nennstreckgrenze der stählernen Gewindestangen
S, S_S	Schubkraft
T	Reibungskraft in der Stoßfuge
V	Volumen, Variationskoeffizient, Vertikallast
W	Widerstandsmoment
W_T	Torsionswiderstandsmoment
W_x	Widerstandsmoment in Richtung der Steinbreite
W_z	Widerstandsmoment in Richtung der Steinlänge
X	Eigenschaftsgröße
X_k	charakteristischer Wert einer Eigenschaftsgröße X
Z	Zugkraft, Länge der Zugdiagonalen
$Z_{BZ,st}$	Randzugkraft für Biegezugbeanspruchung

Kleine lateinische Buchstaben

a	Ausbreitmaß
b	Breite
b_{st}	Mauersteinbreite
c	Kohäsion, Verhältniswert, Linearfaktor
c_b	Kohäsion (Verbundfestigkeit) von Mauersteinen
d	Wanddicke, Steinbreite, Zylinderdurchmesser
d_F	Lagerfugendicke
e	Lastausmitte, Hebelarm
f	Festigkeit, Mauerwerkdruckfestigkeit, Zusatzausmitte, Formfaktor
$f_{0,05}$	unterer 5 %-Fraktilwert einer Festigkeit
f_1	ungewollte Stabauslenkung
f_2	Stabverformung nach Theorie II. Ordnung
f_b	normierte Steindruckfestigkeit
$f_{bt,ax}$	zentrische Zylinderzugfestigkeit von Mauersteinen
$f_{bt,ax;0,05}$	5 %-Fraktilwert der zentrischen Zugfestigkeit
$f_{b,cyl}$	einaxiale Zylinderdruckfestigkeit von Mauersteinen
$f_{b,cyl;0,05}$	5 %-Fraktilwert der Zylinderdruckfestigkeit
$f_{bt,fl}$	Biegezugfestigkeit von Mauersteinen
$f_{bt,fl;0,05}$	5 %-Fraktilwert der Biegezugfestigkeit
$f_{b,l}$	Druckfestigkeit in Steinlängsrichtung

$f_{bt,sp}$	Spaltzugfestigkeit von Mauersteinen
$f_{bt,sp;0,05}$	5 %-Fraktilwert der Spaltzugfestigkeit
f_c	Druckfestigkeit
f_{cal}	rechnerische Mauerwerkdruckfestigkeit
f_{exp}	experimentelle Mauerwerkdruckfestigkeit
f_g	gesamte Stabauslenkung
f_k	charakteristische Mauerwerkdruckfestigkeit
f_m	Mörteldruckfestigkeit
$f_{m,fl}$	Biegezugfestigkeit des Mörtels
f_{PR}	Prüffestigkeit von Mauersteinen im Druckversuch
f_t	Zugfestigkeit
f_v	Schubfestigkeit von Mauerwerk
f_x	Biegefestigkeit von Mauerwerk parallel zur Lagerfuge
f_y	Biegefestigkeit von Mauerwerk senkrecht zur Lagerfuge
f_λ	Mauerwerkdruckfestigkeit mit Knickeinfluß
h, h_0	Höhe, lichte Höhe einer Wand
h_k	Knickhöhe
h_m	Feuchtigkeitsgehalt
h_{st}	Mauersteinhöhe
i	Aufgleitwinkel
i_0	maximaler Aufgleitwinkel
k	Verhältnis von Horizontal- zur Vertikalspannung, Korrekturfaktor, Verformungskoeffizient
k_n	Faktor zur Erfassung statistischer Unsicherheiten
l	Länge
l_p	Länge des Spanngliedes
l_{st}	Mauersteinlänge
m	bezogenes Moment
m_x	Mittelwert von X, Biegemoment
n	Exponent, Versuchsanzahl, bezogene Normalkraft
t	Zeit, Wanddicke
t_0	Zeitpunkt $t = 0$
$ü$	Überbindemaß, Überbindelänge
w	Gleitweg, Verkürzung, Verlängerung
x	Druckzonenhöhe
y	Exponent, Koeffizient
z	Zementgehalt pro Kubikmeter Beton

Griechische Buchstaben

α	Verhältnis, Reibungswinkel, Faktor zur Berücksichtigung der Dauer-

	standsfestigkeit
α_0	Völligkeitsgrad
α_{bc}	bezogenes Kriechmaß
β	Festigkeit
β_{BZ}	Biegezugfestigkeit
$\beta_{BZ,st}$	Biegezugfestigkeit von Mauersteinen
β_D	Druckfestigkeit
$\beta_{D,mö}$	Mörteldruckfestigkeit
$\beta_{D,mw}$	Mauerwerkdruckfestigkeit
$\beta_{D,st}$	normierte Steindruckfestigkeit
$\beta_{D,Zyl}$	einaxiale Zylinderdruckfestigkeit
β_e	einaxiale Prismendruckfestigkeit
β_{HS}	Haftscherfestigkeit
β_{SZ}	Spaltzugfestigkeit
$\beta_{SZ,st}$	Spaltzugfestigkeit von Mauersteinen
β_T	Beiwert des Torsionswiderstandsmomentes
β_Z, β_z	Zugfestigkeit
$\beta_{Z,Zyl}$	einaxiale Zylinderzugfestigkeit
γ_m	Sicherheitsbeiwert im Mauerwerkbau
γ_{xy}	Schubverzerrung
$\gamma_{xy,b}$	Schubverzerrung von Mauersteinen
δ	Formfaktor, Verformungsweg, horizontale Auslenkung
δ_n	Dilatation
δ_s	Scherweg
$\delta_{s,F}$	Scherweg in Lagerfugenebene
Δ	Differenz
ΔP	Spannkraftverlust
ΔP_{s+c}	Spannkraftverlust infolge Kriechen und Schwinden
ΔV	Volumenänderung
Δx	Steinlänge
Δy	Steinhöhe
ε	Dehnung
ε^*	Dehnung beim Schnittpunkt von zwei Sekanten
ε_b	Längsdehnung im Mauerstein
$\varepsilon_{b,el}$	elastische Steindehnung
$\varepsilon_{b,q}$	Querdehnung im Mauerstein
$\varepsilon_{b,t}$	zeitabhängige Dehnung von Mauersteinen
ε_{b1}	Längsdehnung im Mauerstein bei Höchstspannung

$\varepsilon_{bc,t}$	Kriechdehnung von Mauersteinen
$\overline{\varepsilon}_{bc,t}$	bezogene Kriechdehnung von Mauersteinen
$\varepsilon_{bc,t0}$	Sofortdehnung von Mauersteinen nach Eintrag der Kriechspannung
$\varepsilon_{bc,\infty}$	Endkriechdehnung von Mauersteinen
$\varepsilon_{bs,t}$	Schwinddehnung von Mauersteinen
ε_{bu}	Bruchdehnung bei Materialversagen von Mauersteinen
ε_{cc}	Kriechdehnung des Betons
ε_{l}	Längsdehnung
ε_{m}	Längsdehnung im Mauerwerk
$\varepsilon_{m,i}$	Sofortdehnung des Mauerwerks nach Belastungseintrag
$\varepsilon_{m,q}$	Querdehnung im Mauerwerk
ε_{F}	Fugendehnung (Fugenkompression)
$\varepsilon_{F,t}$	zeitabhängige Fugendehnung (Fugenkompression)
ε_{ml}	Längsdehnung im Mauerwerk bei Höchstspannung
$\varepsilon_{mc,t}$	Kriechdehnung des Mauerwerks
$\overline{\varepsilon}_{mc,t}$	bezogene Kriechdehnung des Mauerwerks
$\varepsilon_{mc,\infty}$	Endkriechdehnung des Mauerwerks
$\varepsilon_{ms,t}$	Kriechdehnung des Mauerwerks
$\varepsilon_{m,t}$	zeitabhängige Dehnung des Mauerwerks
ε_{q}	Querdehnung
ε_{R}	Randdehnung
ε_{33}	Längsdehnung bei 1/3 der Höchstspannung
$\varepsilon_{33,q}$	Querdehnung bei 1/3 der Höchstspannung
ε_{66}	Längsdehnung bei 2/3 der Höchstspannung
$\varepsilon_{66,q}$	Querdehnung bei 2/3 der Höchstspannung
$\varepsilon_{0,85}$	Längsdehnung bei 85 % der Höchstspannung im Nachbruchbereich
ζ	Korrekturfaktor zur Erfassung einer mehrmaligen Belastung
η	Verhältniszahlen, Abminderungsfaktor des Knickeinflusses
η_{b}	Reduktionsfaktor der Tragfähigkeit
η_{ef}	effektiver Spannungsfaktor (effektive Rauhigkeit)
η_{0}	Rauhigkeitsbeiwert
κ	Krümmung, Zähigkeitskennwert, Korrekturfaktor, Intensitätsfaktor
κ_{f}	bezogene Krümmung
λ	Schlankheit
μ	Reibbeiwert
ν	Querdehnzahl
ν_{bt}	Querdehnzahl bei Zugbeanspruchung des Mauersteins
ν_{33}	Querdehnzahl bei 1/3 der Höchstspannung

ρ	Dichte
ρ_d	Trockenrohdichte
ρ_f	Feuchtrohdichte
ρ_{fr}	Frischmörtelrohdichte
σ	Spannung
σ^*	Spannung beim Schnittpunkt von zwei Sekanten
$\sigma_{a,b}$	abgetreppte Normalspannung infolge Schub
σ_D	Druckspannung
σ_m	Mauerwerkspannung
σ_n	Normalspannung
σ_{nom}	Nominalspannung, Nennspannung
σ_{ef}	Effektivspannung, wirksame Spannung
σ_o	obere Prüfspannung
σ_p	Vorspannung
σ_R	Randspannung
σ_0	Grundwert der zulässigen Druckspannungen
σ_u	untere Prüfspannung
$\sigma_{x,z}$	Horizontalspannungen
σ_y	Spannung infolge vertikaler Auflast
σ_1	Hauptzugspannung
σ_3	Hauptdruckspannung
τ	Schubspannung
τ_{st}	Schubspannung im Mauerstein
ϕ	Lagerfugenneigung
ϕ_b	innerer Reibungswinkel des Mauersteinmaterials
$\phi_{b,t}$	Kriechzahl des Mauersteins zum Zeitpunkt t
$\phi_{b,\infty}$	Endkriechzahl des Mauersteins
ϕ_F	Reibungswinkel in den Lagerfugen
$\phi_{m,t}$	Kriechzahl des Mauerwerks zum Zeitpunkt t
$\phi_{m,\infty},\ \phi_\infty$	Endkriechzahl des Mauerwerks
ϖ	prozentualer Spannkraftverlust

Indizes

b	Mauerstein
bc	Kriechen von Mauersteinen
bt	zeitabhängige Verformung von Mauersteinen
c	Druck, Beton, Kriechen
cr	Riß

cal	kalkulatorisch
d	trocken
el	elastisch
ef	effektiv, wirkend
exp	experimentell
F	Lagerfuge
i	ideell, initial
k	charakteristischer Wert, Knicken
m	Mittelwert, Mauerwerk, feucht
min	minimal
max	maximal
n	normal, senkrecht
nom	nominell, Nennwert
o	oben
p	Vorspannung
pl	plastisch
red	reduziert
R	Randlage
s	Schwinden
st	Mauerstein
t	Zug, Zeitpunkt t
u	ultimate, Bruchzustand, unten
x, z	horizontal
y	vertikal (Lastrichtung)
∞	zum Zeitpunkt unendlich, nach Kriecheinflüssen

Abkürzungen

Boh	Steine mit Kernbohrung
DMS	Dehnmeßstreifen
LDM	lange Meßstrecke (long distance measurement)
LVDT	induktiver Wegaufnehmer (linear variable differential transformers)
KS	Kalksand-Planstein
oB	Steine ohne jegliche Bearbeitung
PLS	Steine mit plangeschliffener Lagerfläche
PPW	Porenbeton-Planstein
RL	Steine mit Rillen in Steinlängsrichtung
RQ	Steine mit Rillen in Richtung der Steinbreite
RLQ	Steine mit Rillen kreuzweise in beiden Richtungen
SDM	kurze Meßstrecke (short distance measurement)

Index